"十二五"职业教育国家规划教材

经全国职业教育教材审定委员会审定

建筑工程
计量与计价

贾莲英　主　编

杨天春　胡　凯　杨淑华　副主编

郭晓松　陈燕艳　参　编

第三版

化学工业出版社

·北 京·

内 容 简 介

本书是实施"双证书"制度的背景下,基于校校、校企和校行"三元"合作编写的一部项目化教材,是对"十二五"职业教育国家规划教材《建筑工程计量与计价》第二版进行修订与创新,适应"信息化+现代职业教育"以及建筑业转型升级发展的需求,新增 BIM 计量与计价和装配式结构消耗量定额等内容。

本书结合大量的工程项目案例,详实地讲解了建筑工程计量与计价的基本原理和具体方法,主要内容包括工程建设定额、建筑安装工程费用、工程造价计价模式、建筑工程计量、建筑工程清单计价、工程结算、BIM 建筑工程计量与计价软件等。各项目均配有微课视频等丰富的数字教学资源,便于读者把握知识要点。

本书的特点是"三多"(表格多、图片多、实例多),有独具特色的项目套接与工程量计算表;把握重难点清单计价的精髓,每个分部分项工程按照计价三部曲"计价工程量—综合单价—清单计价表"来编写。行业、学校和企业等多方参与,融入 BIM 技能等级证书的要求,适应新时代技术技能人才培养的新要求。

本书配套有丰富的数字资源,其中包含微课视频、PDF 等,可通过扫描书中二维码获取。

本书可作为高职高专院校建筑工程技术、工程造价、建设工程管理及其他相关专业的教材或教学参考书,也可作为造价行业造价工程师培训的参考书,还可作为建设单位、设计单位、施工单位、监理单位等部门从事工程造价、成本控制和招投标报价等岗位人员的参考书。

图书在版编目(CIP)数据

建筑工程计量与计价 / 贾莲英主编. —3版. —北京:化学工业出版社,2020.9

"十二五"职业教育国家规划教材 经全国职业教育教材审定委员会审定

ISBN 978-7-122-37332-8

Ⅰ. ①建… Ⅱ. ①贾… Ⅲ. ①建筑工程 - 计量 - 高等职业教育 - 教材②建筑造价 - 高等职业教育 - 教材 Ⅳ. ① TU723.32

中国版本图书馆 CIP 数据核字(2020)第 116175 号

责任编辑:李仙华 王文峡　　　　　　　　　　文字编辑:邢启壮
责任校对:王鹏飞　　　　　　　　　　　　　　装帧设计:史利平

出版发行:化学工业出版社(北京市东城区青年湖南街13号 邮政编码100011)
印　　刷:北京京华铭诚工贸有限公司
装　　订:三河市振勇印装有限公司
880mm×1230mm　1/16　印张19¾　字数671千字　2021年5月北京第3版第1次印刷

购书咨询:010-64518888　　　　　　　　售后服务:010-64518899
网　　址:http://www.cip.com.cn
凡购买本书,如有缺损质量问题,本社销售中心负责调换。

定　　价:49.80元

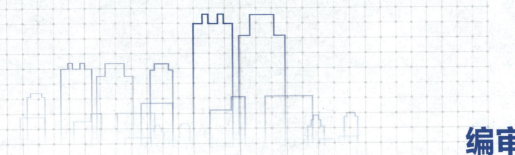

编审委员会

前 言

本书根据《国家职业教育改革实施方案》《教育部关于职业院校专业人才培养方案制订与实施工作的指导意见》等精神，在入选"十二五"职业教育国家规划教材基础上，结合编者多年的工程造价实践经历和教学经验，由"双高计划"高水平专业群立项建设单位武汉职业技术学院，《高等职业教育创新发展行动计划（2015—2018 年）》教育部认定工程造价骨干专业团队立项建设单位湖北城市建设职业技术学院骨干教师牵头，联合武汉市建设工程造价管理站、中南建筑设计院股份有限公司工程经济中心、广联达科技股份有限公司、武汉天汇诚信工程项目管理有限公司等行业、学校、企业三方合作共同修订编写。

教材第三版通过调研与分析，突出专业技能，推进信息技术与教育教学有机融合，强化实践环节，促进书证融通，为职业教育由规模扩张转向质量提高、为三教改革做出有益探索，旨在提升新时代职业教育现代化水平。

本书依据《建设工程工程量清单计价规范》（GB 50500—2013）、《房屋建筑与装饰工程工程量计算规范》（GB 50854—2013）、《建筑工程建筑面积计算规范》（GB/T 50353—2013）、《混凝土结构施工图平面整体表示方法制图规则和构造详图》（16G101 系列标准）以及湖北省 2018 年版系列定额等进行修订，特点如下：

(1) 构建新颖课程体系。为适应职业院校教学特点，将教材中传统的章节知识体系更改为项目化任务式教学，每个项目或任务前增加任务引入，并给出任务解析，每个项目后增加测一测和重难点的视频学习，注重工程造价理论知识和实践的结合与延伸，提升学习兴趣。

(2) 完善更新教材内容。结合近年来我国工程造价行业新推出的法律法规、规范规程，根据职业岗位和教育教学的新需求，以应用为目的，强化技能培养，将思政元素、职业精神和工匠精神融入教材内容，同时淘汰陈旧内容，补充新知识，特别是补充了 BIM5D 工程造价软件，保证教材的科学性和前沿性。

(3) 紧密衔接 1+X 证书需求。在对 1+X 建筑信息模型（BIM）职业等级标准进行分析的基础上，将工程造价专业建设与 1+X 建筑信息模型（BIM）证书制度要求相结合，着重于核心课程的对接。本教材新增 BIM5D，重点突出 BIM5D 在工程造价软件中的应用，同时对接国家注册造价工程师职业资格标准，提炼知识点进行实例解析，有效实现"学历教育"与"职业资格认证"的"双证融通"。

(4) 配套优秀数字化教学资源。借助"互联网＋"平台，开启线上线下相结合的教学模式，开发出与教材内容紧密结合的数字化资源，资源类型以微课视频为主，PDF 为辅，做到各项目均配有基于重点难点进行讲解的微课视频和反映清单计价流程的 PDF。读者通过扫描书中二维码，可获取全部教学资源，实现"以纸质化教材为载体，以信息化技术为支撑，两者相辅相成，为师生提供一流服务"的目的。

同时，本书提供电子课件，可登录 www.cipedu.com.cn 免费下载。

本书是由学校的专业教师、企业和行业的专家共同编写完成的。湖北城市建设职业技术学院贾莲英担任主编，武汉职业技术学院杨天春、湖北第二师范学院胡凯、湖北城市建设职业技术学院杨淑华担任副主编，湖北城市建设职业技术学院郭晓松、陈燕艳参编。具体分工如下：项目一、项目四和项目七由贾莲英编写，项目二和项目三由贾莲英和郭晓松合编，项目五由贾莲英和杨淑华合编，项目六由杨天春、杨淑华和陈燕艳合编，项目八由胡凯和郭晓松合编。全书由贾莲英完成统稿。

本书在编写过程中，有幸请到武汉职业学院武敬教授审阅，也得到了湖北省建设工程造价咨询协会委员、中南建筑设计院股份有限公司工程经济中心、总工程师聂钢、黄冈职业技术学院刘晓敏教授、武汉天汇诚信工程项目管理有限公司董事长张少宾以及广联达科技股份有限公司湖北区域总经理刘勇军的指导与建议，同时参考了同类专著和教材等文献资料，在此一并表示由衷的感谢！

由于编者水平有限，书中难免会存在疏漏和不足之处，敬请读者提出宝贵意见，我们将认真加以改进，并希望得到读者一如既往的支持。

编者

2020 年 8 月

第一版前言

随着土建类专业人才培养模式转变及教学方法改革，建筑工程技术及相关专业人才培养目标是以服务为宗旨，以就业为导向，培养面向生产、建设、服务和管理第一线需要的高素质技能型专门人才。在这一背景下，本书依据全国高等职业教育建筑工程技术专业教育标准和培养方案及主干课程教学大纲的基本要求，在继承以往教材建设方面的宝贵经验的基础上，确定了本书的编写思路。首先，这次新教材编写，坚持"面向实用，及时纳入新技术、新方法"的指导思想，以最新的《建设工程工程量清单计价规范》（GB 50500—2008）与全国和地方最新的建筑工程概预算定额为依据，对建筑安装费用项目构成和建筑安装费用计算方法进行调整，对工程量清单编制及计价内容进行扩充，对涉及的地方新定额内容进行调整。其次，体现职业教育课程改革的要求，以岗位需求为导向的内容体系，以计价动态性和阶段性（招标控制价、投标价、合同价、竣工结算价）特点为主线的编写思路，基于计价工作全过程所需的知识点技能建立本教材的模块化框架结构体系。

本书主要内容由建筑工程计量与计价基础、定额计价、工程量清单计价、计量与计价软件应用四大模块，对应八章组成。本书具有以下特点。

（1）内容新颖实用　本书编写以最新颁布的国家和行业法规、标准、规范为依据，如 GB 50500—2008 和最新平法图集 06G101—6、08G101—5，体现我国当前建设工程造价计量与计价技术与管理的最新精神，反映我国工程计量与计价的最新动态。

本书编写了完整的施工图预算和工程量清单计价实例，教会读者两种计价的编制，突出建筑工程计量与计价的可操作性和实用性。

本书编写跳出传统教材的编写基调，减少与以前教材内容雷同，从形式和内容上创新。注重理论知识传授与职业能力培养相互协调，既要传授"必需、够用"的理论知识，又要培养"准计量、精计价"的职业能力。

（2）教材编写生动有趣，图文并茂　为充分发挥教材在引发学生学习兴趣和求知欲望中的作用，根据内容的需要编排了大量的图表，形象直观、引人入胜。

（3）案例丰富　工程计量与计价是一门实践性很强的学科，本书在编写过程中以工学结合为手段，始终坚持实用性和可操作性原则，附有大量独创、典型实用的案例（部分章节编写甚至做到了"一则一例"），引入案例教学模式，通俗易懂，为读者搭设自主学习的平台。

（4）教材内容广而精　由于目前我国工程造价实行的是定额计价与工程量清单计价两种模式并存的"双轨制"，所以本书内容较广泛，既兼顾目前仍沿用的定额计价原理，更注重国家最新实施的工程量清单计价法的应用和操作，体现了工程计价由"定额计价"向"清单计价"的过渡，逐步形成向清单计价发展的趋势。而且教材的内容全面，涉及工程造价（招标控制价－投标价－合同价－竣工结算）全过程的计价。

（5）构架设计力求创新　在教材体系方面每章前设立了学习目标，章末附加小结与之前呼后应，便于学生掌握完整的知识体系。每章后还设置思考题、习题及实训课题，更便于教师教学和学生自学，有助于学生尽快学习和领悟教材中的理论知识，提高学生动手实践能力。

本书由湖北城市建设职业技术学院贾莲英任主编，天津城市建设管理职业技术学院高秀玲、青海建筑职业技术学院段永萍任副主编，青海建筑职业技术学院王艳萍、李向华、宋小红三人也参加了编写。编写具体分工如下：第一章和第七章由王艳萍编写；第二章和第八章由宋小红编写；第三章由贾莲英编写；第四章由高秀玲与贾莲英合编；第五章和第六章由段永萍和李向华合编。全书由贾莲英统稿。

本书在编写过程中，有幸请到湖北赛因特工程造价咨询公司经理、高级工程师王勇审阅，也得到了危道军教授的关心与帮助，在此一并表示由衷的感谢！

随着工程量清单计价规范（GB 50500—2008）等新规范、新标准的施行，相关的法律、法规、制度、规范陆续出台，有许多问题仍需进一步研究和探索，由于编者水平有限，难免会存在不妥之处，敬请各位专家、同行和读者提出宝贵意见，我们将不断加以改进。

本书提供有电子教案，可发信到 cipedu@163.com 邮箱免费获取。

编者
2010 年 5 月

第二版前言

《建设工程工程量清单计价规范》（GB 50500—2013）已于 2013 年正式执行，新清单规范细化了措施项目费计算的规定，改善了计量计价的可操作性，有利于结算纠纷的处理等。《建筑安装工程费用项目组成》建标〔2013〕44 号文自 2013 年 7 月起施行，使建筑安装工程费用组成、计算方法等发生了变化，计价程序也发生了根本性改变。为了适应近年来工程造价行业发展的需要，更新知识内容，特组织行业企业专家和兄弟院校专业教师等人员对本教材进行修订。

第二版修订的主要内容如下：第三章按照新的费用和组成、计算方法、计价程序编写，删除了直接费、间接费等概念；第四章钢筋工程部分依据 11G101 系列平法图集，钢筋分类保护层厚度的概念的变化，以及对平法钢筋算量变化的影响进行了修订；第五章施工图预算实例依据最新定额 2013 版编制；第六章按照新清单规范（GB 50500—2013）改编，也是本次修订的新亮点。

本书由湖北城市建设职业技术学院贾莲英任主编，黄冈师范学院建筑学院周永、天津城市建设管理职业技术学院高秀玲、湖北城市建设职业技术学院叶晓容任副主编，青海建筑职业技术学院王艳萍、李向华、宋小红参编。第一章和第七章由王艳萍编写；第二章由宋小红编写；第三章由贾莲英编写；第四章由高秀玲与贾莲英合编；第五章由李向华与金幼君合编；第六章由金幼君与叶晓容合编。全书由贾莲英完成统稿。

本书在编写过程中，有幸请到湖北赛因特工程造价咨询公司经理、高级工程师王勇审阅，也得到了危道军教授的关心与帮助以及兄弟院校的支持，同时参考了大量同类专著和教材等文献资料，在此一并表示由衷的感谢！

随着《建设工程工程量清单计价规范》（GB 50500—2013）等新规范、新标准的刚刚施行，相关的法律、法规、制度、规范陆续出台，有许多问题仍需进一步研究和探索，由于编者水平有限，难免会存在不足之处，敬请各位专家、同行和读者提出宝贵意见，我们将不断加以改进。

本书提供有 PPT 电子课件，可登录网站 www.cipedu.com.cn 免费获取。

编者
2014 年 2 月

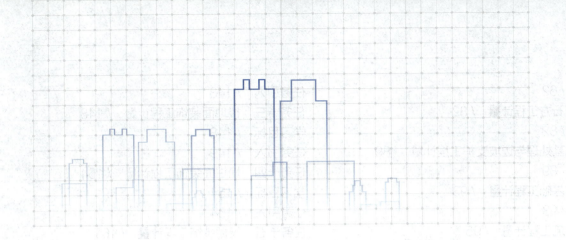

目 录

项目六 建筑工程清单计价　　176

配套资源目录

序号	资源名称	资源类型	页码
二维码 1.1	工程造价的特点	微课	6
二维码 1.2	项目一 测一测	PDF	6
二维码 2.1	定额子目表	PDF	22
二维码 2.2	砂浆换算	微课	24
二维码 2.3	项目二 测一测	PDF	29
二维码 3.1	建筑安装工程费用组成	微课	31
二维码 3.2	项目三 测一测	PDF	45
二维码 4.1	分部分项工程量清单	微课	54
二维码 4.2	工程量清单格式	PDF	55
二维码 4.3	工程量清单计价格式	PDF	58
二维码 4.4	项目四 测一测	PDF	58
二维码 5.1	土石方工程清单项目表 土壤分类表	PDF	83
二维码 5.2	地基处理与边坡支护工程清单项目表	PDF	90
二维码 5.3	桩基础工程清单项目表	PDF	93
二维码 5.4	砌筑工程清单项目表 砖墙基大放脚折算高度及面积表 砖柱基础体积计算表	PDF	96

序号	资源名称	资源类型	页码
二维码 5.5	条形基础 T 形搭接体积的计算	微课	99
二维码 5.6	混凝土及钢筋混凝土工程清单项目表　钢筋单位理论质量　混凝土保护层最小厚度　弯起钢筋增加长度计算表　受拉钢筋锚固长度 l_a　受拉钢筋抗震锚固长度 l_{aE}　纵向受拉钢筋搭接长度 l_l　纵向受拉钢筋抗震搭接长度 l_{lE}	PDF	106
二维码 5.7	基础钢筋清单工程量计算实例	微课	120
二维码 5.8	金属结构工程清单项目表　钢材单位理论质量表	PDF	125
二维码 5.9	实腹钢柱清单工程量的计算	微课	127
二维码 5.10	木结构工程清单项目表	PDF	130
二维码 5.11	门窗工程清单项目表	PDF	133
二维码 5.12	屋面及防水工程清单项目表　屋面坡度系数表	PDF	138
二维码 5.13	保温隔热防腐工程清单项目表	PDF	143
二维码 5.14	楼地面装饰工程清单项目表	PDF	149
二维码 5.15	墙柱面装饰工程清单项目表	PDF	155
二维码 5.16	天棚工程清单项目表	PDF	162
二维码 5.17	油漆涂料裱糊工程清单项目表	PDF	166
二维码 5.18	其他装饰工程清单项目表	PDF	169
二维码 5.19	措施项目清单项目表	PDF	172
二维码 5.20	项目五　测一测	PDF	175
二维码 6.1	全费用综合单价分析表	PDF	181
二维码 6.2	工程量计算规则和系数表	PDF	254
二维码 6.3	餐饮中心工程施工图	PDF	262
二维码 6.4	餐饮中心工程清单计价	PDF	262
二维码 7.1	工程结算方式	微课	265
二维码 7.2	工程竣工结算报告金额审查时限	PDF	268
二维码 7.3	承包人的索赔事件及可补偿内容	PDF	275
二维码 7.4	项目七　测一测	PDF	279
二维码 8.1	计价软件操作视频	微课	300

项目一
建筑工程计量与计价概述

01

学习目标

了解工程建设的概念、分类；熟练掌握工程建设（基本建设）项目的划分；熟悉建筑工程计价与基本建设程序的关系；了解建筑工程计量与计价的概念与作用；掌握工程造价的概念、特点及职能；熟悉工程建设的各个阶段对应的工程造价文件。

任务引入

背景材料：某新建能源汽车厂投资160亿元，准备建设总装车间、涂装管车间、焊接车间、办公楼、物流中心等。

要求：用思维导图将新能源汽车厂项目建设程序和项目进行分解。

任务一 ▶ 工程建设概述

一、工程建设的概念

工程建设亦称基本建设，是指国民经济各部门为扩大再生产而进行的增加固定资产的建设工作，即把一定的建筑材料、机械设备通过建筑、购置和安装等一系列活动，转化为固定资产，形成新的生产能力或使用效益的过程。固定资产扩大再生产的新建、扩建、改建、恢复工程及与之相关的其他工作，也是工程建设的组成部分。工程建设的实质是形成新的固定资产的经济活动。

固定资产是指使用年限在一年以上，且单位价值在规定限额以上，在使用过程中基本保持原有实物形态的劳动资料或其他物质资料，如建筑物、构筑物和电器设备等。

公路、铁路、桥梁和各类工业及民用建筑等工程的新建、改建、扩建、恢复工程，以及机器设备、车辆船舶的购置安装及与之有关的工作，都称之为工程建设。

二、工程建设的内容

1.建筑工程

建筑工程一般是指房屋和构筑物工程，内容包括永久性和临时性的建筑物及构筑物的土建、采暖、通风、给排水、照明、动力、管线敷设的工程，设备基础、工业炉砌筑、厂区竖向布置工程，铁路、公路、桥涵、农田水利工程，建筑场地平整、清理和绿化工程等。

2.安装工程

安装工程指一切安装和不需要安装的生产、动力、电讯、起重、运输、医疗、实验等设备的装配、安装工程，以及附属于被安装设备的管线敷设、金属支架、梯台和有关测试、试车等工作。安装工程和建筑工程是一项工程的两个有机组成部分，在施工中有时间连续性，也有作业搭接和交叉，需要统一安排、互相协调，在这个意义上通常把建筑和安装工程作为一个施工过程来看待，即建筑安装工程。

3.设备、工器具及生产家具购置

设备、工器具及生产家具购置是指车间、实验室、医院、学校、车站等所应配备的各种设备、工具、器具、生产家具及实验仪器的购置。

4.其他工程建设工作

其他工程建设工作指上述所列以外的各种工程建设工作，如可行性研究、征地、拆迁、试运转、勘察设计、工程监理、生产职工培训和建设单位管理工作等。

三、工程建设的程序

工程建设的程序是工程项目建设程序的简称，也称为基本建设程序。工程建设程序是指工程项目从策划、评估、决策、设计、施工到竣工验收、投入生产或交付使用的整个建设过程中，各项工作必须遵循的先后工作次序，也是建设项目必须遵循的法则。

基本建设程序分为：建设前期阶段、建设准备阶段、建设施工阶段、竣工验收阶段四个阶段。但其不是绝对的，可细化，如图1.1所示。

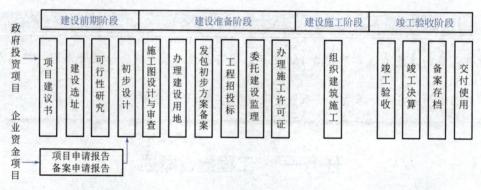

图 1.1 基本建设程序分解示意图

四、工程造价与工程建设程序的关系

工程造价与基本建设程序有着极为密切且不可分割的关系，工程项目从筹建到竣工验收整个过程，工程造价不是固定的、唯一的、静止的，它是一个随着工程不断进展而逐步深化、逐步细化和逐渐接近工程实际造价的动态过程。它们对应关系的简单概括如图1.2所示。

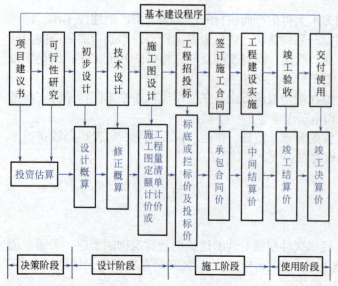

图 1.2 工程造价与工程建设程序的关系

任务二 ▶ 工程建设项目概述

一、工程建设项目的概念

工程建设项目也称为基本建设项目，也简称为建设项目。基本建设项目是由若干个单项工程组成的。在我国，一般以一个企业、事业单位或行政单位作为一个建设项目。建设项目的实施单位一般称为建设单位（也称建设方或业主）。

按照《工程造价术语标准》（GB/T 50875—2013）的定义，建设项目是指按一个总体规划或设计进行建设的，由一个或若干个互有内在联系的单项工程组成的工程总和。

二、工程建设项目的组成

根据建设项目的组成内容和层次不同，按照确定工程造价和管理工作的需要，从大至小依次可分为可以划分为单项工程、单位工程、分部工程和分项工程。

1. 单项工程

单项工程又称工程项目，是建设项目的组成部分，是指具有独立的设计文件、竣工后可以独立发挥生产能力或效益的工程。

单项工程是建设项目的组成部分，一个建设项目可以包括多个单项工程，也可以仅有一个单项工程。工业建筑中一座工厂的各个生产车间、办公大楼、食堂、库房等，非工业建筑中一所学校的教学大楼、图书馆、实验室、学生宿舍等都是单项工程。

单项工程是具有独立存在意义的一个完整工程，由多个单位工程所组成。

2. 单位工程

单位工程是指具有单独设计图纸，可以独立施工，但完工后一般不能独立发挥生产能力和效益的工程。单位工程是单项工程的组成部分。如一幢教学楼或医院的门诊楼，可以划分为建筑工程、装饰工程、电气工程、给排水工程等，它们分别是单项工程所包含的不同性质的单位工程。

建筑安装工程一般以一个单位工程作为工程招投标、编制施工图预算和进行成本核算的最小单位。

3. 分部工程

分部工程一般是按单位工程的部位、结构形式或设备种类等不同而划分的工程项目。例如土石方工程、地基基础工程、砌筑工程等就是房屋建筑工程（单位工程）的分部工程，楼地面工程、墙柱面工程、天棚工程、门窗工程等就是装饰工程的分部工程。安装工程的分部工程划分为建筑给排水及采暖、建筑电气、智能建筑、通风与空调工程、电梯工程等。

4. 分项工程

分项工程是建设项目的最基本单元，依据施工特点、工种、材料、设备类别不同而划分，如楼地面工程的大理石地面、竹木地板、抗静电地板，设备安装工程的10t破碎机安装、50t破碎机安装。分项工程也是预算定额子目设置的基本项目单元。

以某学院新校区建设项目为例，其建设项目组成划分如图1.3所示。

三、建设项目的划分与建设工程造价组合的关系

建设项目的划分与建设工程造价的组合有着密切关系，建设项目的划分是由总到分的过程，而建设工程造价的组合是由分到总的过程。工程造价具体组合过程如下：首先，确定各分项工程的造价，由若干分项工程的造价组合成分部工程的造价；其次，由若干分部工程的造价组合成单位工程的造价；再次，由若干单位工程的造价组合成单项工程的造价；最后，由若干单项工程的造价汇总成建设项目的总造价，如图1.4所示。

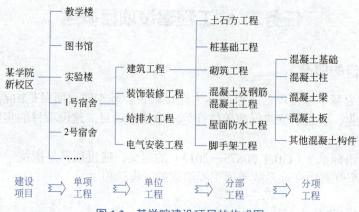

图 1.3　某学院建设项目的构成图

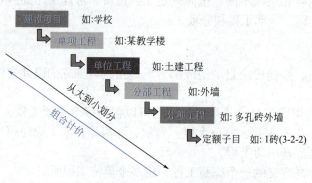

图 1.4　建设项目分解与工程造价的组合

任务三 ▸ 建筑工程计量与计价概述

一、建筑工程计量与计价的概念

建筑工程计量与计价是指按照不同单位工程的用途和特点，综合运用科学的技术、经济、管理的手段和方法，根据工程量清单计价规范和消耗量定额以及特定的建筑工程施工图纸，对其分项工程、分部工程以及整个单位工程的工程量和工程价格，进行科学合理的预测、优化、计算和分析等一系列活动的总称。

二、建筑工程计量与计价的作用

1. 正确确定建筑工程造价的依据

根据设计文件规定的工程规模和拟定的施工方法，即可依据工程量计算规则计算建筑工程量，同时，再根据相应的建筑工程消耗量定额所规定的人工、材料、机械设备的消耗量，以及各种费用标准来确定建筑工程造价。

2. 建设工程项目决策的依据

工程造价决定着建设工程项目的一次性投资费用。建设单位是否有足够的财务能力支付这笔费用，是否值得支付这项费用，是项目决策中要考虑的主要问题，也是建设单位必须首先解决的问题。因此，在工程项目决策阶段，工程造价就成为项目财务分析和经济评价的重要依据。

3. 制定投资计划和控制投资的依据

工程造价通过各个建设阶段的工程造价预估，最终通过竣工决算确定下来。每一次估算对下一次估算都是对造价严格的控制，即前者控制后者。建设工程造价对投资的控制也表现在利用制定各种定额、标准和造价要素等对建设工程造价的计量和计价的依据进行控制。

4.筹措建设资金的依据

工程项目建设资金的需要量由工程造价来决定，要求建设单位必须有很强的筹资能力，才能确保工程建设有充足的资金供应。建设单位必须以相应的工程造价预算值作为筹措资金的基本依据。工程造价也是金融机构评价建设工程项目偿还贷款能力和放贷风险的依据，并根据工程造价来决策是否贷款以及确定给予投资者的贷款数量。

5.编制工程计划，统计完成工程量，组织和管理施工的依据

在编制计划和组织管理施工生产中，要以计算得出的建筑工程量，直接或间接地计算施工图预算中所确定的工日、材料和施工机械台班等各种数据，作为施工企业编制施工进度计划、作业计划、劳动力计划、材料需用量计划、资金需用量计划、统计完成的工程数量和考核工程成本的依据。

三、工程造价的概念

1.工程造价的含义

工程造价的直意就是工程的建造价格。工程造价本质上属于价格范畴。在市场经济条件下，工程造价有两种含义，这两种含义是从不同角度把握同一事物的本质。

工程造价的第一种含义，是从投资者或业主的角度来定义，它是一个广义的概念。该含义下的工程造价是指进行某项工程建设花费的全部费用，即该工程项目有计划地进行固定资产再生产、形成相应无形资产和铺底流动资金的一次性费用总和（属于投资管理范畴）。从这个意义上说，工程造价就是工程投资费用，建设项目工程造价就是建设项目固定资产投资。

工程造价的第二种含义，是从承包商、供应商、设计等市场供给主体来定义，它是一个狭义的概念。该含义下的工程造价是指工程价格，即为建成一项工程，在预计或实际市场交易活动中所形成的建筑安装工程的价格（属于价格管理范畴）。通常是把工程造价的第二种含义认定为工程承发包价格。

小贴士

《工程造价术语标准》（GB/T 50875—2013）中，工程造价是指工程项目从投资决策开始到竣工投产所需的建设费用，可以指建设费用中的某个组成部分，如建筑安装工程费，也可以是所有建设费用的总和，如建设投资和建设期利息之和。

2.工程造价的特点

（1）大额性　能够发挥投资效用的任一项工程，不仅实物形体庞大，而且造价高昂。工程造价数额动辄数百万，特大型工程项目的造价可达千亿元人民币。工程造价的大额性使其关系到有关各方面的重大经济利益，同时也会对宏观经济产生重大影响。这就决定了工程造价的特殊地位，也说明了造价管理的重要意义。

（2）个别性、差异性　任何一项工程都有特定的用途、功能、规模。因此，对每一项工程的结构、造型、空间分割、设备配置和内外装饰都有具体的要求，同时，每项工程所处地区、地段都不相同，因而使工程内容和实物形态都具有个别性、差异性。产品的差异性决定了工程造价的个别性差异。

（3）动态性　任何一项工程从决策到竣工交付使用，都有一个较长的建设期间，而且由于不可控因素的影响，许多影响工程造价的动态因素，如工程变更、设备材料价格、工资标准、费率、利率、汇率会发生变化。这种变化必然会影响到造价的变动。所以，工程造价在整个建设期中处于不确定状态，直至竣工决算后才能最终确定工程的实际造价。

（4）层次性　工程造价的层次性取决于工程的层次性。一个建设项目往往含有多个能够独立发挥设计效能的单项工程。一个单项工程又是由能够各自发挥专业效能的多个单位工程组成。与此相适应，工程造价有三个层次：建设项目总造价、单项工程造价和单位工程造价。如果专业分工更细，就增加分部工程造

价和分项工程造价。即使从造价的计算和工程管理的角度看，工程造价的层次性也是非常突出的。

（5）兼容性　工程造价的兼容性首先表现在它具有两种含义，其次表现在工程造价构成因素的广泛性和复杂性。工程造价不单单是工程项目实体所发生的费用，它囊括自身，又受多种条件约束，兼容多种特性。

二维码 1.1

3. 工程造价的职能

工程造价的职能除商品的价格职能外还有自己特殊职能。

（1）预测职能　无论是投资者或者建筑商都要对拟建工程进行预先测算。投资者预先测算工程造价不仅作为项目决策依据，同时也是筹集资金、控制造价的依据。承包商对工程造价的测算，既为投标决策提供依据，也为投标报价和成本管理提供依据。

（2）控制职能　工程造价的控制职能表现在两方面：一方面是它对投资的控制，即在投资的各个阶段，根据对造价的多次性预估，对造价进行全过程、多层次的控制；另一方面，是对以承包商为代表的商品和劳务供应企业的成本控制。

（3）评价职能　工程造价是评价总投资和分项投资合理性及投资效益的主要依据之一。在评价土地价格、建筑安装产品价格和设备价格的合理性时，就必须利用工程造价资料；在评价建设项目偿贷能力、获利能力和宏观效益时，也可依据工程造价。工程造价也是评价建筑安装企业管理水平和经营成本的重要依据。

（4）调节职能　国家对建设规模、结构进行宏观调控是不可或缺的，对政府投资项目进行直接调控和管理也是非常必要的。这些都要用工程造价作为经济杠杆，对工程建设中的物质消耗水平、建设规模、投资方向等进行调控和管理。

【思考题】

1. 如何理解工程造价的含义？
2. 举例说明工程造价的特点有哪些。
3. 工程造价的职能有哪些？

二维码 1.2

项目二
工程建设定额

/02

学习目标

　　了解工程建设定额的产生和概念；熟悉工程造价定额的分类与特点；掌握定额制定的基本方法；在学习湖北省消耗量定额的基础上熟练套用定额。

任务引入

　　背景材料：砌筑 $1m^3$ 一砖半标准砖墙的技术测定资料如下。

　　（1）完成该砖墙需要基本工作时间 12h，辅助工作时间占工作延续时间的 3%，准备与结束工作时间占工作延续时间 3%，不可避免中断时间占工作延续时间 2%，休息时间占工作延续时间 8%。

　　（2）$1m^3$ 标准砖砖墙采用 M7.5 现场搅拌水泥砌筑砂浆，砖和砂浆的损耗率均为 1%。

　　（3）砂浆采用 500L 搅拌机现场搅拌，一次循环，运料需要 200s，装料 40s，搅拌 80s，卸料 30s，不可避免中断时间为 10s，搅拌机的机械利用系数为 0.85。

　　要求：试计算砌筑 $1m^3$ 一砖半砖墙的人工、材料和机械台班的消耗量。

任务一 ▶ 工程建设定额概述

一、工程建设定额的概念

1. 工程建设定额的含义

"定"就是规定，"额"就是额度或尺度。从广义上讲，定额就是规定的标准额度或限额。

工程建设定额是指在正常施工条件下，完成规定计量单位的合格建筑安装工程产品所消耗的人工、材料、施工机具台班、工期天数及相关费率等的数量基准。

2. 定额水平

工程建设定额是在一定的社会生产力发展水平条件下，完成建筑工程中的某项合格产品与各种生产要素消耗之间特定的数量关系，属于生产消耗定额性质。它反映了在一定的社会生产力水平条件下建筑安装工程的施工管理和技术水平。

定额所反映的资源消耗量的大小称为定额水平。它是衡量定额消耗量高低的指标，受到一定时期的生产力发展水平的制约。一般来说，生产力发展水平高，则生产效率高，生产过程中的消耗就少，定额所规定的资源消耗量就相应地降低，称为定额水平高；反之，生产力发展水平低，则生产效率低，生产过程中的消耗就多，定额所规定的资源消耗就相应地提高，称为定额水平低。目前定额水平有平均先进水平和社会平均水平两类。

二、工程建设定额的作用

1. 节约社会劳动和提高生产效率

一方面，可以将定额作为标准，以促进工人节约社会劳动，提高劳动效率，为企业获取更多的利润。另一方面，定额作为工程造价计价依据，可促使企业加强管理，把社会劳动的消耗控制在合理的限度内。再者，作为项目决策依据的定额指标，又可促使项目投资者合理而有效地利用和分配社会劳动。

2. 有利于建筑市场公平竞争

定额所提供的准确信息为市场需求主体和供给主体间的利益平衡，以及供给主体和供给主体之间的公平竞争提供了平台。

3. 规范市场行为

定额既是投资决策的依据，又是价格决策的依据。定额无论对市场主体中的投资者还是承包商，都起到了规范其行为的作用。

4. 完善市场信息系统

定额是对大量市场信息的加工和传递，也是市场信息的反馈。完善的市场信息系统的指导性、标准性和灵敏性是市场成熟和高效率的标志，因此定额是市场信息的展现。

三、工程建设定额的特征

1. 科学性

建设工程定额的科学性包括两重含义：一是指建设工程定额反映了工程建设中生产消费的客观规律，二是指建设工程定额管理在理论、方法和手段上有其科学理论基础和科学技术方法。

2. 系统性

工程建设定额是由多种定额结合而成的有机整体，虽然它的结构复杂，但层次鲜明、目标明确。工程建设本身就是一个庞大的实体系统，而工程建设定额则是为这个实体系统服务的。因此工程建设本身的多种类、多层次就决定了以它为服务对象的工程建设的多种类、多层次。

3. 统一性

建设工程定额的统一性按照其影响力和执行范围，可分为全国统一定额、地区统一定额和行业统一定额等；从定额的制定、颁布和贯彻使用来看，定额有统一的程序、统一的原则、统一的要求和统一的用途。

4. 指导性

企业自主报价和市场定价的计价机制不能等同于放任不管，依据建设工程定额，政府可以规范建设市场的交易行为，也可以为具体建设产品的定价起到参考作用，还可以作为政府投资项目定价和造价控制的重要依据。统一颁布的建设工程定额还可以为企业定额的编制起到参考和指导性作用。

5. 稳定性

定额是一定时期社会生产力发展水平的反映，在一定时期内有相对稳定性。一般情况下地区和部门定额稳定时间在 3 ～ 5 年之间，国家定额在 5 ～ 10 年间。

6. 时效性

当原有定额不能适应生产发展时，就应根据新情况对定额进行修订和补充。所以，就一段时期而论，定额是稳定的；就长期而论，定额是变化的，具有时效性。

四、工程建设定额的分类

1. 按定额反映的生产要素消耗内容分类

建筑生产过程的三要素为：生产工人、建筑材料、生产工具（或施工机械）。按此三要素，建筑工程定额分为：劳动消耗定额、材料消耗定额和机械台班消耗定额三种。

（1）劳动消耗定额　完成一定单位的合格产品规定的活劳动消耗的数量标准。

（2）材料消耗定额　完成一定单位的合格产品规定的材料消耗的数量标准。

（3）机械台班消耗定额　完成一定单位的合格产品规定的施工机械消耗的数量标准。

2. 按定额的编制程序和用途分类

（1）施工定额　施工定额是企业内部使用的一种定额，属于企业定额的性质。施工定额的项目划分很细，是工程定额中分项最细、定额子目最多的一种定额，也是工程定额中的基础性定额。

（2）预算定额　预算定额是一种计价性定额。从编制程序上看，预算定额是以施工定额为基础综合扩大编制的，同时它也是编制概算定额的基础。

（3）概算定额　概算定额是一种计价性定额。概算定额是编制扩大初步设计概算、确定建设项目投资额的依据。

（4）概算指标　概算指标是概算定额的扩大与合并，是以更为扩大的计量单位来编制的。概算指标的内容包括人工、材料、机械台班三个基本部分，同时还列出了分部工程及单位工程的造价，是一种计价定额。

（5）投资估算指标　投资估算指标是在项目建议书和可行性研究阶段编制投资估算、计算投资需要量时使用的一种定额，它的概略程度与可行性研究阶段相适应。

3. 按专业分类

按专业对象分为：建筑与装饰工程定额、安装工程定额、仿古建筑工程定额、园林绿化工程定额、市政工程定额、轨道交通工程定额、矿山工程定额等。

4. 按主编单位和管理权限分类

（1）全国统一定额是由国家建设行政主管部门组织编制，并在全国范围内执行的定额。

（2）行业定额是考虑到各行业主管部门组织编制的，一般是只在本行业和相同专业性质的行业范围内使用。

（3）地区定额包括省、自治区、直辖市定额。

（4）企业定额是施工企业编制的在企业内部使用的定额，企业定额水平一般应高于国家现行定额。在工程量清单计价方法下，企业定额是施工企业进行建设工程投标报价的计价依据。

（5）补充定额是指随着设计、施工技术、新材料、新结构的发展，现行定额不能满足需要的情况下，为了补充缺陷所编制的定额。

5. 按投资的费用性质分类

工程建设定额按投资的费用性质可分为工程费用定额和工程建设其他费用定额。工程费用定额包括建筑工程定额、设备安装定额、建筑安装工程费用定额、工器具定额等。工程建设其他费用定额是独立于建筑安装工程、设备和工器具购置之外的其他费用开支的标准，包括土地使用费、与项目建设有关费用、与未来企业生产经营有关的其他费用、预备费、建设期间的贷款利息和国家资产投资方向调节税等。

<h1 style="text-align:center">任务二 ▸ 施工定额</h1>

一、施工定额概述

1. 施工定额的概念

施工定额是完成一定计量单位的某一施工过程或基本工序所需消耗的人工、材料和施工机械台班数量标准，是以同一性质的施工过程为标定对象，以工序定额为基础综合而成的一种定额。

2. 施工定额的作用

（1）施工定额是编制投标文件和决策投标报价，以及编制施工组织设计、施工进度计划、施工作业计划的依据。

（2）施工定额是向施工班组签发施工任务单和限额领料单的依据。

（3）施工定额是实行按劳分配的有效手段，是计算工人工资的依据。

（4）施工定额是编制施工项目目标成本计划和项目成本核算的重要依据，也是加强企业成本管理和经济核算，进行工料分析和核算对比的基础。

（5）施工定额是企业强化定额管理和编制补充施工消耗定额，实行定额信息化管理的重要基础。

3. 施工定额的编制原则

（1）平均先进水平的原则　所谓平均先进水平，是指在正常的施工生产条件、劳动组织形式下，大多数生产者经过努力能够达到和超过的定额水平。

（2）简明适用的原则　是指施工定额项目划分要合理，步距大小要适当，内容具有鲜明性与概括性，文字通俗易懂，计算方法简便，章节的编排要便于使用，易被从业人员掌握运用。

施工定额是由劳动消耗定额、材料消耗定额、机械台班消耗定额三部分组成，以下分别介绍三种定额的内容。

二、劳动消耗定额

1. 劳动消耗定额的概念

劳动消耗定额也称人工定额，是建筑安装工人在正常的施工技术和合理的劳动组织条件下，完成单位合格产品所必须消耗活劳动的数量标准。

2. 劳动消耗定额的表现形式

劳动消耗定额按其表现形式和用途不同，可分为时间定额和产量定额。

（1）时间定额　时间定额是指某种专业的工人班组或个人，在正常施工条件下，完成一定计量单位质量合格产品或完成一定工作任务所需消耗的工作时间。

时间定额的计量单位以完成单位产品所消耗的工日来表示，如：工日/m、工日/m^2、工日/m^3、工日/t。每个工日工作时间按现行制度规定为8小时。

（2）产量定额　产量定额就是在一定的生产技术和生产组织条件下，劳动者在单位时间（工日）内生产合格产品的数量或完成工作任务量的数量标准。

产量定额的计量单位是以产品的产量为单位计算，以m、m^2、m^3、台、块、根等自然单位或物理单位来表示。

（3）时间定额与产量定额的关系　时间定额与产量定额互为倒数，即：

$$产量定额=1/时间定额 \quad 或 \quad 时间定额 \times 产量定额=1$$

如果以小组来计算，则：

$$产量定额=小组成员数/时间定额 \quad 或 \quad 时间定额 \times 产量定额=小组成员数$$

（4）时间定额和产量定额的用途　时间定额和产量定额虽同是劳动定额的不同表现形式，但其用途却不相同。前者以单位产品的工日数表示，便于计算完成某一分部（项）工程所需的总工日数，便于核算工资，便于编制施工进度计划和计算分项工程工期。后者以单位时间内完成的产品数量表示，便于小组分配施工任务，考核工人的劳动效率和签发施工任务单。

3. 劳动消耗定额的编制

劳动消耗定额是依据现行的施工规范、施工质量验收标准、建筑安装工人安全技术操作规程，采用测时法、写实记录法、工作日写实法等技术测定方法对工人的工作时间进行研究，得出相应的观测数据，经统计分析、加工整理、测算后编制而成。

（1）工作时间 工作时间指的是工作班延续时间，按其消耗的性质，可以分为两大类：定额时间（必需消耗的时间）和非定额时间（损失时间）。工人工作时间的组成如图 2.1 所示。

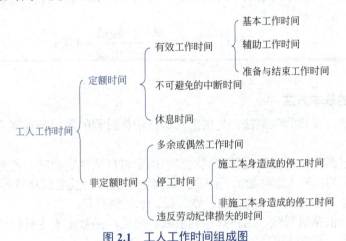

图 2.1 工人工作时间组成图

（2）定额时间的计算 基本工作时间、辅助工作时间、准备与结束工作时间、不可避免的中断时间与休息时间之和，就是人工消耗定额的时间定额。计算公式见式（2.1）。

$$时间定额 = \frac{t_\mathrm{J}}{1 - t_\mathrm{ZJ} - t_\mathrm{X} - t_\mathrm{B} - t_\mathrm{F}} \qquad (2.1)$$

式中 t_J——基本工作时间；

t_ZJ——准备与结束工作时间占定额时间百分比；

t_X——休息时间占定额时间百分比；

t_B——不可避免的中断时间占定额时间百分比；

t_F——辅助工作时间占定额时间百分比。

再根据时间定额可计算出产量定额，产量定额和时间定额互为倒数。

【例2.1】 通过计时观察资料得知：人工挖二类土 1m³ 的基本工作时间为 6h，辅助工作时间占工序作业时间的 2%。准备与结束工作时间、不可避免的中断时间、休息时间分别占工作日的 3%、2%、18%。求该人工挖二类土的时间定额是多少？

解 基本工作时间 =6/8=0.75(工日 /m³)

工序作业时间 = 基本工作时间 + 辅助工作时间 =

基本工作时间 /(1- 辅助工作时间占工序作业时间 %)=0.75/(1-2%)=0.765(工日 /m³)

时间定额 =0.765/(1-3% -2% -18%)=0.994(工日 /m³)

三、材料消耗定额

1. 材料消耗定额的概念

材料消耗定额是指在合理和节约使用材料的前提下，生产单位合格产品所必须消耗的建筑材料（半成品、配件、燃料、水、电）的数量标准。

在工业与民用建筑工程中，一般材料消耗占工程成本的 60%～70%，材料消耗定额的任务，就在于利用定额这个经济杠杆，对材料消耗进行控制和监督，以达到降低物资消耗和工程成本的目的。

建筑工程计量与计价

2. 材料消耗量定额的作用

（1）编制材料需要量计划、运输计划、供应计划，计算仓库面积。

（2）签发限额领料单，进行经济核算。

（3）组织材料正常供应，保证生产顺利进行，合理利用资源，减少积压和浪费。

3. 材料消耗定额组成

材料消耗定额包括材料净用量和材料损耗量两部分。材料净用量是指直接构成工程实体的材料。材料损耗量是指不可避免的施工废料和施工操作损耗。计算公式如下。

$$材料消耗定额 = 材料净用量 + 材料损耗量 = 材料净用量 \times (1 + 材料损耗率) \tag{2.2}$$

式（2.2）中，

$$材料损耗率 = \frac{材料损耗量}{材料净用量} \times 100\% \tag{2.3}$$

4. 确定材料消耗量的基本方法

（1）现场技术测定法　又称为观测法，是根据对材料消耗过程的测定与观察来确定各种材料消耗定额的一种方法。

（2）试验法　是通过专门的仪器和设备在试验室内确定材料消耗定额的一种方法。这种方法适用于能在试验室条件下进行测定的材料（如混凝土、砂浆、沥青、油漆涂料及防腐涂料等）。例如可测定出混凝土的配合比，然后计算出每 $1m^3$ 混凝土中的水泥、砂、石、水的消耗量。

（3）现场统计法　是根据进料数、用料数、剩余数、完成产品数来确定材料消耗量。该方法的缺点是不能分清材料的消耗性质，不能确定净用量、损耗量。

（4）理论计算法　理论计算法是根据施工图和建筑构造要求，用理论计算公式计算出产品的材料净用量的方法。这种方法主要适用于块状、板状和卷筒状产品（如砖、钢材、玻璃、油毡等）的材料消耗定额。

① 标准砖砌体材料用量计算

$$砖净用量（块）= \frac{墙厚砖数 \times 2}{墙厚 \times (砖长 + 灰缝) \times (砖厚 + 灰缝)} \tag{2.4}$$

【例2.2】 计算 $1m^3$ 标准砖砌 1 砖外墙的砖数和砂浆的净用量。

解 $$砖净用量 = \frac{1}{0.24 \times (0.24 + 0.01) \times (0.053 + 0.01)} \times 1 \times 2 = 529（块）$$

$$砂浆净用量 = 1 - 529 \times (0.24 \times 0.115 \times 0.053) = 0.226（m^3）$$

② 块料面层的材料用量计算。每 $100m^2$ 块料面层数量、灰缝及结合层材料用量公式如式（2.5）～式（2.7）。

$$100m^2块料面层材料净用量 = \frac{100}{(块料长 + 灰缝) \times (块料宽 + 灰缝)} \tag{2.5}$$

$$100m^2灰缝材料净用量 = (100 - 块料长 \times 块料宽 \times 100m^2块料用量) \times 灰缝厚度 \tag{2.6}$$

$$结合层材料用量 = 100m^2 \times 结合层厚度 \tag{2.7}$$

【例2.3】 用 1 : 1 水泥砂浆贴 150mm×150mm×5mm 瓷砖墙面，砂浆结合层厚度为 10mm，试计算每 $100m^2$ 瓷砖墙面中瓷砖和砂浆的消耗量（灰缝宽为 2mm）。假设瓷砖损耗率为 1.5%，砂浆损耗率为 1%。

解 每 $100m^2$ 瓷砖墙面中瓷砖的净用量 $= \dfrac{100}{(0.15 + 0.002) \times (0.15 + 0.002)} = 4328.25$（块）

12

$$每100m^2 瓷砖墙面中瓷砖的总消耗量=4328.25×(1+1.5\%)=4393.18(块)$$
$$每100m^2 瓷砖墙面中结合层砂浆净用量=100×0.01=1(m^3)$$
$$每100m^2 瓷砖墙面中灰缝砂浆净用量=(100-4328.25×0.15×0.15)×0.005=0.013(m^3)$$
$$每100m^2 瓷砖墙面中水泥砂浆总消耗量=(1+0.013)×(1+1\%)=1.02(m^3)$$

5. 周转材料消耗定额

（1）摊销量　周转材料一般是按多次使用、分次摊销的方法确定，所以周转性材料在材料消耗定额中，以摊销量表示。

摊销量是指周转材料使用一次在单位产品上的消耗量，即应分摊到每一单位分项工程或结构构件上的周转材料消耗量。

（2）现浇钢筋混凝土结构木模板摊销量的计算

① 确定一次使用量。可按照施工图纸算出

$$一次使用量=每计量单位混凝土构件的模板接触面积×每平方米接触面积模板量×$$
$$(1+制作和安装损耗率) \tag{2.8}$$

② 确定损耗量

$$损耗量=[一次使用量×(周转次数-1)×损耗率]/周转次数 \tag{2.9}$$

③ 周转使用量

$$周转使用量=\frac{一次使用量}{周转次数}+\frac{一次使用量×(周转次数-1)×损耗率}{周转次数} \tag{2.10}$$

④ 回收量

$$回收量=\frac{一次使用量×(1-损耗率)}{周转次数} \tag{2.11}$$

⑤ 摊销量　　　　　$$摊销量=周转使用量-回收量 \tag{2.12}$$

【例2.4】　某住宅工程捣制钢筋混凝土独立基础，模板接触面积为50m²，查表可知一次使用模板每10m²需用板材0.36m³，枋材0.45m³，模板周转次数6次，每次周转损耗率16.6%，支撑周转9次，每次周转损耗率为11.1%，试计算混凝土模板及支撑一次需用量和施工定额摊销量。

解　（1）混凝土模板摊销量计算

① 计算混凝土模板一次使用量 $=50×0.36m^3/10m^2=1.8(m^3)$
② 计算周转使用量 $=1.8×[1+(6-1)×16.6\%]/6=0.549(m^3)$
③ 计算回收量（模板）$=1.8×(1-16.6\%)/6=0.25(m^3)$
④ 计算摊销量（模板）$=0.549-0.25=0.299(m^3)$

（2）支撑摊销量计算

① 计算支撑一次使用量 $=50×0.45m^3/10m^2=2.25(m^3)$
② 计算周转使用量 $=2.25×[1+(9-1)×11.1\%]/9=0.472(m^3)$
③ 计算回收量（支撑）$=2.25×(1-11.1\%)/9=0.222(m^3)$
④ 计算摊销量（支撑）$=0.472-0.222=0.25(m^3)$

（3）预制混凝土构件木模板摊销量的计算　预制混凝土构件所用的木模板也是周转性材料，摊销量的计算方法不同于现浇混凝土构件。其计算公式按照多次使用、平均摊销的方法，根据一次使用量和周转次数得到如下计算公式。

$$摊销量=\frac{一次使用量}{周转次数} \tag{2.13}$$

四、机械台班消耗定额

1. 机械台班消耗定额的概念

机械台班消耗定额，也称机械台班使用定额，是指在正常施工条件、合理劳动组织和合理使用机械的条件下，完成单位合格产品所必须消耗机械台班数量的标准。由于我国机械消耗定额是以一台机械一个工作班为计量单位，所以又称为机械台班定额。

2. 机械台班消耗定额的表现形式

机械台班消耗定额按其表现形式不同，可分为机械时间定额和机械台班产量定额。

（1）机械时间定额　机械时间定额是指某种机械，在正常的施工条件下，完成单位合格产品（如：m、m^2、m^3、t、根、块……）所必需消耗的台班数量。

（2）机械台班产量定额　机械台班产量定额是指某种机械在合理施工组织和正常施工条件下，单位时间内完成的合格产品的数量。

（3）机械时间定额和机械台班产量定额的关系

① 对个人而言，机械时间定额和机械台班产量定额互为倒数。

② 对小组而言，机械时间定额和机械台班产量定额，不成倒数关系。机械时间定额与机械台班产量定额之积等于小组成员数总和。

3. 机械定额时间制定方法

（1）机械的工作时间分析　机械的工作时间包括定额时间和非定额时间。机械工作时间分析如图2.2所示。

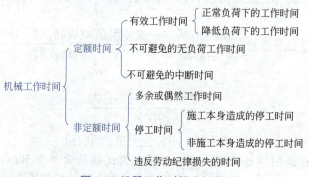

图 2.2　机器工作时间分析图

（2）机械的定额时间确定

$$定额时间 = \frac{有效工作时间}{1 - 规范时间占定额时间百分比} \tag{2.14}$$

$$规范时间 = 不可避免的无负荷工作时间 + 不可避免的中断时间 \tag{2.15}$$

4. 机械台班消耗定额的确定

（1）确定机械纯工作 1h 正常生产率 N_h

① 对于循环动作机械，确定机械纯工作 1h 正常生产率的计算公式如下：

$$机械纯工作 1h 正常循环次数 = \frac{3600s}{1 次循环的正常延续时间} \tag{2.16}$$

$$机械纯工作 1h 正常生产率 = 机械纯工作 1h 正常循环次数 × 一次循环生产的产品数量 \tag{2.17}$$

② 对于连续动作机械，确定机械纯工作 1h 正常生产率计算公式如下：

$$连续动作机械纯工作 1h 正常生产率 = \frac{工作时间内生产的产品数量}{工作时间（h）} \tag{2.18}$$

（2）确定施工机械的时间利用系数 K　机械时间利用系数的计算公式如下：

$$机械时间利用系数 = \frac{机械在一个工作班内纯工作时间}{一个工作班延续时间（8h）} \tag{2.19}$$

（3）计算施工机械台班产量定额

施工机械台班产量定额 = 机械 1h 纯工作正常生产率 × 工作班纯工作时间

　　　　　　　　　　 = 机械纯工作 1h 正常生产率 × 一个工作班延续时间 × 机械时间利用系数　　（2.20）

【例2.5】　某工程现场采用出料容量500L的混凝土搅拌机，每一次循环中，装料、搅拌、卸料、中断需要的时间分别为1min、3min、1min、1min，机械时间利用系数为0.9，求该机械的台班产量定额。

　　解　该搅拌机一次循环的正常延续时间 =1+3+1+1=6(min)=0.1(h)

　　该搅拌机纯工作 1h 循环次数 =10(次)

　　该搅拌机纯工作 1h 正常生产率 =10×500=5000(L)=5(m³)

　　该搅拌机台班产量定额 =5×8×0.9=36(m³/ 台班)

任务解析

根据任务引入的背景材料，计算砌筑1m³一砖半砖墙的人工、材料、机械台班消耗量如下。

人工时间定额：12/[1-(3％ +3％ +2％ +8％)]=14.29(h)；

　　　　　　　　14.29/8=1.786(工日 /m³)

人工产量定额：1/1.786=0.560(m³/ 工日)

标准砖净用量：2×1.5/[0.365×(0.24+0.01)×(0.053+0.01)]=522(块)；标准砖消耗量：522×(1+1%)=527.22(块)

砂浆净用量：1-522×(0.24×0.115×0.053)=0.236(m³)；砂浆消耗量：0.236×(1+1％)=0.238(m³)

机械产量定额： 0.5×[3600/(200+40+80+30+10)]=5(m³/h)

台班产量定额：5×8×0.85=34(m³/ 台班)；机械时间定额：1/34=0.029(台班 /m³)

任务三 ▶ 预算定额

引例　某学校图书信息大楼的施工图设计已经完成，下一步要进入招投标阶段，业主确定采用公开招标的方式确定承包人，在进行招投标时，请思考：

（1）业主要预先编制该工程造价即标底时，要使用什么定额？

（2）投标人投标报价编制该工程的造价时，要使用什么定额？

一、预算定额概述

1.预算定额的概念

预算定额是指在正常合理的施工条件下，规定完成一定计量单位分项工程或结构构件所必需的人工、材料、机械台班的消耗数量标准（或额度）。

预算定额属于计价定额，预算定额是以建筑物或构筑物各个分部分项工程为对象编制的定额，是以施工定额为基础综合扩大编制的，是计算建筑安装工程造价的基础，同时也是编制概算定额的基础。

2.预算定额的作用

（1）预算定额是编制施工图预算，确定和控制建筑安装工程造价的基础。

（2）预算定额是编制施工组织设计的依据。

（3）预算定额是编制工程结算的依据。

（4）预算定额是施工单位进行经济活动分析的依据。

（5）预算定额是编制概算定额的依据。

（6）预算定额是合理编制招标控制价、投标报价的依据。

引例分析　预算定额是编制招标控制价和投标报价的依据，所以本任务引例中业主要预先编制该工程造价即标底时，要使用预算定额。投标人投标报价编制该工程的造价时，要使用预算定额。

二、预算定额人工、材料和机械台班消耗量的确定

1. 人工消耗量指标的确定

预算定额中的人工消耗量指标是指完成单位分项工程或结构构件所必需消耗的人工工日数量，由基本用工和其他用工两部分组成的。

（1）基本用工　是指完成该项分项工程所必需消耗的技术工种用工。例如，为完成各种墙体工程中的砌砖、调制砂浆和运砖的用工量。基本用工按综合取定的工程量和劳动定额中相应的时间定额进行计算。

（2）其他用工　包括超运距用工、辅助用工和人工幅度差用工。

① 超运距用工。预算定额和劳动定额取定的运距不同，预算定额中取定的运距远，因此会产生超运距所需要的用工。

② 辅助用工。辅助用工指施工现场配合技术工种的用工，如筛砂子、淋石灰膏、机械土方配合、电焊点火用工等。

③ 人工幅度差用工。劳动定额中未含而预算定额中应考虑的用工，如工作地点的转移、质量检查（钢筋绑扎后检查）、机械水电线路转移、各工序交接的修复（砌砖、搭架、留洞、抹灰）等。为便于使用，用式（2.21）表示，人工幅度差系数一般取 10%～15%。

$$人工幅度差用工=(基本用工+超运距用工+辅助用工)\times 人工幅度差系数 \qquad (2.21)$$

由上述可知，预算定额中的人工消耗量为：

$$人工消耗量=(基本用工+辅助用工+超运距用工)\times(1+人工幅度差系数) \qquad (2.22)$$

2. 材料消耗量指标的确定

（1）材料消耗量指标的定义　材料消耗量指标是指完成分项工程或结构构件所需的各种材料用量。施工材料主要有：主要材料、辅助材料（指构成工程实体的用量很少的材料，如垫木、钉子、铅丝等）、周转性材料（主要指措施性材料，如脚手架、模板等）、其他材料。预算定额中的材料消耗量较施工定额中的消耗量要更加综合。

（2）材料消耗量指标的组成　预算定额中的材料消耗量也包括两部分，即净用量和不可避免的损耗量。

（3）计算方法　同计算式（2.2）、式（2.3）。

3. 施工机械台班消耗量指标的确定

（1）施工机械台班消耗量指标的定义　施工机械台班消耗量指标是指在机械正常施工条件下，完成单位合格的建筑安装产品所必需的各种施工机械的台班数量标准。

（2）机械台班消耗量的计算

$$机械台班消耗量=施工定额机械台班消耗量\times(1+机械幅度差系数) \qquad (2.23)$$

大型机械幅度差系数为：土方机械 25%，打桩机械 33%，吊装机械 30%，砂浆、其他分部工程中如钢筋加工、木材、水磨石等各项专用机械的幅度差系数为 10%。

【例 2.6】　一砖外墙设一台塔吊配合一个砖工小组施工，综合取定双面清水砖墙占 20%，单面清水墙 40%，混水砖墙占 40%。砖工小组由 22 人组成，求每 $10m^3$ 一砖外墙砌体所需塔吊台班指标。

解　机械台班消耗量 = 定额计量单位 /[小组总人数 $\times\sum$(分项计算取定比重 $\times$ 劳动定额综合产量)]

查劳动定额双面清水砖墙、单面清水墙、混水砖墙的产量定额分别为 $1.01m^3$/ 工日、$1.04m^3$/ 工日、$1.19~m^3$/ 工日，则

$$施工定额塔吊台班消耗量 =10/[22\times(0.2\times1.01+0.4\times1.04+0.4\times1.19)]=0.42(台班 /10m^3)$$

根据公式（2.23），预算定额塔吊台班消耗量 $=0.42\times(1+30\%)=0.55$（台班 $/10m^3$）

三、预算定额人工、材料和机械台班单价的确定

正确计算人工费、材料费和施工机械使用费是确定建筑安装工程费的基础。人工费、材料费和施工机械使用费计算公式如下：

$$人工费=\sum(工日消耗量\times 日工资单价) \qquad (2.24)$$

$$材料费 = \sum (材料消耗量 \times 材料单价) \tag{2.25}$$
$$施工机械使用费 = \sum (机械台班消耗量 \times 机械台班单价) \tag{2.26}$$

从上述计算公式可知，在计算人工费、材料费和施工机械使用费时，除了需确定其相对应的消耗量外，还需要明确其对应的日工资单价、材料单价和机械台班单价。

1. 人工工日单价

（1）人工工日单价的概念　人工工日单价也就是人工日工资单价，是指一个建筑安装工人一个工作日在预算中应计入的全部人工费用。一个工作日的工作时间为 8 小时，简称"工日"。

（2）人工工日单价的组成内容　按照我国现行《建筑安装工程费用项目组成》的规定，人工工日单价由计时工资或计件工资、奖金、津贴补贴、加班加点工资以及特殊情况下支付的工资组成。人工工日单价的费用组成如表 2.1 所示。

表 2.1　人工工日单价费用组成表

费用名称	组成内容
计时工资或计件工资	是指按计时工资标准和工作时间或对已做工作按计件单价支付给个人的劳动报酬
奖金	是指对超额劳动和增收节支支付给个人的劳动报酬，如节约奖、劳动竞赛奖等
津贴补贴	是指为了补偿职工特殊或额外的劳动消耗和因其他特殊原因支付给个人的津贴，以及为了保证职工工资水平不受物价影响支付给个人的物价补贴，如流动施工津贴、特殊地区施工津贴、高温（寒）作业临时津贴、高空津贴等
加班加点工资	是指按规定支付的在法定节假日工作的加班工资和在法定日工作时间外延时工作的加点工资
特殊情况下支付的工资	是指根据国家法律、法规和政策规定，因病、工伤、产假、婚丧假、事假、探亲假、定期休假、停工学习、执行国家或社会义务等原因按计时工资标准或计时工资标准的一定比例支付的工资

（3）人工日工资单价的确定方法　人工日工资单价在我国具有一定的政策性，确定了年平均每月法定工作日后，将表 2.1 人工费总额进行分摊，即形成了人工日工资单价。人工日工资单价的计算公式如下。

$$人工日工资单价 = \frac{\begin{array}{c}生产工人平均月工资（计时工资或计件工资）+ 平均月奖金 + \\ 平均月津贴补贴 + 平均月加班加点工资 + 平均月特殊情况下支付的工资\end{array}}{年平均每月法定工作日} \tag{2.27}$$

要求最低人工日工资单价不得低于工程所在地人力资源和社会保障部门所发布的最低工资标准，其中：普工 1.3 倍、一般技工 2 倍、高级技工 3 倍。

预算定额中一般根据工程项目技术要求和工种差别适当划分多种人工工日单价，确保各分部工程人工费的合理构成。

2. 材料预算单价

（1）材料预算单价的概念　材料预算单价是指建筑材料从其来源地运到施工工地仓库，直至出库形成的综合单价。

（2）材料预算单价的组成与确定　材料预算单价由材料原价（或供应价格）、材料运杂费、运输损耗费、采购及保管费组成。

① 材料原价（或供应价格）。材料原价即材料的购买价，是指国内采购材料的出厂价格、销售部门的批发牌价和市场采购价格（或信息价），国外采购材料抵达买方边境、港口或车站并缴纳完各种手续费、税费（不含增值税）后形成的价格。

💡 特别提示

若材料供货价格为含税价格，则材料原价应以购进货物适用的税率（按国家现行政策规定的从 13% 降至 10%，现降至 9%）或征收率（3%）扣减增值税进项税额。

同一种材料若购买地及单价不同，应根据不同的供货数量及单价，采用加权平均的方法确定材料原价。计算公式为：

$$加权平均原价=\frac{K_1C_1+K_2C_2+\cdots+K_nC_n}{K_1+K_2+\cdots+K_n}$$

（2.28）

式中　K_1，K_2，$\cdots$，K_n——各不同供应地点的供应量或各不同使用地点的需要量；

$\quad\quad$ C_1，C_2，$\cdots$，C_n——各不同供应地点的原价。

② 材料运杂费。是指材料自货源地运至工地仓库的过程中发生的一切费用，包括调车费、装卸费、运输费、附加工作费（搬运、整理、分类堆放）。

同一种材料有若干个来源地，根据不同来源地供货数量的比例，采取加权平均的方法确定材料运杂费。其计算公式为：

$$加权平均运杂费=\frac{K_1T_1+K_2T_2+\cdots+K_nT_n}{T_1+T_2+\cdots+T_n}$$

（2.29）

式中　K_1，K_2，$\cdots$，K_n——各不同供应地点的供应量或各不同使用地点的需要量；

$\quad\quad$ T_1，T_2，$\cdots$，T_n——各不同运距的运费。

若运输费用为含税价格，则需要按"两票制"和"一票制"两种支付方式分别调整。

a."两票制"支付方式。所谓"两票制"材料，是指材料供应商就收取的货物销售价款和运杂费向建筑业企业分别提供货物销售和交通运输两张发票的材料。在这种方式下，运杂费以交通运输与服务适用税率扣减增值税进项税额。

b."一票制"支付方式。所谓"一票制"材料，是指材料供应商就收取的货物销售价款和运杂费合计金额向建筑业企业仅提供一张货物销售发票的材料。在这种方式下，运杂费采用与材料原价相同的方式扣减增值税进项税额。

③ 运输损耗费。是指材料在运输和装卸过程中发生的不可避免的损耗。计算公式为：

$$运输损耗费=(材料原价+运杂费)\times 相应材料运输损耗率$$

（2.30）

④ 采购及保管费。是指材料供应部门在组织采购、供应和保管材料过程中所需的各项费用。包括采购费、仓储费、工地管理费和仓储损耗费。计算公式为：

$$采购及保管费=(材料原价+运杂费+运输损耗费)\times 采购及保管费率$$

（2.31）

上述费用汇总之后，得到材料单价的计算公式为：

$$材料单价=[(材料原价+运杂费)\times(1+运输损耗率)]\times(1+采购及保管费率)$$

（2.32）

【例 2.7】　某办公大楼施工所需的水泥材料从甲、乙两个地方采购，其采购量及有关费用如表 2.2 所示，表中原价（适用 13% 增值税率）、运杂费（适用 9% 增值税率）均为含税价格，且材料采用"两票制"支付方式。求该水泥的单价。

表 2.2　水泥采购信息表

采购处	采购量 /t	原价 /（元 /t）	运杂费 /（元 /t）	运输损耗率 /%	采购及保管费率 /%
甲	300	250	25	0.5	3.5
乙	200	260	20	0.4	

解　材料含税价 = 不含税价 + 增值税 = 不含税价 + 不含税价 × 增值税率 = 不含税价 ×（1+ 增值税率）

（1）将水泥原价调整为不含税价格。

甲地的水泥原价（不含税）=250/1.13=221.24（元 /t）；乙地的水泥原价（不含税）=260/1.13=230.09（元 /t）

$$水泥加权平均原价=\frac{221.24\times 300+230.09\times 200}{300+200}=224.78（元 /t）$$

（2）将水泥运杂费调整为不含税价格。

甲地的水泥运杂费（不含税）=25/1.09=22.94（元 /t）；乙地的水泥运杂费（不含税）=20/1.09=18.35（元 /t）

$$水泥加权平均运杂费 = \frac{22.94 \times 300 + 18.35 \times 200}{300 + 200} = 21.10(元/t)$$

（3）计算加权平均运输损耗费。

甲地的水泥运输损耗费 =(221.24+22.94)×0.5%=1.22(元/t)；乙地的水泥运输损耗费 =(230.09+18.35)×0.4%=0.99(元/t)。

$$加权平均运输损耗费 = \frac{1.22 \times 300 + 0.99 \times 200}{300 + 200} = 1.13(元/t)$$

材料单价 =(224.78+21.10+1.13)×(1+3.5%)=255.66(元/t)

$$或者：加权平均运输损耗率 = \frac{0.5\% \times 300 + 0.4\% \times 200}{300 + 200} = 0.46\%$$

材料预算单价 =(224.78+21.10)×(1+0.46%)×(1+3.5%)=255.66(元/t)

3. 施工机械台班单价

（1）施工机械台班单价的概念　施工机械台班单价是指施工机械在正常运转条件下，一个工作班（一般按 8h 计）所发生的全部费用。

（2）施工机械台班单价的组成与确定　机械台班单价的组成费用按性质可分为两类，见表 2.3。

表 2.3　机械台班单价组成费用表

第一类（不变费用）		第二类（可变费用）		
费用项目	性质	费用项目		性质
台班折旧费		台班机上人工费		
台班检修费	属于分摊性质	台班燃料动力费		属于支出性质
台班维护费		台班其他费	养路费	
台班安拆及场外运输费			车船使用税、年保险费、年检测费	

① 台班折旧费。指施工机械在规定使用期限内，每一台班所分摊的机械原值及支付贷款利息的费用。其计算公式为：

$$台班折旧费 = 机械购置费 \times (1-残值率)/耐用总台班数 \tag{2.33}$$

$$耐用总台班 = 折旧年限 \times 年工作台班 = 检修间隔台班 \times 检修周期 \tag{2.34}$$

② 台班检修费。指施工机械在规定的耐用总台班内，按规定的检修间隔进行必要的检修，以恢复其正常功能所需的费用。其计算公式为：

$$台班检修费 = 一次检修费 \times 检修次数 \times 除税系数/耐用总台班 \tag{2.35}$$

③ 台班维护费。指施工机械在规定的耐用总台班内，按规定维护间隔进行各级维护和临时故障排除所需的费用。其计算公式为：

$$台班维护费 = \frac{(各级维护一次费用 \times 除税系数 \times 各级维护次数) + 临时故障排除费}{耐用总台班} \tag{2.36}$$

当维护费计算公式中各项数值难以确定时，也可按下列公式计算：

$$台班维护费 = 台班检修费 \times K \tag{2.37}$$

式中　K——维护费系数，指维护费占检修费的百分数。

④ 台班安拆及场外运输费。安拆费指施工机械在现场进行安装与拆卸所需的人工、材料、机械和试运转费用以及机械辅助设施的折旧、搭设、拆除等费用；场外运输费指施工机械整体或分体自停放地点运至施工现场或由一施工地点运至另一施工地点的运输、装卸、辅助材料及架线等费用。其计算公式为：

$$台班安拆及场外运输费 = \frac{一次安拆及场外运输费 \times 年平均安拆次数 \times 各级维护次数}{年工作台班} \tag{2.38}$$

⑤ 台班机上人工费。指机上司机（司炉）和其他操作人员的人工费。按下列公式计算：

$$台班人工费 = 人工消耗量 \times \left(1 + \frac{年制度工作日 - 年工作台班}{年工作台班}\right) \times 人工单价 \qquad (2.39)$$

【例 2.8】 某载重汽车配司机 1 人，当年制度工作日为 280 天，年工作台班为 250 台班，人工单价为 80 元。求该载重汽车的人工费为多少？

解 人工费 =1×[1+(280-250)/250]×80=89.60（元 / 台班）

⑥ 台班燃料动力费。指施工机械在运转作业中所耗用的固体燃料（煤炭、木材）、液体燃料（汽油、柴油）、电力、水和风力等费用。计算公式如下：

$$台班燃料动力费 = \sum（燃料动力消耗量 \times 燃料动力单价） \qquad (2.40)$$

⑦ 台班其他费。指施工机械按照国家规定应缴纳的养路费、年车船使用税、年保险费及年检测费等。其计算公式为：

$$台班其他费 = \frac{年车船使用税 + 年保险费 + 年检测费}{年工作台班} \qquad (2.41)$$

【例 2.9】 某土方施工机械原值为 150000 元，耐用总台班为 6000 台班，一次检修费为 9000 元，耐用期内检修次数为 4 次，台班维护费系数为 20%，每台班发生的其他费用合计为 30 元 / 台班，忽略残值和资金时间价值，试计算该机械的台班单价。

解 台班折旧费 =150000/6000=25(元 / 台班)；台班检修费 =9000×4/6000=6.0(元 / 台班)；台班维护费 =6.0×20% =1.2(元 / 台班)；台班单价 =25+6.0+1.2+30=62.2(元 / 台班)

任务四 ▶ 消耗量定额

一、消耗量定额概述

1. 消耗量定额的概念

消耗量定额是指由建设行政主管部门根据合理的施工组织设计，按照正常施工条件制定的，生产一个规定计量单位工程合格产品所需人工、材料、机械台班的社会平均消耗量标准。

消耗量定额是由劳动消耗定额、材料消耗定额和机械台班消耗定额组成。从本质上讲，消耗量定额从属于预算定额，具有预算定额的作用。

1995 年之前我国没有消耗量定额之说，1995 年国家颁布了《全国统一建筑工程基础定额》，基础定额又称为消耗量定额，为了配合清单计价模式的推行，各省以 "95 基础定额" 为基础编制了各省的消耗量定额，它是国家在推行清单计价时，预算定额的新的表现形式。即以预算定额为基础编制的只有消耗量的定额，为了和原来的预算定额进行区分，取名为消耗量定额。

2. 消耗量定额的作用

（1）消耗量定额是确定工程造价、编制招标标底和确定投标报价的基础。

（2）消耗量定额是企业编制工程计划、科学组织和管理施工的重要依据。

（3）消耗量定额是建筑企业计算劳动报酬与奖励，推行经济责任制的重要依据。

（4）消耗量定额是建筑企业提高劳动生产率，降低工程成本，进行经济分析、成本核算的重要工具。

（5）消耗量定额是建筑企业总结经验，改进工作方法，提高企业竞争力的重要手段。

二、消耗量定额的组成

消耗量定额的内容，一般由总说明、分部说明与工程量计算规则、分项工程定额表和有关的附录（附表）组成。

1. 总说明

总说明是对定额的使用方法及全册共同性问题所作的综合说明和统一规定。要正确地使用消耗量定额，就必须首先熟悉和掌握总说明内容，以便对整个定额手册有全面了解。

2. 分部说明与工程量计算规则

（1）分部说明　是对本分部编制内容、使用方法和共同性问题所作的说明与规定，它是消耗量定额的重要组成部分。

（2）工程量计算规则　是对本分部中各分项工程工程量的计算方法所作的规定，它是编制预算时计算分项工程工程量的重要依据。

3. 分项工程定额表

分项工程定额表是定额最基本的表现形式，包括分项工程基价、分项工程消耗指标、材料预算价格、机械台班预算价格。每一定额表均列有工作内容、定额编号、项目名称、计量单位、定额消耗量、基价和附注等。

4. 附录

附录是消耗量定额的有机组成部分，各省、市、自治区、直辖市编入内容不尽相同，一般包括定额砂浆与混凝土配合比表、建筑机械台班费用定额、主要材料施工损耗表、建筑材料预算价格取定表、某些工程量计算表以及简图等。定额附录内容可作为定额换算与调整和制定补充定额的参考依据。

三、消耗量定额的应用

1. 定额的直接套用

当图纸设计工程项目的内容与定额项目的内容一致时，可直接套用定额，确定工料机消耗量。此类情况在编制施工预算时属于大多数情况。直接套用定额的主要内容包括定额编号、项目名称、计量单位、工料机消耗量、定额基价等。

现以 2018 年《湖北省房屋建筑与装饰工程消耗量定额及全费用基价表》（简称"湖北 2018 版消耗量定额"，下同）中"砌筑工程"为例，说明消耗量定额的具体识读和使用方法。定额子目 A1-6 中数据计算过程如下：

全费用：$1625.23+2947.59+45.71+1490.31+671.97=6780.81$（元）；

人工费：$92.00 \times 2.764+142 \times 5.528+212 \times 2.764=1625.23$（元）；

材料费：$(349.57 \times 5.332+257.35 \times 4.148+3.39 \times 1.680) \times (1+0.18\%)+0.75 \times 6.956=2947.59$（元）；

机械费：$187.32 \times 0.244=45.71$（元）；

扣除燃料动力费的机械台班单价费用：$(1625.23+45.71) \times (13.64\%+0.7\%)+(1625.23+45.71) \times 28.27\%+(1625.23+45.71) \times 19.73\%+(1625.23+45.71) \times 26.85\%=1490.31$（元）；

增值税：$(1625.23+2947.59+45.71+1490.31) \times 11\%=671.97$（元）

需注意的是，电并入材料费，干混砂浆罐式搅拌机 20000L 需扣除燃动费的机械台班单价。管理费、利润、税金的费率依据《湖北建筑工程费用定额》（2018 年版）（简称"湖北 2018 版费用定额"，下同）取费。

直接套用定额时应注意以下几点。

（1）应根据施工图纸、设计说明、做法说明、分项工程施工过程划分来选择合适的定额项目。

（2）要从工程内容、技术特征、施工方法及材料机械规格与型号上仔细核对与定额规定的是否一致，才能较正确地确定相应的定额项目。

（3）分项工程的名称、计量单位必须要与消耗量定额相一致，计量口径不一的，不能直接套用定额。

（4）要注意定额表上的工作内容，工作内容中列出的内容其工、料、机消耗已包括在定额内，否则需另列项目计取。

现以湖北 2018 版消耗量定额为例，说明消耗量定额的直接套用方法。

二维码 2.1

【例 2.10】 某工程现用 DM M10 干混砌筑砂浆和标准蒸压灰砂砖砌一砖厚混水砖墙 10m³，试计算其工料机消耗量。

解 ① 查阅湖北 2018 版消耗量定额，确定定额编号：A1-5。

② 计算主要工料机消耗量：

人工消耗量：普工为 2.872 工日 /10m³；技工为 5.745 工日 /10m³；高级技工为 2.872 工日 /10m³。

材料消耗量：标准蒸压灰砂砖用量为 5.379 千块 /10m³；DM M10 干混砌筑砂浆用量为 3.932t/10m³；水用量为 1.638m³/10m³；其他材料费占比为 0.18%；耗电量为 6.50 kW·h。

机械台班消耗量：干混砂浆罐式搅拌机 20000L=0.228 台班 /10m³。

（5）查阅时应特别注意定额表下附注，附注作为定额表的一种补充与完善，套用时必须严格执行。

【例 2.11】 某住宅钢结构工程采用 H 形梁间支撑 4.5t，试确定其人工费、材料费和机械费。

解 查阅湖北 2018 版消耗量定额，可见定额表下附注："H 形、箱形梁间支撑套用钢梁安装定额"。因此直接套用钢梁定额子目，定额编号 A3-50。

可知定额人工费为 225.31 元 /t，定额材料费为 4890.51 元 /t，定额机械费为 102.24 元 /t。

则该住宅钢结构工程采用 H 形梁间支撑：

人工费 =4.5×225.31=1013.90(元)；材料费 =4.5×4890.51=22007.30(元)；机械费 =4.5×102.24= 60.08(元)。

（6）查阅时应特别注意定额说明，定额规定不允许调整的分项工程，即使不同，也不得调整。

【例 2.12】 某步行街服装商店制作安装 100m² 橱窗，橱窗玻璃厚度 15mm，试确定其人工费、材料费、机械费和基价。

解 查阅湖北 2018 版消耗量定额，定额编号 A5-188，定额说明：玻璃厚度不同时，按此定额子目套用。也就是定额规定不允许调整，因此，直接套用该定额子目。

人工费为 39483.61 元 /100m²，材料费为 30297.15 元 /100m²，机械费为 0。

因此，基价 = 人工费 + 材料费 + 机械费 =39483.61+30297.15=69780.76(元 /100m²)。

（7）在确定配合比材料消耗量（如砂浆，混凝土中的砂、石、水泥的消耗量）时，要正确应用定额附录。

【例 2.13】 试求 20m³ 预拌混凝土 C20 独立基础人工和材料的消耗量。

解 查阅湖北 2018 版消耗量定额，定额编号 A2-5。

可进行第一次工料分析：

人工消耗量：普工为 1.525×2=3.05(工日)，技工为 1.248×2=2.50(工日)；

材料消耗量：预拌混凝土 C20 为 10.10×2=20.20(m³)；塑料薄膜为 15.927×2=31.854(m²)；水为 1.125×2=2.25(m³)；电为 2.31×2=4.62(kW·h)。

再进行第二次工料分析：

要分析 20.20m³ 预拌混凝土 C20 中具体消耗多少水泥、砂、碎石，还需要查阅定额附表中的混凝土配合比表。根据湖北 2018 版消耗量定额总说明"本定额所使用的混凝土均按预拌混凝土编制"。实际采用现场浇捣时，混凝土坍落度取值见表 2.4。

表 2.4 混凝土坍落度取值表

名称	现浇混凝土	防水混凝土	泵送混凝土
坍落度 /mm	30 ~ 50	30 ~ 50	110 ~ 130

找到对应的坍落度 30 ~ 50mm 和石子粒径，在定额附录混凝土配合比表找到与之对应的定额编号 1-44，可知每立方米 C20 混凝土消耗：42.5 水泥为 306kg/m³，中（粗）砂为 0.55m³/m³，碎石 20mm 粒径为 0.84m³/m³，水为 0.20m³/m。

所以，20.20m³C20 预拌混凝土独立基础中工料消耗：

42.5 水泥为 306kg/m³×20.20m³=6181.20(kg)；中（粗）砂为 0.55m³/m³×20.20m³=11.11(m³)；碎石 20mm 为 0.84m³/m³×20.20m³=16.97(m³)；水为 0.20m³/m³×20.20m³=4.04(m³)。

2. 消耗量定额的换算

当施工图纸设计要求与定额的工程内容、材料的规格型号、施工方法等条件不完全相符，按定额有关规定可进行调整与换算。应在定额项目编号在右下角应注明"换"字，以示区别。常见的换算类型有以下几种。

（1）砂浆、混凝土换算

① 砂浆、混凝土配合比换算。砂浆、混凝土配合比换算是指当设计砂浆、混凝土配合比与定额规定不同时，砂浆、混凝土用量不变，即人工费、机械费不变，只调整材料费，应按定额规定的换算范围进行换算。其换算公式如下：

$$换算后基价 = 原定额基价 + [换入砂浆(或混凝土)单价 - 定额砂浆(或混凝土)单价] \times$$
$$定额砂浆(或混凝土)用量 \tag{2.42}$$

$$换算后相应定额消耗量 = 原定额消耗量 + [设计砂浆(或混凝土)单位用量 - 定额砂浆$$
$$(或混凝土)单位用量 \times 定额砂浆(或混凝土)用量] \tag{2.43}$$

【例 2.14】 试确定武汉市 DM M15 干混砌筑砂浆砌一砖厚混水砖墙 $10m^3$ 的定额编号、定额基价、材料费、人工费、机械费。

解 查阅湖北 2018 版消耗量定额，干混砌筑砂浆砌一砖厚混水砖墙对应的定额编码为 A1-5，但是定额材料中使用的砂浆为 DM M10，而本题所用的砂浆为 DM M15，故需要对砂浆进行换算。其中，砂浆的单位消耗量不会改变，仅需要对砂浆的价格进行换算。

由题设可知，工程建设地点为武汉，则可以查阅武汉市的 DM M15 的市场信息价为 300.1 元 $/10m^3$。则定额编号为 A1-5$_{换}$。

定额基价 $=1688.88+2907.88+42.71+3.932 \times (300.10-257.35)=4807.56(元/10m^3)$；

材料费 $=2907.88+3.932 \times (300.10-257.35)=3075.97(元/10m^3)$；

人工费 $=1688.88$ 元 $/10m^3$，机械费 $=42.71$ 元 $/10m^3$。

② 砂浆厚度的换算。砂浆厚度换算指设计规定的砂浆找平或抹灰厚度与定额规定不相符时，砂浆用量需要改变，因而人工费、材料费、机械费均需要换算，在定额允许的范围内，对砂浆单价进行换算。

【例 2.15】 试确定 25mm 厚细石混凝土上干混地面砂浆 DS M25 找平层 $24.5m^2$ 的定额基价与合价（已知武汉市上干混地面砂浆 DS M25，2019 年 3 月的含税价为 423.00 元 $/t$，除税价格为 365.61 元 $/t$）。

解 查阅湖北 2018 版消耗量定额的定额子目 A9-1 和 A9-3。定额中所给的干混地面砂浆为 DS M20，而设计砂浆为 DS M25，所以要对砂浆强度等级进行换算。定额中给出的砂浆找平层的厚度为 20mm，而设计找平层的厚度为 25mm，所以还需要对砂浆找平层的厚度进行调整换算。

通过查阅定额，混凝土硬基层上做砂浆找平层，可查阅 A9-1 编码，其对应厚度为 20mm，A9-3 编码为定额调整项目码，该定额换算应为：A9-1$_{换}$+A9-3$_{换}$。

A9-1$_{换}$基价 $=678.08+1080.72+3.468 \times (365.61-308.64)+63.69=2020.06(元/10m^2)$；

A9-3$_{换}$基价 $=92.74+269.41+0.867 \times (365.61-308.64)+15.92=427.46(元/10m^2)$；

总基价 $=2020.06+427.46=2447.52(元/10m^2)$；

合价 $=(2020.06+427.46) \times 0.245=599.64(元)$。

③ 预拌砂浆与现拌砂浆换算。湖北 2018 版消耗量定额中的砌筑砂浆都是按照干混预拌砂浆编制的。如果现场使用的是现拌砂浆，那么就需要进行换算。

【例 2.16】 试确定 M7.5 现拌干混砌筑砂浆砌一砖空心砖墙 $10m^3$ 的定额编号、定额基价、人工费、材料费、机械台班价格（已知干混砌筑砂浆 M7.5，2019 年 3 月的市场价格为 288.03 元 $/m^3$）。

解 此例题需要用到现拌干混砌筑砂浆，而消耗量定额项目中的砂浆均为预拌干混砌筑砂浆。通过查阅湖北消耗量定额总说明，本定额中所使用的砂浆均按干混预拌砂浆编制，如果实际使用的是现拌砂浆和湿拌预拌砂浆时，按表 2.5 调整。

表 2.5 实际使用现拌砂浆调整表

材料名称	技工/(工日/t)	水/(m³/t)	现拌砂浆/(m³/t)	罐式搅拌机	灰浆搅拌机/(台班/t)
干混砌筑砂浆	+0.225	-0.147	×0.588	减定额台班量	+0.01
干混地面砂浆					
干混抹灰砂浆	+0.232	-0.151	×0.606		

根据题设，M7.5 现拌干混砂浆砌筑一砖空心墙，可查到定额 A1-11 子目，则定额编号为 A1-11 换。

先执行干混砌筑砂浆 DM M10 换算现拌砌筑砂浆 DM M7.5，则：

现拌砌筑砂浆 M7.5=2.264×0.588=1.331(m³)；技工 =4.219+2.264×0.225=4.728(工日)；

水 =1.363−2.264×0.147=1.027(m³)；灰浆搅拌机 =2.264×0.01=0.023(台班)。

完成以上步骤后，根据表 2.5 实际使用现拌砂浆调整表可知，还需完成：

二维码 2.2

（1）罐式搅拌机减定额台班量，材料费中的"电【机械】"也要相应核减；

（2）需要补充原定额没有的干混砌筑砂浆灰浆搅拌机及燃动材料费，可查机械台班费用定额，见表 2.6。

表 2.6 灰浆搅拌机拌筒容量 200L 机械台班费用定额

项目			台班单价/元	台班单价（扣燃动费）/元	费用组成					人工及燃料动力费				
编码	名称及规格型号				折旧费/元	检修费/元	维护费/元	安拆费及场外运费/元	人工费/元	燃料动力费/元	人工/工日	汽油/kg	柴油/kg	电/(kW·h)	水/t
											142.00	6.03	5.26	0.75	3.39
JX17060690	灰浆搅拌机拌筒容量200L	小	162.91	156.45	2.55	0.36	1.44	10.10	142.00	6.46	1.00			8.61	

增加灰浆搅拌机"电【机械】"=0.023×8.61=0.198(kW·h/10m³)（计入材料费）；

A1-11 换：人工费 =1240.54+142×(4.728−4.219)=1312.82(元 /10m³)；

材料费 =1524.96−257.35×2.264+1.331×288.03−1.363×3.39+1.030×3.39−3.792×0.75+0.198×0.75=1321.86(元 /10m³)；

机械台班费 =156.45×0.023=3.60(元 /10m³)；

调整后的定额基价 =1312.82+1321.86+3.60=2638.28(元 /10m³)。

④ 现场搅拌混凝土增加费换算。湖北 2018 版消耗量定额规定，混凝土及钢筋混凝土工程章节的混凝土项目按预拌混凝土编制，采用现场搅拌时，执行相应的预拌混凝土项目，再执行现场搅拌混凝土调整费项目。其中，预拌混凝土是指在混凝土厂集中搅拌，含运输、泵送到施工现场并入模的混凝土。

【例 2.17】 试确定 C20 现场搅拌混凝土阳台板 65.7m³ 的定额编号、定额基价及合价。

解 根据设计要求，本题需采用现场搅拌混凝土完成阳台板的浇筑工作。可查定额编码 A2-44 和 A2-59。

现场搅拌混凝土基价为 A2-44+A2-59。

阳台板定额混凝土含量为 10.1m³/10m³，其中 A2-59 项目，是仅对混凝土项目进行调整。已知 A2-44 子项中混凝土的消耗量为 10.100m³/10m³，故 65.7m³ 的阳台板需要消耗混凝土的工程量为：65.7×1.01=66.357(m³)。

A2-44 基价 =1145.23+3652.17=4797.4(元 /10m³)；A2-59 基价 =731.68+28.98+73.06=833.72(元 /10m³)；

阳台板合价 =4797.4×65.7/10+833.72×66.357/10=37051.23(元)。

（2）系数换算 当设计内容与定额规定内容不完全相符时，按定额规定乘以系数进行换算。

如混凝土及钢筋混凝土工程项目中规定，楼梯是按建筑物一个自然层双跑楼梯考虑，如单坡直行楼梯（即一个自然层无休息平台）按相应项目定额乘以系数 1.2；三跑楼梯（即一个自然层两个休息平台）按相应项目定额乘以系数 0.9；四跑楼梯（即一个自然层三个休息平台）按相应项目定额乘以系数 0.75。

【例 2.18】 试确定人工挖基坑 274.35m³ 的人工费、定额基价合价（三类土，深度 3m，湿土）。

解 根据挖土方式，土壤类别和挖土深度，该项目可查阅定额子目 G1-20。根据定额规定，人工挖、运湿土时，相应项目人工乘以系数 1.18。

G1-20换：人工费 =4.904×1.18×92=532.38(元 /10m³)；基价合价 =532.38×27.435=14605.85(元)。

（3）其他换算

① 运距换算

【例 2.19】 试确定自卸汽车（8t）运土方 1780.68m³ 的定额基价合价、材料费、机械费。土方为三类土、运距 5km。

解 汽车运土时运输道路是按一、二、三类道路综合取定的，已经考虑了运输过程中道路清理的人工，当需要辅助材料时，应另行计算。自卸汽车（8t）运土方，运距 5km，可套用定额子目为 G1-212 和 G1-213。

定额 G1-212 子项仅包括运距 1km 以内的单价，根据定额子目划分，总运距在 30km 以内时，每超过 1km 运距就需要加上一个 G1-213 子项的基价。根据题设，5km 的运距中，第 1km 的运距应对应 G1-212 子项，后 4km 的运距应该都需要套用 G1-213 子项。则

材料费 =2189.33+630.81×4=4712.57(元)；机械费 =3803.87+1125.00×4=8303.87(元)；

基价 = 材料费 + 机械费 =4712.57+8303.87=13016.44(元)；

基价合价 =13016.44×1780.68/1000=23178.11(元)。

 特别提示

在施工机械进行换算时，有的项目也需要对燃料价格进行调整换算。定额中柴油和汽油对应的单位是千克，而在实际生活中，加油站给出的油价单位是元 / 升。对应的换算公式如下：

汽油：1 升为 0.73 千克；柴油（轻柴油）：1 升为 0.86 千克。

② 人工工日调整换算

湖北 2018 版消耗量定额中部分章节提到了人工工日增加的问题，但是定额中只给出了人工综合工日的增加量，并未给出具体的普工、技工、高级技工对应的增加量。遇到人工工日调整时，通常采用的方法是按比例增加。

【例 2.20】 已知土工布单价为 5.99 元 /m²，试确定 C20 商品混凝土浇筑底板厚度 1.2m 有梁式满堂基础 563.87m³ 的人工工日数量和定额基价、合价。

解 该商品混凝土浇筑的基础类型为满堂基础，在混凝土及钢筋混凝土章节说明中提到，大体积混凝土（指基础底板厚度大于 1m 的地下室底板或满堂基础）养护期保温按相应定额子目每 10m³ 增加人工 0.01 工日，土工布增加 0.469m²；大体积混凝土温度控制费用按照经批准的专项施工方案另行计算。

根据题设可知，本题浇筑有梁式满堂基础，其养护需要增加 0.01 工日 /10m³。则 A2-7换，定额含量：普工 1.692 工日；技工 1.384 工日。

当执行人工工日增加 0.01 工日时：

普工工日增加量 =[1.692 /(1.692+1.384)]×0.01=0.006(工日)；

技工工日增加量 =[1.384 /(1.692+1.384)]×0.01=0.004(工日)；

换算后普工含量 =0.006+1.692=1.698(工日)；换算后技工含量 =0.004+1.384=1.388(工日)；

人工费 =1.698×92+1.388×142=353.31(元 /10m³)。

材料项目中每 10m³ 需要增加 0.469m² 的土工布，本题土工布单价 5.99 元 /m²。

材料费 =3497.66+0.469×5.99=3500.47(元 /10m³)；机械费 =0.24(元 /10m³)；

换算后定额基价 =353.31+3500.47+0.24=3854.02(元 /10m³)；

定额合价 =3854.02×563.87/10=217316.63(元)。

任务五 ▶ 装配式建筑消耗量定额

一、《装配式建筑工程消耗量定额》概述

为贯彻落实《国务院办公厅关于大力发展装配式建筑的指导意见》（国办发 [2016]71 号）"适用、

经济、安全、绿色、美观"的建筑方针，推进建造方式创新，促进传统建造方式向现代建造方式转变，满足装配式建筑项目的计价需要，合理确定和有效控制其工程造价，住建部印发《装配式建筑工程消耗量定额》，2017年3月1日起执行并制定《装配式建筑工程消耗量定额》[TY01-01（01）-2016]。

《装配式建筑工程消耗量定额》适用于装配式混凝土结构、钢结构、木结构建筑工程项目。本定额是完成规定计量单位分部分项、措施项目所需的人工、材料、施工机械台班的消耗量标准，是各地区、部门工程造价管理机构编制建设工程定额确定消耗量，以及编制国有投资工程投资估算、设计概算和最高投标限价（标底）的依据。

《装配式建筑工程消耗量定额》应与现行《房屋建筑与装饰工程消耗量定额》（TY01-31-2015）配套使用。本定额仅包括符合装配式建筑项目特征的相关定额项目，对装配式建筑中采用传统施工工艺的项目，应根据本定额有关说明按《房屋建筑与装饰工程消耗量定额》（TY01-31-2015）的相应项目及规定执行。

二、《湖北省装配式建筑工程消耗量定额及全费用基价表》（2018）概述

《湖北省装配式建筑工程消耗量定额及全费用基价表》（2018）适用于在湖北省行政区域内按照《装配式建筑评价标准》（GB/T 51129—2017）要求，采用标准化设计、工业化生产、装配化施工、一体化装修、信息化管理的建筑工程项目，包括装配式混凝土结构工程和装配式钢结构工程。

《湖北省装配式建筑工程消耗量定额及全费用基价表》（2018）与《湖北省房屋建筑与装饰工程消耗量定额》（2018）配套使用，对装配式建筑中采用传统施工工艺的项目，应根据《装配式建筑工程消耗量定额》有关说明按《湖北省房屋建筑与装饰工程消耗量定额》（2018）的相应项目及规定执行。

三、装配式混凝土结构工程

（1）装配式混凝土结构工程包括装配式混凝土构件安装、装配式后浇混凝土浇捣两节，共49个定额子目。

（2）装配式混凝土结构工程指预制混凝土构件通过可靠的连接方式装配而成的混凝土结构，包括装配整体式混凝土结构、全装配混凝土结构。

（3）装配式混凝土构件安装。

（4）装配式后浇混凝土浇捣。后浇混凝土指装配整体式结构中，用于与预制混凝土构件连接形成整体构件的现场浇筑混凝土。

四、装配式钢结构工程

（1）装配式钢结构工程包括预制钢构件安装、围护体系安装及其他金属构件安装三节，共76个定额子目。

（2）预制钢构件安装包括钢网架安装、库房钢结构安装、住宅钢结构安装、装配式钢结构安装等内容。

（3）装配式钢结构工程相应项目所含油漆，仅指构件安装时节点焊接或因切割引起补漆。预制钢构件的除锈、油漆的费用应在成品价格内包含。

（4）预制钢构件安装。构件安装定额中预制钢构件以外购成品编制，不考虑施工损耗。预制钢结构构件安装，按构件种类及重量不同套用定额。

（5）围护体系安装。围护体系安装不含金属结构屋面板部分的安装，相应定额子目包含在《湖北省房屋建筑与装饰工程消耗量定额》屋面及防水工程章节中。

（6）其他金属构件安装包括零星钢结构安装定额，适用于本章未列项目且单件质量在25kg以内的小型钢构件安装。住宅结构的零星钢构件安装应扣除定额中汽车式起重机消耗量。

任务六 ▶ 其他定额

一、概算定额

1. 概算定额的概念

概算定额，是在预算定额基础上，确定完成合格的单位扩大分项工程或单位扩大结构构件所需消耗的人工、材料和施工机具台班的数量标准及其费用标准。因而概算定额又称扩大结构定额。

 特别提示

概算定额是预算定额的综合扩大。如湖北省目前使用的建筑工程概算定额中，定额编号 2-104 的砂垫层，包括挖土、运土、原土打夯、砂垫层四个工程内容。

2. 概算定额的分类

概算定额可分为建筑工程概算定额、设备安装工程概算定额和其他各种专业工程概算定额等。

建筑工程概算定额包括一般土建工程概算定额、给排水工程概算定额、采暖工程概算定额、通信工程概算定额、电气照明工程概算定额和工业管道工程概算定额等。

设备安装工程概算定额主要包括机器设备及安装工程概算定额、电气设备及安装工程概算定额和工器具及生产家具购置费概算定额等。

其他各种专业工程概算定额包括公路工程概算定额、电力工程建设概算定额、市政工程概算定额等，形成了覆盖各个专业领域的概算定额体系。

3. 概算定额的作用

（1）它是初步设计阶段编制概算、扩大初步设计阶段编制修正概算的主要依据。概算定额是为适应这种设计深度而编制的，其定额项目划分更具综合性，能够满足初步设计或扩大初步设计阶段工程计价需要。

（2）它是对设计项目进行技术经济分析比较的基础资料之一。概算定额按扩大分项工程或扩大结构构件划分定额项目，可为初步设计或扩大初步设计方案的比较提供方便的条件。

（3）它是建设工程主要材料计划编制的依据。根据概算定额的消耗量指标可以比较准确、快速地计算主要材料及其他物资数量，可以在施工图设计之前提出物资采购计划。

（4）它是编制概算指标的依据。概算指标和投资估算均比概算定额更加综合扩大，两者的编制均需以概算定额作为基础，再结合其他一些资料和数据进行必要测算和分析才能完成。

（5）它是施工企业在准备施工期间，编制施工组织总设计或总规划时，对生产要素提出需要量计划的依据。

（6）它是工程结束后，进行竣工决算和评价的依据。

（7）概算定额是编制标底的依据和投标报价的参考。有些工程项目在初步设计阶段进行招标，概算定额是编制招标标底的重要依据；施工企业在投标报价时，也可以概算定额作为参考，既有一定的准确性，又能快速报价。

二、概算指标

1. 概算指标的概念

概算指标是指以整个建筑物和构筑物为对象编制的定额，是比概算定额更加综合的指标。其指标一般以建筑面积或体积或万元造价为计量单位，表示各种资源（人工、材料、机械台班及其资金等）的消耗数量标准。

建筑安装工程概算指标通常是以单位工程为对象，以建筑面积、体积或成套设备装置的台或组为计量单位而规定的人工、材料、机具台班的消耗量标准和造价指标。

2. 概算指标的作用

（1）可以作为编制投资估算的参考。

（2）它是初步设计阶段编制概算书，确定工程概算造价的依据。

（3）概算指标中的主要材料指标可以作为估算主要材料用量的依据。

（4）它是设计单位进行设计方案比较、设计技术经济分析的依据。

（5）它概算指标是编制固定资产投资计划，确定投资额和主要材料计划的主要依据。

（6）它是建筑企业编制劳动力、材料计划，实行经济核算的依据。

3. 概算指标的分类

概算指标分为建筑工程概算指标和设备及安装工程概算指标两类。

（1）建筑工程概算指标包括：一般土建、给排水、采暖、通信、电气照明工程概算指标。

（2）设备及安装工程概算指标包括：机械设备及安装、电气设备及安装、器具及生产家具购置费概算指标。

三、投资估算指标

1. 投资估算指标的概念

投资估算指标是在编制项目建议书、可行性研究报告和编制设计任务书阶段进行投资估算、计算投资需要量时使用的一种定额。它是以独立的建设项目、单项工程或单位工程为对象，综合项目全过程投资和建设中的各类成本和费用，反映出其扩大的技术经济指标，既是定额的一种表现形式，但又不同于其他的计价定额。

2. 投资估算指标的作用

（1）在编制项目建议书阶段，它是项目主管部门审批项目建议书的依据之一，也是编制项目规划、确定建设规模的参考依据。

（2）在编制设计任务书阶段，它是项目决策的重要依据，也是多方案比选、优化设计方案、正确编制投资估算、合理确定项目投资额的重要基础。

（3）在可行性研究阶段，它是项目投资决策的重要依据，也是研究、分析、计算项目投资经济效果的重要条件。可行性研究报告批准后，将作为设计任务书中下达的投资限额，即项目投资的最高限额，不得随意突破。

（4）在建设项目评价及决策过程中，它是评价建设项目投资可行性、分析投资效益的主要经济指标。

（5）在项目实施阶段，它是限额设计和工程造价确定与控制的依据。

（6）它是核算建设项目建设投资需要额和编制建设投资计划的重要依据。

（7）合理准确地确定投资估算指标是进行工程造价管理改革，实现工程造价事前管理和主动控制的前提条件。

3. 投资估算指标的内容

投资估算指标是确定和控制建设项目全过程各项投资支出的技术经济指标，其范围涉及建设前期、建设实施期和竣工验收交付使用期等各个阶段的费用支出，分为建设项目综合指标、单项工程指标和单位工程指标 3 个层次，如表 2.7 所示。

表 2.7　投资估算指标的内容和表现形式

层次	内容	表现形式
建设项目综合指标	从立项筹建至竣工验收交付的全部投资额。 全部投资 = 单项工程投资 + 工程建设其他费 + 预备费等	以项目的综合生产能力单位投资表示或以使用功能表示
单项工程指标	发挥生产能力或使用效益的单项工程内的全部投资额。 工程费用 = 建筑工程费 + 安装工程费 + 设备及工器具购置费	以单项工程生产能力单位投资表示

续表

层次	内容	表现形式
单位工程指标	能独立设计、施工的工程项目的费用，即建筑安装工程费	房屋区别不同结构以"元/m²"表示

【例2.21】　某建设单位拟建1000m²厂房，主要设备投资1500000元，已知同类已建厂房的主要生产设备投资占总投资的60%，该厂房的投资估算指标是多少？

解　该厂房的投资估算额 =1500000/60% =2500000.00(元)

则该厂房的投资估算额指标 =2500000.00/1000=2500(元/m²)

【思考题】

1. 简述概算定额、概算指标、投资估算指标的概念和区别。
2. 试述概算定额的编制原则和编制依据。
3. 概算定额的组成内容和表现形式是什么？
4. 概算指标的分类及组成内容是什么？
5. 简述投资估算指标的作用与编制要求。

二维码2.3

项目三
建筑安装工程费用

学习目标

分清和理解两种工程造价构成的划分；掌握按构成要素划分和按造价形成顺序划分之间的关系；熟悉建筑安装工程费用的概念；掌握建筑安装工程费用的组成及当地的费用定额；熟悉设备购置费的构成及计算、工程建设其他费用构成、预备费及建设期利息等概念及内容。

任务引入

背景材料：某工程外墙砖基础工程量65m³，合同约定项目采用一般计税法报价。

要求：（1）请用工程量清单计价方式计算该项目综合单价和含税工程造价。

（2）请用定额计价方式计算该项目的含税造价。

（3）请用全费用清单计价方式计算该项目的含税造价。

任务一 ▶ 建筑安装工程费用的组成

一、建设项目的投资及工程造价的构成

建设项目投资含固定资产投资和流动资产投资两部分，其中固定资产投资与建设项目的工程造价在量上相等。

从固定资产投资角度，工程造价主要划分为设备及工器具购置费、建筑安装工程费、工程建设其他费、预备费、建设期贷款利息。

我国现行建设项目总投资及工程造价构成如图3.1所示。

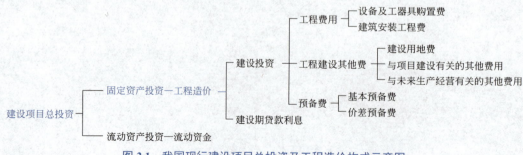

图3.1 我国现行建设项目总投资及工程造价构成示意图

【例 3.1】　某建设项目建筑工程费 2000 万元，安装工程费 700 万元，设备购置费 1100 万元，工程建设其他费 450 万元，预备费 180 万元，建设期贷款利息 120 万元，流动资金 500 万元，则该项目的工程造价是多少？

解　建筑安装工程费＝建筑工程费＋安装工程费＝ 2000+700=2700（万元）

根据我国建设项目的投资及工程造价的构成可知：

工程造价＝建筑安装工程费＋设备及工器具购置费＋工程建设其他费＋预备费＋建设期贷款利息 =2700+1100+450+180+120=4550(万元)

注意，工程造价在量上与固定资产相等，不包括流动资金。

二、设备及工器具购置费用构成

设备及工器具购置费用是由设备购置费和工器具及生产家具购置费组成，它是固定资产投资中的积极部分。在生产性工程建设中，设备及工器具购置费用占工程造价比重的增大，意味着生产技术的进步和资本有机构成的提高。

1.设备购置费

设备购置费是指为建设工程项目购置或自制的达到固定资产标准的设备、工具、器具的费用，由设备原价和设备运杂费构成，如生产线、大型锅炉、桥式吊车等。

2.工器具及生产家具购置费

工器具及生产家具购置费，是指新建或扩建项目初步设计规定的，保证初期正常生产必须购置的没有达到固定资产标准的设备、仪器、工卡模具、器具、生产家具和备品备件等的购置费用。一般以设备购置费为计算基数，按照部门或行业规定的工器具及生产家具购置费定额费率计算。其计算公式为：

$$工器具及生产家具购置费 = 设备购置费 × 定额费率 \tag{3.1}$$

三、建筑安装工程费用的构成

固定资产投资中，最主要也是最活跃的是建筑安装工程费用。建筑安装工程费用也称为建筑安装工程造价。按照工程造价的两种含义而言，建设项目工程造价可以理解为第一种含义的工程造价，建筑安装工程造价则是第二种含义的工程造价。

按照我国住房和城乡建设部、财政部发布的《建筑安装工程费用项目组成》（建标 [2013]44 号）文件规定，我国现行建筑安装工程费用项目按两种不同的方式划分，即按费用构成要素划分和按造价形成划分。两者之间的组成及关系如图 3.2 所示。

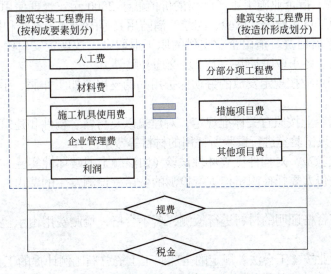

二维码 3.1

图 3.2　建筑安装工程费用组成及关系

（一）按费用构成要素划分的建筑安装工程费用组成

按照费用构成要素划分，建筑安装工程费包括人工费、材料费、施工机具使用费、企业管理费、利润、规费和税金。

1. 人工费

建筑安装工程费中的人工费，是指支付给直接从事建筑安装工程施工作业的生产工人的各项费用。人工费包括计时工资或计件工资、奖金、津贴补贴以及特殊情况下支付的工资，其内容同表 2.1。

2. 材料费

建筑安装工程费中的材料费，是指工程施工过程中耗费的各种原材料、半成品、构配件、工程设备等的费用，以及周转材料等的摊销、租赁费用。工程设备指构成或计划构成永久工程一部分的机电设备、金属结构设备、仪器装置及其他类似的设备和装置。材料费是由材料原价、材料运杂费、运输损耗费和采购及保管费组成。

3. 施工机具使用费

建筑安装工程费中的施工机具使用费，是指施工作业所发生的施工机械使用费、仪器仪表使用费或其租赁费。

（1）施工机械使用费。以施工机械台班耗用量乘以台班单价表示，施工机械台班单价由折旧费、检修费、维护费、安拆费及场外运输费、人工费、燃料动力费、其他费等七项费用组成。

（2）仪器仪表使用费。指工程施工所需使用的仪器仪表的折旧费、维护费、校验费、动力费。

4. 企业管理费

企业管理费指施工单位组织生产和经营管理所发生的费用。内容包括：

（1）管理人员工资。指支付管理人员的工资、奖金、津贴补贴、加班加点工资及特殊情况下支付的工资等。

（2）办公费。指企业管理办公用的文具、纸张、账表、印刷、邮电、书报、办公软件、现场监控、会议、水电、烧水和集体取暖降温（包括现场临时宿舍取暖降温）等费用。

（3）差旅交通费。指职工因公出差、调动工作的差旅费、住勤补助费，市内交通费，误餐补助费，职工探亲路费，劳动力招募费，职工退休、退职一次性路费，工伤人员就医路费，工地转移费以及管理部门使用的交通工具的油料、燃料等费用。

（4）固定资产使用费。指管理和试验部门及附属生产单位使用的属于固定资产的房屋、设备仪器等的折旧、大修、维修或租赁费。

（5）工具用具使用费。指企业施工生产所需的价值低于 2000 元或管理使用的不属于固定资产的生产工具、器具、家具、交通工具和检验、试验、测绘、消防用具等的购置、维修和摊销费。

（6）劳动保险和职工福利费。指由企业支付的职工退职金、按规定支付给离休干部的经费、集体福利费、夏季防暑降温补贴、冬季取暖补贴、上下班交通补贴等。

（7）劳动保护费。指企业按规定发放的劳动保护用品的支出。如工作服、手套以及在有碍身体健康的环境中施工的保健费用等。

（8）检验试验费。指企业按照有关标准规定，对建筑以及材料、构件和建筑安装物进行一般鉴定、检查所发生的费用，包括自设试验室进行试验所耗用的材料等费用。

新结构、新材料的试验费，对构件做破坏性试验（如混凝土的破坏性实验）及其他特殊要求检验试验的费用和按有关规定由发包人委托检测机构进行检测的费用等检测发生的费用，由发包人在工程建设其他费用中列支。

对承包人提供的具有合格证明的材料进行检测，若不合格，检测费用由承包人承担；若合格，检测费用由发包人承担。

（9）工会经费。指企业按《工会法》规定的全部职工工资总额比例计提的工会经费。

（10）职工教育经费。指按职工工资总额的规定比例计提，企业为职工进行专业技术和职业技能培训，专业技术人员继续教育、职工职业技能鉴定、职业资格认定以及根据需要对职工进行各类文化教育所发生的费用。职工教育经费按企业职工工资薪金总额1.5%～2.5%计提。

（11）财产保险费。指施工管理用财产、车辆等保险费用。

（12）财务费。指企业为施工生产筹集资金或提供预付款担保、履约担保、职工工资支付担保等所发生的费用。

（13）税金。指企业按规定缴纳的房产税、车船使用税、土地使用税、印花税、城市维护建设税、教育费附加以及地方教育费附加等。

（14）其他。包括技术转让费、技术开发费、投标费、业务招待费、绿化费、广告费、公证费、法律顾问费、审计费、咨询费、保险费等。

5. 利润

利润是指施工单位从事建筑安装工程施工所获得的盈利，由施工企业根据企业自身需求并结合建筑市场实际自主确定。工程造价管理机构在确定计价定额中利润时，应以定额人工费或定额人工费与施工机具使用费之和作为计算基数，其费率根据历年积累的工程造价资料，并结合市场实际确定。

6. 规费

规费是指按国家法律、法规规定，由省级政府和省级有关权力部门规定施工单位必须缴纳或计取，应计入建筑安装工程造价的费用。主要包括社会保险费、住房公积金和工程排污费。

（1）社会保险费。包括以下几种：

① 养老保险费。指企业按规定标准为职工缴纳的基本养老保险费。

② 失业保险费。指企业按照规定标准为职工缴纳的失业保险费。

③ 医疗保险费。指企业按照规定标准为职工缴纳的基本医疗保险费。

④ 工伤保险费。指企业按照规定标准为职工缴纳的工伤保险费。

⑤ 生育保险费。指企业按照规定标准为职工缴纳的生育保险费。

（2）住房公积金。指企业按规定标准为职工缴纳的住房公积金。

（3）工程排污费。指按规定缴纳的施工现场工程排污费。

小贴士

财政部、国家发展和改革委员会、环境保护部、国家海洋局关于停征排污费等行政事业性收费有关事项的通知［财税（2018）4号］，工程排污费已经于2018年1月停止征收。其中，工程排污费包括污水排污费、废气排污费、固体废物及危险废物排污费、噪声超标排污费和挥发性有机物排污费等。

7. 税金

税金是指国家税法规定的应计入建筑安装工程造价内的增值税。建筑安装工程费用的增值税是指国家税法规定应计入建筑安装工程造价内的增值税销项税额。税前工程造价为人工费、材料费、施工机具使用费、企业管理费、利润和规费之和，各费用项目均以不包含增值税（可抵扣进项税额）的价格计算。

（二）按造价形成划分的建筑安装工程费用组成

建筑安装工程费按照造价形成由分部分项工程费、措施项目费、其他项目费、规费和税金组成。分部分项工程费、措施项目费、其他项目费包含人工费、材料费、施工机具使用费、企业管理费和利润。具体项目内容划分见图3.3。

1. 分部分项工程费

分部分项工程费是指各专业工程的分部分项工程应予列支的各项费用。

分部分项工程费通常用分部分项工程量乘以综合单价进行计算。

$$分部分项工程费 = \sum(分部分项工程量 \times 综合单价) \tag{3.2}$$

综合单价包括人工费、材料费、施工机具使用费、企业管理费和利润，以及一定范围内的风险费用。

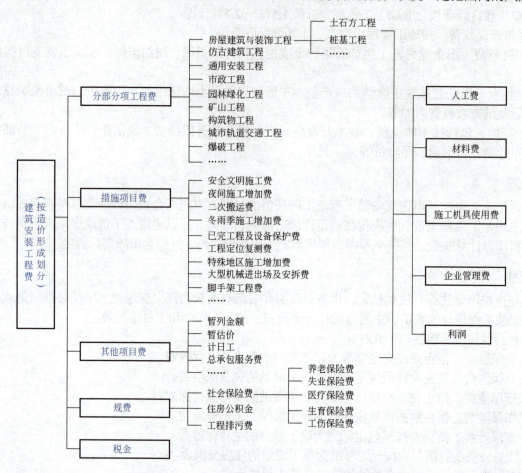

图 3.3 按造价形成划分的建筑安装工程费用项目组成

2. 措施项目费

措施项目费是指为完成建设工程施工，发生于该工程施工前和施工过程中的技术、生活、安全、环境保护等方面的费用。内容包括如下。

（1）安全文明施工费

① 环境保护费。指施工现场为达到环保部门要求所需要的各项费用。

② 文明施工费。指施工现场文明施工所需要的各项费用。

③ 安全施工费。指施工现场安全施工所需要的各项费用。

④ 临时设施费。指施工企业为进行建设工程施工所必须搭设的生活和生产用的临时建筑物、构筑物和其他临时设施费用。包括临时设施的搭设、维修、拆除、清理或摊销等费用。

（2）夜间施工增加费。指因夜间施工所发生的夜班补助、夜间施工降效、夜间施工照明设备摊销及照明用电等费用。

（3）二次搬运费。指因施工场地条件限制而发生的材料、构配件、半成品等一次运输不能到达堆放地点，必须进行二次或多次搬运所发生的费用。

（4）冬雨季施工增加费。指在冬季或雨季需要增加的临时设施、防滑及排除雨雪设施等费用。

（5）工程定位复测费。指工程施工过程中进行全部施工测量放线和复测工作的费用。

（6）已完工程及设备保护费。指竣工验收前，对已完工程及设备采取的必要保护措施所发生的费用。

（7）特殊地区施工增加费。指工程在沙漠或其边缘地区、高海拔、高寒、原始森林等特殊地区施工增加的费用。

（8）大型机械设备进出场及安拆费。指机械整体或分体自停放场地运至施工现场或由一个施工地点运至另一个施工地点，所发生的机械进出场运输、转移费用及机械在施工现场进行安装、拆卸所需的人工费、材料费、机械费、试运转费和安装所需的辅助设施的费用。

（9）脚手架工程费。指施工需要的各种脚手架搭、拆、运输费用以及脚手架购置的摊销（或租赁）费用。

3. 其他项目费

（1）暂列金额。指发包人在工程量清单中暂定并包括在工程合同价款中的一笔款项。用于施工合同签订时尚未确定或者不可预见的所需材料、工程设备、服务的采购，施工中可能发生的工程变更、合同约定调整因素出现时的工程价款调整以及发生的索赔、现场签证确认等的费用。

暂列金额由建设单位根据工程特点，按有关计价规定估算，施工过程中由建设单位掌握使用，扣除合同价款调整后如有余额，归建设单位。

（2）暂估价。指招标人在工程量清单中提供的，用于支付在施工过程中必然发生，但在施工合同签订时暂不能确定价格的材料、工程设备的单价和专业工程的价格。

暂估价可分为材料暂估价、设备暂估价与专业工程暂估价三类。

需要指出的是，暂估价是对暂时不能确定价格的材料、设备和专业工程的一种估价行为，属于最终确定材料、设备和专业工程价格的一种过渡过程，不属于新的费用，所以未包括在建筑安装工程费用的组成中。

（3）计日工。指在施工过程中，施工单位完成建设单位提出的工程合同范围以外的零星项目或工作，按照合同中约定的单价计价形成的费用。计日工由建设单位和施工单位按施工过程中形成的有效签证来计价。

（4）总承包服务费。指总承包人为配合、协调建设单位进行的专业工程发包，对建设单位自行采购的材料、工程设备等进行保管以及施工现场管理、竣工资料汇总整理等服务所需的费用。

总承包服务费由建设单位在招标控制价中根据总包范围和有关计价规定编制，施工单位投标时自主报价，施工过程中按签约合同价执行。

4. 规费和税金

（1）规费。定义同"按费用构成要素划分的建筑安装工程费用组成"中规费的内容。

（2）税金。定义同"按费用构成要素划分的建筑安装工程费用组成"中税金的内容。

小贴士

2016年5月1号，营改增全面实施，营业税变成了增值税，因而现在只有增值税一项。原来的城市维护建设税、教育附加税都转移到企业管理费中去计取。

四、工程建设其他费用的构成

工程建设其他费用是指工程项目从筹建到竣工验收交付使用的整个建设期间，除建筑安装工程费用、设备及工器具购置费以外的，为保证工程顺利完成和交付使用后能够正常发挥效用而发生的一些费用。

工程建设其他费用，按其内容大体分为三类。第一类为土地使用费，由于工程项目固定于一定地点与地面相连接，必须占用一定量的土地，也就必然要发生为获得建设用地而支付的费用；第二类是与项目建设有关的费用；第三类是与未来企业生产和经营活动有关的费用。

1. 土地使用费

土地使用费是指建设项目使用土地应支付的费用，包括建设用地费和临时土地使用费，以及由于使用土地发生的其他有关费用，如水土保持补偿费等。它包括土地征用及迁移补偿费和土地使用权出让金两类。

（1）土地征用及迁移补偿费　指建设项目通过划拨方式取得无限期的土地使用权，依照《中华人民共和国土地管理法》等规定所支付的费用。

（2）土地使用权出让金　指建设项目通过土地使用权出让的方式，取得有限期的土地使用权而支付的土地使用权出让金。

2. 与项目建设有关的费用

（1）建设管理费　建设管理费是指建设工程从立项、筹建、建设、联合试运转、竣工验收、交付使用及后评价等全过程管理所需的费用，包括建设单位开办费和建设单位经费。

（2）可行性研究费　可行性研究费是指在工程项目投资决策阶段，依据调研报告对有关建设方案、技术方案或生产经营方案进行技术经济论证，以及编制、评审可行性研究报告所需的费用。

（3）勘察设计费　勘察设计费指对工程项目进行工程水文地质勘察、工程设计所发生的费用。包括工程勘察费、初步设计费（基础设计费）、施工图设计费（详细设计费）、设计模型制作费等。

（4）研究试验费　研究试验费是指为建设项目提供或验证设计数据、资料等进行必要的研究试验（如变层数楼板堆载试验）及按照相关规定在建设过程中必须进行试验、验证所需的费用（如植筋拉拔试验、单桩承载力试验）。

（5）专项评价及验收费　专项评价及验收费包括环境影响评价费、安全预评价及验收费、职业病危害评价及控制效果评价费、地震安全性评价费、地质灾害危险性评价费、水土保持评价及验收费、压覆矿产资源评价费、节能评估及评审费、危险与可操作性分析及安全完整性评价费和其他专项评价及验收费。

（6）场地准备及临时设施费　建设项目场地准备费是指为使工程项目的建设场地达到开工条件，由建设单位组织进行的场地平整等准备工作而发生的费用。

建设单位临时设施费是指建设单位为满足工程项目建设、生活、办公的需要，用于临时设施建设、维修、租赁、使用所发生或摊销的费用。

（7）引进技术和引进设备其他费　包括出国人员费用、国外工程技术人员来华费用、技术引进费、分期或延期利息、担保费、进口设备检验鉴定费等。

（8）工程保险费　工程保险费是指为转移工程项目建设的意外风险，在建设期内对建筑工程、安装工程、机械设备和人身安全进行投保而发生的费用。包括建筑安装工程一切险、引进设备财产保险和人身意外伤害险等。

（9）特殊设备安全监督检验费　特殊设备安全监督检验费是指安全监察部门对在施工现场组装的锅炉及压力容器、压力管道、消防设备、燃气设备、电梯等特殊设备和设施实施安全检验收取的费用。

（10）市政公用设施费　市政公用设施费是指使用市政公用设施的工程项目，按照项目所在地省级人民政府有关规定建设或缴纳的市政公用设施建设配套费用以及绿化工程补偿费用。

3. 与未来企业生产和经营活动有关的费用

（1）联合试运转费　联合试运转费是指新建或新增加生产能力的工程项目，在交付生产前按照设计文件规定的工程质量标准和技术要求，对整个生产线或装置进行负荷联合试运转所发生的费用净支出（试运转支出大于收入的差额部分费用）。

（2）专利及专有技术使用费　专利及专有技术使用费是指在建设期内为取得专利、专有技术、商标权、商誉、特许经营权等发生的费用。

（3）生产准备费　在建设期内，建设单位为保证项目正常生产而发生的人员培训费、提前进厂费以及投产使用必备的办公、生活家具用具及工器具等的购置费用。人员培训费及提前进厂费包括自行组织培训或委托其他单位培训的人员工资、工资性补贴、职工福利费、差旅交通费、劳动保护费、学习资料费等。

五、预备费、建设期贷款利息和固定资产投资方向调节税

1. 预备费

预备费是指在建设期内因各种不可预见因素的变化而预留的可能增加的费用，按照风险因素的性质划分，预备费包括基本预备费和价差预备费。

（1）基本预备费　指在初步设计及概算内难以预料的工程费用，又称工程建设不可预见费。基本预备

费一般由以下四部分构成。

① 工程变更及洽商。在批准的初步设计范围内，技术设计、施工图设计及施工过程中增加的工程费用；设计变更、工程变更、材料代用、局部地基处理等增加的费用。

② 一般自然灾害的处理。一般自然灾害造成的损失和预防自然灾害所采取的措施费用。实行工程保险的工程项目，该费用应适当降低。

③ 不可预见的地下障碍物处理的费用。

④ 超规超限设备运输增加的费用。

基本预备费的计算公式为：

$$基本预备费 = (工程费用 + 工程建设其他费用) \times 基本预备费费率 \qquad (3.3)$$

（2）价差预备费　价差预备费是指为在建设期内利率、汇率或价格等因素的变化引起工程造价变化而预留的可能增加的费用，亦称为涨价预备费。价差预备费的内容包括：人工、设备、材料、施工机具的价差费，建筑安装工程费及工程建设其他费用调整和利率、汇率调整等增加的费用。价差预备费的计算方法如下。

价差预备费一般根据国家规定的投资综合价格指数，按估算年份价格水平的投资额为基数，采用复利方法计算。计算公式为：

$$PF = \sum_{t=1}^{n} I_t \left[(1+f)^m (1+f)^{0.5} (1+f)^{t-1} - 1 \right] \qquad (3.4)$$

式中　PF——价差预备费；

n——建设期年数；

I_t——建设期中第 t 年的静态投资计划额，包括工程费用、工程建设其他费用及基本预备费；

f——年涨价率；

t——建设期第 t 年；

m——建设前期年限（从编制估算到开工建设年数）。

【例3.2】　某建设项目建筑安装工程费10000万元，设备购置费6000万元，工程建设其他费4000万元，已知基本预备费率5%，项目建设前期年限为1年，建设期为3年，各年投资计划额为：第一年完成投资20%，第二年完成投资60%，第三年完成投资余下的20%。年均投资价格上涨率为6%，求项目建设期价差预备费。

解　基本预备费 = (10000+6000+4000) × 5% = 1000(万元)

静态投资 = 10000+6000+4000+1000 = 21000(万元)

建设期第一年完成投资 = 21000 × 20% = 4200(万元)

第一年价差预备费 = 4200 × [(1+6%) × (1+6%)^{0.5} - 1] = 383.6(万元)

建设期第二年完成投资 = 21000 × 60% = 12600(万元)

第二年价差预备费 = 12600 × [(1+6%) × (1+6%)^{0.5} × (1+6%) - 1] = 1975.9(万元)

建设期第三年完成投资 = 21000 × 20% = 4200(万元)

第三年价差预备费 = 4200 × [(1+6%) × (1+6%)^{0.5} × (1+6%)^2 - 1] = 950.1(万元)

建设期价差预备费总额 = 383.6+1975.9+950.1 = 3309.6(万元)

2. 建设期利息

建设期利息主要是指在建设期内发生的为工程项目筹措资金的融资费用及债务资金利息。建设期利息的计算，根据建设期资金用款计划，在总贷款分年均衡发放前提下，可按当年借款在年中支用考虑，即当年借款按半年计息，上年借款按全年计息。计算公式为：

$$q_j = \left(P_{j-1} + \frac{1}{2} A_j \right) i \qquad (3.5)$$

式中　q_j——建设期第 j 年应计利息；

P_{j-1}——建设期第 ($j-1$) 年末累计贷款本金与利息之和；

A_j——建设期第 j 年贷款金额；

i——年利率。

【例3.3】 某新建项目，建设期为3年，共向银行贷款1300万元，具体贷款时间及金额为：第1年300万元，第2年600万元，第3年400万元。假设贷款年利率为8%，计算该项目的建设期贷款利息。

解 在建设期，各年利息计算如下：

第1年应计利息 $=\dfrac{1}{2}\times300\times6\%=9$（万元）；

第2年应计利息 $=(300+9+\dfrac{1}{2}\times600)\times6\%=36.54$（万元）；

第3年应计利息 $=(300+9+600+36.54+\dfrac{1}{2}\times400)\times6\%=68.73$（万元）。

建设期贷款利息 $=9+36.54+68.73=114.27$（万元）。

3. 固定资产投资方向调节税

固定资产投资方向调节税是对我国境内用各种资金进行固定资产投资的单位和个人，按其投资额征收的一种税。

小贴士

为了贯彻国家宏观调控政策，扩大内需，鼓励投资，财政部于1999年12月27日发布了财税字〔1999〕299号文，决定对《中华人民共和国固定资产投资方向调节税暂行条例》规定的固定资产投资方向调节税自2000年1月1日起暂停征收。

任务二 ▶ 建设安装工程费用定额

一、费用定额的概念和作用

1. 费用定额的概念

建设工程费用定额是指除了耗用在工程实体上的人工费、材料费、施工机具使用费等工程费用以外，还在工程施工生产管理及企业生产经营管理活动中所必须发生的各项费用开支的标准。

2. 费用定额的作用

（1）费用定额是合理确定工程造价的依据之一 建设项目工程造价是由建筑安装工程费、设备及工器具购置费、工程建设其他费、预备费和建设期贷款利息组成。其中，建筑安装工程费又是由分部分项工程费、措施项目费、其他项目费、规费和税金组成。上述费用中分部分项工程费中的人工费、材料费、施工机具使用费可以通过消耗量定额得到，而企业管理费、利润、总价措施项目费等费用虽然属于建设工程造价范畴，但必须通过制订费率标准，按照人工费与机具使用费之和或者人工费为基础计取。因此，建设工程费用定额是合理确定工程造价必不可少的重要依据之一。

（2）费用定额是施工企业提高经营管理水平的重要工具 费用定额是编制招标控制价、施工图预算、工程竣工结算、设计概算及投资估算的依据，是建设工程实行工程量清单计价的基础，是企业投标报价、内部管理和核算的重要参考。企业要想达到以收抵支、降低非生产性开支、增加盈利、提高投资效益的目的，就必须在费用定额规定的范围内加强经济核算，改善经营管理，提高劳动生产率，不断降低工程成本。

本书将以湖北省相关建设安装工程费用定额为基础，讲解费用定额工程造价的计算。

二、湖北省建筑安装工程费用组成

《湖北省建筑安装工程费用定额》（2018年版）（以下简称"湖北2018版费用定额"），用于湖北省境内新建、扩建和改建工程的房屋建筑与装饰工程、通用安装工程、市政工程、园林绿化工程、土石方工程施工发承包及实施阶段的计价活动，本定额适用于工程量清单计价和定额计价。

湖北 2018 版费用定额明确规定，建设安装工程费用由分部分项工程费、措施项目费、其他项目费、规费和税金五部分组成。具体组成与《建筑安装工程费用项目组成》(建标[2013]44 号文)的规定基本相同，本部分仅介绍湖北 2018 版费用定额另行规定的内容。

（一）材料费（分部分项工程费）

湖北省结合本省实际明确规定了材料费的组成。将施工机械台班单价中的燃料动力费并入消耗量定额的材料费中，各专业定额中施工机械台班价格不含燃料动力费。

（二）企业管理费

湖北 2018 版费用定额增加了附加税，该项指国家税法规定的应计入建筑安装工程造价内的城市建设维护税、教育费附加及地方教育附加。

（三）措施项目费

湖北 2018 版费用定额规定，措施项目费分为单价措施项目费与总价措施项目费。

1. 单价措施项目费

单价措施项目费计算的方式，与分部分项工程综合单价的计算方法相同，同样以综合单价的方式来计取，包括人工费、材料费、施工机具使用费、企业管理费以及利润。其计算公式为：

$$单价措施项目费 = \sum(措施项目工程量 \times 综合单价) \tag{3.6}$$

单价措施项目也称为可计量的措施项目，是国家计量规范规定可以计量的项目。以建筑与装饰工程的单价措施项目为例，根据专业不同主要分为：

（1）混凝土、钢筋混凝土模板及支架费：指混凝土施工过程中需要的各种钢模板、木模板、支架等的支、拆、运输费用及模板、支架的摊销费用。

（2）脚手架工程费。

（3）大型机械设备进出场及安拆费。

（4）施工排水、降水费：指为确保工程在正常条件下施工，采取各种排水、降水措施所发生的各种费用。

2. 总价措施项目费

总价措施项目费就是按项取费、不可计量的项目费，计算方法如下：

$$总价措施项目费 = 计算基数 \times 相应费费率 \tag{3.7}$$

式中的费率由工程造价管理机构根据各专业工程的特点综合确定。

总价措施项目费包括安全文明施工费，夜间施工增加费，二次搬运费，冬雨季施工增加费和工程定位复测费等。其中的安全文明施工费是不可竞争费，它由文明施工费、安全施工费、临时设施费、环境保护费等四项费用组成。

（四）税金

税金是指国家税法规定的应计入建筑安装工程造价内的增值税。

三、湖北 2018 版费用定额的一般规定

（1）本定额适用于湖北省境内新建、扩建和改建工程的房屋建筑与装饰工程、通用安装工程、市政工程、园林绿化工程、土石方工程施工发承包及实施阶段的计价活动，本定额适用于工程量清单计价和定额计价。

（2）各专业工程的适用范围如下。

① 房屋建筑工程：适用于工业与民用临时性和永久性的建筑物（含构筑物）。包括各种房屋、设备基础、钢筋混凝土、砖石砌筑、木结构、钢结构、门窗工程及零星金属构件、烟囱、水塔、水池、围墙、挡

土墙、化粪池、窨井、室内外管道沟砌筑等。

装配式建筑适用于房屋建筑工程。

② 装饰工程：适用于楼地面工程、墙柱面装饰工程、天棚装饰工程和玻璃幕墙工程及油漆、涂料、裱糊工程等。

③ 土石方工程：适用于各专业工程的土石方工程。

④ 桩基工程、地基处理与边坡支护工程适用于各专业工程。

（3）各专业工程的计费基数：以人工费与施工机具使用费之和为计费基数。

（4）人工单价见表 3.1。

表 3.1　人工单价表　　　　　　　　　　　单位：元 / 工日

人工级别	普工	技工	高级技工
工日单价	92	142	212

注：1. 此价格为 2018 年定额编制期的人工发布价。

2. 普工为技术等级 1 ～ 3 级的技工，技工为技术等级 4 ～ 7 级的技工，高级技工为技术等级 7 级以上的技工。

（5）本定额是编制投资估算、设计概算的基础，是编制招标控制价、施工图预算的依据，供投标报价、工程结算时参考。

（6）总价措施项目费中的安全文明施工费、规费和税金是不可竞争性费用，应按规定计取。

（7）工程排污费指承包人按环境保护部门的规定，对施工现场超标排放的噪声污染缴纳的费用，编制招标控制价或投标报价时按费率计取，结算时按实际缴纳金额计算。

（8）费率实行动态管理。本定额费率是根据湖北省各专业消耗量定额及全费用基价表编制期人工、材料、机械价格水平进行测算的，省造价管理机构应根据人工、机械台班市场价格的变化，适时调整总价措施项目费、企业管理费、利润、规费等费率。

（9）总承包服务费。总承包服务费应依据招标人在招标文件中列出的分包专业工程内容和供应材料、设备情况，按照招标人提出协调、配合和服务要求和施工现场管理需要自主确定，也可参照下列标准计算。

① 招标人仅要求对分包的专业工程进行总承包管理和协调时，按分包的专业工程造价的 1.5% 计算。

② 招标人要求对分包的专业工程进行总承包管理和协调，并同时要求提供配合服务时，根据招标文件中列出的配合服务内容和提出的要求，按分包的专业工程造价的 3% ～ 5% 计算。配合服务的内容包括：对分包单位的管理、协调和施工配合等费用；施工现场水电设施、管线敷设的摊销费用；共用脚手架搭拆的摊销费用；共用垂直运输设备，加压设备的使用、折旧、维修费用等。

③ 招标人自行供应材料、工程设备的，按招标人供应材料、工程设备价值的 1% 计算。

（10）甲供材。发包人提供的材料和工程设备（简称"甲供材"）不计入综合单价和工程造价中。

（11）暂列金额和暂估价。一般计税法时，暂列金额和专业工程暂估价为不含进项税额的费用。简易计税法时，暂列金额和专业工程暂估价为含进项税额的费用。

（12）施工过程中发生的索赔与现场签证费，发承包双方办理竣工结算时，以实物量形式表示的索赔与现场签证，列入分部分项工程和单价措施项目费中。以费用形式表示的索赔与现场签证费，不含增值税，列入其他项目费中，另有说明的除外。

（13）增值税。本定额根据增值税的性质，分为一般计税法和简易计税法。

① 一般计税法　一般计税法下的增值税指国家税法规定的应计入建筑安装工程造价内的增值税销项税。

一般计税法下，分部分项工程费、措施项目费、其他项目费等的组成内容为不含进项税的价格，计税基础为不含进项税额的不含税工程造价。

$$应纳税额 = 当期销项税额 - 当期进项税额 \tag{3.8}$$

$$当期销项税额 = 销售额 \times 增值税税率（11\%） \tag{3.9}$$

② 简易计税法　简易计税法下的增值税指国家税法规定的应计入建筑安装工程造价内的应交增值税。

简易计税法下，分部分项工程费、措施项目费、其他项目费等的组成内容均为含进项税的价格，计税基础为含进项税额的不含税工程造价。

$$应纳税额 = 销售额 \times 征收率（3\%）\tag{3.10}$$

（14）湖北省各专业消耗量定额及全费用基价表中的全费用由人工费、材料费、施工机具使用费、费用、增值税组成。

（15）费用的内容包括总价措施项目费、企业管理费、利润、规费。各项费用是以人工费加施工机具使用费之和为计费基数，按相应费率计取。

（16）湖北省各专业消耗量定额及全费用基价表中的增值税是按一般计税方法的税率（11%）计算的。

四、湖北 2018 版费用定额规定的取费标准

1. 一般计税法的费率标准

安全文明施工费、其他总价措施项目费、企业管理费、利润、规费、增值税的取费费率见表 3.2。

表 3.2　一般计税法的费率标准

费用	安全文明施工费	其他总价措施项目费	企业管理费	利润	规费	增值税
计费基数	人工费 + 施工机具使用费					不含税工程造价
费率 /%	13.64	0.7	28.27	19.73	26.85	11

 特别提示

依据财政部税务总局海关总署公告 2019 年第 39 号文，增值税税率为动态税率。

2. 简易计税法的费率标准

安全文明施工费、其他总价措施项目费、企业管理费、利润、规费、增值税的取费费率见表 3.3。

表 3.3　简易计税法的费率标准

费用	安全文明施工费	其他总价措施项目费	企业管理费	利润	规费	增值税
计费基数	人工费 + 施工机具使用费					不含税工程造价
费率 /%	13.63	0.7	28.22	19.70	26.79	3

五、费用定额工程造价的计算程序

湖北 2018 版费用定额主要内容包括一般计税法和简易计税法两种计税方式，两者都包含了三种计价模式，即工程量清单计价模式、定额计价模式和全费用基价表清单计价模式，计算程序各不相同。

（一）一般计税法

1. 工程量清单计价模式计算程序

（1）分部分项工程及单价措施项目综合单价计算程序，见表 3.4。

表 3.4　综合单价计算程序

序号	费用项目	计算方法
1	人工费	∑人工费
2	材料费	∑材料费
3	施工机具使用费	∑施工机具使用费
4	企业管理费	(1+3)×费率

序号	费用项目	计算方法
5	利润	(1+3)×费率
6	风险因素	按招标文件或约定
7	综合单价	1+2+3+4+5+6

（2）总价措施项目费计算程序，见表3.5。

表3.5　总价措施项目费计算程序

序号	费用项目		计算方法
1	分部分项工程和单价措施项目费		∑分部分项工程和单价措施项目费
1.1	其中	人工费	∑人工费
1.2		施工机具使用费	∑施工机具使用费
2	总价措施项目费		2.1+2.2
2.1	安全文明施工费		(1.1+1.2)×费率
2.2	其他总价措施项目费		(1.1+1.2)×费率

（3）其他项目费计算程序，见表3.6。

表3.6　其他项目费计算程序

序号	费用项目		计算方法
1	暂列金额		按招标文件
2	专业工程暂估价/结算价		按招标文件
3	计日工		3.1+3.2+3.3+3.4+3.5
3.1	其中	人工费	∑(人工价格×暂定数量)
3.2		材料费	∑(材料价格×暂定数量)
3.3		施工机具使用费	∑(机械台班价格×暂定数量)
3.4		企业管理费	(3.1+3.3)×费率
3.5		利润	(3.1+3.3)×费率
4	总包服务费		4.1+4.2
4.1	其中	发包人发包专业工程	∑(项目价值×费率)
4.2		发包人提供材料	∑(材料价值×费率)
5	索赔与现场签证费		∑(价格×数量)/∑费用
6	其他项目费		1+2+3+4+5

（4）单位工程造价计算程序，见表3.7。

表3.7　单位工程造价计算程序

序号	费用项目	计算方法
1	分部分项工程和单价措施项目费	∑分部分项工程和单价措施项目费

序号		费用项目	计算方法
1.1	其中	人工费	∑人工费
1.2		施工机具使用费	∑施工机具使用费
2		总价措施项目费	∑总价措施项目费
3		其他项目费	∑其他项目费
3.1	其中	人工费	∑人工费
3.2		施工机具使用费	∑施工机具使用费
4		规费	(1.1+1.2+3.1+3.2)× 费率
5		增值税	(1+2+3+4)× 税率
6		含税工程造价	1+2+3+4+5

2. 定额计价模式计算程序（见表3.8）

表 3.8　定额计价模式计算程序

序号		费用项目	计算方法
1		分部分项工程和单价措施项目费	1.1+1.2+1.3+1.4+1.5
1.1	其中	人工费	∑人工费
1.2		材料费	∑材料费
1.3		施工机具使用费	∑施工机具使用费
1.4		费用	∑费用
1.5		增值税	∑增值税
2		其他项目费	2.1+2.2+2.3
2.1		总包服务费	项目价值 × 费率
2.2		索赔与现场签证费	∑(价格 × 数量)/∑费用
2.3		增值税	(2.1+2.2)× 税率
3		含税工程造价	1+2

3. 全费用基价表清单计价模式计算程序

（1）分部分项工程及单价措施项目综合单价计算程序，见表3.9。

表 3.9　综合单价计算程序

序号	费用名称	计算方法
1	人工费	∑人工费
2	材料费	∑材料费
3	施工机具使用费	∑施工机具使用费
4	费用	∑费用
5	增值税	∑增值税
6	综合单价	1+2+3+4+5

（2）其他项目费计算程序，见表 3.10。

表 3.10　其他项目费计算程序

序号	费用名称		计算方法
1	暂列金额		按招标文件
2	专业工程暂估价		按招标文件
3	计日工		3.1+3.2+3.3+3.4
3.1	其中	人工费	$\sum$（人工单价 × 暂定数量）
3.2		材料费	$\sum$（材料价格 × 暂定数量）
3.3		施工机具使用费	$\sum$（机械台班价格 × 暂定数量）
3.4		费用	(3.1+3.3) × 费率
4	总包服务费		4.1+4.2
4.1	其中	发包人发包专业工程	$\sum$（项目价值 × 费率）
4.2		发包人提供的材料	$\sum$（材料价值 × 费率）
5	索赔与现场签证费		$\sum$（价格 × 数量)/$\sum$费用
6	增值税		(1+2+3+4+5) × 税率
7	其他项目费		1+2+3+4+5+6

注：序号 3.4 的费用包含企业管理费、利润、规费。

（3）单位工程造价计算程序，见表 3.11。

表 3.11　单位工程造价计算程序

序号	费用名称	计算方法
1	分部分项工程和单价措施项目费	$\sum$（全费用单价 × 工程量）
2	其他项目费	$\sum$其他项目费
3	单位工程造价	1+2

任务解析　根据本项目任务引入的描述，解析过程如下。

（1）工程量清单计价

① 外墙砖基础定额直接套用定额子目 A1-1。

② 计算综合单价。

人工费合计 =（92×2.511+142×5.021+212×2.511)×6.5=9596.12（元）

材料费合计 =（295.18×5.288+257.35×4.078+3.39×1.65+0.75×6.842)×6.5=17037.22（元）

机械费合计 =187.32×0.24×6.5=292.22（元）

定额基价合计 =9596.12+17037.22+292.22=26925.56（元）

企业管理费 =（9596.12+292.22)×28.27% =2795.43（元）

利润 =（9596.12+292.22)×19.73% =1950.97（元）

综合单价 =（9596.12+17037.22+292.22+2795.43+1950.97)/65=487.26（元 /m³）

③ 总价措施费 =（9596.12+292.22)×（13.64% +0.7%)=1417.99（元）

④ 规费 =（9596.12+292.22)×26.85% =2655.02（元）

⑤ 增值税 =（26925.58+2795.44+1950.97+1417.99+2655.02)×9% =35745.00×9% =3217.05（元）

⑥ 含税工程造价 =35745.00+3217.05=38962.05（元）

（2）定额计价

由上可知：人工费合计 =9596.12 元，材料费合计 =17037.22 元，机械费合计 =292.22 元，则定额基价 =26925.56 元

各项费用 = 总价措施费 + 企业管理费 + 利润 + 规费 =1417.99+2795.44+1950.97+2655.02=8819.42(元)

增值税 =(26925.56+8819.42)×9% =35745.00×9% =3217.05(元)

含税工程造价 =26925.56+8819.42+3217.05=38962.03(元)

（3）全费用清单计价

含税工程造价 = 全费用综合单价 × 工程量 =(<u>1476.33</u>+<u>2621.11</u>+<u>44.96</u>+<u>1356.84</u>+494.93)×6.5=38962.11(元)

注：上式中带下划线的数字是查阅定额子目 A1-1 中对应的人工费、材料费、施工机具使用费、费用，定额子目 A1-1 中增值税税额 604.92 是按照 11% 的增值税税率计提，本题中增值税税额 494.93 是按照现行 9% 的增值税税率计提，即：604.92/11% ×9% =494.93（元）。

（二）简易计税法

简易计税法和一般计税法最大的区别在于，一般计税法所用的材料单价和机械台班单价都是不含进项税额的价格，而简易计税法所用到的材料单价和机械台班单价都是含进项税额的价格。简易计税法最终是用销售额乘以征收率（3％）计提增值税。

【例 3.4】 某工程安装钢质防盗门共计 260m²，合同约定项目采用简易计税法报价。请用湖北省 2018 版费用定额中全费用清单计价方式分别计算该项目的全费用基价及含税工程造价。

解 （1）钢质防盗门安装定额套用子目 A5-23。

（2）材料、机械含税单价换算（见公共专业消耗量定额附录和市场信息价）。

钢制防盗门：含税单价 302.39 元 /m²；铁件综合：含税单价 4.46 元 /kg；

低碳钢焊条 J422 ϕ4.0：含税单价 4.26 元 /kg；干混抹灰砂浆 DP M15：含税单价 353 元 /t；

电：含税单价 0.87 元 /（kW·h）；电【机械】：含税单价 0.87 元 /（kW·h）；

交流弧焊机 21kV·A：含税台班单价 158.62 元 / 台班。

（3）计算全费用基价（简易计税法）

① 人工费 =92×7.474+142×20.031+212×2.392=4039.11(元)（不变）

② 材料费 =(302.39×96.200+4.46×95.779+4.26×3.116+353.00×0.429+0.87×11.450)×(1+0.1%)+0.87×24.711=29742.96(元)

③ 机械费 =158.62×0.410=65.03(元)

④ 费用 =(4039.11+65.03)×(13.63% +0.70% +28.22% +19.70% +26.79%)=3654.33(元)

⑤ 增值税 =(4039.11+29742.96+65.03+3654.33)×3% =1125.04(元)

⑥ 全费用基价 = 人工费 + 材料费 + 机械费 + 费用 + 增值税 =4039.11+29742.96+65.03+3654.33+1125.04=38626.47(元 /100m²)

⑦ 含税工程造价 =38626.47×2.6=100428.82(元)

【思考题】

二维码 3.2

1. 什么是费用定额？

2. 一般计税法和简易计税法的相同点和不同点有哪些？

3. 某工程采用预制钢筋混凝土方桩，桩截面积为 400mm×400mm，桩长 18m，共计 100 根（含试桩 3 根），合同约定项目采用一般计税法报价。请结合湖北 2018 版费用定额完成：

（1）工程量清单计价方式计算该打桩项目含税工程造价。

（2）请用全费用清单计价方式分别计算该打桩项目的含税造价。

项目四
工程造价的计价模式

/04

学习目标

　　熟悉建设工程造价计价方法和特点；熟悉建设工程造价计价依据分类、作用与特点；了解工程计价的各种类型；理解定额计价和清单计价的区别和联系；熟悉费用定额的组成内容、计算程序；学会灵活运用费用定额；了解工程造价资料积累的内容、方法及应用。

任务引入

　　背景材料：某学院有9栋学生宿舍，都是6层框架结构，其外观相同。
　　要求：它们的工程造价计价是否相同？体现什么特点？绘制定额计价和清单计价程序的框图，并比较它们的异同点。

任务一 ▶ 工程造价的计价概述

一、工程造价计价的概念

　　工程造价计价就是计算和确定建设工程项目的工程造价，简称工程计价，也称工程估价。
　　工程计价是对工程造价及其构成内容，按照法律法规和标准（可以是国家标准、地方标准和企业标准）等规定的程序、方法，依据相应的工程计价依据、设计文件等工程技术资料进行预测或确定的行为。

二、工程造价计价的特征

　　工程造价计价特征是由工程造价的特点所决定的，了解和掌握这些特征，对工程造价的计算、确定与控制都十分重要。

1. 单件性计价特征

产品的个体差别性决定每项工程都必须单独计算造价。

2. 多次性计价特征

　　建设工程周期长、规模大、造价高，因此按建设程序要分阶段进行。相应地也要在不同阶段多次性计价，以保证工程造价确定与控制的科学性。多次性计价是逐步深化、逐步细化和逐步接近实际造价的过程，其过程如图4.1所示。

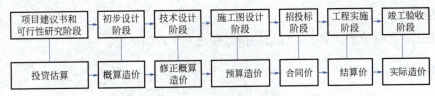

注：连线表示对应关系，箭头表示多次计价流程及逐步深化过程

图 4.1　工程多次性计价示意图

3. 组合性特征

工程造价的计算是由分部组合而成，这一特征和建设项目的组合性有关。建设项目的这种组合性决定了计价的过程是一个逐步组合的过程。其计算过程和计算顺序是：分部分项工程造价→单位工程造价→单项工程造价→建设项目总造价，如图 4.2 所示。

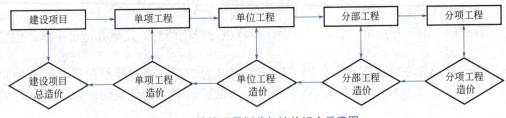

图 4.2　建设项目划分与计价组合示意图

4. 方法的多样性特征

多次计价有各自的计价依据，其对造价的精确度要求也不相同，这就决定了计价方法有多样性特征。计算和确定概预算造价有两种基本方法，即单价法和实物法。计算和确定投资估算的方法有设备系数法、生产能力指数估算法等。不同的方法各有利弊，适应条件也不同，所以计价时要加以选择。

5. 依据的复杂性特征

由于影响造价的因素多，故计价依据复杂，种类繁多。主要可分为七类：

（1）计算设备和工程量依据。包括项目建议书、可行性研究报告、设计文件等。

（2）计算人工、材料、机械等实物消耗量的依据。包括投资估算指标、概算定额、预算定额等。

（3）计算工程单价的价格依据。包括人工单价、材料价格、机械台班费等。

（4）计算设备单价依据。包括设备原价、设备运杂费、进口设备关税等。

（5）计算相关费用的费用定额和指标。

（6）政府规定的税、费。

（7）物价指数和工程造价指数。

三、工程造价计价的依据

工程造价计价依据是指在工程计价活动中，所要依据的与计价内容、计价方法和价格标准相关的工程计量计价标准、工程计价定额及工程造价信息等。

1. 计价活动的相关规章规程

按照我国工程造价计价依据的编制和管理权限的规定，目前已经形成由国家法律法规、建设主管部门的规章、规范以及行业协会推荐性标准、定额等相互支撑、互为补充的工程造价计价依据体系。

2. 工程量清单计价和计量规范

工程量清单计价和计量规范由《建设工程工程量清单计价规范》（GB 50500—2013）、《房屋建筑与装饰工程工程量计算规范》（GB 50854—2013）等九大类专业工程计量规范组成。

3. 工程定额

工程定额主要指国家、省等有关专业部门制定的各种定额，包括工程消耗量定额和工程计价定额等。

4. 工程造价信息

工程造价信息主要包括价格信息、工程造价指数和已完工程信息等。

四、工程造价计价大家族

工程造价计价在工程建设的各个阶段对应着不同的计价类型，它是一个大家族，其成员如下：

（1）投资估算。指在项目建议书和可行性研究阶段，通过编制估算文件，对拟建项目所需投资预先进行测算和确定的过程。也可表示估算出的建设项目的投资额，或称估算造价。投资估算是决策、筹资和控制造价的主要依据。

（2）设计概算。指在初步设计阶段，根据设计意图，通过编制工程概算文件预先测算和确定的工程造价。设计概算与投资估算造价相比较，造价的准确性有所提高，但它受估算造价的控制。概算造价分建设项目概算总造价、各单项工程概算综合造价、各单位工程概算造价。

（3）修正设计概算。指在采用三阶段设计的技术设计阶段，根据技术设计的要求，通过编制修正概算文件预先测算和确定的工程造价。它对初步设计概算进行修正调整，比概算造价准确，但受概算造价控制。

（4）施工图预算。指在施工图设计阶段，以施工图纸为依据，通过编制预算文件预先测算和确定的工程造价。它比设计概算和修正设计概算更为详尽和准确。但同样要受前一阶段所确定的工程造价的控制。

（5）承包合同价。指在工程招投标阶段通过签订总承包合同、建筑安装工程承包合同、设备材料采购合同，以及技术和咨询服务合同确定的价格。合同价性质上属于市场价格，它是由承发包双方根据市场行情共同议定和认可的成交价格，但它并不等同于实际工程造价。现行的三种合同价形式是固定合同价、可调合同价和工程成本加酬金合同价。

（6）工程结算价。指工程完工后，经建设单位及有关部门验收并办理验收手续，施工企业根据施工过程中现场实际情况记录、设计变更通知书、现场工程更改签证、预算定额、材料预算价格和各项费用标准等资料，在工程结算时按合同调价范围和调价方法，对实际发生的工程量增减、设备和材料价差等进行调整后计算和确定的价格。结算价是该结算工程的实际价格，一般有定期结算、阶段结算和竣工结算等方式。

（7）竣工决算价。指竣工决算阶段，在竣工验收后，由建设单位编制的反映建设项目从筹建到建成投产（或使用）全过程发生的全部实际成本的技术经济文件，是最终确定的实际工程造价，是建设投资管理的重要环节，是工程竣工验收、交付使用的重要依据，也是进行建设项目财务总结和银行对其实行监督的必要手段。

从投资估算、设计概算、修正设计概算、施工图预算到承包合同价，再到各项工程结算价和最后工程竣工结算价基础上编制的竣工决算，整个计价过程是一个由粗到细、由浅入深，最后确定工程实际造价的过程。整个计价过程中，各个环节之间相互衔接，前者制约后者，后者补充前者。

任务二 ▶ 工程造价的计价模式

目前我国工程造价行业主要有两种单价确定方式，即工料单价法和综合单价法。因此，工程的计价方法也就相应主要有两种，即工程定额计价法和工程量清单计价法。

一、工程计价的基本方法

1. 工料单价法

所谓工料单价法，指工程项目的基价仅仅包括人工、材料、施工机具三项资源要素的价格，是一种不完全价格形式。还需要按照特定的取费程序计算企业管理费、利润、措施项目费、规费和增值税，形成相应的工程造价。

2. 综合单价法

综合单价法含有全费用综合单价法（也称完全综合单价法）和部分费用综合单价法（也称不完全综合单价法）。部分费用综合单价法，在人工费、材料费、施工机具费的基础上计取管理费和利润；全费用综合单价法，在人工费、材料费、施工机具费的基础上计取管理费和利润，还有税金和规费。

我国现行的工程量清单计价的综合单价为不完全综合单价。根据《建筑工程工程量清单计价规范》（GB 50500—2013）规定，综合单价由完成工程量清单中一个规定计量单位项目所需的人工费、材料费、施工机具使用费、管理费和利润，以及一定范围的风险费用组成。而规费和税金，是在求出单位工程分部分项工程费、措施项目费和其他项目费后再统一计取，最后汇总得出单位工程造价。

二、工程造价的计价模式

我国目前的工程计价模式实行"双轨制"，既施行与国际接轨的工程量清单计价模式，又保留了传统的定额计价模式。一般来说，工程定额主要用于国有资金投资工程编制投资估算、设计概算、施工图预算和最高投标限价；对于非国有资金投资工程，在项目建设前期和交易阶段，工程定额可以作为计价的辅助依据。工程量清单主要用于建设工程发承包及实施阶段，工程量清单计价用于合同价格形成以及后续的合同价款管理。因此，下面针对这两种计价模式介绍其计价程序和方法。

（一）定额计价模式

工程定额计价是根据国家、省、自治区、直辖市等相关部门颁布的投资估算指标、概算指标、概算定额、预算定额（单位估价表）及其他相关计价定额等，按照规定的计算程序对工程产品实现有计划的计价与管理。

1. 工程定额计价的方法

工程定额计价方法主要采用工料单价法计算工程造价。按照单价形成方式不同，工料单价法又可以分为定额单价法和实物量法。

（1）定额单价法　又称预算单价法，就是利用各地区造价主管部门颁发的预算定额（单位估价表），并根据预算定额（单位估价表）的分部分项工程量计算规则，按照施工图计算出分部分项工程量，乘以相应项目的基价，汇总后就得出了工、料、机的费用合计，再以定额中的人工费与施工机具使用费之和为计费基础，按照费用定额的规定计算各项费用，汇总之后就形成了单位工程的工程预算造价。

（2）实物量法　实物量法首先是根据预算定额的分部分项工程量计算规则及施工图计算出分部分项工程量，然后套用相应人工、材料、机械台班的定额消耗量，再分别乘以工程所在地的人工、材料、机械台班的实际单价，求出单位工程的人工费、材料费和施工机具使用费，并汇总求和。然后按规定计取其他各项费用，汇总就可以得出单位工程预算造价。

2. 采用工程定额计价法编制建筑工程预算的步骤（图4.3）

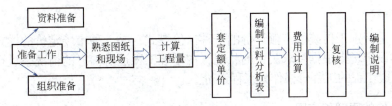

图4.3　定额计价法程序图

（1）第一阶段：准备工作。

包括资料准备和组织准备，其中资料准备应包括：设计图纸、计价依据、材料价格、人工工资标准、施工机械台班使用定额以及有关费用调整的文件、工程协议或合同、施工组织设计（施工方案）或技术组织措施、工程计价手册，如各种材料手册、常用计算公式和数据、概算指标等各种资料。

（2）第二阶段：熟悉图纸和现场。

① 在熟悉施工图时，应做到：对照图纸目录，检查图纸是否齐全；采用的标准图集是否已经具备；对

设计说明或附注要仔细阅读；设计上有无特殊的施工质量要求；事先列出需要另编补充定额的项目；平面坐标和竖向布置标高的控制点；本工程与总图的关系。

② 注意施工组织设计有关内容。计价时应注意施工组织设计中影响工程费用的因素。

③ 了解必要的现场实际情况。对施工现场的施工条件、施工方法、技术组织措施、施工进度、施工机械设备、材料供应等情况也应了解。同时，对现场的地貌、土质、水位、施工场地、自然地坪标高、土石方挖填运状况及施工方式、总平面布置等与工程预算有关的资料有详细了解。

（3）第三阶段：计算工程量。

计算工程量是一项工作量很大，却又十分细致的工作。工程量是计价的基本数据，计算的精确程度不仅影响到工程造价，而且影响到与之关联的一系列数据，如计划、统计、劳动力、材料等。因此决不能把工程量看成单纯的技术计算，它对整个企业的经营管理都有重要的意义。

（4）第四阶段：套定额单价。

套定额单价应注意以下事项：

① 分项工程名称、规格和计算单位必须与定额中所列内容完全一致。即在定额中找出与之相适应的项目编号，查出该项工程的单价。套单价要求准确、适用，否则得出的结果就会偏高或偏低。

② 定额换算。任何定额本身的制定都是按照一般情况综合考虑的，存在许多缺项和不完全符合图纸要求的地方，因此必须根据定额进行换算。如材料品种改变，混凝土和砂浆强度等级与定额规定不同，使用的施工机具种类型号不同，原定额工日需增加的系数等。

③ 补充定额编制。当施工图纸的某些设计要求与定额项目特征相差甚远，既不能直接套用，也不能换算、调整时，必须编制补充定额。

（5）第五阶段：编制工料分析表。

根据各分部分项工程的实物工程量和相应定额中的项目所列的用工工日及材料数量，计算出各分部分项工程所需的人工及材料数量，相加汇总便得出该单位工程所需要的各类人工和材料的数量。

（6）第六阶段：费用计算。

在项目、工程量、单价经复查无误后，将所列项工程实物量全部计算出来后，就可以按所套用的相应定额单价计算人、材、机费，进而计算企业管理费、利润、规费及增值税等各种费用，并汇总得出工程造价。

（7）第七阶段：复核。

工程计价完成后，需对工程计价结果进行复核，以便及时发现差错，应对工程量计算公式和结果、套价、各项费用的取费、计算基础和计算结果材料、人工价格及其价格调整等方面是否正确进行全面复核。

（8）第八阶段：编制说明。

编制说明是说明工程计价的有关情况，包括编制依据、工程性质、内容范围、设计图纸号、计价依据、有关部门的调价文件号、套用单价或补充定额子目的情况及其他需要说明的问题。封面填写应写明工程名称、工程编号、工程量（建筑面积）、工程总造价、编制单位名称、法定代表人、编制人及其资格证号和编制日期等。

（二）清单计价模式

工程量清单计价是区别于传统的定额计价的一种计价模式，是一种市场定价的模式。它由建设工程产品的买方和卖方在建设市场上根据供求关系的状况，在掌握工程造价信息的情况下进行公平、公开的竞争定价，从而将最终形成工程的工程价格作为工程造价。

1. 工程量清单计价的原理和作用

（1）工程量清单计价的原理

工程量清单计价的基本原理可以描述为：按照《建筑工程工程量清单计价规范》（GB 50500—2013）的规定，在各相应专业工程工程量计算规范规定的清单项目设置和工程量计算规则基础上，针对具体工程的施工图纸和施工组织设计计算出各个清单项目的工程量，根据规定的方法计算出综合单价，并汇总各清单合价得出工程总价。

工程量清单计价活动涵盖施工招标、合同管理以及竣工交付全过程，主要包括编制招标工程量清单、招标控制价、投标报价、确定合同价、工程计量与价款支付、合同价款的调整、工程结算和工程计价纠纷处理等活动。

（2）工程量清单计价的作用

① 提供一个平等的竞争条件。工程量清单报价为投标者提供了一个平等竞争的条件，面对相同的工程量，由企业根据自身的实力来自主报价，使得企业的优势体现到投标报价中，可在一定程度上规范建筑市场秩序，确保工程质量。

② 满足市场经济条件下竞争的需要。招投标过程就是竞争的过程，招标人提供工程量清单，投标人根据自身情况确定综合单价，工程量清单规定的措施项目中，投标人具体采用什么措施，如模板、脚手架、临时设施、施工排水等详细内容可由投标人根据企业的施工组织设计等确定，计算出投标总价。

③ 有利于工程款的拨付和工程造价的最终结算。中标价就是双方确定合同价的基础，投标清单上的单价就成了拨付工程款的依据。业主根据施工企业完成的工程量，可以很容易地确定进度款的拨付额。工程竣工后，业主再根据设计变更、工程量的增减等乘以相应单价，也很容易确定工程的最终造价，可在某种程度上减少业主与施工单位之间的纠纷。

④ 有利于业主对投资的控制。采用工程量清单计价的方式，在进行设计变更或工程量增减时，能迅速计算出该工程变更或工程量增减对工程造价的影响，从而业主就能根据投资情况来决定是否变更或进行方案比较，采用最为合理、经济的处理方法，进而加强投资控制。

⑤ 有利于实现风险的合理分担。采用工程量清单计价的方式后，投标人只对自己所报的成本、单价等负责，而对工程量的变更或计算错误等不负责任，这一部分风险则应由业主承担，因此符合风险合理分担与责权利关系对等的一般原则。

2. 工程量清单计价的程序

工程量清单计价的程序与工程定额计价基本一致，只是第四阶段至第六阶段有所不同，具体如下。

（1）第四阶段：工程量清单项目组价。

形成综合单价分析表组价的方法和注意事项与工程定额计价法相同，每个工程量清单项目包括一个或几个子目，每个子目相当于一个定额子目。所不同的是，工程量清单项目套价的结果是计算该清单项目的综合单价，并不是计算该清单项目的人工费、材料费、机械费等。

（2）第五阶段：分析综合单价。

工程量清单的工程数量，按照相应的专业工程工程量计算规范，如《房屋建筑与装饰工程工程量计算规范》（GB 50854—2013）、《通用安装工程工程量计算规范》（GB 50856—2013）等规定的工程量计算规则计算。一个工程量清单项目由一个或几个定额子目组成，将各定额子目的综合单价汇总累加，再除以该清单项目的工程数量，即可得到该清单项目的综合单价。

（3）第六阶段：费用计算。

在工程量计算、综合单价分析经复查无误后，即可进行分部分项工程费、措施项目费、其他项目费、规费和增值税的计算，从而汇总得出工程造价。其具体计算原则和方法如下：

$$分部分项工程费 = \sum(分部分项工程量 \times 分部分项工程项目综合单价) \tag{4.1}$$

措施项目费分为两种，即按各专业工程工程量计算规范规定应予计量措施项目（单价措施项目）费和不宜计量的措施项目（总价措施项目）费。

$$单价措施项目费 = \sum(措施项目工程量 \times 措施项目综合单价) \tag{4.2}$$

$$总价措施项目费 = \sum(措施项目计费基数 \times 费率) \tag{4.3}$$

其中，单价措施项目综合单价的构成与分部分项工程项目综合单价构成类似。

$$单位工程造价 = 分部分项工程费 + 措施项目费 + 其他项目费 + 规费 + 增值税 \tag{4.4}$$

工程量清单复核、编制说明、装订与签章的要求，与工程定额计价方法的要求完全一致，如图4.4所示。

图 4.4　清单计价程序图

3. 两种计价模式的区别

（1）两种模式最大差别在于体现了我国建设市场发展过程中的不同定价阶段

① 我国建筑产品价格市场化经历了"国家定价→国家指导价→国家调控价"三个阶段。在定额计价模式下，工程价格介于国家定价和国家指导价之间，承包商可以在该标准的允许幅度内实现有限竞争。

② 工程量清单计价模式则反映了市场定价阶段，工程造价是根据市场的具体情况，具有竞争性、自发波动和自发调节的特点。

（2）两种模式的主要计价依据及其性质不同　定额计价模式的主要依据是国家、省、自治区、直辖市有关专业部门制定的各种定额，其具有指导性，定额的项目划分一般按施工工序分项，每个分项工程项目所含的工程内容一般是单一的。

工程量清单计价模式的主要依据是《建设工程工程量清单计价规范》（GB 50500—2013），其性质是含有强制性条文的国家标准，清单的项目划分一般是按"综合实体"进行分项的，每个分项工程一般包含多项工程内容。

（3）编制工程量的主体不同　定额计价模式下，建设工程的工程量由招标人和投标人分别按施工图计算工程量。而在工程量清单计价模式下，工程量由招标人统一计算或委托有关工程造价咨询单位统一计算，工程量清单是招标文件的重要组成部分，各投标人依据招标人提供的工程量清单，根据自身的技术装备、施工经验、企业成本、企业定额、管理水平自主完成单价与合价的填写。

任务三 ▶ 工程量清单与计价的编制

一、工程量清单

（一）工程量清单的概念

工程量清单是载明建设工程分部分项工程项目、措施项目、其他项目的名称和相应数量以及规费、税金项目等内容的明细清单。

工程量清单是按照招标要求和施工设计图纸要求，将拟建招标工程的全部项目和内容依据统一的工程量计算规则和子目分项要求，计算分部分项工程实物量，列在清单上作为招标文件的组成部分，供投标单位逐项填写单价用于投标报价。

（二）工程量清单的作用

（1）在招投标阶段，招标工程量清单为投标人的投标竞争提供了一个平等和共同的基础。工程量清单将要求投标人完成的工程项目及其相应工程实体数量全部列出，为投标人提供拟建工程的基本内容、实体数量和质量要求等信息。这使所有投标人所掌握的信息相同，受到的待遇是客观、公正和公平的。

（2）工程量清单是建设工程计价的依据。在招投标过程中，招标人根据工程量清单编制招标工程的招标控制价；投标人按照工程量清单所表述的内容，依据企业定额计算投标价格，自主填报工程量清单所列项目的单价与合价。

（3）工程量清单是工程付款和结算的依据。发包人根据承包人是否完成工程量清单规定的内容以投标时在工程量清单中所报的单价作为支付工程进度款和进行结算的依据。

（4）工程量清单是调整工程量、进行工程索赔的依据。在发生工程变更、索赔、增加新的工程项目等情况时，可以选用或者参照工程量清单的分部分项工程或几家项目与合同单价来确定变更项目或索赔项目的单价和相关费用。

（三）工程量清单的编制方法

工程量清单应以单位（项）工程为单位编制，由分部分项工程项目清单、措施项目清单、其他项目清单、规费项目清单和税金项目清单组成。

1. 一般规定

（1）招标工程量清单应由具有编制能力的招标人或受其委托、具有相应资质的工程造价咨询人编制。

（2）工程量清单编制错漏项的危害、责任承担。招标人对编制的工程量清单的准确性和完整性负责。如委托工程造价咨询人编制，其责任仍由招标人承担。

（3）招标工程量清单应以单位（项）工程为单位编制，应由分部分项工程项目清单、措施项目清单、其他项目清单、规费和税金项目清单组成。

（4）编制招标工程量清单应依据：

①《建设工程工程量清单计价规范》（GB 50500—2013）和相关工程的国家计量规范；

②国家或省级、行业建设主管部门颁发的计价定额和办法；

③建设工程设计文件及相关资料；

④与建设工程有关的标准、规范、技术资料；

⑤拟定的招标文件；

⑥施工现场情况、地勘水文资料、工程特点及常规施工方案；

⑦其他相关资料。

（5）在编制工程量清单时，当出现《建设工程工程量清单计价规范》（GB 50500—2013）（以下简称为清单计价规范）附录中未包括的清单项目时，编制人应作补充。在编制补充项目时应注意以下三个方面。

①补充项目的编码应按规范的规定确定。具体做法如下：补充项目的编码由规范的代码01B和三位阿拉伯数字组成，并应从01B001起按顺序编制，同一招标工程的项目不得重码。

②在工程量清单中应附补充项目的项目名称、项目特征、计量单位、工程量计算规则和工作内容。尤其是工程内容和工程量计算规则，以方便投标人报价和后期变更、结算。

③将编制的补充项目报省级或行业工程造价管理机构备案。

例如，《房屋建筑与装饰工程工程量计算规范》（GB 50854—2013）中附录 M：墙、柱面装饰与隔断、幕墙工程表补充"成品 GRC 隔墙"项目，见表 4.1。

表 4.1　成品 GRC 隔墙计算规则（编码：011211）

项目编码	项目名称	项目特征	计量单位	工程量计算规则	工作内容
01B001	成品 GRC 隔墙	1. 隔墙材料品种、规格； 2. 隔墙厚度； 3. 嵌缝、塞口材料品种	m²	按设计图示尺寸以面积计算，扣除门窗洞口及单个 ≥ 0.3m² 的孔洞所占面积	1. 骨架及边框安装； 2. 隔板安装； 3. 嵌缝、塞口

2. 分部分项工程项目清单

分部工程是单位工程的组成部分，是按结构部位、施工特点或施工任务将单位工程划分为若干分部的工程。例如，房屋建筑与装饰工程分为土石方工程、桩基工程、砌筑工程、混凝土及钢筋混凝土工程、楼地面装饰工程、顶棚工程等分部工程。分项工程是分部工程的组成部分，是按不同施工方法、材料及工序将分部工程划分为若干个分项或项目的工程。例如现浇混凝土基础分为带形基础、独立基础、满堂基础、桩承台基础、设备基础等分项工程。

分部分项工程项目清单必须载明项目编码、项目名称、项目特征、计量单位和工程量，这构成了分部分项工程项目清单的五个要件，这五个要件在分部分项工程项目清单的组成中缺一不可，必须根据相关工程现行国家计量规范规定进行编制。

（1）项目编码：分部分项工程和措施项目清单名称的阿拉伯数字标识。

项目编码以 12 位阿拉伯数字表示。其中 一、二位是附录顺序码（01—房屋建筑与装饰工程；02—仿古建筑工程；03—通用安装工程；04—市政工程；05—园林绿化工程；06—矿山工程；07—构筑物工程；08—城市轨道交通工程；09—爆破工程。以后进入国标的专业工程代码以此类推），三、四位是专业工程分类顺序码，五、六位是分部工程顺序码，七至九位是分项工程顺序码，十至十二位是清单项目名称顺序码。其中前九位是《房屋建筑与装饰工程工程量计算规范》（GB 50854—2013）给定的全国统一编码，根据规范附录A～附录I的规定设置，后3位清单项目名称顺序码由编制人根据拟建工程的工程量清单项目名称和项目特征设置，自001起依次编制。

例如，M5 水泥砂浆砌砖基础的项目编码如图4.5所示。

二维码4.1

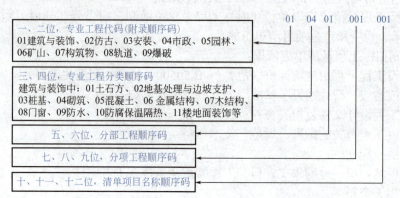

图 4.5　M5 水泥砂浆砌砖基础的项目编码

在编制工程量清单时应特别注意对项目编码十至十二位的设置不得有重码的情况。例如一个标段（或合同段）的工程量清单中含有三个不同单位工程的实心砖墙砌体工程量时，则第一个单位工程的实心砖墙的项目编码应为 010401003001，第二个单位工程的实心砖墙的项目编码应为 010401003002，第三个单位工程的实心砖墙的项目编码应为 010401003003，并分别列出各单位工程实心砖墙的工程量。

（2）项目名称：应按附录中的项目名称，结合拟建工程的实际确定。

（3）项目特征：是构成分部分项工程项目、措施项目自身价值的本质特征，应按附录中规定的项目特征，结合拟建工程项目的实际予以描述。

有些项目特征用文字往往又难以准确和全面地描述清楚时，应按以下原则进行。

① 项目特征描述的内容应按附录中的规定，结合拟建工程的实际，能满足确定综合单价的需要。

② 若采用标准图集或施工图纸能够全部或部分满足项目特征描述的要求，项目特征描述可直接采用"详见××图集或××图号"的方式。对不能满足项目特征描述要求的部分，仍应用文字描述。

（4）计量单位：应按附录中规定的计量单位确定。当涉及规范附录中有两个或两个以上计量单位的项目，在工程计量时，应结合拟建工程项目的实际情况，选择其中一个作为计量单位，在同一个建设项目（或标段、合同段）中，有多个单位工程的相同项目计量单位必须保持一致。例如门窗工程，规范以 m^2 和樘两个计量单位表示，此时就应根据工程项目特点，选择其中一个即可。

（5）工程量：应按附录中规定的工程量计算规则计算。每一项目汇总工程量的有效位数应遵守下列规定：

① 以"t"为单位，应保留小数点后三位数字，第四位小数四舍五入；

② 以"m^3""m^2""m""kg"为单位，应保留小数点后两位数字，第三位小数四舍五入；

③ 以"个""项"等为单位，应取整数。

3. 措施项目清单

措施项目清单的编制需要考虑多种因素，除了工程本身的因素外，还涉及水文、气象、环境、安全等因素。由于影响措施项目设置的因素太多，计量规范不可能将施工中能出现的措施项目一一列出。在编制措施项目清单时，因工程情况不同，出现计量规范附录中未列出的措施项目，可根据工程的具体情况对措施项目清单作补充。

规范中将措施项目分为能计量和不能计量的两类。

（1）对于能计量的措施项目（即单价措施项目），也同分部分项工程一样，编制工程量清单时必须列出项目编码、项目名称、项目特征、计量单位。

【例4.1】　某工程综合脚手架清单项目与计价见表4.2。

表 4.2 某工程综合脚手架清单项目与计价表

工程名称：某工程

序号	项目编码	项目名称	项目特征	计量单位	工程量	金额 / 元	
						综合单价	合价
1	011701001001	综合脚手架	1. 建筑结构形式：框剪； 2. 檐口高度：60m	m²	18000		

（2）对于不能计量的且以清单形式列出的项目（即总价措施项目），即仅列出项目编码、项目名称，但未列出项目特征、计量单位和工程量计算规则的措施项目，编制工程量清单时，必须按规范规定的项目编码、项目名称确定清单项目，不必描述项目特征和确定计量单位。总价措施项目中安全文明施工费必须按国家或省级、行业建设主管部门的规定计算，不得作为竞争性费用。

【例 4.2】 某工程安全文明施工、夜间施工清单项目见表 4.3。

表 4.3 某工程安全文明施工、夜间施工清单项目与计价表

工程名称：某工程

序号	项目编码	项目名称	计算基础	费率 /%	金额 / 元	调整费率 /%	调整后金额 / 元	备注
1	011707001001	安全文明施工	定额基价					
2	011707002001	夜间施工	定额人工费					

4. 其他项目清单

其他项目清单应按照下列内容列项。

（1）暂列金额：暂列金额应根据工程特点按有关计价规定估算，一般可以分部分项工程费的 10% ～ 15% 为参考。索赔费用、签证费用从此项扣支。暂列金额包括在合同价之内，但并不直接属承包人所有，而是由发包人暂定并掌握使用的一笔款项。

（2）暂估价：包括材料暂估单价、工程设备暂估单价、专业工程暂估价。

（3）计日工：应列出项目名称、计量单位和暂估数量。

（4）总承包服务费：应列出服务项目及其内容等。

5. 规费项目清单

应按照社会保险费、住房公积金、工程排污费等内容列项，出现以上未列的项目，应根据省级政府或省级有关部门的规定列项。

6. 税金项目清单

实施营改增之后，税金项目清单只包括增值税。

小贴士

2016 年 3 月 18 日召开的国务院常务会议决定，自 2016 年 5 月 1 日起，中国将全面推开营业税改征增值税，简称营改增，至此，营业税退出历史舞台。

（四）工程量清单格式

工程量清单应采用统一格式编制，由封面、填表须知、总说明、分部分项工程量清单、措施项目清单、其他项目清单、规费项目清单、税金项目清单组成。

二维码 4.2

55

二、工程量清单计价的编制

1. 工程量清单计价的概念

工程量清单计价是由招标人提供工程量清单，投标人对招标人提供的工程量清单进行自主报价，通过竞争定价的一种工程造价计价模式。工程量清单计价采用综合单价计价。

使用国有资金投资的建设工程发承包，必须采用工程量清单计价。非国有资金投资的建设工程，宜采用工程量清单计价。

2. 招标控制价

招标人应当根据国家或省级、行业建设主管部门颁发的有关计价依据和办法，以及拟定的招标文件和招标工程量清单，结合工程具体情况编制招标控制价。

（1）国有资金投资的建设工程招标，招标人必须编制招标控制价，作为最高投标限价。

（2）招标控制价应由具有编制能力的招标人或受其委托具有相应资质的工程造价咨询人编制和复核。

（3）招标控制价应根据下列依据编制与复核：

① 《建设工程工程量清单计价规范》（GB 50500—2013）；

② 国家或省级、行业建设主管部门颁发的计价定额和计价办法；

③ 建设工程设计文件及相关资料；

④ 拟定的招标文件及招标工程量清单；

⑤ 与建设项目相关的标准、规范、技术资料；

⑥ 施工现场情况、工程特点及常规施工方案；

⑦ 工程造价管理机构发布的工程造价信息，及工程造价信息没有发布的参照市场价；

⑧ 其他相关资料。

3. 投标报价

（1）投标报价是投标人参与工程项目投标时报出的工程造价。投标人或其委托具有相应资质的工程造价咨询人按照招标文件的要求以及有关计价规定，依据发包人提供的工程量清单、施工设计图纸，结合项目工程特点、施工现场情况及企业自身的施工技术、装备和管理水平等，自主确定工程造价。

（2）投标报价中除规费、税金及措施项目清单中的安全文明施工费应按国家或省级、行业建设主管部门的规定计价，不得作为竞争性费用外，其他项目的投标报价由投标人自主决定。投标人的投标报价高于招标控制价的应予废标。投标人的投标报价不得低于成本。

（3）投标人在投标报价中填写的工程量清单的项目编码、项目名称、项目特征、计量单位、工程数量必须与招标人招标文件中提供的一致。

（4）投标报价应根据下列依据编制和复核：

① 《建设工程工程量清单计价规范》（GB 50500—2013）；

② 国家或省级、行业建设主管部门颁发的计价办法；

③ 企业定额，国家或省级、行业建设主管部门颁发的计价定额和计价办法；

④ 招标文件、招标工程量清单及其补充通知、答疑纪要；

⑤ 建设工程设计文件及相关资料；

⑥ 施工现场情况、工程特点及投标时拟定的施工组织设计或施工方案；

⑦ 与建设项目相关的标准、规范等技术资料；

⑧ 市场价格信息或工程造价管理机构发布的工程造价信息；

⑨ 其他的相关资料。

4. 综合单价编制

（1）一般规定

① 投标价应由投标人或受其委托具有相应资质的工程造价咨询人编制。

② 投标人应依据《建设工程工程量清单计价规范》（GB 50500—2013）第 6.2.1 条的规定自主确定投标报价。投标报价不得低于工程成本。投标人的投标报价高于招标控制价的应予废标。

③ 投标人必须按招标工程量清单填报价格。项目编码、项目名称、项目特征、计量单位、工程量必须与招标工程量清单一致。

（2）编制方法　综合单价的计算是分部分项工程量清单计价的关键，综合单价的计算有两种方法。

第一种方法是指工程项目的工程量采用计价工程量，按照各地区定额工程量计算规则计算该量，然后乘以定额的人工、材料、机械单价得出人、材、机的费用，再按照费用定额规定取费，计算得出管理费及利润。将各项工程内容的各项费用合计得出总价，再除以清单工程量，得出综合单价。

第二种方法是指工程项目的工程量是清单计量单位的工程量，是定额工程量除以清单工程量得出的系数。该工程量乘以消耗量定额的人工、材料和机械单价得出组成综合单价的分项单价，其和即为综合单价中人工、材料、机械的单价组成，然后算出管理费和利润，组成综合单价。

第二种方法的单价组成与综合单价分析表一致，便于直接用综合单价分析表格完成计算，在建筑和安装部分主要采用的是这种方法。

第二种方法的计算步骤如下：

① 分析每个清单项目的工程内容组成；

② 计算各个工程内容的计价工程量 S_i；

③ 计算比值 K_i= 计价工程量（S_i）/ 清单工程量；

④ 根据比值 K_i，并套用定额，计算各个工程内容的人工、材料、机械、管理费、利润的费用；

⑤ 汇总各项工程内容的费用；

⑥ 计算清单项目的综合单价。

下面以案例来说明第二种方法的计算过程及格式。

【例 4.3】　某拟建教学楼首层平面图如图 4.6 所示，土壤类别为一类土，计算平整场地的综合单价（采用一般计税法）。

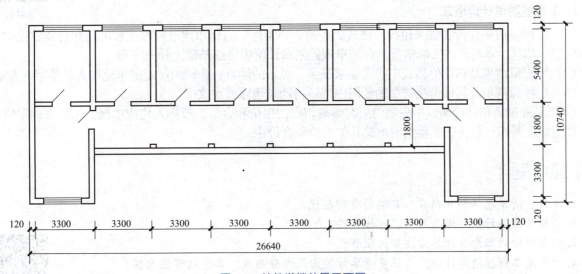

图 4.6　某教学楼首层平面图

解　（1）完成清单工程量和计价工程量计算表，见表 4.4；

（2）完成工程量清单综合单价分析表，见表 4.5。

表 4.4　清单工程量和计价工程量计算表

序号	项目编码	项目名称	计量单位	工程量	计算式
1	010101001001	平整场地	m²	221.57	清单工程量：26.64×10.74-（3.3×6-0.24）×3.3=221.57（m²）
	G1-318	平整场地	m²	221.57	计价工程量：26.64×10.74-（3.3×6-0.24）×3.3=221.57（m²）

表 4.5　工程量清单综合单价分析表

项目编码	010101001001		项目名称	平整场地	计量单位	m²	工程量		221.57
清单综合单价组成明细									
定额编号	定额名称	定额单位	数量	单价 /（元 /100m²）					
				人工费	材料费	机械费	管理费	利润	
G1-318	平整场地	100m²	0.01	207.83	—	—	32.05	19.58	

（因版式复杂，合价部分另列）

合价 /（元 /m²）				
人工费	材料费	机械费	管理费	利润
2.08	—	—	0.32	0.2

人工单价	小 计	2.08	—	—	0.52
普工 92 元 / 工日，技工 142 元 / 工日	未计价材料费	—			
清单项目综合单价		2.60			

① 清单工程量 =221.57(m²)，计价工程量 (S₁)=221.57(m²)，则

比值 (K₁)=(221.57/221.57)/100=0.01（应填入数量中）。

② 查阅湖北省 2018 版消耗量定额，G1-318，人工费 =207.83 元 /100m²。

查湖北 2018 版费用定额，可知湖北省定额中土石方工程的管理费费率为 15.42％，利润率 9.42％，并且以"人工费 + 机械费"为计费基础。

管理费 =(207.83+0)×15.42％=32.05(元 /100m²)，利润 =(207.83+0)×9.42％ =19.58(元 /m²)。

③ 合价 = 单价 × 数量，因此，人工费 =207.83×0.01=2.08(元 /m²)，

管理费 =32.05×0.01=0.32(元 /m²)，利润 =19.58×0.01=0.20(元 /m²)，

综合单价 =2.08+0.32+0.2=2.60(元 /m²)。

二维码 4.3

5. 工程量清单计价格式

（1）工程量清单计价表宜采用统一格式。各省、自治区、直辖市建设行政主管部门和行业建设主管部门可根据本地区、本行业的实际情况，在清单规范附录计价表格的基础上补充完善。

（2）工程量清单及其计价格式中所有要求签字、盖章的地方，必须由规定的单位和人员签字、盖章。

（3）工程量清单及其计价格式中的任何内容不得随意删除或涂改。

（4）工程量清单计价格式中列明的所有需要填报的单价和合价，投标人均应填报，未填报的单价和合价，视为此项费用已包含在工程量清单的其他单价和合价中。

【思考题】

1. 工程量清单包括哪些内容？其编制有哪些规定？

2. 工程量清单计价的概念及内容包括哪些？

3. 综合单价的概念及计算方法如何理解？

4. 什么是工程量清单计价？工程量清单计价由几部分组成？各包括哪些内容？

5. 分部分项工程费包括哪些内容？如何计算？

6. 什么是综合单价？计算依据有哪些？如何确定综合单价？

7. 措施项目费、其他项目费、规费和税金是什么？包括哪些内容？如何计算？

二维码 4.4

项目五
建筑工程计量

学习目标

　　了解工程计量的基本概念、依据和原则；熟悉建筑面积的概念与组成；掌握建筑面积的计算规则；会计算建筑面积；掌握建筑工程清单工程量计量规则的主要内容和要求；掌握装饰装修工程清单工程量计量规则的主要内容和要求；会编制各分部分项工程和单价措施项目清单。

任务引入

　　背景材料：分部分项工程量的计算是最重要的内容之一，需要重点掌握学习，特别是各种现浇混凝土和钢筋工程量的计算，应格外重视。
　　要求：根据给定的某工程建筑结构施工图，计算各分部分项工程的工程量。

任务一 ▶ 工程计量概述

一、工程计量的概念

　　工程造价的确定，应该以该工程所要完成的工程实体数量为依据，对工程实体的数量做出正确的计算，并以一定的计量单位表述。这就需要进行工程计量，即工程量的计算，以此作为确定工程造价的基础。

1.工程量的概念

　　工程量即工程的实物数量，是指按一定规则并以物理计量单位或自然计量单位所表示的各个分项工程或结构构件的数量。

　　物理计量单位是指以公制度量表示的长度、面积、体积和重量等计量单位。如砖地沟以"m"为计量单位，平整场地以"m²"为计量单位，砌筑墙体以"m³"为计量单位，钢筋工程以"t"为计量单位。

　　自然计量单位指建筑成品表现在自然状态下的简单点数所表示的台、个、套、樘、块等计量单位。如门窗工程可以以"樘"为计量单位，砖检查井以"座"为单位，毛巾架以"根"或"套"为计量单位等。

　　工程量的计算在工程建设中简称工程计量。

2.工程计量的含义

　　工程计量是指建设工程项目以工程设计图纸、施工组织设计或施工方案及有关技术经济文件为依据，按照相关国家标准的计算规则、计量单位等规定，进行工程数量的计算活动，是工程计价活动的重要环节。工程计量的结果就是工程量。

二、工程计量的意义

工程量计算的工作，在整个工程预算编制的过程中是最繁重的一道工序，是编制工程量清单计价的重要环节。一方面，工程量计算工作在整个工程造价计价工作中所花的时间最长，它直接影响到造价的及时性；另一方面，工程量计算正确与否直接影响到各个分部分项工程费、单价措施项目费计算的正确与否，从而影响工程造价的准确性。因此，要求工程造价人员具有高度的责任感，需耐心细致地进行计算。

三、工程计量的依据

1. 工程量计算规范或消耗量定额

根据工程计价的方式不同，计算工程量应选择相应的工程量计算规则。编制施工图预算，应按预算定额及其工程量计算规则算量；若工程招标投标编制工程量清单，应按《房屋建筑与装饰工程工程量计算规范》（GB 50854—2013）附录中的工程量计算规则计算。

2. 经审定通过的施工设计图纸及配套的标准图集

经审定的施工设计图纸及配套的标准图集，是工程量计算的基础资料和基本依据。因为施工设计图纸全面反映建筑物（或构筑物）的结构构造、各部位的尺寸及工程做法。

3. 经审定通过的施工组织设计或施工方案

在计算工程量时，往往还需要明确分项工程的具体施工方法及措施，应按施工组织设计或施工方案确定。如计算挖基础土方工程量时，施工方法是采用人工开挖还是机械开挖，是否需要放坡、预留工作面或做支撑防护等，都会影响工程量的计算结果。

4. 经审定通过的其他有关的技术经济文件

工程施工合同、招标文件的商务条款等经审定的相关技术经济文件也会影响工程量计算范围及结果。

四、工程计量的原则

1. 工程量计算原则

（1）计算口径一致　计算工程量时，所列项目包括的工作内容和范围，必须与依据的计量规范或消耗量定额的口径一致。如在计算土方开挖的工程量时，按"土方开挖"清单列项，计量规范的工作内容包括土方开挖、运输、基底钎探等多项内容，在组价时，消耗量定额中土方开挖、运输、基底钎探均属于不同的定额子目，因此需要分别列项计算定额工程量，从而达到清单工程量与定额工程量计算口径一致。

（2）计量单位一致　计算工程量时，所采用的单位必须与计量规范或消耗量定额相应项目中的计量单位一致。例如计算砖砌台阶清单工程量时，应按计量规范规定的"m^2"为单位计算；而在组价时，应按消耗量定额规定的"m^3"计算。

（3）计算规则一致　计算工程量时，必须严格遵循计量规范或消耗量定额的工程量计算规则，才能保证工程量的准确性。例如楼地面的整体面层按主墙间净空面积计算，而块料面积按饰面的实铺面积计算。

（4）与设计图纸一致　工程量计算项目必须与图纸规定的内容保持一致，不得随意修改内容去高套或低套定额；计算数据必须严格按照图纸所示尺寸计算，尺寸取定应准确，不得任意加大或缩小。

（5）计算的精确程度要求　工程量计算结果的有效位数应遵守下列规定。

① 以"t"为单位，应保留小数点后三位数字，第四位小数四舍五入。

② 以"m""m²""m³""kg"为单位，应保留小数点后两位数字，第三位小数四舍五入。

③ 以"个""件""根""组""系统"为单位，应取整数。

2.工程量计算顺序

（1）单位工程计算顺序

① 按图纸顺序计算。计算工程量时，可以根据图纸排列的先后顺序，由建施到结施；每张专业图纸由前向后，按"先平面，再立面，再剖面；先基本图，再详图"的顺序计算。例如先计算场地平整、室内回填土、楼地面装饰，再计算墙柱面装饰、墙体工程量。

② 按工程量计算规范或消耗量定额的顺序计算。计算工程量时，按照工程量计算规范或消耗量定额的章、节、子目次序，逐项对照计算。例如由土石方工程开始，逐步进行桩基础、砌筑墙体、混凝土工程、屋面防水、装饰工程量的计算。

③ 按施工顺序计算。计算工程量时，按先施工的先算，后施工的后算的方法进行。例如，由平整场地、基础挖土开始算起，再到基础、框架梁柱板，最后进行装饰工程量的计算。

④ 统筹顺序计算。统筹顺序是运用统筹法原理来合理安排工程量的计算顺序，达到节约时间、简化计算、提高工效的目的。例如，对于框架结构建筑物的工程量，可以统筹安排为先混凝土工程，再模板工程、墙体工程、土方工程、屋面防水工程，最后装饰工程的顺序计算。

（2）单个分部分项工程计算顺序

① 按顺时针方向计算。即先从平面图的左上角开始，按顺时针方向依次计算工程量。在计算外墙、外墙基础等分项工程量时，可按这种顺序计算，如图5.1所示。

② 按"先横后竖、先上后下、先左后右"顺序计算。即在平面图上从左上角开始，按"先横后竖、先上后下、先左后右"顺序计算工程量。在计算房屋的条形基础土方、砖石基础、砖墙砌筑、门窗过梁、墙面抹灰等分部分项工程量时，可按这种顺序计算，如图5.2所示。

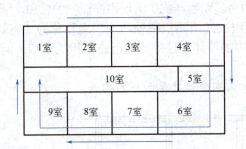

图5.1 顺时针方向计算示意图

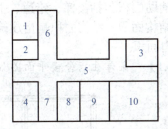

图5.2 "先横后竖、先上后下、先左后右"计算顺序图

③ 按构件编号顺序计算。即按照图纸上所标注结构构件、配件的编号顺序进行计算。在计算混凝土构件、门窗、木结构、金属结构等分项工程量时，可按这种顺序计算，如图5.3所示。

④ 按轴线编号顺序计算。即可以根据施工图纸轴线标号来确定工程量的计算，例如某房屋墙体分项工程，可按③轴上，Ⓐ-Ⓑ轴、Ⓒ-Ⓓ轴这样的顺序进行工程量计算，如图5.4所示。

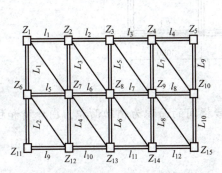

图5.3 按构件编号顺序计算示意图

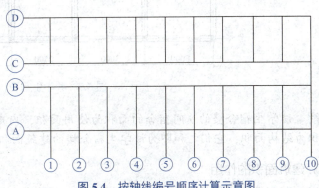

图5.4 按轴线编号顺序计算示意图

任务二 ▶ 建筑面积计算

任务引入

背景材料：目前，我国城镇人均住房建筑面积由 1949 年的 $8.3m^2$ 提高到 2018 年的 $39m^2$，农村人均住房建筑面积提高到 $47.3m^2$。

要求：理解建筑面积的概念、组成以及如何计算。

建筑面积是工程计量的基础工作，也是工程计价的一项重要技术经济指标，对于相关分项的工程量计算、工程造价的技术经济分析、建筑设计和施工管理等方面都有着重要的意义。

一、建筑面积概念及组成

1.建筑面积的概念

建筑面积是指建筑物（包括墙体）所形成的楼地面面积。面积是所占平面图形的大小，建筑面积主要是墙体围合的楼地面面积（包括墙体的面积）。

2.建筑面积的构成

建筑面积由使用面积、辅助面积和结构面积构成。

（1）使用面积 使用面积是指建筑物各层平面布置中，可直接为生产和生活使用的净面积总和。使用面积在民用建筑中，亦称"居住面积"。例如，住宅建筑中的使用面积主要包括居室、客厅、书房等面积。

（2）辅助面积 辅助面积是指建筑物各层平面布置中为辅助生产或生活所占净面积的总和。例如，住宅建筑中的辅助面积包括楼梯、走道、卫生间、厨房等面积。使用面积和辅助面积之和称为"有效面积"。

（3）结构面积 结构面积是指建筑物各层平面布置中的墙体、柱等结构所占面积的总和，但不包括抹灰厚度所占面积。

【例5.1】 某学生宿舍楼平面图如图5.5所示，分析该宿舍楼建筑面积的构成。

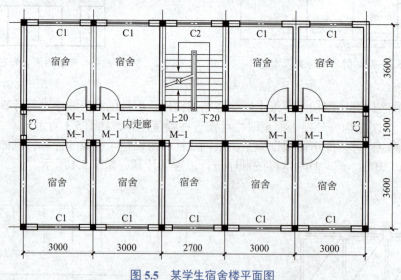

图5.5 某学生宿舍楼平面图

解 该学生宿舍楼的9间宿舍的面积为使用面积，内走廊和楼梯间的面积为辅助面积，内外墙和柱所占面积为结构面积，它们之和即为该学生宿舍楼的建筑面积。

3.建筑面积的作用

（1）确定建设规模的重要指标 根据项目立项批准文件所核准的建筑面积，是初步设计的重要控制指标。对于国家投资的项目，施工图的建筑面积不得超过初步设计建筑面积的5%，否则必须重新报批。

（2）确定各项技术经济指标的基础　建筑物的单方造价、单方人材机消耗指标是工程造价的重要技术经济指标，它们的计算都需要建筑面积这一关键数据。有了建筑面积，才能确定每平方米建筑面积的工程造价，每平方米建筑面积的人工、材料消耗量等相关经济技术指标。

（3）评价设计方案的依据　建筑设计和建筑规划中，经常使用建筑面积控制某些指标，比如容积率、建筑密度等。在评价设计方案时，统筹采用居住面积系数、土地利用系数、单方造价等指标，也都与建筑面积密切相关。

（4）计算有关分项工程量的依据和基础　在计算工程量时，一些分项的工程量是按照建筑面积确定的，例如平整场地、脚手架、垂直运输等。还有一些分项的工程量可以利用建筑面积计算，例如利用底层建筑面积，可以方便地推算出室内回填土的体积、楼地面面积和顶棚面积等。

（5）选择概算指标和编制概算的基础数据　概算指标通常是以建筑面积为计量单位。用概算指标编制概算时，要以建筑面积为计算基础。

因此，正确计算建筑面积，对分项工程量的计算有着十分重要的意义。

二、建筑面积的计算

现行建筑面积计算的依据是《建筑工程建筑面积计算规范》（GB/T 50353—2013）。该规范包括总则、术语、计算建筑面积的规定和条文说明四部分，规定了计算建筑全部面积、计算建筑面积部分面积和不计算建筑面积的情形及计算规则，适用于新建、扩建和改建的工业与民用建设全过程的建筑面积计算。

（一）建筑面积的计算规则

1. 应计算建筑面积的范围及规则

（1）建筑物的建筑面积应按自然层外墙结构外围水平面积之和计算。结构层高在2.20m及以上的，应计算全面积；结构层高在2.20m以下的，应计算1/2面积。

释义：① 自然层是按楼地面结构分层的楼层；

② 结构层高是指楼面或地面结构层上表面至上部结构层上表面之间的垂直距离，如图5.6所示。

建筑物有单层、多层和高层之分，其建筑面积的计算分别如下。

1）单层建筑物的建筑面积计算。单层建筑物不论其高度均按一层计算建筑面积，其建筑面积应按其外墙勒脚以上结构外围水平面积计算，并应符合下列规定：单层建筑物高度≥2.20m应计算全面积；高度＜2.20m者应计算1/2面积，如图5.7所示。

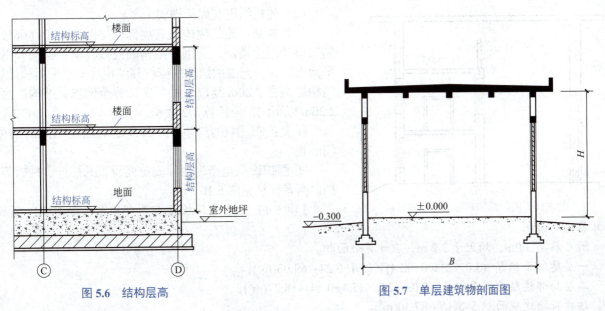

图5.6　结构层高　　　　　　　　　　　图5.7　单层建筑物剖面图

【例5.2】　某单层建筑平面、剖面如图5.8所示，计算该单层建筑物的建筑面积。

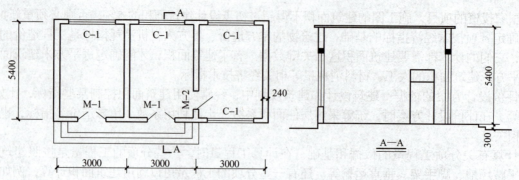

图 5.8　某单层建筑平面、剖面图

解　建筑面积 $S=(3.0\times3+0.24)\times(5.4+0.24)=52.11(\text{m}^2)$

2）多层或高层建筑物的建筑面积计算，是按各层建筑面积的总和计算，其底层按建筑物外墙勒脚以上外围水平面积计算，二层或二层以上按外墙外围水平面积计算。

【例 5.3】　多层教学楼平、剖面如图 5.9 所示，计算该教学楼的建筑面积。

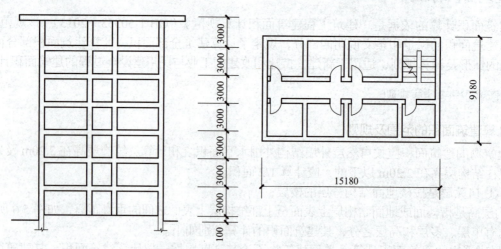

图 5.9　多层教学楼平面、剖面图

解　建筑面积 $S=15.18\times9.18\times7=975.47(\text{m}^2)$

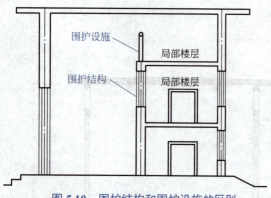

图 5.10　围护结构和围护设施的区别

（2）建筑物设有局部楼层

计算规则：建筑物内设有局部楼层时，对于局部楼层的二层及以上楼层，有围护结构的应按其围护结构外围水平面积计算，无围护结构的应按其结构底板水平面积计算。结构层高在 2.20m 及以上的，应计算全面积；结构层高在 2.20m 以下的，应计算 1/2 面积。

释义：① 围护结构是指围合建筑空间四周的墙体、门、窗。

② 围护设施是指为保障安全而设置的栏杆、栏板等围挡。两者区别见图 5.10。

【例 5.4】　某建筑物设有局部楼层，如图 5.11 所示，计算其建筑面积。

解　层高 3.0m，均大于 2.2 m，应计算全面积。

一层建筑面积 $S_1=(3.0\times2+6.0+0.24)\times(5.4+0.24)=69.03(\text{m}^2)$；

二层局部楼层建筑面积 $S_2=(3.0+0.24)\times(5.4+0.24)=18.27(\text{m}^2)$；

该建筑物建筑面积 $S=S_1+S_2=87.30(\text{m}^2)$。

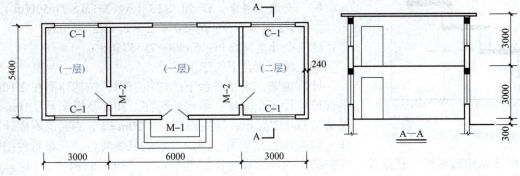

图 5.11 设有局部楼层的建筑物

（3）坡屋顶

计算规则：形成建筑空间的坡屋顶，结构净高在 2.10m 及以上的部位应计算全面积；结构净高在 1.20m 及以上至 2.10m 以下的部位应计算 1/2 面积；结构净高在 1.20m 以下的部位不应计算建筑面积，如图 5.12 所示。

释义：① 建筑空间是具备可出入、可利用条件（设计中可能标明使用用途，也可能没有标明使用用途或使用用途不明确）的围合空间。可出入是指人能够正常出入，即通过门或楼梯等进出，必须通过窗、栏杆、人孔、检修孔等出入的不算可出入。这里的坡屋顶指的是与其他围护结构能形成建筑空间的坡屋顶。

② 结构净高是指楼面或地面结构层上表面至上部结构层下表面之间的垂直距离，如图 5.13 所示。

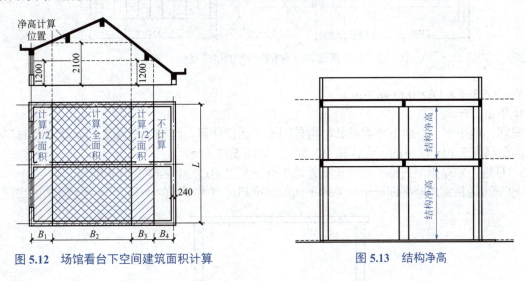

图 5.12 场馆看台下空间建筑面积计算　　　　图 5.13 结构净高

【例 5.5】 某坡屋面下建筑空间的尺寸如图 5.14 所示，建筑物长 50m，计算其建筑面积。

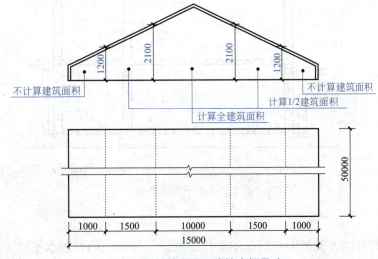

图 5.14 某坡屋面下建筑空间尺寸

65

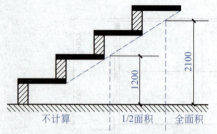

图 5.15　场馆看台下空间建筑面积计算

解　全面积部分：$S_1=50×(15-1.5×2-1.0×2)=500(m^2)$；
　　1/2 面积部分：$S_2=50×1.5×2×1/2=75(m^2)$；
　　合计建筑面积：$S=500+75=575(m^2)$。

（4）场馆看台下的建筑空间

计算规则：场馆看台下的建筑空间，结构净高在 2.10m 及以上的部位应计算全面积；结构净高在 1.20m 及以上至 2.10m 以下的部位应计算 1/2 面积；结构净高在 1.20m 以下的部位不应计算建筑面积。室内单独设置的有围护设施的悬挑看台，应按看台结构底板水平投影面积计算建筑面积。有顶盖无围护结构的场馆看台应按其顶盖水平投影面积的 1/2 计算面积，如图 5.15 所示。

【例 5.6】　某建筑物场馆看台下的建筑面积见图 5.16，计算其建筑面积。

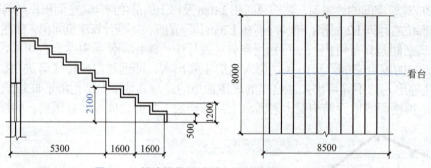

图 5.16　某建筑物场馆看台下的建筑面积示意图

解　$S=8×5.3+8×1.6×0.5=48.8(m^2)$

（5）地下室、半地下室

计算规则：地下室、半地下室应按其结构外围水平面积计算。结构层高在 2.20m 及以上的，应计算全面积；结构层高在 2.20m 以下的，应计算 1/2 面积，如图 5.17 所示。

释义：①地下室是指室内地平面低于室外地平面的高度超过室内净高的 1/2 的房间。

②半地下室是指室内地平面低于室外地平面的高度超过室内净高的 1/3，且不超过 1/2 的房间。

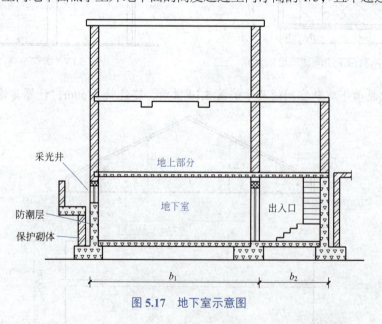

图 5.17　地下室示意图

（6）出入口

计算规则：出入口外墙外侧坡道有顶盖的部位，应按其外墙结构外围水平面积的 1/2 计算面积，如图 5.18 所示。

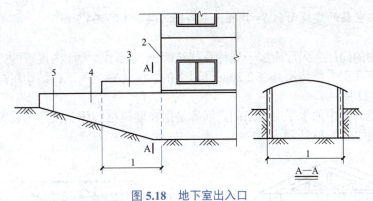

图 5.18 地下室出入口

1—计算 1/2 面积部位；2—主体建筑；3—出入口顶盖；4—封闭出入口侧墙；5—出入口坡道

出入口坡道计算建筑面积应满足两个条件：一是有顶盖，二是有侧墙，但侧墙不一定封闭。计算建筑面积时，有顶盖的部位按外墙（侧墙）结构外围水平面积计算；无顶盖的部位，即使有侧墙，也不计算建筑面积。

本条规定不仅适用于地下室、半地下室出入口，也适用于坡道向上的出入口。

对于地下车库工程，无论出入口坡道如何设置，无论坡道下方是否加以利用，地下车库均应按设计的自然层计算建筑面积。出入口坡道按本条规定另行计算后，并入该工程建筑面积。

（7）建筑物架空层及吊脚架空层

计算规则：建筑物架空层（图 5.19）及坡地建筑物吊脚架空层（图 5.20），应按其顶板水平投影计算建筑面积。结构层高在 2.20m 及以上的，应计算全面积；结构层高在 2.20m 以下的，应计算 1/2 面积。

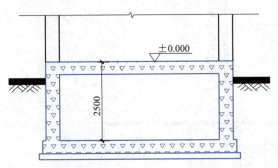

图 5.19 深基础架空层示意图

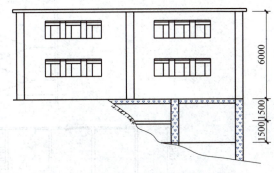

图 5.20 坡地建筑物吊脚架空层示意图

释义：架空层指仅有结构支撑而无外围护结构的开敞空间层，即架空层是没有围护结构的。此条规则适用于建筑物吊脚架空层、深基础架空层，也适用于目前部分住宅、学校教学楼等工程在底层架空或在二楼或以上某个甚至多个楼层架空，作为公共活动、停车、绿化等空间的情况。

顶板水平投影面积是指架空层结构顶板的水平投影面积，不包括架空层主体结构外的阳台、空调板、通长水平挑板等外挑部分。

【例 5.7】 计算图 5.21 所示的教学楼底层架空层的建筑面积。

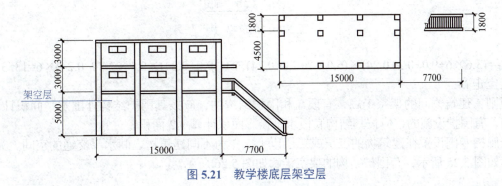

图 5.21 教学楼底层架空层

解 教学楼底层架空层的建筑面积 S= 顶板面积 =$15 \times (4.5+1.8)=94.5(m^2)$

（8）门厅、大厅

计算规则：建筑物的门厅、大厅应按一层计算建筑面积，门厅、大厅内设置的走廊应按走廊结构底板水平投影面积计算建筑面积。结构层高在 2.20m 及以上的，应计算全面积；结构层高在 2.20m 以下的，应计算 1/2 面积，如图 5.22 所示。

释义：走廊是指建筑物中的水平交通空间。回廊是指在建筑物门厅、大厅内设置在二层或二层以上的回形走廊。回廊透视图如图 5.23 所示。

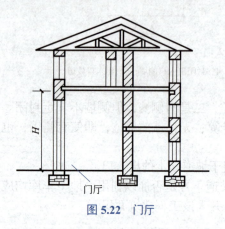

图 5.22　门厅

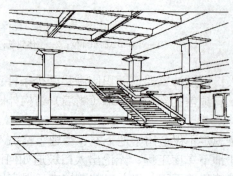

图 5.23　回廊透视图

【例 5.8】　如图 5.24 所示，计算该建筑物的建筑面积。

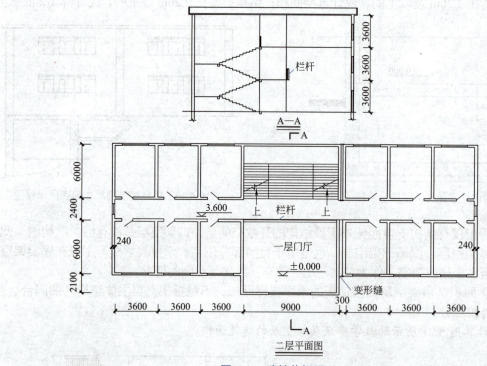

图 5.24　建筑物门厅

解 $S_{建}$=$(3.6 \times 6+9.0+0.3+0.24) \times (6.0 \times 2+2.4+0.24) \times 3+(9.0+0.24) \times 2.1 \times 2-(9-0.24) \times 6=1353.92(m^2)$

（9）架空走廊

计算规则：建筑物间的架空走廊，有顶盖和围护结构的，应按其围护结构外围水平面积计算全面积；无围护结构、有围护设施的，应按其结构底板水平投影面积计算 1/2 面积。

架空走廊指专门设置在建筑物的二层或二层以上，作为不同建筑物之间水平交通的空间。无围护结构的架空走廊如图 5.25 所示，有围护结构的架空走廊如图 5.26 所示。

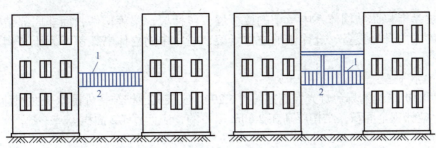

图 5.25　无围护结构的架空走廊（有围护设施）

1—栏杆；2—架空走廊

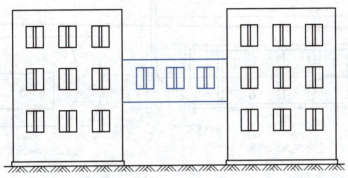

图 5.26　有围护结构的架空走廊

架空走廊建筑面积计算分为两种情况：一是有围护结构且有顶盖，计算全面积；二是无围护结构、有围护设施，无论是否有顶盖，均计算 1/2 面积。

小贴士

由于架空走廊存在无盖的情况，有时无法计算结构层高，故规范中不考虑层高的因素。

【例 5.9】　如图 5.27 所示的架空走廊一层为通道，三层无顶盖，计算该架空走廊的建筑面积。

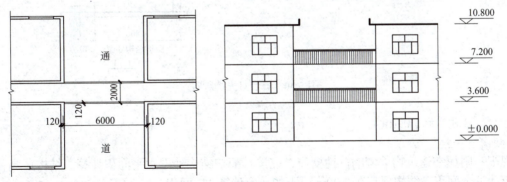

图 5.27　架空走廊

解　有围护设施的，应按其结构底板水平投影面积计算 1/2 面积。

架空走廊的建筑面积 $S=(6.0-0.24)\times 2\times 1/2\times 2=11.52(\text{m}^2)$

（10）立体书库、仓库、车库

计算规则：立体书库（图 5.28）、仓库、车库，有围护结构的，应按其围护结构外围水平面积计算建筑面积；无围护结构、有围护设施的，应按其结构底板水平投影面积计算建筑面积。无结构层的应按一层计算，有结构层的应按其结构层面积分别计算。结构层高在 2.20m 及以上的，应计算全面积；结构层高在 2.20m 以下的，应计算 1/2 面积。

释义：结构层是指整体结构体系中承重的楼板层，包括板、梁等构件，而非局部结构起承重作用的分隔层。立体车库中的升降设备、仓库中的立体货架、书库中的立体书架都不属于结构层，不计算建筑面积。

（11）舞台灯光控制室

计算规则：有围护结构的舞台灯光控制室（图5.29），应按其围护结构外围水平面积计算。结构层高在2.20m及以上的，应计算全面积；结构层高在2.20m以下的，应计算1/2面积。

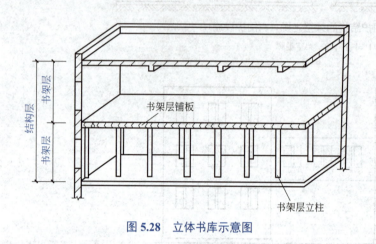

图5.28　立体书库示意图

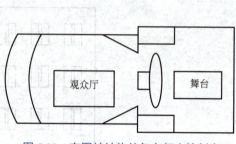

图5.29　有围护结构的舞台灯光控制室

【例5.10】　计算如图5.30所示单层悬挑式舞台灯光控制室建筑面积。

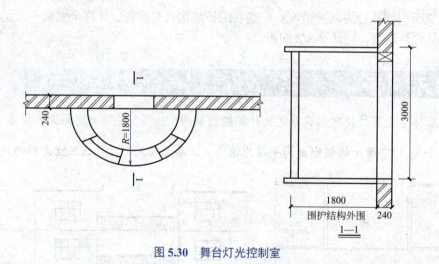

图5.30　舞台灯光控制室

解　$S = 1/2 \times 1.8^2 \times \pi = 5.09 (m^2)$

（12）橱窗

计算规则：附属在建筑物外墙的落地橱窗，应按其围护结构外围水平面积计算。结构层高在2.20m及以上的，应计算全面积；结构层高在2.20m以下的，应计算1/2面积。

释义：落地橱窗是指凸出外墙面且根基落地的橱窗，若不落地，可按凸（飘）窗规定执行。在建筑物主体结构内的橱窗，其建筑面积随自然层一起计算，不执行本条款。

（13）凸（飘）窗

计算规则：窗台与室内楼地面高差在0.45m以下且结构净高在2.10m及以上的凸（飘）窗，应按其围护结构外围水平面积计算1/2面积。

释义：凸（飘）窗是指凸出建筑物外墙面的窗户。

解读：此条规则有高差0.45m以下、净高2.10m及以上两个指标控制标准。一是结构高差在0.45m以下；二是结构净高在2.10m及以上。

凸（飘）窗地面与室内地面同标高无高差，应计算建筑面积。结构高差取定 0.45m，是基于设计规范取定。

（14）室外走廊（挑廊）、檐廊

计算规则：有围护设施的室外走廊（挑廊），应按其结构底板水平投影面积计算 1/2 面积；有围护设施（或柱）的檐廊，应按其围护设施（或柱）外围水平面积计算 1/2 面积。

释义：室外走廊（挑廊）、檐廊都是室外水平交通空间。挑廊是悬挑的水平交通空间；檐廊是底层的水平交通空间，由屋檐或挑檐作为顶盖，且一般有柱或栏杆、栏板等。

图 5.31　走廊、挑廊、檐廊

解读：无论哪一种廊，除了必须有地面结构外，还必须有栏杆、栏板等围护设施或柱，缺少任何一个条件都不计算建筑面积。室外走廊（挑廊）、檐廊都按 1/2 计算建筑面积，但取定的部位不同：室外走廊（挑廊）按结构底板计算，檐廊按围护设施（或柱）外围计算。底层无围护设施但有柱的室外走廊可参照檐廊的规则计算建筑面积，如图 5.31 所示。

【例 5.11】　设有挑廊的建筑物平面、剖面分别如图 5.32（a）和图 5.32（b）所示，层高均为 3.6m，墙厚均为 240mm，计算建筑面积。

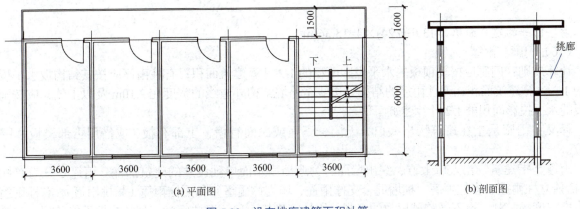

(a) 平面图　　(b) 剖面图

图 5.32　设有挑廊建筑面积计算

解　依据室外挑廊建筑面积计算规则，有围护设施，应按其结构底板水平面积的 1/2 计算。

设有挑廊建筑面积 S=(3.6×5+0.24)×(6+0.24)×2+1/2×(3.6×5+0.24)×1.5=241.32(m²)

【例 5.12】　设有走廊的建筑物平面、剖面分别如图 5.32（a）和图 5.33 所示，层高均为 3.6m，墙厚均为 240mm，计算建筑面积。

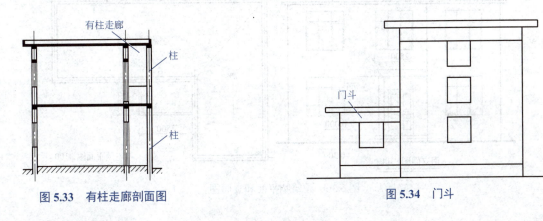

图 5.33　有柱走廊剖面图　　　　图 5.34　门斗

解 设有檐廊建筑面积计算，有维护设施和柱，应按其围护设施（或柱）外围水平面积计算1/2面积。设有檐廊建筑面积 $S=2\times[(3.6\times5+0.24)\times(6+0.24)+1/2\times(3.6\times5+0.24)\times1.5]=255.00(m^2)$

（15）门斗

计算规则：门斗应按其围护结构外围水平面积计算建筑面积。结构层高在2.20m及以上的，应计算全面积；结构层高在2.20m以下的，应计算1/2面积。

释义：门斗是建筑物出入口两道门之间的空间，它是有顶盖和围护结构的全围合空间。门斗是全围合的，门廊、雨篷至少有一面不围合，如图5.34所示。

【例5.13】 计算如图5.35所示建筑物门斗的建筑面积。

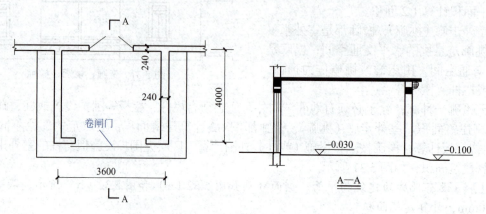

图5.35 建筑物门斗

解 门斗的建筑面积 $S=(3.6+0.24)\times4=15.36(m^2)$

（16）门廊、雨篷

计算规则：门廊应按其顶板的水平投影面积的1/2计算建筑面积；有柱雨篷应按其结构板水平投影面积的1/2计算建筑面积；无柱雨篷的结构外边线至外墙结构外边线的宽度在2.10m及以上的，应按雨篷结构板的水平投影面积的1/2计算建筑面积。

释义：门廊是指在建筑物出入口，无门、三面或二面有墙，上部有板（或借用上部楼板）围护的部位。

雨篷是指建筑物出入口上方、突出墙面、为遮挡雨水而单独设立的建筑部件。雨篷划分为有柱雨篷（包括独立柱雨篷、多柱雨篷、柱墙混合支撑雨篷、墙支撑雨篷）和无柱雨篷（悬挑雨篷）。有柱雨篷，没有出挑宽度的限制，也不受跨越层数的限制，均计算建筑面积。无柱雨篷，其结构板不能跨层，并受出挑宽度的限制，设计出挑宽度≥2.10m时才计算建筑面积。出挑宽度，系指雨篷结构外边线至外墙结构外边线的宽度，弧形或异形时，取最大宽度。无柱雨篷如顶板跨层，则不计算建筑面积。

不单独设立顶盖，利用上层结构板（如楼板、阳台底板）进行遮挡，不视为雨篷，不计算建筑面积。

【例5.14】 如图5.36所示，计算建筑物入口处雨篷的建筑面积。

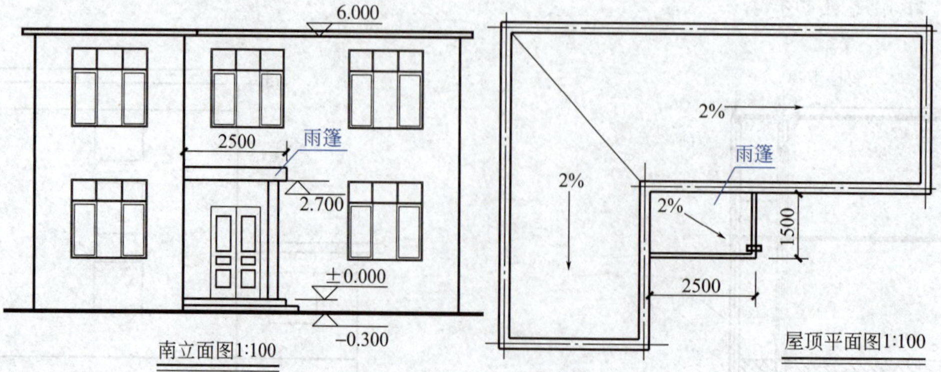

南立面图1:100   屋顶平面图1:100

图5.36 建筑物平面和立面图

解 有柱雨篷建筑面积 $S=2.5 \times 1.5/2=1.88(m^2)$

（17）建筑物顶部楼梯间、水箱间、电梯机房

计算规则：设在建筑物顶部的、有围护结构的楼梯间、水箱间、电梯机房等，结构层高在 2.20m 及以上的应计算全面积；结构层高在 2.20m 以下的，应计算 1/2 面积。

【例 5.15】 某高层办公楼共有 15 层，平面和局部剖面分别如图 5.37 所示，顶层设有电梯机房，层高均为 3.0m，墙厚均为 200mm。计算该高层办公楼的建筑面积。

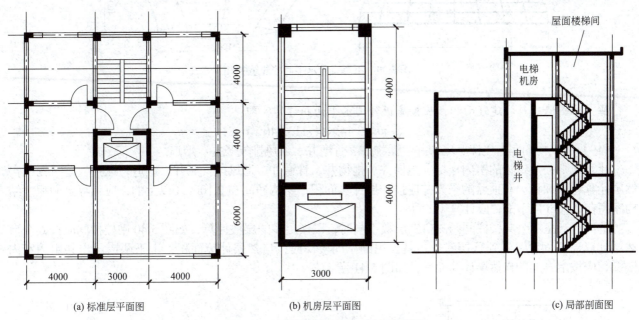

(a) 标准层平面图　　(b) 机房层平面图　　(c) 局部剖面图

图 5.37　高层办公楼平面、局部剖面图

解 顶部楼梯间、电梯机房的建筑面积 $S_1=(4+4+0.20) \times (3+0.20)=26.24(m^2)$；

建筑物的建筑面积 $S_2=15 \times (11+0.20) \times (14+0.20)=2385.60(m^2)$；

该高层办公楼的建筑面积 $S=S_1+S_2=2385.60+26.24=2411.84(m^2)$。

（18）围护结构不垂直的建筑物

计算规则：围护结构不垂直于水平面的楼层，应按其底板面的外墙外围水平面积计算。结构净高在 2.10m 及以上的部位，应计算全面积；结构净高在 1.20m 及以上至 2.10m 以下的部位，应计算 1/2 面积；结构净高在 1.20m 以下的部位，不应计算建筑面积。

目前很多建筑设计造型越来越复杂多样，围护结构不垂直既可以是向内倾斜，也可以是向外倾斜，各个标高处的外墙外围水平面可能是不同的，依据本条规定取定为结构底板处的外墙外围水平面积，如图 5.38 所示。

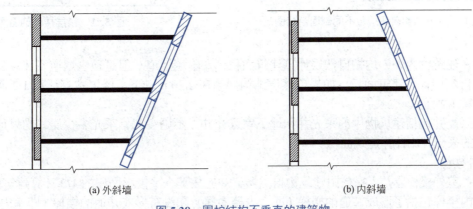

(a) 外斜墙　　(b) 内斜墙

图 5.38　围护结构不垂直的建筑物

解读：斜围护结构与斜屋顶采用相同的计算规则，即只要外壳倾斜，就按结构净高划段，分别计算建筑面积。

【例5.16】 参照图5.39，有一外墙不垂直于水平面的建筑物，试计算该建筑物的总建筑面积。

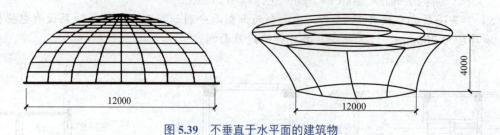

图5.39　不垂直于水平面的建筑物

解　外斜墙建筑物建筑面积，应按底板外围水平面积计算，即：
$$S=\pi r^2=3.14\times6^2=113.04(m^2)$$

（19）建筑物的室内楼梯、电梯井、提物井、管道井、通风排气竖井、烟道

计算规则：建筑物的室内楼梯、电梯井、提物井、管道井、通风排气竖井、烟道，应并入建筑物的自然层计算建筑面积。有顶盖的采光井应按一层计算面积，结构净高在2.10m及以上的，应计算全面积，结构净高在2.10m以下的，应计算1/2面积。

解读：当室内公共楼梯间两侧自然层数不同时，以楼层多的层数计算，如图5.40中楼梯间应按6个自然层计算建筑面积。遇到跃层建筑，其公用的室内楼梯应按自然层计算面积；上下两错层户共用的室内楼梯，应按上一层的自然层计算面积，如图5.41所示。

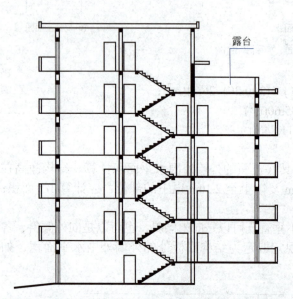

图5.40　室内公共楼梯间两侧自然层数不同剖面示意图

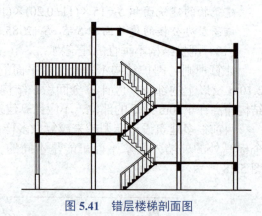

图5.41　错层楼梯剖面图

井道不论在建筑物内外，均按自然层计算建筑面积，如附墙烟道。但是独立烟道不计算建筑面积。井道按建筑物的自然层计算建筑面积，如果自然层结构层高在2.20m以下，楼层本身计算1/2面积时，相应的井道也应计算1/2面积。

有顶盖的采光井包括建筑物中的采光井和地下室采光井，不论多深，采光多少层，均只计算一层建筑面积。无顶盖的采光井不计算建筑面积。

（20）室外楼梯

计算规则：室外楼梯应并入所依附建筑物自然层，并应按其水平投影面积的1/2计算建筑面积。

解读：室内楼梯包括了形成井道的楼梯（即室内楼梯间）和没有形成井道的楼梯（即室内楼梯），并入建筑物自然层计算建筑面积。室外楼梯不论是否有顶盖都需要计算建筑面积，层数为室外楼梯所依附的楼

层数，即梯段部分投影到建筑物范围的层数。利用室外楼梯下部的建筑空间不得重复计算建筑面积；利用地势砌筑的为室外踏步，不计算建筑面积。

【例5.17】　如图 5.42 所示，有一带室外楼梯的三层建筑物，层高均为 3.6m，单层建筑面积为 500m²，室外楼梯的单层水平投影面积为 16m²，试计算该建筑物的总建筑面积。

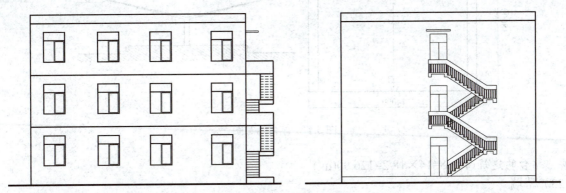

图 5.42　室外楼梯示意图

解　根据题意及示意图所示，该建筑物的建筑面积 S 由外墙以内围成的建筑面积 S_1 和室外楼梯所占建筑面积 S_2 两部分组成。

$$S_1=500×3=1500(m^2)，\quad S_2=16/2×2=16(m^2)，\quad S=S_1+S_2=1516(m^2)$$

该建筑物的总建筑面积为 1516m²。

（21）阳台

计算规则：在主体结构内的阳台，应按其结构外围水平面积计算全面积；在主体结构外的阳台，应按其结构底板水平投影面积计算 1/2 面积。

解读：建筑物的阳台，不论其形式如何，均以建筑物主体结构为界分别计算建筑面积。若阳台一部分在主体结构内，一部分在主体结构外，应分别计算建筑面积，注意主体结构的判断。

【例5.18】　计算如图 5.43 所示建筑物阳台的建筑面积。

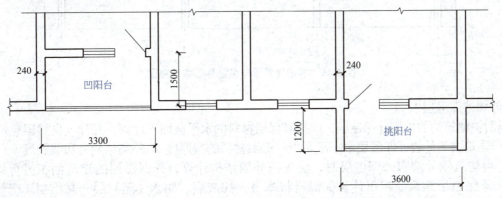

图 5.43　建筑物阳台

解　$S_{建}=(3.3-0.24)×1.5+1.2×(3.6-0.24)×1/2=6.61(m^2)$

（22）车棚、货棚、站台、加油站、收费站

计算规则：有顶盖无围护结构的车棚、货棚、站台、加油站、收费站等，应按其顶盖水平投影面积的 1/2 计算建筑面积。

解读：结构的车棚、货棚、站台、加油站、收费站，不分顶盖材质，不分单、双排柱，不分矩形柱、异形柱，均按顶盖水平投影面积的 1/2 计算建筑面积。顶盖下有其他能计算建筑面积的建筑物时，仍按顶盖水平投影面积计算 1/2 面积，顶盖下的建筑物另行计算建筑面积。

【例5.19】 计算如图5.44所示火车站站台的建筑面积。

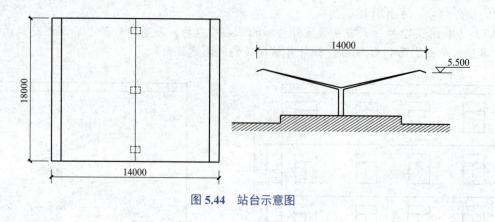

图5.44 站台示意图

解 站台的建筑面积 $S = 14 \times 18/2 = 126.00(m^2)$

（23）幕墙

计算规则：以幕墙作为围护结构的建筑物，应按幕墙外边线计算建筑面积。

释义：围护性幕墙是指直接作为外墙起围护作用的幕墙。装饰性幕墙是指设置在建筑物墙体外起装饰作用的幕墙。

解读：幕墙以其在建筑物中所起的作用和功能来区分，直接作为外墙起围护作用的幕墙，按其外边线计算建筑面积；设置在建筑物墙体外起装饰作用的幕墙，不计算建筑面积，如图5.45所示。智能呼吸式玻璃幕墙，是两层幕墙及两层幕墙之间的空间共同构成的外墙结构，因此应以外层幕墙外边线计算建筑面积。

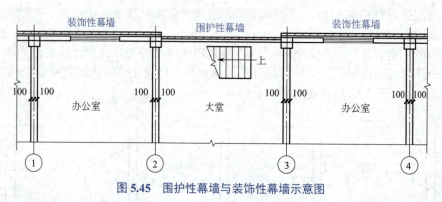

图5.45 围护性幕墙与装饰性幕墙示意图

（24）外墙外保温层

计算规则：建筑物的外墙外保温层，应按其保温材料的水平截面积计算，并计入自然层建筑面积。

$$建筑物的外墙外保温层水平截面积 = 保温材料的净厚度 \times 外墙结构外边线长度 \tag{5.1}$$

解读：当建筑物外墙有外保温层时，应先按外墙结构计算，外保温层的建筑面积另行计算，并入建筑面积。外保温层建筑面积仅计算保温材料本身，抹灰层、防水（潮）层、黏结层（空气层）及保护层（墙）等均不计入建筑面积。图5.46为建筑物外墙外保温结构示意图，图中所示部分为计算建筑面积范围。

建筑物外墙外保温层以保温材料的净厚度乘以外墙结构外边线长度按建筑物的自然层计算建筑面积，其外墙外边线长度不扣除门窗和建筑物外已计算建筑面积构件（如阳台、室外走廊、门斗、落地橱窗等部件）所占长度。当建筑物外已计算建筑面积的构件（如阳台、室外走廊、门斗、落地橱窗等部件）有保温隔热层时，其保温隔热层也不再计算建筑面积。

外墙外保温以沿高度方向满铺为准，某层外墙外保温铺设高度未达到全部高度时（不包括阳台、室外走廊、门斗、落地橱窗、雨篷、飘窗等），不计算建筑面积。

复合墙体不属于外墙外保温层，整体视为外墙结构，按外围面积计算，如图5.47所示。

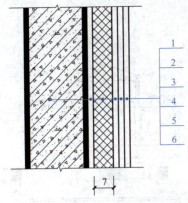

图 5.46　建筑外墙外保温结构示意图

1—墙体；2—黏结胶浆；3—保温材料；4—标准网；5—加强网；

6—抹面胶浆；7—计算建筑面积范围

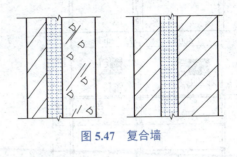

图 5.47　复合墙

【例 5.20】　某建筑标准层外墙构造如图 5.48 所示，该标准层外墙结构外边线间的尺寸为 50m×30m，则该标准层的建筑面积为多少？

解　该标准层的建筑面积 $S=50\times30+[(50+30)\times2+4\times(0.05+0.1)]\times0.1=1516.06(m^2)$

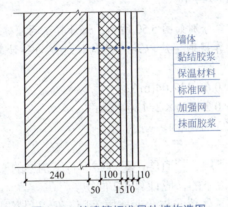

墙体

黏结胶浆

保温材料

标准网

加强网

抹面胶浆

图 5.48　某建筑标准层外墙构造图

 特别提示

"保温材料的水平截面积"是针对保温材料垂直放置的状态而言的，是按照保温材料本身厚度计算的。当围护结构不垂直于水平面时，仍应按保温材料本身厚度计算，而不是斜厚度。

（25）变形缝

计算规则：与室内相通的变形缝，应按其自然层合并在建筑物建筑面积内计算。对于高低联跨的建筑物，当高低跨内部连通时，其变形缝应计算在低跨面积内。

释义：变形缝是防止建筑物在某些因素作用下引起开裂甚至破坏而预留的构造缝，是伸缩缝、沉降缝和抗震缝的总称。

解读：与室内相通的变形缝，是指暴露在建筑物内，在建筑物内可以看得见的变形缝，应计算建筑面积；与室内不相通的变形缝不计算建筑面积。高低联跨的建筑物，当高低跨内部连通或局部连通时，其连通部分变形缝的面积计算在低跨面积内；当高低跨内部不相连通时，其变形缝不计算建筑面积。

【例 5.21】　两幢高低联跨（有变形缝）建筑分别如图 5.49 所示，试计算这两座建筑的建筑面积及其低跨建筑面积。

解　按照有变形缝的高低联跨建筑计算规则，变形缝应计算在低跨面积内。

高跨建筑面积 $S=(15+0.4)\times(6+0.5)=100.10(m^2)$；

低跨建筑面积 $S=(15+0.4)\times(4+0.55+0.2-0.25)=69.30(m^2)$；

总建筑面积 $S=100.10+69.30=169.40(m^2)$。

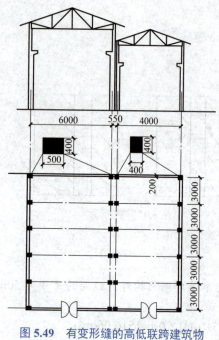

图 5.49　有变形缝的高低联跨建筑物

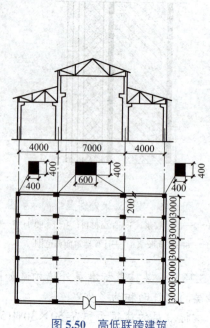

图 5.50　高低联跨建筑

【例5.22】　某两座高低联跨建筑分别如图5.50所示，试计算这两座建筑的建筑面积及其低跨建筑面积。

解　按照高低联跨建筑面积计算规则，应以高跨结构外边线为界计算建筑面积，变形缝应计算在低跨面积内。

高跨建筑面积 $S_1=(15+0.4)\times(7+0.6)=117.04(\text{m}^2)$；

低跨建筑面积 $S_2=(15+0.4)\times(4+0.2-0.3)\times2=120.12(\text{m}^2)$；

总建筑面积 $S=117.04+120.12=237.16(\text{m}^2)$。

（26）设备层、管道层、避难层

计算规则：对于建筑物内的设备层、管道层、避难层等有结构层的楼层，结构层高在2.20m及以上的，应计算全面积；结构层高在2.20m以下的，应计算1/2面积。

解读：设备层、管道层虽然其具体功能与普通楼层不同，但在结构上及施工消耗上并无本质区别，因此设备、管道楼层归为自然层，其计算规则与普通楼层相同。在吊顶空间内设置管道的，则吊顶空间部分不能被视为设备层、管道层，不计算建筑面积。

2. 不计算建筑面积的范围及规则

（1）与建筑物内不相连通的建筑部件。与建筑物内不相连通的建筑部件是指依附于建筑物外墙外，不与户室开门连通，起装饰作用的敞开式挑台（廊）、平台，以及不与阳台相通的空调室外机搁板（箱）等设备平台部件。"与建筑物内不相连通"是指没有正常的出入口，即通过门进出的，视为"连通"；通过窗或栏杆等翻出去的，视为"不连通"。

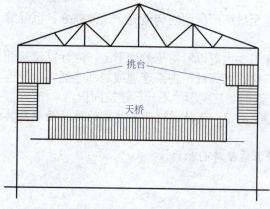

图 5.51　天桥、挑台示意图

（2）骑楼、过街楼底层的开放公共空间和建筑物通道。骑楼是指建筑底层沿街面后退且留出公共人行空间的建筑物，骑楼凸出部分一般是沿建筑物整体凸出，而不是局部凸出。

过街楼指跨越道路上空并与两边建筑相连接的建筑物。建筑物通道指为穿过建筑物而设置的空间。

（3）舞台及后台悬挂幕布和布景的天桥、挑台等。这里指的是影剧院的舞台及为舞台服务的可供上人维修、悬挂幕布、布置灯光及布景等搭设的天桥和挑台等构件设施，如图5.51所示。

（4）露台、露天游泳池、花架、屋顶的水箱及装饰性结构构件。露台是指设置在屋面、首层地面或雨篷上的供人室外活动的有围护设施的平台。露台应满足四个条件：一是位置，设置在屋面、地面或雨篷顶；二是可出入；三是有围护设施；四是无盖，这四个条件须同时满足。如果设置在首层并有围护设施的平台，且其上层为同体量阳台，则该平台应视为阳台，按阳台的规则计算建筑面积，如图 5.52 所示。

（5）建筑物内的操作平台、上料平台、安装箱和罐体的平台。建筑物内不构成结构层的操作平台、上料平台（包括工业厂房、搅拌站和料仓等建筑中的设备操作控制平台、上料平台等），其主要作用为室内构筑物或设备服务的独立上人设施，因此不计算建筑面积，如图 5.53 所示。

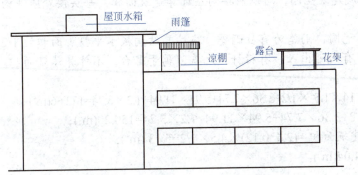

图 5.52　屋顶水箱及装饰性构件示意图

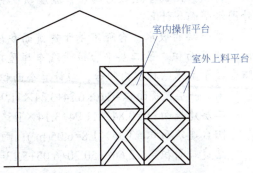

图 5.53　室内操作平台及室外上料平台

（6）勒脚、附墙柱、垛、台阶、墙面抹灰、装饰面、镶贴块料面层、装饰性幕墙，主体结构外的空调室外机搁板（箱）、构件、配件，挑出宽度在 2.10m 以下的无柱雨篷和顶盖高度达到或超过两个楼层的无柱雨篷，如图 5.54、图 5.55 所示。

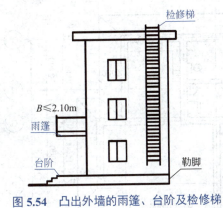

图 5.54　凸出外墙的雨篷、台阶及检修梯

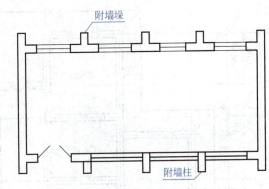

图 5.55　凸出外墙的附墙柱、附墙垛

结构柱应计算建筑面积，不计算建筑面积的"附墙柱"是指非结构性装饰柱。

台阶是指联系室内外地坪或同楼层不同标高而设置的阶梯形踏步，室外台阶还包括与建筑物出入口连接处的平台。台阶可能是利用地势砌筑的；也可能利用下层能计算建筑面积的建筑物屋顶砌筑（但下层建筑物应按规定计算建筑面积）；还可能架空，但台阶的起点至终点的高度在一个自然层以内。

楼梯是楼层之间垂直交通的建筑部件，故起点至终点的高度达到该建筑物的一个自然层及以上的称为楼梯。阶梯形踏步下部架空，起点至终点的高度达到一个自然层高，应视为室外楼梯。

（7）窗台与室内地面高差在 0.45m 以下且结构净高在 2.10m 以下的凸（飘）窗，窗台与室内地面高差在 0.45m 及以上的凸（飘）窗。

（8）室外爬梯、室外专用消防钢楼梯。专用的消防钢楼梯是不计算建筑面积的，当钢楼梯是建筑物通道，兼顾消防用途时，则应计算建筑面积。

（9）无围护结构的观光电梯。无围护结构的观光电梯是指电梯轿厢直接暴露，外侧无井壁，不计算建筑面积。如果观光电梯在电梯井内运行时（井壁不限材质），观光电梯井按自然层计算建筑面积。

自动扶梯应按自然层计算建筑面积。自动人行道在建筑物内时，建筑面积不用扣除自动人行道所占的面积。

（10）建筑物以外的地下人防通道，独立的烟囱、烟道、地沟、油（水）罐、气柜、水塔、贮油（水）池、贮仓、栈桥等构筑物。

独立烟道、独立贮油（水）池属于构筑物，不计算建筑面积，但附墙烟道应按自然层计算建筑面积。

（二）建筑面积计算综合实例

【案例】　某别墅建筑如图 5.56 所示，其弧形落地窗半径 1500mm，为⑧轴外墙外边线到弧形窗边线的距离，弧形窗的厚度忽略不计。试计算该别墅的建筑面积。（计算结果均保留 2 位小数）

分析： 该别墅层数为两层，坡屋顶没有形成建筑空间，所以应按两层计算建筑面积，每层按外墙结构外围水平面积计算。

第一层的散水、台阶不属于建筑面积计算范围，雨篷为有柱雨篷，应按其结构板水平投影面积的 1/2 计算建筑面积。第二层平台位于汽车库屋顶，有门可出入，有栏杆，无盖，属于露台，不计算建筑面积。阳台属于主体结构以内阳台，应计算全面积。

解　一层建筑面积 $=3.6\times6.24+3.84\times11.94+3.14\times1.5^2\times1/2+3.36\times7.74+5.94\times11.94+1.2\times3.24=172.66(\text{m}^2)$；

二层建筑面积 $=3.84\times11.94+3.14\times1.5^2\times1/2+3.36\times7.74+5.94\times11.94+1.2\times3.24=150.20(\text{m}^2)$；

阳台建筑面积 $=3.36\times1.8=6.05(\text{m}^2)$；雨篷建筑面积 $=(2.4-0.12)\times4.5\times1/2=5.13(\text{m}^2)$；

总建筑面积 $=172.66+150.20+6.05+5.13=334.04(\text{m}^2)$。

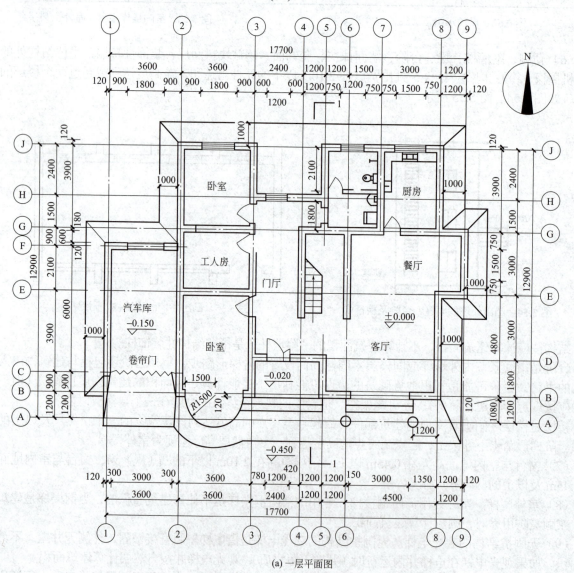

(a) 一层平面图

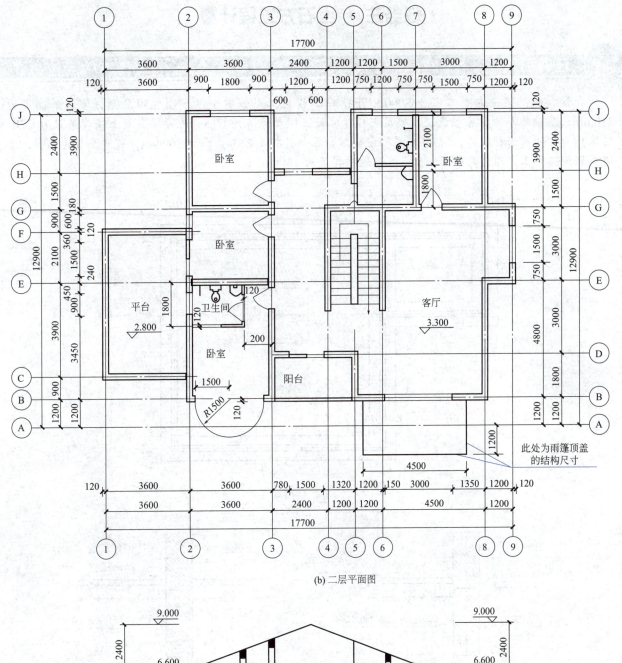

(b) 二层平面图

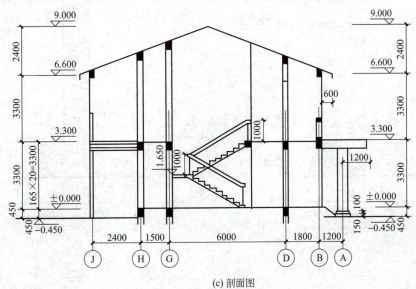

(c) 剖面图

图 5.56　某别墅示意图

任务三 ▶ 土石方工程计量

任务引入

背景材料：某传达室工程±0.000以下基础工程施工图如图5.57～图5.59所示，室内外高差为450mm，基础垫层为非原槽浇筑，垫层支模，混凝土强度等级为C15，地圈梁混凝土强度等级为C20。砖基础为普通页岩标准砖，M5.0水泥砂浆砌筑。已知开挖基础工作面为300mm，放坡系数1：0.5，土壤类别为二类土，均为天然密实土，室内地坪厚度为130mm。

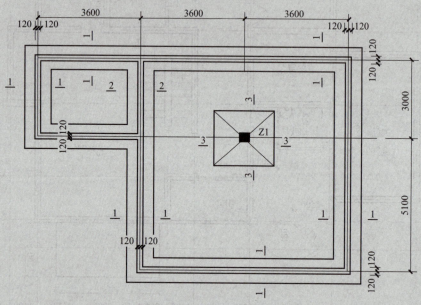

图5.57 某工程基础平面图

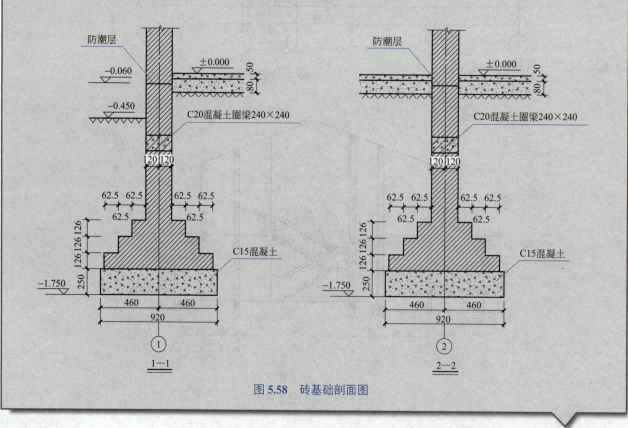

图5.58 砖基础剖面图

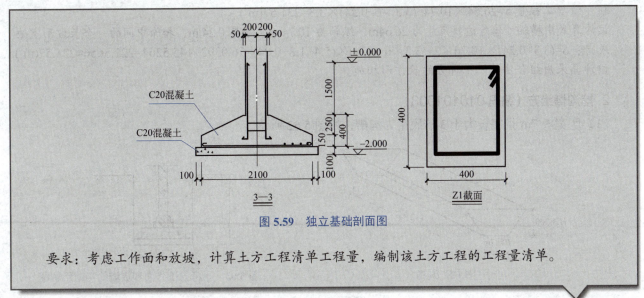

图 5.59　独立基础剖面图

要求：考虑工作面和放坡，计算土方工程清单工程量，编制该土方工程的工程量清单。

一、清单项目

土石方工程包括土方工程、石方工程及回填三部分。其不仅适用于建筑与装饰工程，也适用于其他专业工程。清单项目及工程量计算规则见《房屋建筑与装饰工程工程量计算规范》（GB 50854—2013）（后面简称"计量规范"）附录或扫二维码 5.1 查看。

二维码 5.1

二、清单工程量计算

1. 平整场地（编码 010101001）

（1）平整场地是施工准备中"三通一平"的重要项目，指建筑物场地厚度≤±300mm 的挖、填、运、找平。当厚度大于±300mm 的竖向布置挖土或山坡切土时应按一般土方项目编码列项，如图 5.60 所示。

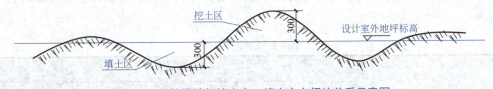

图 5.60　平整场地与挖土方、填土方之间的关系示意图

（2）清单工程量计算

计算规则：按设计图示尺寸以建筑物首层建筑面积计算。

说明：按照《建筑工程建筑面积计算规范》（GB/T 50353—2013），首层建筑面积应按外墙勒脚以上结构外围水平面积计算。

【例 5.23】　某教学楼首层平面如图 5.61 所示，土壤类别为一类土，计算平整场地的清单工程量。

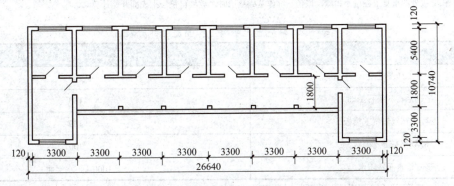

图 5.61　某教学楼首层建筑平面示意图

解 清单工程量 $S=26.64×10.74-(3.3×6-0.24)×3.3=221.57(m^2)$

该计算式中横轴外墙外边线尺寸为 26.64m，纵轴为 10.74 m，墙厚 0.24 m，扣除中间的一个长方形空缺。

或者：$S=(3.3+0.24)×10.74×2+(3.3×6-0.24)×(5.4+1.8+0.24)=76.0392+145.5264=221.5656≈221.57(m^2)$

该计算采用组合法，三个部分的长方形相加。

2. 挖沟槽土方（编码 010101003）

（1）底宽≤7m 且底长大于 3 倍底宽为沟槽，如图 5.62 所示。

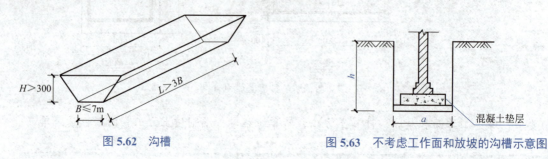

图 5.62　沟槽　　　　图 5.63　不考虑工作面和放坡的沟槽示意图

（2）清单工程量计算

计算规则：按设计图示尺寸以基础垫层底面积乘以挖土深度计算，如图 5.63 所示。

$$V_{槽、坑}=Lah \tag{5.2}$$

式中　L——垫层长，m；

　　　a——垫层宽，m；

　　　h——挖土深度或垫层底面至沟槽上口的深度，m。

 特别提示

挖沟槽、基坑，一般土方因工作面和放坡增加的工程量（管沟工作面增加的工程量）如并入各土方工程量中，办理工程结算时，按经发包人认可的施工组织设计规定计算，编制工程量清单时，可按表 5.1、表 5.2 规定计算。

表 5.1　放坡系数表

土壤类别	放坡起点/m	人工挖土	机械挖土		
			在坑内作业	在坑上作业	顺沟槽在坑上作业
一、二类土	1.20	1：0.50	1：0.33	1：0.75	1：0.50
三类土	1.50	1：0.33	1：0.25	1：0.67	1：0.33
四类土	2.00	1：0.25	1：0.10	1：0.33	1：0.25

注：1. 沟槽、基坑中土类别不同时，分别按其放坡起点、放坡系数，依不同土类别厚度加权平均计算。

2. 计算放坡时，在交接处的重复工程量不扣除，原槽、坑作基础垫层时，放坡自垫层上表面开始计算。

表 5.2　基础施工所需工作面宽度计算表

基础材料	每边各增加工作面宽度/mm
砖基础	200
浆砌毛石、条石基础	150
混凝土基础垫层支模板	300
混凝土基础支模板	300
基础垂直面做防水层	1000（防水层面）

注：本表按《全国统一建筑工程预算工程量计算规则　土建工程》（GJDGZ—101—1995）整理。

挖沟槽清单工程量计算，有以下几种情况。

① 不放坡不支挡土板，如图 5.64 所示。

$$V_挖=L(a+2c)H \tag{5.3}$$

式中　$V_挖$——沟槽土方工程量，m^3；

　　　　L——沟槽计算长度，m，外墙沟槽长度按外墙中心线长度计算，内墙基槽长度按槽底净长计算；

　　　　a——基础（或垫层）底宽，m；

　　　　c——工作面宽度，m，有设计规定时按设计规定取值，无设计规定时按照表 5.2 取值；

　　　　H——挖土深度，m。

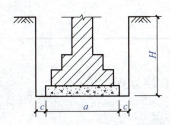

图 5.64　不放坡不支挡土板的沟槽示意图

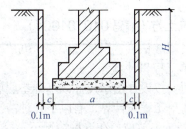

图 5.65　支挡土板的沟槽示意图

② 支挡土板，如图 5.65 所示。

$$V_挖=L(a+2c+2×0.1)H \tag{5.4}$$

式中　0.1——所支挡土板的厚度，m。

其他符号同式（5.3）。

③ 由垫层底面放坡，如图 5.66 所示。

$$V_挖=L(B+2c+kH)H \tag{5.5}$$

式中　$V_挖$——沟槽土方工程量，m^3；

　　　　B——基础（或垫层）底宽，m；

　　　　k——坡度系数，可参照表 5.1 取值；

　　　　L——沟槽计算长度，m，外墙为中心线长度 $L_中$，内墙基槽长度按基底净长 $L_槽$ 计算。

其他符号同式（5.3）。

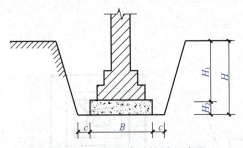

图 5.66　沟槽垫层底面放坡示意图

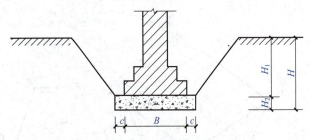

图 5.67　垫层上表面放坡示意图

④ 由垫层上表面放坡（原槽坑做基础垫层时），如图 5.67 所示。

$$V_挖=L[(B+2c+kH_1)H_1+(B+2c)H_2] \tag{5.6}$$

式中　B——基础（或垫层）底宽，m；

　　　　H_1——垫层上表面至沟槽上口的深度，m；

　　　　H_2——垫层厚度，m。

其他符号同式（5.3）和式（5.5）。

注意：计算内墙基底净长线（$L_槽$）、内墙基础底面净长线（$L_基$）、内墙净长线（$L_内$）、内墙中心线（$L_{内中}$）可通过图 5.68 进行区别。

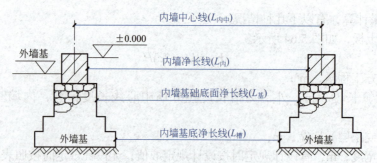

图 5.68　内墙有关的计算长度示意图

3. 挖基坑土方（编码 010101004）

（1）底长≤3 倍底宽且底面积≤150m² 为基坑。

（2）清单工程量计算

计算规则：按设计图示尺寸以基础垫层底面积乘以挖土深度计算。

挖基坑清单工程量计算，有以下几种情况。

① 矩形基坑不放坡。在这种情况下，挖方的形式为长方体。

$$V_{挖}=(a+2c)(b+2c)H \tag{5.7}$$

式中　$V_{挖}$——矩形基坑土方工程量，m³。

其他符号同式（5.3）。

② 圆形基坑不放坡。这种情况下，挖方的形式为圆柱形。

$$V_{挖}=\pi r^2 H \tag{5.8}$$

式中　$V_{挖}$——圆形基坑土方工程量，m³。

　　　r——基坑半径，m。

其他符号同式（5.3）。

③ 矩形基坑考虑放坡，如图 5.69 所示。

$$V_{挖}=(a+2c+kH)(b+2c+kH)H+1/3k^2H^3 \tag{5.9}$$

式中　$V_{挖}$——矩形基坑土方工程量，m³；

　　　a——基础（或垫层）底长，m；

　　　b——基础（或垫层）底宽，m。

其他符号同前。

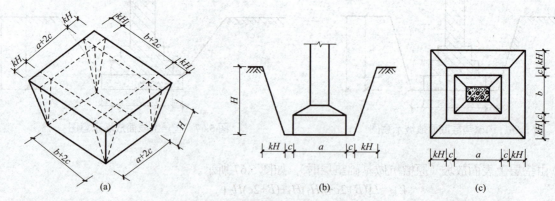

图 5.69　矩形基坑放坡示意图

④ 圆形基坑考虑工作面和放坡，如图 5.70 所示。

$$V_{挖}=1/3\pi H(R_1^2+R_2^2+R_1R_2) \tag{5.10}$$

式中　R_1——下底半径，m，$R_1=r+c$；

　　　R_2——上口半径，m，$R_2=R_1+kH$。

其他符号同前。

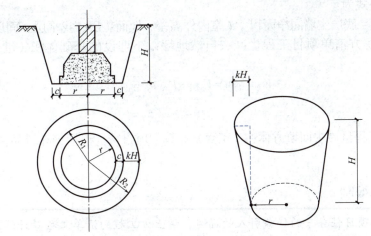

图 5.70　圆形基坑放坡示意图

4. 挖一般土方

（1）指 ±300mm 以外的竖向布置或山坡切土，超出挖沟槽、基坑上述范围则为一般土方。

（2）清单工程量计算规则：挖一般土方按设计图示尺寸以体积计算。

5. 管沟土方

（1）按设计图示以管道中心线长度计算。

（2）以 "m³" 计算，按设计图示管底垫层面积乘以挖土深度计算；无管底垫层按管外径的水平投影面积乘以挖土深度计算。不扣除各类井的长度，井的土方并入。管沟施工每侧所需工作面宽度按湖北消耗量定额中管沟施工每侧所需工作面宽度计算表取值。

6. 土方体积

应按挖掘前的天然密实体积计算，非天然密实土方应按表 5.3 折算。

表 5.3　土方体积折算系数表

天然密实度体积	虚方体积	夯实后体积	松填体积
0.77	1.00	0.67	0.83
1.00	1.30	0.87	1.08
1.15	1.50	1.00	1.25
0.92	1.20	0.80	1.00

注：1. 虚方指未经碾压、堆积时间 ≤ 1 年的土壤。
2. 本表按《全国统一建筑工程预算工程量计算规则　土建工程》（GJDGZ—101—1995）整理。
3. 设计密实度超过规定的，填方体积按工程设计要求执行；无设计要求按各省、自治区、直辖市或行业建设行政主管部门规定的系数执行。

7. 回填方

计算规则：按设计图示尺寸以体积计算，如图 5.71 所示。

（1）场地回填按回填面积乘以平均回填厚度计算。

（2）室内回填按主墙间净面积乘以回填厚度，不扣除间隔墙。

注意：主墙指结构墙厚大于 120mm 的各类墙体。"主墙之间的净面积"强调的含义是：当墙厚小于 120mm 时，其所占的面积不扣除。砌块墙厚在 180mm 以上（含）或超过 100mm 以上

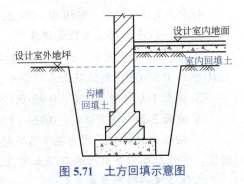

图 5.71　土方回填示意图

（含）的钢筋混凝土剪力墙，其他非承重的间壁墙都视为非主墙。

室内回填的计算公式为：

$$V_{室内回填} = 底层主墙间净面积 \times (室内外高差 - 地面垫层、找平层、面层厚度) \quad (5.11)$$

（3）基础回填按挖方清单项目工程量减去自然地坪以下埋设的基础体积（包括基础垫层及其他构筑物）计算。

$$V_{基础回填土} = V_{挖土} - V_{设计室外地坪以下基础、垫层} \quad (5.12)$$

8. 余方弃置

按挖方清单项目工程量减去回填方体积（正数）计算，项目特征包括废弃料品种、运距（由余方点装料运输至弃置点的距离）。

三、工程量清单编制

任务解析 根据本项目任务三的任务引入的描述，该土方工程的清单工程量计算过程及结果如下。

（1）平整场地（010101001001）

$S=(3.6\times3+0.12\times2)\times(3.0+0.24)+(3.6+0.12)\times2\times5.10=73.71(m^2)$。

（2）挖沟槽土方（010101003001）

$L_{中}=(10.8+8.1)\times2=37.8(m)$，$L_{内}=3-0.92-0.3\times2=1.48(m)$，

$H=1.75-0.45=1.3(m)>1.2m$，需放坡，放坡系数 $k=0.5$，工作面 $C=300mm$，

$V=(0.92+2\times0.3+0.5\times1.3)\times(37.8+1.48)\times1.3=110.81(m^3)$。

（3）挖基坑土方（010101004001）

$H=2.0-0.45=1.55(m)>1.2m$，需放坡，放坡系数 $k=0.5$，

$V=(2.3+0.3\times2+0.5\times1.55)^2\times1.55+1/3\times0.5^2\times1.55^3=21.24(m^3)$。

（4）土方回填（010103001001）

① 沟槽，垫层：$L_{中}=(10.8+8.1)\times2=37.8(m)$，$L_{内}=3-0.92=2.08(m)$，

$V=(37.8+2.08)\times0.92\times0.25=9.17(m^3)$。

室外地坪以下砖基础：$L_{内}=3-0.24=2.76(m)$，

$V=(37.8+2.76)\times(1.05\times0.24+0.0625\times3\times0.126\times4)=40.56\times0.3465=14.05(m^3)$，

沟槽回填 $V=110.81-9.17-14.05=87.59(m^3)$。

② 基坑，垫层：$V=2.3\times2.3\times0.1=0.529(m^3)$，

室外地坪以下独立基础及柱：

$V=1/3\times0.25\times(0.5^2+2.1^2+0.5\times2.1)+1.05\times0.4\times0.4+2.1\times2.1\times0.15=1.31(m^3)$，

室内回填 $V=(3.36\times2.76+7.86\times6.96-0.4\times0.4)\times(0.45-0.13)=20.42(m^3)$，

基坑回填 $V=21.24-0.529-1.31=19.40(m^3)$，

基础回填 $V=$ 沟槽回填 + 基坑回填 $=87.59+19.40=106.99(m^3)$，

土方回填 $V=$ 基础回填 + 室内回填 $=106.99+20.42=127.41(m^3)$。

（5）余方弃置（010103002001）

余方弃置 $V=$ 挖方 - 回填方 $=110.81+21.24-127.41=4.64(m^3)$。

说明：① 平整场地工程量计算中，轴线尺寸考虑加墙体厚度为 240mm。

② 基坑土方开挖中，土壤类别为二类土，挖土深度 $=2.0-0.45=1.55(m)>1.2m$，需放坡开挖，其放坡系数为 $1:0.5$。考虑到混凝土基础垫层支模板，基础施工所需工作面取 300mm。

③ 截面 1-1 沟槽下口宽：$0.92+0.3\times2=1.52(m)$，上口宽：$1.52+1.3\times0.5\times2=2.82(m)$。

④ 截面 2-2 沟槽下口宽：$0.92+0.3\times2=1.52(m)$，上口宽：$1.52+1.3\times0.5\times2=2.82(m)$。

⑤ 回填方计算中，因为施工场地标高与设计室外标高一致，所以无需场地回填，只有基础回填和室内回填。室外标高以下埋设的混凝土垫层、条形基础、独立基础和基础墙均需扣除。

工程量清单编制见表 5.4。

表 5.4　分部分项工程和单价措施项目清单与计价表

序号	项目编码	项目名称	项目特征	计量单位	工程数量
1	010101001001	平整场地	1. 土壤类别：二类土； 2. 弃土运距：5m； 3. 取土运距：5m	m^2	73.71
2	010101003001	挖沟槽土方	1. 土壤类别：二类土； 2. 挖土深度：1.3m； 3. 弃土运距：40m	m^3	110.81
3	010101004001	挖基坑土方	1. 土壤类别：二类土； 2. 挖土深度：1.55m； 3. 弃土运距：40m	m^3	21.24
4	010103001001	土方回填	1. 土质要求：满足规范及设计； 2. 密实度要求：满足规范及设计； 3. 粒径要求：满足规范及设计； 4. 夯实（碾压）：夯填； 5. 运输距离：40m	m^3	127.41
5	010103002001	余方弃置	弃土运距：5km	m^3	4.64

任务四 ▶ 地基处理与边坡支护工程计量

 任务引入

　　背景材料：某住宅工程基底为可塑黏土，采用水泥粉煤灰碎石桩进行地基处理，桩径为 400mm，桩体强度等级为 C20，桩数为 52 根，设计桩长为 10m，桩端进入硬塑黏土层不少于 1.5m，桩顶在地面以下 1.5～2m，水泥粉煤灰碎石桩（CFG 桩）采用振动沉管灌注桩施工，桩顶采用 200mm 厚人工级配砂石作为褥垫层，如图 5.72、图 5.73 所示。

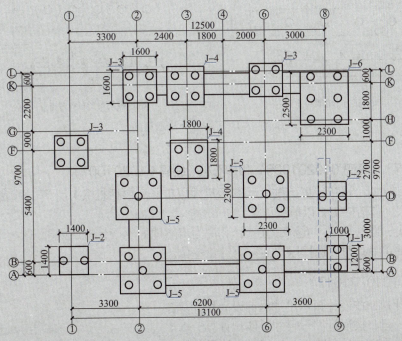

图 5.72　某住宅水泥粉煤灰碎石桩基础平面图

　　要求：根据以上背景资料及现行"计量规范"和湖北省有关文件规定，试计算该工程地基处理分部分项工程清单工程量。

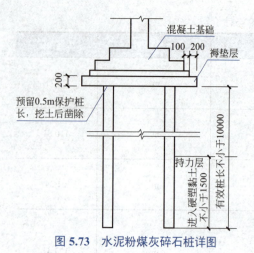

图 5.73 水泥粉煤灰碎石桩详图

二维码 5.2

一、清单项目

地基处理与边坡支护工程包括地基处理、基坑与边坡支护两部分，清单项目设置见"计量规范"附录或扫二维码 5.2 查看。

二、清单工程量计算

1. 换填垫层（编码 010201001）

计算规则：按设计图示尺寸以体积计算。

$$V = 基础垫层底面积 \times 换填垫层的厚度 \qquad (5.13)$$

2. 铺设土工合成材料（编码 010201002）

计算规则：按设计图示尺寸以面积计算。

3. 预压地基（编码 010201003）、强夯地基（编码 010201004）和振冲密实（不填料）（编码 010201005）

计算规则：按设计图示处理范围以面积计算，即根据每个点位所代表的范围乘以点数计算，如图 5.74 所示。

图 5.74（a）所示的清单工程量为 20AB；图 5.74（b）所示的清单工程量为 14AB，A、B 分别为 X、Y 向夯击点的中心距离。

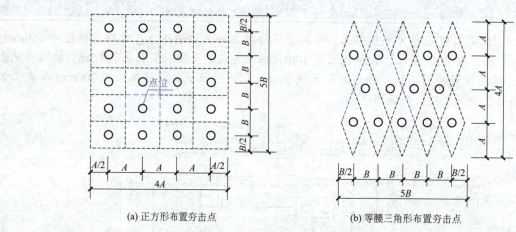

(a) 正方形布置夯击点　　(b) 等腰三角形布置夯击点

图 5.74 工程量计算示意图

4. 振冲桩（填料）（编码 010201006）和砂石桩（编码 010201007）

有两种计算规则，以"m"计量，按设计图示尺寸以桩长（包括桩尖）计算；或者以"m³"计量，按设计桩截面乘以桩长（包括桩尖）以体积计算。

桩长应包括桩尖，空桩长度＝孔深－桩长，孔深为自然地面至设计桩底的深度。

湖北省规定，清单编制时应选择以"m³"为计量单位。

5. 褥垫层（编码 010201017）

（1）以"m²"计量，按设计图示尺寸以铺设面积计算。

（2）以"m³"计量，按设计图示尺寸以体积计算。

湖北省规定，清单编制时应选择以"m³"为计量单位。

6. 地下连续墙（编码 010202001）

计算规则：按设计图示墙中心线长、厚度、槽深之乘积以体积计算。

$$V = 墙中心线长 \times 厚度 \times 槽深 \qquad (5.14)$$

7.锚杆支护（编码 010202007）

计算规则：按设计图示尺寸以钻孔深度计算或按设计图示数量计算，如图 5.75 所示。

湖北省规定，清单编制时应选择以"m"为计量单位。

8.土钉（编码 010202008）

计算规则：按设计图示尺寸以钻孔深度计算或按设计图示数量计算，如图 5.76 所示。

湖北省规定，清单编制时应选择以"m"为计量单位。

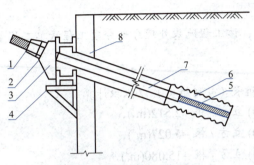

图 5.75 锚杆构造示意图

1—锚具；2—垫板；3—台座；4—托架；5—拉杆；

6—锚固体；7—套管；8—维护挡墙

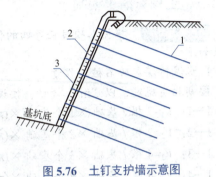

图 5.76 土钉支护墙示意图

1—土钉；2—喷射混凝土面层；3—垫板

【例 5.24】 某边坡工程采用土钉支护，根据岩土工程勘察报告，地层为带块石的碎石土，土钉成孔直径为 90mm，采用 1 根 HRB335，直径 25mm 的钢筋作为杆体，成孔深度均为 10m，土钉入射倾角为 15°，钢筋送入钻孔后，灌注 M3.0 水泥砂浆。混凝土面板采用 C20 喷射混凝土，厚度为 120mm，如图 5.77、图 5.78 所示。试计算该边坡分部分项工程清单工程量。

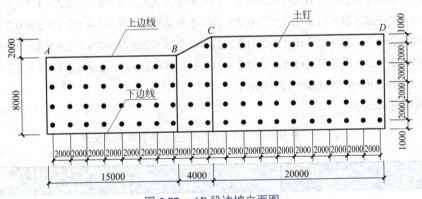

图 5.77 AD 段边坡立面图

分析

（1）坡面斜长 由图可见，边坡坡面与水平面成 60°；由图 5.77 可见，AB 段坡面垂直高度为 8m，因此，由三角函数定义可知 AB 段坡面斜长为 $8/\sin 60°$。

（2）土壤类别 由背景材料，地层为带块石的碎石土，查定额中土石方分类表可知，该土层为四类土。

解 ① 土钉工程量，按照湖北省规定，以"m"计量，按设计图示尺寸以钻孔深度计算。

AB 段 $H_1 = 8 \times 4 \times 10 = 320(m)$，BC 段 $H_2 = (4+5) \times 10 = 90(m)$，CD 段 $H_3 = 10 \times 5 \times 10 = 500(m)$。

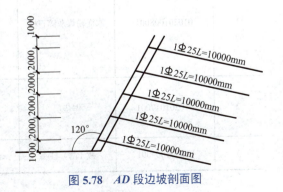

图 5.78 AD 段边坡剖面图

$H=H_1+H_2+H_3=320+90+500=910$(m)

②喷射混凝土工程量。按设计图示尺寸以面积计算。

由图5.77已知AB段高度为8m，可以求出AB段斜面长为8/sin60°，AB段长度为15m，则面积为：

AB段 $S_1=8/\sin60°\times15=138.56$(m²)，BC段 $S_2=(10+8)/2/\sin60°\times4=41.57$(m²)，CD段 $S_3=10/\sin60°\times20=230.94$(m²)。

$S=S_1+S_2+S_3=138.56+41.57+230.94=411.07$(m²)

三、工程量清单编制

任务解析 根据本项目任务四的任务引入的描述，该工程地基处理分部分项工程清单工程量计算及结果如下。

1.水泥粉煤灰碎石桩工程量

按湖北省规定，以"m³"计量，按设计桩截面乘以桩长（包括桩尖）以体积计算。

J—1：$V_1=2$根/基础×1个基础×(π×0.2×0.2×10)立方/根=2.512(m³)，

J—2：$V_2=2$根/基础×2个基础×(π×0.2×0.2×10)立方/根=5.027(m³)，

J—3：$V_3=4$根/基础×3个基础×(π×0.2×0.2×10)立方/根=15.080(m³)，

J—4：$V_4=4$根/基础×2个基础×(π×0.2×0.2×10)立方/根=10.053(m³)，

J—5：$V_5=5$根/基础×4个基础×(π×0.2×0.2×10)立方/根=25.133(m³)，

J—6：$V_6=6$根/基础×1个基础×(π×0.2×0.2×10)立方/根=7.540(m³)，

$V=V_1+V_2+V_3+V_4+V_5+V_6=2.512+5.027+15.080+10.053+25.133+7.540=65.35$(m³)。

2.褥垫层工程量

工程量计算规则按湖北省规定选择，以"m³"计量，按设计图示尺寸以体积计算。

J—1：(1.2+0.1×2+0.2×2)×(1.0+0.1×2+0.2×2)×1个×0.2m厚=1.8×1.6×1×0.2=0.58(m³)，

J—2：(1.4+0.1×2+0.2×2)×(1.4+0.1×2+0.2×2)×2个×0.2m厚=2.0×2.0×2×0.2=1.60(m³)，

J—3：(1.6+0.1×2+0.2×2)×(1.6+0.1×2+0.2×2)×3个×0.2m厚=2.2×2.2×3×0.2=2.90(m³)，

J—4：(1.8+0.1×2+0.2×2)×(1.8+0.1×2+0.2×2)×2个×0.2m厚=2.4×2.4×2×0.2=2.30(m³)，

J—5：(2.3+0.1×2+0.2×2)×(2.3+0.1×2+0.2×2)×4个×0.2m厚=2.9×2.9×4×0.2=6.73(m³)，

J—6：(2.3+0.1×2+0.2×2)×(2.5+0.1×2+0.2×2)×1个×0.2m厚=2.9×3.1×1×0.2=1.80(m³)，

$V=0.58+1.60+2.90+2.30+6.73+1.80=15.91$(m³)。

工程量清单编制见表5.5。

表5.5 分部分项工程和单价措施项目清单与计价表

工程名称：某工程　　　　　　　　　　　　　　　　　　　　　　　　　　　　　　　第 页 共 页

序号	项目编码	项目名称	项目特征	计量单位	工程数量
1	010201008001	水泥粉煤灰碎石桩	1.地层情况：三类土； 2.空桩长度、桩长：1.5～2m、10m； 3.桩径：400mm； 4.成孔方法：振动沉管； 5.混合料强度等级：C20	m³	65.35
2	010201017001	褥垫层	1.厚度：200mm； 2.材料品种及比例：人工级配砂石砂：碎石 =3：7	m³	15.91
3	010301004001	截（凿）桩头	n=52	根	52

任务五 ▶ 桩基础工程计量

任务引入

　　背景材料：某别墅工程采用旋挖钻孔灌注桩进行施工。场地地面标高为495.50m，旋挖桩桩径为1000mm，桩长为20m，采用水下商品混凝土C30，桩顶标高为493.50m，桩数为220根，超灌高度不少于1m。根据地质情况，采用5mm厚钢护筒，护筒长度不少于3m。

　　要求：根据以上背景资料及现行"计量规范"和湖北省有关文件规定，试计算该项目的清单工程量，并填入清单工程量计算表。

一、清单项目

　　桩基础工程包括打桩、灌注桩两个部分。工程量清单项目设置、计量单位及工程量计算规则，应按"计量规范"附录表的规定执行，桩基础工程清单项目表请扫二维码5.3查看。

二维码 5.3

　　清单项目的有关说明如下。

　　① 地层情况按"计量规范"的规定，并根据岩土工程勘察报告按单位工程各地层所占比例（包括范围值）进行描述。对无法准确描述的地层情况，可注明由投标人根据岩土工程勘察报告自行决定报价。

　　② 项目特征中的桩截面、混凝土强度等级、桩类型等可直接用标准图代号或设计桩形进行描述。

　　③ 预制钢筋混凝土方桩、预制钢筋混凝土管桩项目以成品桩编制，应包括成品桩购置费，如果用现场预制，应包括现场预制桩的所有费用。

　　④ 打试验桩和打斜桩应按相应项目单独列项，并应在项目特征中注明试验桩或斜桩（斜率）。

　　⑤ 截（凿）桩头项目适用于"计量规范"附录B、附录C所列桩的桩头截（凿）。

　　⑥ 预制钢筋混凝土管桩桩顶与承台的连接构造按"计量规范"附录E相关项目列项。

二、清单工程量计算

1. 预制钢筋混凝土方桩、预制钢筋混凝土管桩

　　有三种算法：以"m"计量，按设计图示尺寸以桩长（包括桩尖）计算；以"根"计量，按设计图示数量计算；以"m³"计量，按设计图示截面积乘以桩长（包括桩尖）以实体积计算。

　　湖北省规定预制钢筋混凝土方桩取计量单位"m³"，即按设计图示截面积乘以桩长（包括桩尖）以实体积计算。预制钢筋混凝土管桩取计量单位"m"，即按设计图示尺寸以桩长（包括桩尖）计算，如图5.79所示。

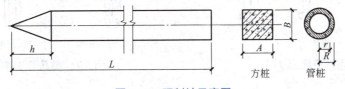

图 5.79　预制桩示意图

2. 钢管桩

　　有两种算法，一种是以"t"计量，按设计图示尺寸以质量计算；另一种是以"根"计量，按设计图示数量计算。

　　湖北省规定钢管桩取计量单位"t"，即按设计图示尺寸以质量计算。

3. 截（凿）桩头

　　有两种算法：以"m³"计量，按设计桩截面乘以桩头长度以体积计算；以"根"计量，按设计图示

数量计算。

湖北省规定截（凿）桩头取计量单位"m³"，即按设计桩截面乘以桩头长度以体积计算。

4. 打试验桩和打斜桩

应按相应项目单独列项，并应在项目特征中注明试验桩或斜桩（斜率）。

【例5.25】 某工程用打桩机，打如图5.80所示的钢筋混凝土预制方桩，共120根，求其清单工程量。

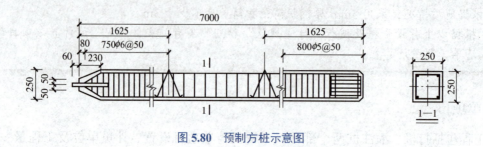

图5.80 预制方桩示意图

解 钢筋混凝土预制方桩清单工程量按设计图示截面积乘以桩长（包括桩尖）以实体积计算。

$$V = 7 \times (0.25 \times 0.25) \times 120 = 52.50 (\text{m}^3)$$

5. 泥浆护壁成孔灌注桩、沉管灌注桩、干作业成孔灌注桩、人工挖孔灌注桩

泥浆护壁成孔灌注桩、沉管灌注桩（图5.81）、干作业成孔灌注桩、人工挖孔灌注桩有三种算法：以"m"计量，按设计图示尺寸以桩长（包括桩尖）计算；以"根"计量，按设计图示数量计算；以"m³"计量，按不同截面在桩上范围内以体积计算。

湖北省规定泥浆护壁成孔灌注桩、沉管灌注桩、干作业成孔灌注桩取计量单位"m³"，即按不同截面在桩上范围内以体积计算。

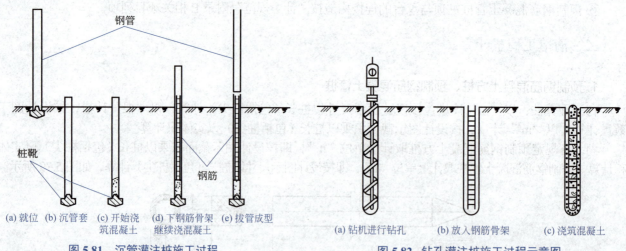

图5.81 沉管灌注桩施工过程   图5.82 钻孔灌注桩施工过程示意图

6. 挖孔桩土（石）方

按设计图示尺寸（含护壁）截面积乘以挖孔深度以"m³"计算。

7. 人工挖孔灌注桩

以"m³"计量，按桩芯混凝土体积计算。

8. 钻孔压浆桩

有两种算法，以"m"计量，按设计图示尺寸以桩长计算；以"根"计量，按设计图示数量计算。

湖北省规定钻孔压浆桩取一项计量单位"m"，即按设计图示尺寸以桩长计算。

桩长应包括桩尖，空桩长度＝孔深－桩长，孔深为自然地面至设计桩底的深度。

9. 灌注桩后压浆

按设计图示以注浆孔数计算。

混凝土灌注桩的钢筋笼制作、安装，按混凝土及钢筋混凝土工程中的相关项目编码列项，如图 5.82 所示。

三、桩基础工程工程量清单的编制

任务解析 根据本项目任务五的任务引入的描述，该别墅工程采用的排桩为基坑支护用桩，且采用水下商品混凝土，说明其为地下水位以下桩，故应按泥浆护壁成孔灌注桩计算。另外超灌部分需要截（凿）桩头。清单工程量的计算过程如下，清单编制见表5.6。

泥浆护壁成孔灌注桩（010302001001）

$$V_1 = 桩截面面积 \times 桩长 \times 桩的数量 = \pi \times (1.000/2)^2 \times (495.5-493.5+20) \times 220 = 3799.40(m^3)$$

截（凿）桩头（010301004001）

$$V_2 = \pi \times (1.000/2)^2 \times 1 \times 220 = 172.70(m^3)$$

表 5.6 分部分项工程和单价措施项目清单与计价表

工程名称：某工程

序号	项目编码	项目名称	项目特征	计量单位	工程数量
1	010302001001	泥浆护壁成孔灌注桩	1. 地层情况：详见勘察报告； 2. 空桩长度：2m； 3. 桩径：1000mm； 4. 成孔方法：旋挖钻孔； 5. 护筒类型、长度：5mm 厚钢护筒、不少于 3m； 6. 混凝土种类、强度等级：水下商品混凝土 C30	m³	3799.40
2	010301004001	截（凿）桩头	1. 桩类型：旋挖桩； 2. 桩头截面、高度：直径1000mm、1m； 3. 混凝土强度等级：C30； 4. 有无钢筋：有	m³	172.70

任务六 ▶ 砌筑工程计量

 任务引入

背景材料：某单层建筑物为框架结构，尺寸如图 5.83 所示，墙身用 M5 混合砂浆砌筑加气混凝土砌块，厚度为 250mm；女儿墙用煤矸石空心砖砌筑，墙厚为 240mm，其上混凝土压顶断面 240mm×180mm；隔墙用 M7.5 水泥砂浆砌筑蒸压灰砂砖墙，厚度120mm；框架柱断面240mm×240mm到女儿墙顶；各轴线处均有框架梁，框架梁断面为墙厚×400mm；门窗洞口上均采用现浇钢筋混凝土过梁，断面为墙厚×180mm。M1 为 1560mm×2700mm；M2 为 1000mm×2700mm；C1 为 1800mm×1800mm；C2 为 1560mm×1800mm。

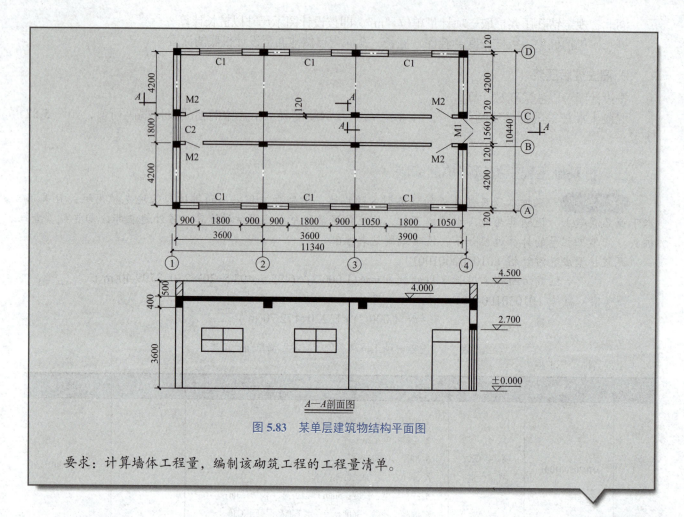

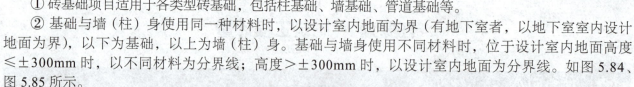

图 5.83　某单层建筑物结构平面图

要求：计算墙体工程量，编制该砌筑工程的工程量清单。

一、清单项目

砌筑工程包括砖砌体、砌块砌体、石砌体、垫层 4 个部分，清单项目表请扫二维码 5.4 查看。

清单项目的设置按计量规范附录表的规定执行。

二维码 5.4

1. 砖砌体（编码 010401）清单项目的有关说明

① 砖基础项目适用于各类型砖基础，包括柱基础、墙基础、管道基础等。

② 基础与墙（柱）身使用同一种材料时，以设计室内地面为界（有地下室者，以地下室室内设计地面为界），以下为基础，以上为墙（柱）身。基础与墙身使用不同材料时，位于设计室内地面高度 $\leq \pm 300$ mm 时，以不同材料为分界线；高度 $> \pm 300$ mm 时，以设计室内地面为分界线。如图 5.84、图 5.85 所示。

③ 砖围墙以设计室外地坪为界，以下为基础，以上为墙身。

④ 砖砌体勾缝按墙面抹灰中"墙面勾缝"项目编码列项，实心砖墙、多孔砖墙、空心砖墙等项目工作内容中不包括勾缝，但包括刮缝。

⑤ 标准砖尺寸应为 240mm×115mm×53mm，标准砖墙厚度应按表 5.7 计算。

表 5.7　标准砖砌体计算厚度表

砖数（厚度）	$\frac{1}{4}$	$\frac{1}{2}$	$\frac{3}{4}$	1	$1\frac{1}{2}$	2	$2\frac{1}{2}$	3
计算厚度 /mm	53	115	180	240	365	490	615	740

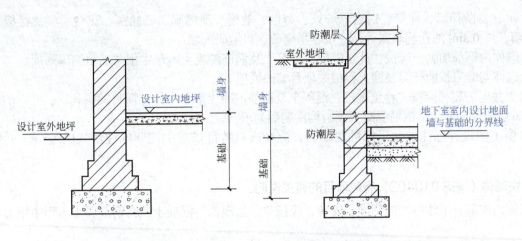

(a) 无地下室的基础与墙身划分示意图   (b) 有地下室的基础与墙身划分示意图

图 5.84　基础与墙（柱）身使用同种材料划分示意图

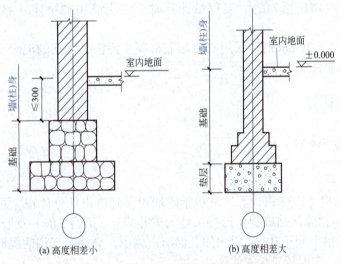

(a) 高度相差小   (b) 高度相差大

图 5.85　基础与墙（柱）身使用不同材料划分示意图

⑥ 框架外表面的镶贴砖部分，按零星项目编码列项。

⑦ 附墙烟囱、通风道、垃圾道应按设计图示尺寸以体积（扣除孔洞所占体积）计算并入所依附的墙体体积内。当设计规定孔洞内需抹灰时，应按墙柱面装饰工程零星抹灰项目编码列项。

⑧ 空斗墙的窗间墙、窗台下、楼板下、梁头下等的实砌部分，按零星砌砖项目编码列项，见图 5.86。

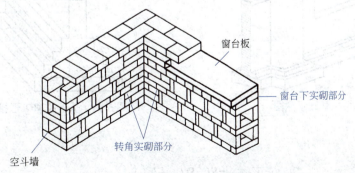

图 5.86　空斗墙转角及窗台下实砌部分示意图

⑨ 空花墙项目适用于各种类型的空花墙，使用混凝土花格砌筑的空花墙，实砌墙体与混凝土花格应分别计算，混凝土花格按"计量规范"混凝土及钢筋混凝土中预制构件相关项目编码列项。

97

⑩ 台阶、台阶挡墙、梯带、锅台、炉灶、蹲台、池槽、池槽腿、砖胎膜、花台、楼梯栏板、阳台栏板、地垄墙、≤ 0.3m² 的孔洞填塞等，应按零星砌砖项目编码列项。

⑪ 砖砌体内钢筋加固，应按 "计量规范" 混凝土及钢筋混凝土附录中相关项目编码列项。

⑫ 砖砌体勾缝应按墙柱面装饰工程相关项目编码列项。

⑬ 检查井内的爬梯应按 "计量规范" 混凝土及钢筋混凝土附录中相关项目编码列项；井内的混凝土构件按 "计量规范" 混凝土及钢筋混凝土预制构件编码列项。

⑭ 如施工图设计标注做法见标准图集时，应在项目特征描述中注明标注图集的编码、页号及节点大样。

2. 砌块砌体（编码 010402）清单项目的有关说明

① 砌体内加筋、墙体拉结的制作、安装，应按 "计量规范" 混凝土及钢筋混凝土工程中相关项目编码列项。

② 砌块排列应上、下错缝搭砌，如果搭错缝长度满足不了规定的压搭要求，应采取压砌钢筋网片的措施，具体构造要求按设计规定。若设计无规定时，应注明由投标人根据工程实际情况自行考虑；钢筋网片按 "计量规范" 混凝土及钢筋混凝土工程中相应编码列项。

③ 砌块砌体中工作内容包括勾缝。工程量计算时，砌块墙和砌块柱分部与实心砖墙和实心砖柱一致。

④ 砌体垂直灰缝宽大于 30mm 时，采用 C20 细石混凝土灌注。灌注的混凝土应按 "计量规范" 混凝土及钢筋混凝土工程相关项目编码列项。

二、清单工程量的计算

（一）砖砌体（编码 010401）

1. 砖基础

砖基础应按设计图示尺寸以体积计算。其包括附墙垛基础宽出部分体积（见图 5.87），扣除地梁（圈梁）、构造柱所占体积，不扣除基础放脚 T 形接头处的重叠部分（见图 5.88）及嵌入基础内的钢筋、铁件、管道、基础砂浆防潮层和单个面积 0.3m² 以内的孔洞所占体积，靠墙暖气沟的挑檐不增加体积。对于基础长度，外墙按中心线计算，内墙按净长线计算。

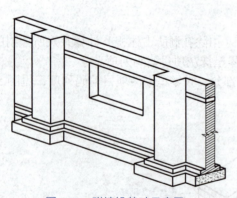

图 5.87　附墙垛基础示意图

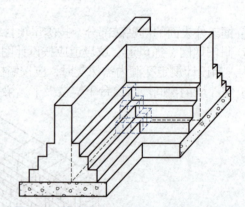

图 5.88　基础放脚 T 形接头重复部分示意图

计算公式为：

$$V_{砖基础} = SL = S(L_{中} + L_{内}) \tag{5.15}$$

式中　$V_{砖基础}$——砖基础体积，m³；

　　　S——基础断面积，m²；

　　　L——基础长度，m；

$L_{中}$——外墙中心线，m；

$L_{内}$——内墙净长线长，m。

砖基础工程量的计算一般分为墙下条形砖基础和柱下独立砖基础。条形砖基础一般做成阶梯形（又称"大放脚"），有等高式和不等高式（间隔式）两种，如图5.89所示。

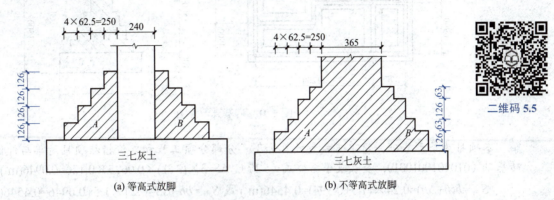

二维码5.5

(a) 等高式放脚   (b) 不等高式放脚

图5.89 大放脚截面示意图

（1）条形基础

① 基础断面面积计算公式为：

$$S=bh+\Delta S \quad 或 \quad S=b(h+\Delta h) \tag{5.16}$$

式中 b——基础墙宽度，m；

h——基础设计深度，m；

ΔS——大放脚断面增加面积，m^2，可计算得出或查增加面积数据表取得；

Δh——大放脚断面折加高度，m，可计算得出或查增加高度数据表取得，还可以套用公式直接计算。

② 等高式大放脚砖基础断面增加面积计算公式为：

$$S=n(n+1)\times 0.0625 \times 0.126 \tag{5.17}$$

式中 n——放脚的层数；

S——砖基础断面面积，m^2。

③ 不等高式大放脚砖基础断面面积计算公式为：

$$S=0.007875\times [n+(n+1)-\sum 半层放脚层数值] \tag{5.18}$$

式中 n——放脚的层数；

S——砖基础断面面积，m^2。

（2）独立砖柱基础 独立砖柱基础，一般出现在基坑中，常见的类型为独立基础，如图5.90所示。工程量计算公式为：

$$\begin{aligned}V_{柱}&=abh+\Delta V_{放}\\&=abh+n(n+1)[0.007875(a+b)+0.000328125(2n+1)] \tag{5.19}\end{aligned}$$

式中 $V_{柱}$——独立砖柱基础体积，m^3；

a、b——基础柱截面的长度、宽度，m；

h——基础柱高，即从基础垫层上表面至基础与柱的分界线的高度，m；

$\Delta V_{放}$——柱基四边大放脚部分的体积，m^3。

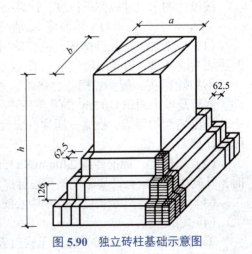

图5.90 独立砖柱基础示意图

【例5.26】 根据图5.91所示砖基础施工图，试计算砖基础清单工程量，编制其工程量清单。基础墙厚为240mm，采用混凝土实心砖，M5水泥砂浆砌筑，垫层为C10混凝土。

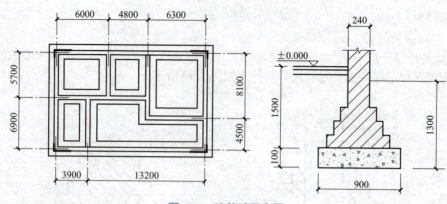

图 5.91　砖基础示意图

解　本项目为条形基础，清单工程量计算如下。分部分项工程和单价措施项目清单与计价见表5.8。

砖基础（010401001001），查表或根据公式（5.17），$\Delta S=3\times(3+1)\times0.0625\times0.126=0.0946(\text{m}^2)$，$\Delta h=0.394\text{m}$

$$S_{断}=b(h+\Delta h)=0.24\times(1.5+0.394)=0.4546(\text{m}^2) \text{ 或 } S_{断}=bh+\Delta S=0.24\times1.5+0.0946=0.4546(\text{m}^2)$$

$$L_{中}=(6+4.8+6.3+4.5+8.1)\times2=59.4(\text{m})$$

$$L_{内}=(6+4.8-0.24)+6.3+(5.7-0.24)+(8.1-0.24)+(6.9-0.24)=36.84(\text{m})$$

$$V=S_{断}\times(L_{中}+L_{内})=0.4546\times(59.4+36.84)=43.75(\text{m}^3)$$

表 5.8　分部分项工程和单价措施项目清单与计价表

工程名称：某工程　　　　　　　　　　　　　　　　　　　　　　　　　　第　页　共　页

序号	项目编码	项目名称	项目特征描述	计量单位	工程数量
1	010401001001	砖基础	1. 砖品种、规格、强度等级：混凝土实心砖，240mm×115mm×53mm； 2. 基础类型：条形基础； 3. 砂浆强度等级：M5 水泥砂浆	m³	43.75

2. 砖砌挖孔桩护壁

按设计图示尺寸以"m³"计算。

3. 实心砖墙、多孔砖墙、空心砖墙

按设计图示尺寸以体积计算，计算公式如下。

$$V= 墙厚度 \times 墙长度 \times 墙高度 + 应增加体积 - 应扣除体积 \tag{5.20}$$

（1）应增加及应扣除体积　应扣除门窗、洞口、嵌入墙内的钢筋混凝土柱、梁、圈梁、挑梁、过梁及凹进墙内的壁龛、管槽、暖气槽、消火栓箱所占体积。

不扣除梁头、板头、檩头、垫木、木楞头、沿椽木、木砖、门窗走头、砖墙内加固钢筋、木筋、铁件、钢管及单个面积≤0.3m²的孔洞所占体积。

凸出墙面的腰线、挑檐、压顶、窗台线、虎头砖、门窗套的体积亦不增加。凸出墙面的砖垛并入墙内体积计算。

（2）墙厚度　标准砖以240mm×115mm×53mm为准，其砌体计算厚度如表5.7所示；使用非标准砖时，其砌体厚度应按砖实际规格和设计厚度计算。

（3）墙长度　外墙长度按外墙中心线长度计算，内墙长度按内墙净长线计算。

（4）墙高度

① 外墙墙高。斜（坡）屋面无檐口天棚者算至屋面板底，如图5.92（a）所示；有屋架且室内外均有天棚者算至屋架下弦底另加200mm，如图5.92（b）所示；无天棚者算至屋架下弦底另加300mm，出檐宽

度超过 600mm 时按实砌高度计算，如图 5.92（c）所示；有钢筋混凝土楼板者算至板顶，平屋面算至钢筋混凝土板底，如图 5.92（d）所示。

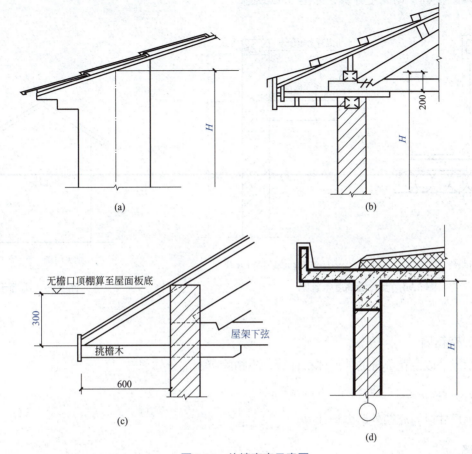

图 5.92　外墙高度示意图

② 内墙墙高。位于屋架下弦者，算至屋架下弦底，如图 5.93（a）所示；无屋架者算至天棚底另加 100mm，如图 5.93（b）所示；有钢筋混凝土楼板隔层者算至楼板顶，如图 5.93（c）所示；有框架梁时算至梁底，如图 5.93（d）所示。

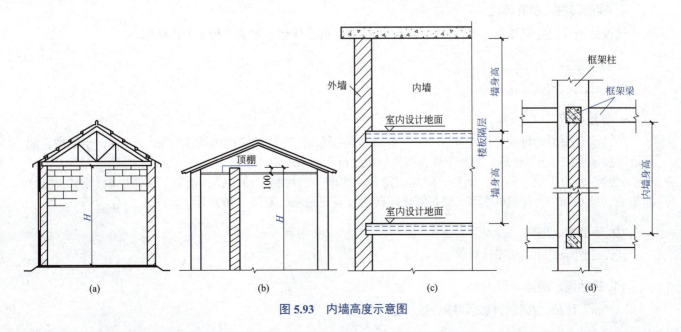

图 5.93　内墙高度示意图

③ 女儿墙墙高。从屋面板上表面算至女儿墙顶面（如有混凝土压顶时算至压顶下表面），如图 5.94 所示。

④ 内外山墙。按其平均高度计算，如图 5.95 所示。

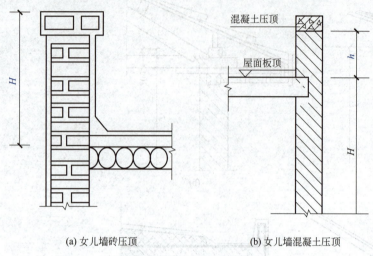

(a) 女儿墙砖压顶   (b) 女儿墙混凝土压顶

图 5.94　女儿墙高度示意图

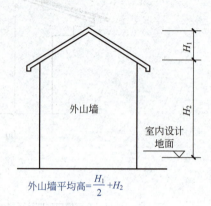

外山墙平均高 $= \dfrac{H_1}{2} + H_2$

图 5.95　山墙示意图

4. 空斗墙、空花墙

按设计图示尺寸以空花部分的外形体积计算，不扣除空洞部分体积。

5. 填充墙

按设计图示尺寸以填充墙外形体积计算。

6. 框架间墙

不分内外墙按墙体净尺寸以体积计算。

$$V = 墙长 \times 墙高 \times 墙厚 \tag{5.21}$$

式中，墙长按框架间净长计算；墙高算至框架梁底；墙厚按设计图纸标注计算。

7. 实心砖柱、多孔砖柱

按设计图示尺寸以体积计算，扣除混凝土及钢筋混凝土梁垫、梁头、板头所占体积。

8. 砖检查井

按设计图示数量计算。

9. 零星砌砖

砖砌锅台与炉灶可按外形尺寸以"个"计算，砖砌台阶可按水平投影面积以"m^2"计算，小便槽、地垄墙可按长度以"m"计算，其他工程量按体积以"m^3"计算。

台阶、台阶挡墙、梯带、锅台、炉灶、蹲台、池槽、池槽腿、砖胎膜、花台、楼梯栏板、阳台栏板、地垄墙、$\leqslant 0.3 m^2$ 的孔洞填塞等，应按零星砌砖项目编码列项，如图 5.96 所示。

10. 砖散水、地坪

按设计图示尺寸以面积计算。

11. 砖地沟、明沟

以"m"计量，按设计图示以中心线长度计算。

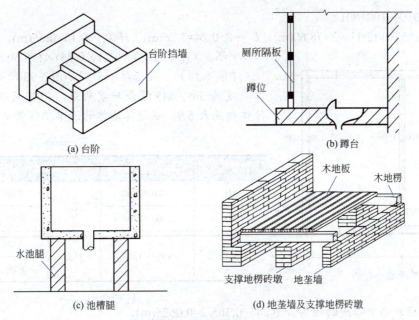

(a) 台阶　　(b) 蹲台

(c) 池槽腿　　(d) 地垄墙及支撑地楞砖墩

图 5.96　零星砌砖示意图

【**例 5.27**】　某单位新建传达室工程室外标高为 -0.150m，±0.000 以下条形基础平面、剖面大样图详见图 5.97，室内外高差为 150mm。基础垫层为原槽浇注，垫层为 3：7 灰土，现场拌和。砌石部分采用清条石 1000mm×300mm×300mm，M7.5 水泥砂浆砌筑。砌砖部分采用强度等级 MU7.5 的页岩标砖，M5 水泥砂浆砌筑。

根据以上资料及现行国家标准《房屋建筑与装饰工程工程量计算规范》（ GB 50854—2013），试计算该工程砖基础的清单工程量。

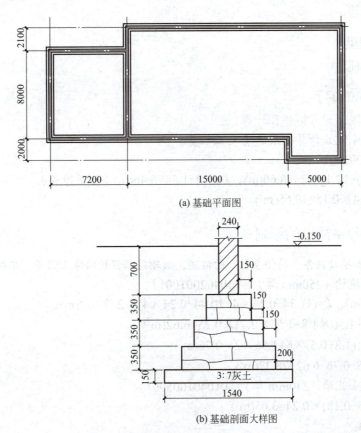

(a) 基础平面图

(b) 基础剖面大样图

图 5.97　某传达室基础工程示意图

解 砖基础（010401001001）

$L_{中}$=[(7.2+15.0+5.0)+12.1]×2=78.60(m)，$L_{内}$=8-0.24=7.76(m)，H=0.7+0.15=0.85(m)，

$V=S_{断}$×($L_{中}+L_{内}$)=(0.24×0.85)×(78.60+7.76)=17.62(m^3)

【例 5.28】 某房屋平面图如图 5.98 所示，已知砖墙体计算高度为 3m，M5 混合砂浆砌筑，门窗洞口尺寸及墙体内埋件体积见表 5.9。试计算墙体的清单工程量。

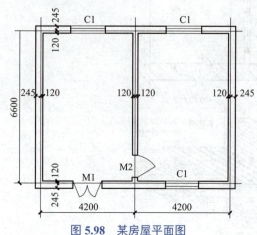

图 5.98 某房屋平面图

表 5.9 门窗表

门窗代码	洞口尺寸 /mm	构件名称		构件体积 /m^3
M1	1200×2100	过梁	外墙	0.51
M2	1000×2100		内墙	0.06
C1	1500×1500	圈梁	外墙	2.23
			内墙	0.31

解 外墙轴线距外墙中心线的距离 L=0.245-0.365/2=0.0625(m)，

外墙中心线长 =(4.2×2+0.0625×2+6.6+0.0625×2)×2=30.5(m)，内墙净长线长 =6.6-0.24=6.36(m)，

外墙体积 =30.5×0.365×3.0-(1.2×2.1+1.5×1.5×3)×0.365-0.51-2.23=27.27(m^3)，

内墙体积 =6.36×0.24×3-1.0×2.1×0.24-0.06-0.31=3.71(m^3)，

墙体的清单工程量 =27.27+3.71=30.98(m^3)。

（二）砌块砌体（编码010402）

1. 砌块墙清单工程量

计算规则同实心砖墙。

2. 砌块柱清单工程量

计算规则同实心砖柱。

（三）垫层（编码010404）

垫层工程量按设计图示尺寸以体积计算。

【例 5.29】 依据例 5.26 计算垫层的清单工程量。

解 垫层（010404001001）

$L_{中}$=[(7.2+15.0+5.0)+12.1]×2=78.60(m)，$L_{内}$=8-1.54=6.46(m)（垫层净长），

V=(78.6+6.46)×1.54×0.15=19.65(m^3)

三、砌筑工程工程量清单的编制

任务解析 根据本项目任务六的任务引入的描述，该砌筑工程的墙体工程量、工程量清单的编制如下。

（1）加气混凝土砌块墙（250mm 厚）（010402001001）

H=3.6(m)，b=0.25(m)，L=(11.34-0.24×4+10.44-0.24×4)×2=39.72(m)，

$V_{门窗}$ =(1.8×1.8×6+1.56×1.8+1.56×2.7)×0.25=6.62(m^3)，

$V_{过梁}$ =0.25×0.18×[(1.8+0.5)×6+1.56×2]=0.76(m^3)，

V=39.72×3.6×0.25-0.76-6.62=28.37(m^3)。

（2）煤矸石空心砖女儿墙（240mm 厚）（010401005001）

$V=LHb$=39.72×(0.5-0.18)×0.24=3.05(m^3)。

注：压顶高180mm。

（3）蒸压灰砂砖隔墙（120mm 厚）（010401003001）

$L=(11.34-0.24×4)×2=20.76(m)$，$H=3.6(m)$，$b=0.12(m)$，

$V_{门窗}=1×2.7×4×0.12=1.3(m^3)$，$V_{过梁}=0.12×0.18×1.5×4=0.13(m^3)$，

$V=20.76×3.6×0.12-1.3-0.13=7.54(m)$。

工程量清单编制见表5.10。

表5.10　分部分项工程和单价措施项目清单与计价表

序号	项目编码	项目名称	项目特征描述	计量单位	工程数量
1	010402001001	砌块墙	1. 砌块品种、规格、强度等级：加气混凝土砌块600mm×300mm×250mm； 2. 墙体类型：250mm厚直形墙体； 3. 砂浆强度等级：M5混合砂浆砌筑	m³	28.37
2	010401005001	空心砖墙	1. 砖品种、规格、强度等级：煤矸石空心砖240mm×115mm×53mm； 2. 墙体类型：240mm厚直形女儿墙体； 3. 砂浆强度等级：M5混合砂浆砌筑	m³	3.05
3	010401003001	实心砖墙	1. 砖品种、规格、强度等级：蒸压灰砂砖墙240mm×115mm×53mm； 2. 墙体类型：120mm厚直形墙体； 3. 砂浆强度等级：M7.5水泥砂浆砌筑	m³	7.54

任务七 ▸ 混凝土及钢筋混凝土工程计量

任务引入

背景材料：某单层办公楼的屋顶结构平面布置图如图5.99所示，已知现浇混凝土构件均为C20；预应力空心板C30；YKB3661为0.1592m³/块、YKB3651为0.1342m³/块，采用不焊接卷扬机施工；基础顶面标高为-0.300m，板面标高为4.200m。

要求：试计算现浇混凝土柱、梁、板及预应力空心板的清单工程量，并填入清单工程量计算表、分部分项工程和单价措施项目清单与计价表。

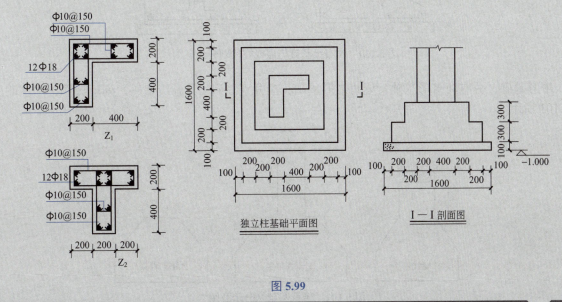

图5.99

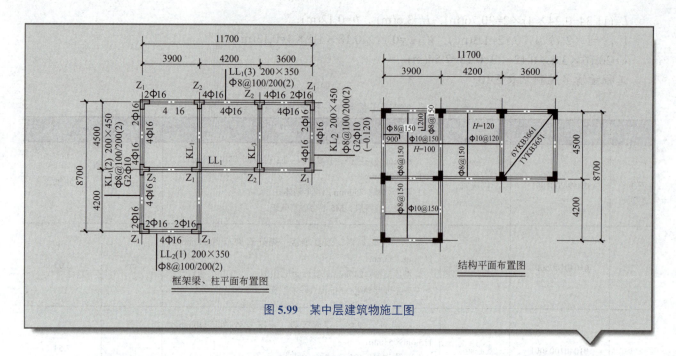

图 5.99　某中层建筑物施工图

一、清单项目

混凝土及钢筋混凝土工程包括现浇混凝土构件、预制混凝土构件及钢筋工程等部分，清单项目表请扫二维码 5.6 查看。

清单项目设置、计量单位及工程量计算规则，应按"计量规范"附录的规定执行。

二维码 5.6

1. 现浇混凝土基础（编码 010501）清单项目的有关说明

① 混凝土基础与墙或柱的划分，均按基础扩大顶面为界，如图 5.100 所示。

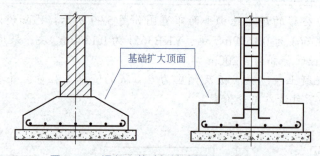

图 5.100　混凝土基础与墙或柱的划分示意图

② 带形基础，分有肋带形基础、无肋带形基础，应分别编码（第五级编码）列项计算，并注明肋高，如图 5.101 所示。

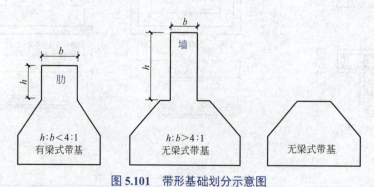

图 5.101　带形基础划分示意图

2. 现浇混凝土梁（编码 010503）清单项目的有关说明

① 基础梁：在柱基础之间承受墙身荷载而下部无其他承托者为基础梁。

② 地圈梁：连接地下基础部分与上面墙体建筑部分闭合的一圈钢筋混凝土浇筑的梁。其不能称为基础梁，应当按圈梁执行。

③ 矩形梁：断面为矩形的梁。

④ 异形梁：断面为梯形或其他变截面的梁。

⑤ 圈梁：砌体结构中加强房屋刚度的封闭的梁。

⑥ 过梁：门、窗、孔洞上设置的梁。

⑦ 弧形梁、拱形梁：水平方向弧形的梁称为弧形梁；垂直方向拱形的梁称为拱形梁。

3. 现浇混凝土墙（编码 010504）清单项目的有关说明

① 直形墙：直线形状的混凝土墙。

② 弧形墙：弧线形状的混凝土墙。

③ 短肢剪力墙：指截面厚度不大于 300mm，各肢截面高度与厚度之比的最大值大于 4，但不大于 8 的剪力墙，各肢截面高度与厚度之比的最大值不大于 4 的剪力墙按柱项目列项。

4. 现浇混凝土板（编码 010505）清单项目的有关说明

① 有梁板：由梁（包括主、次梁）和板浇成整体的梁板。

② 无梁板：不带梁直接支在柱上的板。

③ 平板：指的是无柱、梁，直接支承在墙上的板。

④ 拱板：把拱肋、拱波结合成整体的板。

⑤ 薄壳板：壳板厚度与其中曲面最小曲率半径之比不大于 1/20 的壳体。

⑥ 栏板：建筑物中起到围护作用的一种构件，供人在正常使用建筑物时防止坠落的防护措施，是一种板状护栏设施，封闭连续，一般用在阳台或屋面女儿墙部位。

⑦ 天沟（檐沟）、挑檐板：屋面挑出外墙的部分，主要是为了方便做屋面排水，对外墙也起到保护作用。

5. 预制混凝土构件（编码 010509～010514）清单项目的有关说明

① 预制混凝土屋架以"榀"计量时，都必须描述单件体积。

② 三角形屋架应按"计量规范"附录中预制混凝土折线型屋架项目编码列项。

③ 预制混凝土板以"块""套"计量时，都必须描述单件体积。

④ 不带肋的预制遮阳板、雨篷板、挑檐板、栏板等，应按"计量规范"附录中预制混凝土板中平板项目编码列项。

⑤ 预制 F 形板、双 T 形板、单肋板和带反挑檐的雨篷板、挑檐板、遮阳板等，应按"计量规范"附录中预制混凝土板中带肋板项目编码列项。

⑥ 预制大型墙板、大型楼板、大型屋面板等，应按"计量规范"附录中预制混凝土板中大型板项目编码列项。

⑦ 其他预制构件以"块""根"计量时，都必须描述单件体积。

⑧ 预制钢筋混凝土小型池槽、压顶、扶手、垫块、隔热板、花格等，应按"计量规范"附录中其他预制构件中其他构件项目编码列项。

⑨ 预制混凝土构件或预制钢筋混凝土构件，如施工图设计标注做法见标准图集时，项目特征注明标准图集的编码、页号及节点大样即可。

6. 钢筋工程（编码 010515）清单项目的有关说明

① 现浇构件中伸出构件的锚固钢筋应并入钢筋工程量内。除设计（包括规范规定）标明的搭接外，其他施工搭接不计算工程量，在综合单价中综合考虑。

② 现浇构件中固定位置的支撑钢筋、双层钢筋用的"铁马"在编制工程量清单时，如果设计未明确，

其工程数量可为暂估量，结算时按现场签证数量计算。

二、清单工程量的计算

1. 现浇混凝土基础

（1）垫层按设计图示尺寸以体积计算

$$V= 垫层长度 \times 垫层断面面积 = 垫层长度 \times 垫层宽度 \times 垫层厚度 \qquad (5.22)$$

式中，垫层长度外墙按中心线计算，内墙按垫层净长线计算。

（2）带形基础按图示尺寸以体积计算

$$V= 带形基础长度 \times 基础断面面积 \qquad (5.23)$$

带形基础的外墙长度按基础的中心线计算，内墙带形基础的长度按基底净长计算。

有肋带形基础计算公式：

$$V= 带形基础长度 \times 基础断面面积 +T 形接头体积 \qquad (5.24)$$

式中，基础长度外墙按中心线计算，内墙按基础净长线计算。

T 形接头体积计算公式：

$$V_d=L_d[bh_3+h_2(2b+B/6)] \qquad (5.25)$$

式中　V_d——内外墙 T 形接头搭接部分的体积，m^3；

　　　L_d——搭接部分的长度，m；

　　　h_3——肋梁部分高度，m；

　　　h_2——梯形部分高度，m；

　　　B——基底宽度，m；

　　　b——基顶宽度，m。

其中 T 形接头搭接部分如图 5.102 所示。

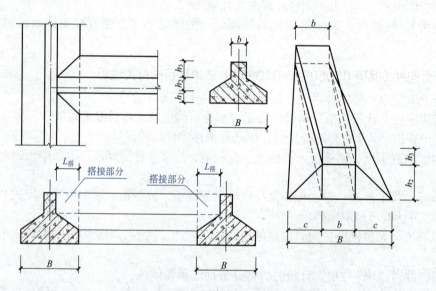

图 5.102　带形基础 T 形接头搭接部分示意图

无梁式时，$h_3=0$，$V_1=0$

$$V_d=L_dh_2(2b+B)/6 \qquad (5.26)$$

（3）独立基础　一般设在柱下，常用断面形式有踏步形（阶梯形）、锥形、杯形。

① 踏步形（阶梯形）独立基础。按每一阶长方体体积计算，如图 5.103 所示。

$$V=abh_1+a_1b_1h_2 \qquad (5.27)$$

式中　a、b——分别为基础底面的长与宽，m；

　　　a_1、b_1——分别为基础顶部的长与宽，m；

h_1——基础底部四方体的高度，m；

h_2——基础顶部四方体的高度，m。

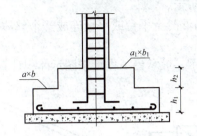

图 5.103 踏步形独立基础

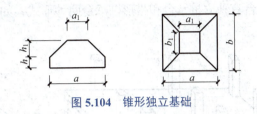

图 5.104 锥形独立基础

② 锥形独立基础。如图 5.104 所示，用公式表示为：

$$V=abh+\frac{h_1}{6}[ab+a_1b_1+(ab)(a_1b_1)] \tag{5.28}$$

式中 a、b——分别为基础底面的长与宽，m；

a_1、b_1——分别为基础顶部的长与宽，m；

h——基础底部四方体的高度，m；

h_1——基础棱台的高度，m。

③ 杯形基础。当柱采用预制构件时，则基础做成杯口形，然后将柱子插入并嵌固在杯口内，故称杯形基础，又叫作杯口基础。

杯形基础混凝土工程量的计算方式与锥形独立基础相类似，一般可以将杯形基础分为底部立方体 V_I、中部棱台体 V_{II} 和上部立方体 V_{III}。然后将三个部分体积相加后，再减去杯口的虚空体积 V_{IV}。如图 5.105 所示。

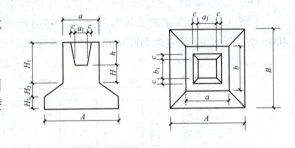

图 5.105 杯形基础计算示意图

计算公式：

$$V=ABH_3+\frac{h_2}{6}[AB+ab+(A+a)(B+b)]+abH_1-V_{杯口} \tag{5.29}$$

$$V_{杯口}=\frac{h}{6}[a_1b_1+(a_1+2c)(b_1+2c)+4c(a_1+c)(b_1+c)] \tag{5.30}$$

（4）满堂基础 即为筏形基础，亦称为筏板基础，是用板梁墙柱组合浇筑而成的基础。一般有板式（无梁式）满堂基础、梁板式（有梁式或片筏式）满堂基础和箱式满堂基础三种形式。

① 板式（无梁式）满堂基础。工程量为基础底板的实际体积，当柱有扩大部分时，扩大部分并入基础工程量中，如图 5.106 所示。

$$V=基础底板面积 \times 基础底板厚度+柱墩体积 \tag{5.31}$$

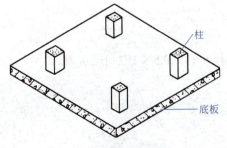

图 5.106 板式满堂基础

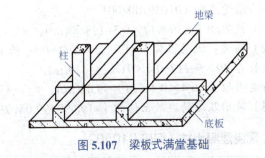

图 5.107 梁板式满堂基础

② 梁板式（有梁式或片筏式）满堂基础。工程量为梁和底板两部分体积之和，如图 5.107 所示。

$$V = 基础板面积 \times 板厚 + \sum(梁截面面积 \times 梁长) \qquad (5.32)$$

③ 箱式满堂基础。又称箱形基础，列项时需把基础的各部分拆分，其中箱式满堂基础的底板按满堂基础列项，梁、墙、板分别按所在附录内容编码列项，如图 5.108 所示。

（5）桩承台基础　桩承台是指在群桩基础上，将桩顶用钢筋混凝土平台或平板连成一个整体基础，以承受整个建筑物荷载的结构，并通过桩传递给地基。

桩承台有独立桩承台和带形桩承台两种形式，如图 5.109 所示。桩承台工程量按图示体积计算。

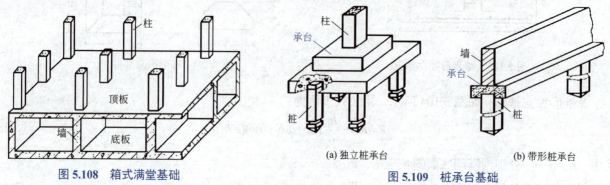

图 5.108　箱式满堂基础

(a) 独立桩承台　　　　　(b) 带形桩承台

图 5.109　桩承台基础

（6）设备基础　按设计图示尺寸以体积计算。

【例 5.30】　某混凝土筏形基础如图 5.110 所示，底板尺寸 39m×17m，板厚 300mm，板上凸梁断面 400mm×400mm，纵横间距均为 2000mm，边端各距板边 500mm，试求该筏形基础的混凝土体积。

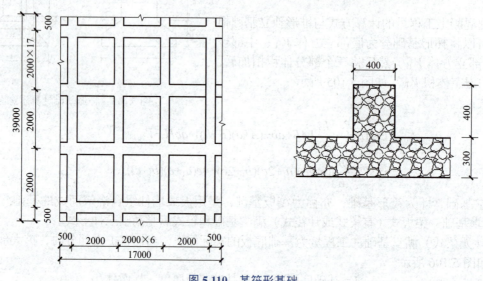

图 5.110　某筏形基础

解　满堂基础（010501004001）

（1）板体积 $V_1 = 39 \times 17 \times 0.3 = 198.90(m^3)$。

（2）凸梁：纵梁根数 $n = (17 - 0.5 \times 2)/2 + 1 = 9$（根），横梁根数 $n = (39 - 0.5 \times 2)/2 + 1 = 20$（根），

梁长 $L = 39 \times 9 + (17 - 0.4 \times 9) \times 20 = 619(m)$，

凸梁体积 $V_2 = 0.4 \times 0.4 \times 619 = 99.04(m^3)$。

（3）筏形基础的混凝土体积 $V = 198.90 + 99.04 = 297.94(m^3)$。

2. 现浇混凝土柱（编码 010502）

（1）矩形柱、异形柱　按设计图示尺寸以体积计算。

$$柱体积 = 柱截面积 \times 柱高 \qquad (5.33)$$

柱高的确定分下列几种情况：

① 有梁板的柱高（图 5.111），应自柱基上表面（或板上表面）至柱顶高度计算。

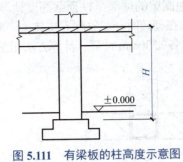

图 5.111　有梁板的柱高度示意图

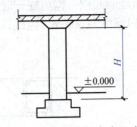

图 5.112　无梁板的柱高度示意图

② 无梁板的柱高（图 5.112）应自柱基上表面（或楼板上表面）至柱帽下表面之间的高度计算。

③ 框架柱的柱高（图 5.113）应自柱基上表面至柱顶高度计算。

④ 依附于柱上的牛腿，并入柱身体积计算。

（2）构造柱

① 构造柱按全高计算（图 5.114），与砖墙嵌接部分的体积（马牙槎）并入柱身体积内计算，如图 5.115 所示。

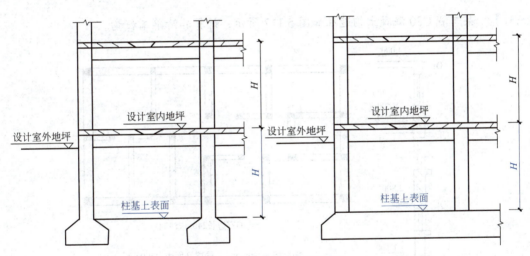

图 5.113　框架柱柱高示意图

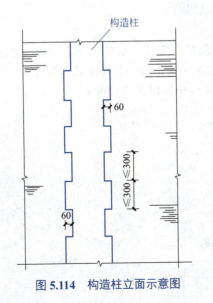

图 5.114　构造柱立面示意图

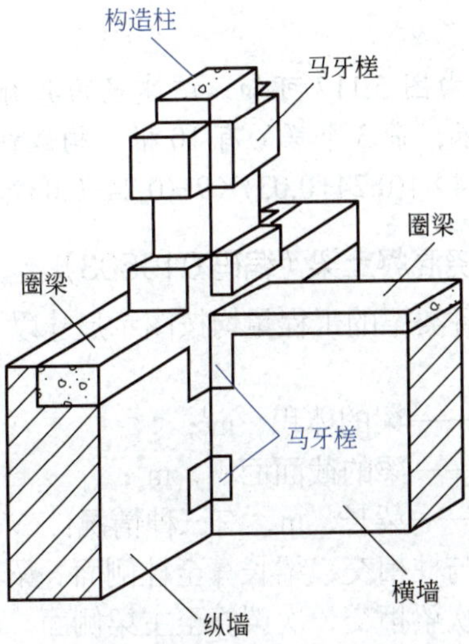

图 5.115　构造柱计算示意图

构造柱体积计算公式：

$$V = 柱的折算横截面面积 \times 柱高 \tag{5.34}$$

由于构造柱根部一般锚固在地圈梁内，因此，柱高应自地圈梁的顶部至柱顶部高度计算。

② 构造柱横截面面积：构造柱一般是先砌砖后浇混凝土。在砌砖时一般每隔五皮砖（约 300mm）两边各留一马牙槎，槎口宽度为 60mm。因此，可按基本截面宽度两边各加 30mm 计算，计算方法如图 5.116 所示。

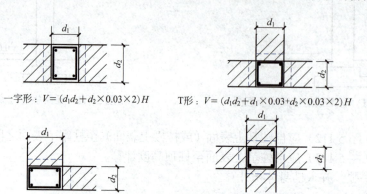

一字形：$V = (d_1 d_2 + d_2 \times 0.03 \times 2)H$

T形：$V = (d_1 d_2 + d_1 \times 0.03 + d_2 \times 0.03 \times 2)H$

L形：$V = (d_1 d_2 + d_1 \times 0.03 + d_2 \times 0.03)H$

十字形：$V = (d_1 d_2 + d_1 \times 0.03 \times 2 + d_2 \times 0.03 \times 2)H$

图 5.116　构造柱横截面面积计算示意图

【例 5.31】　某工程 C20 混凝土构造柱如图 5.117 所示，计算其清单工程量。

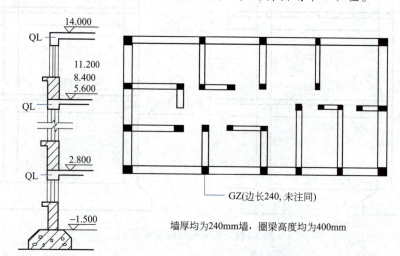

GZ（边长240，未注同）

墙厚均为240mm墙，圈梁高度均为400mm

图 5.117　某工程构造柱平面及剖面图

解　由图 5.117 可知，该建筑物共有构造柱 27 根，若考虑有马牙槎，则带 1 个槎的有 9 根；带 2 个槎的有 8 根；带 3 个槎的有 10 根。构造柱计算高度 $H = 14.0 - (-1.5) = 15.5$(m)。则构造柱工程量为：

$$V = 0.24 \times [(0.24 + 0.03) \times 9 + (0.24 + 0.03 \times 2) \times 8 + (0.24 + 0.03 \times 3) \times 10] \times 15.5 = 30.24(\text{m}^3)$$

3. 现浇混凝土梁（编码 010503）

（1）各类梁的工程量均按图示尺寸以"m^3"计算。

$$V_{梁} = LS \tag{5.35}$$

式中　$V_{梁}$——梁的体积，m^3；

　　　S——梁的截面面积，m^2；

　　　L——梁长，m，有三种情况：

① 梁与柱相交，梁长算至柱侧面。梁与柱相交，梁断柱不断。

② 主次梁相交，次梁算至主梁侧面。

③ 梁与墙相交，梁长按实长计算，梁垫体积并入梁内计算。如图 5.118 所示。

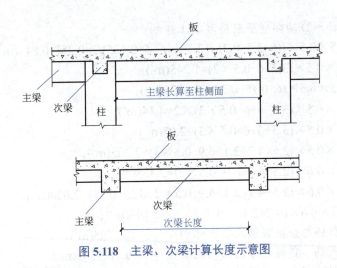

图 5.118 主梁、次梁计算长度示意图

（2）圈梁按内外墙和不同断面分别计算，圈梁长度外墙按中心线，内墙按净长线计算。且圈梁长度应扣除构造柱部分。

外墙：
$$V_{QL}=S_{QL}(L_{中}-\sum L_{GL}-\sum L_{GZ}) \tag{5.36}$$

内墙：
$$V_{QL}=S_{QL}(L_{内}-\sum L_{GL}-\sum L_{GZ}) \tag{5.37}$$

$$外墙圈梁体积 = 外墙圈梁中心线长 × 外墙圈梁断面 + 内墙圈梁净长 × 内墙圈梁断面 \tag{5.38}$$

（3）过梁长度若设计没有明确规定时，按门窗洞口外围宽度两端共加 500mm 计算，有明确规定时，按规定计算。

$$V_{GL}=S_{GL}(洞口宽度 +0.5) \tag{5.39}$$

式中　V_{GL}——过梁体积，m^3；

S_{GL}——过梁截面面积，m^2，等于过梁宽乘以过梁高度。

当圈梁与过梁连接时，分别计算圈梁、过梁的工程量，圈梁工程量计算公式：

$$V_{QL}=L_{圈梁}S_{QL}-V_{GL} \tag{5.40}$$

【例 5.32】　某办公楼一层框架梁结构平面图如图 5.119 所示，梁顶标高为 3.8m，混凝土强度等级为 C30，未标注框架柱截面尺寸为 500mm×500mm 且定位居中；图中③轴与Ⓐ轴、④轴与Ⓐ轴相交处的两个框架柱截面尺寸为 500mm×600mm 且位置已标出，框架梁截面尺寸详见图 5.119，弧形梁半径为 2500mm。根据题意，试计算一层框架梁混凝土清单工程量。

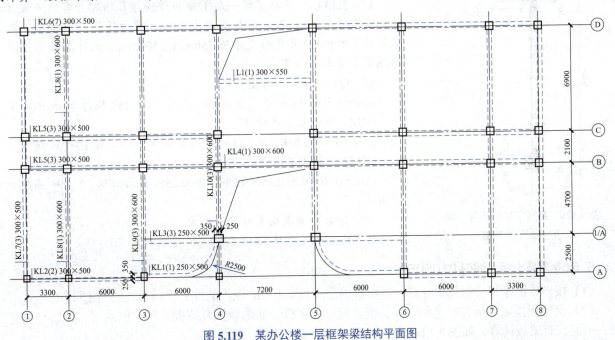

图 5.119 某办公楼一层框架梁结构平面图

解 ①轴～④轴、Ⓐ轴～Ⓓ轴部分框架梁混凝土体积：

KL1 混凝土体积 =0.25×0.5×[(6-2.5-0.25)+3.14×(2.5-0.125)/2-0.25]=0.841(m³)；

KL2 混凝土体积 =0.3×0.5×(3.3+6-0.5×2)=1.245(m³)；

KL3 混凝土体积 =0.25×0.5×(6-0.15-0.35)=0.6875(m³)；

KL5 混凝土体积 =0.3×0.5×(3.3+6+6-0.5×3)×2=4.14(m³)；

KL6 混凝土体积 =0.3×0.5×(3.3+6+6-0.5×3)=2.07(m³)；

KL7 混凝土体积 =0.3×0.5×(2.5+4.7+2.1+6.9-0.5×3)=2.205(m³)；

KL8 混凝土体积 =0.3×0.6×(2.5+4.7+6.9-0.5×2)=2.358(m³)；

KL9 混凝土体积 =0.3×0.6×(2.5+4.7+2.1+6.9-0.5×2-0.25-0.35)=2.628(m³)；

KL10 混凝土体积 =0.3×0.6×(4.7+2.1+6.9-0.5×3)=2.196(m³)；

①轴～④轴、Ⓐ轴～Ⓓ轴部分框架梁混凝土体积小计：18.3705(m³)。

同理，⑤轴～⑧轴、Ⓐ轴～Ⓓ轴部分框架梁混凝土体积为 18.3705(m³)。

④轴～⑤轴、Ⓐ轴～Ⓓ轴部分框架梁混凝土体积：

KL1 混凝土体积 =0.3×0.55×(7.2-0.3)=1.1385(m³)；

KL4 混凝土体积 =0.3×0.6×(7.2-0.5)=1.206(m³)；

KL3 混凝土体积 =0.25×0.5×(7.2-0.5)=0.8375(m³)；

KL6 混凝土体积 =0.3×0.5×(7.2-0.5)=1.005(m³)；

④轴～⑤轴、Ⓐ轴～Ⓓ轴部分框架梁混凝土体积小计：4.187(m³)。

框架梁混凝土总体积合计：40.928(m³)

4. 现浇混凝土墙（编码 010504）

现浇混凝土墙，按设计图示尺寸以体积计算。应扣除门窗洞口及单个面积大于 0.3m² 的孔洞所占体积。将墙垛及突出墙面部分并入墙体体积内。计算公式：

$$V=墙长×墙高×墙厚-0.3m²以上的门窗洞口面积×墙厚+墙垛及突出墙面部分体积 \quad (5.41)$$

式中，墙长外墙按中心线（有柱者算至柱侧）计算，内墙按净长线（有柱者算至柱侧）计算；墙高从基础上表面算至墙顶；墙厚按设计图纸确定。

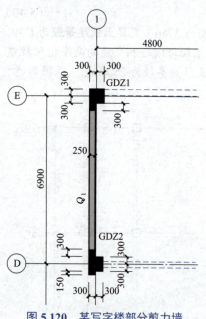

图 5.120 某写字楼部分剪力墙及柱断面示意图

【例 5.33】 某写字楼一层①轴和Ⓓ轴与Ⓔ轴部分剪力墙及柱构件断面尺寸见图 5.120。已知层高为 3.9m，剪力墙厚为 250mm，现浇板厚为 120mm，梁截面尺寸为 250mm×500mm。试计算该部分剪力墙混凝土清单工程量。

解 Q1 混凝土工程量：

V_{Q1}=(6.9-0.6-0.6)<长度>×3.9<墙高>×0.25<墙厚>=5.56(m³)

GDZ1 混凝土工程量：

V_{GDZ1}=(0.6×0.6+0.3×0.25)<截面面积>×3.9<高度>=1.70(m³)

GDZ2 混凝土工程量：

V_{GDZ2}=(0.6×0.6+0.15×0.25+0.3×0.25)<截面面积>×3.9<高度>=1.84(m³)

该部分剪力墙混凝土清单工程量：

$V_{Q1}+V_{GDZ1}+V_{GDZ2}$=5.56+1.70+1.84=9.10(m³)

5. 现浇混凝土板（编码 010505）

（1）按设计图示尺寸以体积计算，不扣除单个面积≤0.3m²以内的柱、垛以及孔洞所占体积。

（2）有梁板按梁与板体积之和计算，密肋板、井字板、肋形板按有梁板计算，但圈梁、过梁与板整浇时，不能按有梁板计算，如图 5.121 所示。

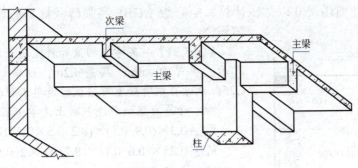

图 5.121 有梁板

$$V_{有梁板}=V_{梁}+V_{板} \tag{5.42}$$

有梁板的计算有两种方法：

① 梁按全高计算，板算至梁内侧，如图 5.122（a）所示。计算公式：

$$V=(S_{梁间板净空面积}-S_{大于0.3m^2孔洞})h_{板厚}+V_{梁} \tag{5.43}$$

② 板按全长计算，梁算至板下，如图 5.122（b）所示。计算公式：

$$V=(S_{现浇板面积}-S_{大于0.3m^2孔洞})h_{板厚}+V_{板下梁}$$

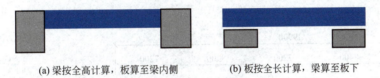

(a) 梁按全高计算，板算至梁内侧　　　(b) 板按全长计算，梁算至板下

图 5.122 有梁板计算图

（3）无梁板按板和柱帽的体积之和计算，如图 5.123 所示。

$$V_{无梁板}=V_{板}+V_{柱帽} \tag{5.44}$$

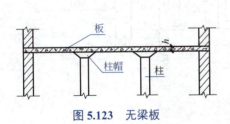

图 5.123 无梁板

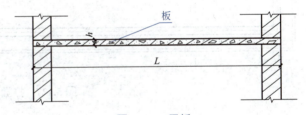

图 5.124 平板

（4）平板按板的体积计算，当板与圈梁连接时，板算至圈梁的侧面；与混凝土墙连接时，板算至混凝土墙的侧面，支撑在砖墙上的板头体积并入平板混凝土工程量内，如图 5.124 所示。

$$V_{平板} = 图示板长度 \times 图示板宽度 \times 板厚 - 大于0.3m^2孔洞的体积 \tag{5.45}$$

（5）现浇挑檐、天沟板、雨篷、阳台与板（包括屋面板、楼板）连接时，以外墙外边线为分界线；与圈梁（包括其他梁）连接时，以梁外边线为分界线，外墙边线以外为挑檐、天沟、雨篷或阳台，如图 5.125 所示。

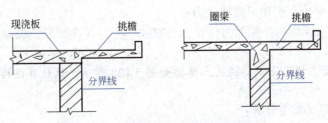

图 5.125 挑檐与墙、圈梁的分界线

115

（6）空心板按设计图示尺寸以体积计算，空心板（GBF 高强薄壁蜂巢芯板等）应扣除空心部分体积。

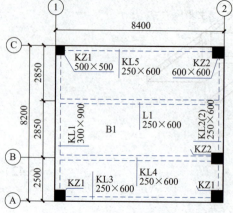

图 5.126　某资料室层高 4.2m 处
柱梁板结构施工图

【例 5.34】　某学院档案资料室现浇混凝土框架，如图 5.126 所示。板厚 100mm，层高 4.2m，柱梁板混凝土强度等级均为 C25。试计算该资料室有梁板的清单工程量。

解　计算有梁板现浇混凝土清单工程量：

$V_{KL1}=0.3\times(0.9-0.1)\times(8.2-0.5\times2)=1.728(m^3)$

$V_{KL2}=0.25\times(0.6-0.1)\times(8.2-0.6\times2-0.5)=0.8125(m^3)$

$V_{KL3}=0.25\times(0.6-0.1)\times(8.4-0.5\times2)=0.925(m^3)$

$V_{KL4}=0.25\times(0.6-0.1)\times(8.4-0.6-0.3)=0.9375(m^3)$

$V_{KL5}=0.25\times(0.6-0.1)\times(8.4-0.6-0.5)=0.9125(m^3)$

$V_{L1}=0.25\times(0.6-0.1)\times(8.4-0.3-0.25)=0.98125(m^3)$

$V_{B1}=8.4\times8.2\times0.1-0.6\times0.6\times0.1\times2-0.5\times0.5\times0.1\times3<$ 柱 $>$
$=6.741(m^3)$

合计 $V=1.728+0.8125+0.925+0.9375+0.9125+0.98125+6.741=13.04(m^3)$

【例 5.35】　某工程挑檐天沟如图 5.127 所示，计算该挑檐天沟工程量。

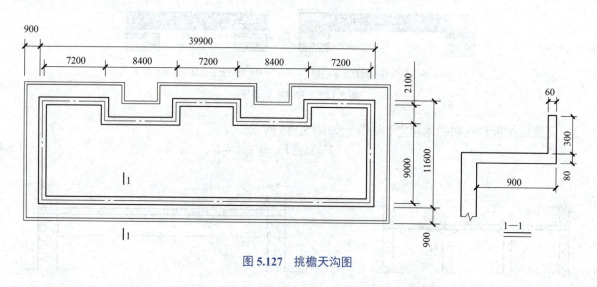

图 5.127　挑檐天沟图

解　挑檐板体积 $=\{[(39.9+11.6)\times2+2.1\times4]\times0.9+0.9\times0.9\times4\}\times0.08=8.28(m^3)$

天沟壁体积 $=\{[(39.9+11.6)\times2+2.1\times4+0.9\times8]\times0.06-0.06\times0.06\times4\}\times0.3=2.13(m^3)$

挑檐天沟工程量小计：$10.41m^3$

6. 现浇混凝土楼梯（编码 010506）

现浇混凝土楼梯按水平投影面积计算，包括休息平台、平台梁、斜梁和楼梯的连接梁。当整体楼梯与现浇楼板无梯梁连接时，以楼梯的最后一个踏步边缘加 300mm 计算。

这个规则里面有三个关键点：休息平台、平台梁、斜梁及楼梯连接梁不再单独计算；只扣除大于 500mm 的楼梯井；楼梯水平投影面积只算到墙内皮。

楼梯与楼板的划分以楼梯梁的外侧面为分界，当整体楼梯与现浇楼板无梯梁连接时，以楼梯的最后一个踏步边缘加 300mm 为界。

【例 5.36】　某办公楼工程现浇钢筋混凝土楼梯如图 5.128 所示，试计算该楼梯混凝土清单工程量（建筑物 4 层，共 3 层楼梯）。

解　该楼梯混凝土清单工程量计算：

$$S=(1.23+0.5+1.23)\times(1.23+3.0+0.20)\times3=39.34(m^2)$$

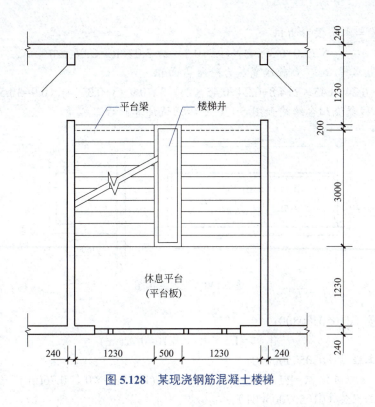

图 5.128　某现浇钢筋混凝土楼梯

7. 现浇混凝土其他构件（编码010507）

（1）散水、坡道按设计图示尺寸以面积计算。不扣除单个 $0.3m^2$ 以内的空洞所占面积；扣除坡道、台阶所占面积。计算公式：

$$S_{散水} = 散水中心线长度 \times 散水宽度 = (L_{外} - 台阶长 + 4 \times 散水宽) \times 散水宽度 \qquad (5.46)$$

式中，$L_{外}$ 为外墙外边线长。

（2）台阶：台阶的构造有实铺台阶和架空台阶两种。对实铺台阶规范规定有两种算法可选。而湖北省规定取计量单位"m^2"，即按设计图示尺寸水平投影面积计算。与台阶相连的平台按楼地面编码列项计算。架空式混凝土台阶，是指将台阶支承在梁上或地垄墙上，按现浇楼梯计算。

（3）扶手、压顶有两种算法：按"延长米"或"m^3"计算。

（4）现浇混凝土小型池槽、垫块、门框等，应按其他构件项目编码列项以"m^3"计算。

【例 5.37】　某房屋平面及台阶如图 5.129 所示，试计算其台阶和散水工程量。

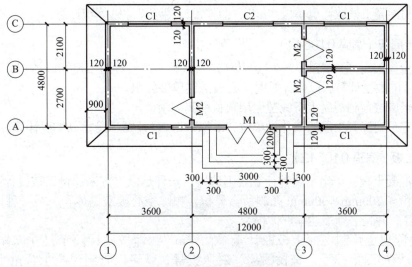

图 5.129　某房屋平面及台阶示意图

117

解 ①台阶工程量＝水平投影面积

$$S=(3.0+0.3\times4)\times(1.2+0.3\times2)-3.0\times1.2=3.96(m^2)$$

②散水工程量＝散水中心线×散水宽－台阶所占面积

$$S=(12+0.24+0.45\times2+4.8+0.24+0.45\times2)\times2\times0.9-(3+0.3\times4)\times0.9=30.56(m^2)$$

【例 5.38】 某工程现浇阳台结构如图 5.130 所示，试计算阳台工程量。

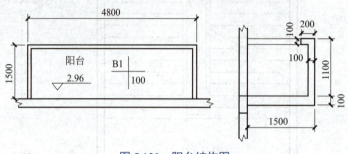

图 5.130 阳台结构图

解 ①阳台工程量（010505008001）

$$体积 =1.5\times4.8\times0.10=0.72(m^3)$$

②现浇阳台栏板工程量（010505006001）

$$栏板体积 =[(1.5\times2+4.8)-0.1\times2]\times(1.1-0.1)\times0.1=0.76(m^3)$$

③现浇阳台扶手工程量（010507005001）

$$阳台扶手长度 =1.5\times2+4.8-0.2\times2=7.4(m)$$

8. 后浇带（编码 010508）

包括满堂基础、梁、墙、板后浇带，按设计图示尺寸以体积计算。

9. 预制混凝土柱（编码 010509）

清单规则关于预制混凝土柱，给出了两种算法选择，一种是按设计图示尺寸以体积计算；另一种是按设计图示尺寸以数量计算。以根计量时，必须描述单件体积。

湖北省规定预制混凝土柱取计量单位"m^3"，即按设计图示尺寸以体积计算。

10. 预制混凝土梁（编码 010510）

关于预制混凝土梁，给出了两种算法选择，一种是按设计图示尺寸以体积计算；另一种是按设计图示尺寸以数量计算。以根计量时，必须描述单件体积。

湖北省规定预制混凝土梁取计量单位"m^3"，即按设计图示尺寸以体积计算。

11. 预制混凝土屋架（编码 010511）

（1）预制混凝土屋架有两种算法，一种是以立方米计量，按设计图示尺寸以体积计算；一种是以榀计量，按设计图示尺寸的数量计算。以榀计量时，必须描述单件体积。

（2）三角形屋架应按预制混凝土折线型屋架项目编码列项。

（3）湖北省规定预制混凝土屋架取计量单位"m^3"，即按设计图示尺寸以体积计算。

12. 预制混凝土板（编码 010512）

（1）关于预制混凝土板，给出了两种计算规则选择，一种是以立方米计量，按设计图示尺寸以体积计算，不扣除单个面积≤ 300mm×300mm 孔洞所占体积，扣除空心板空洞体积；另一种以块计量，按设计图示尺寸以数量计算，并且必须描述单件体积。

（2）湖北省地区规定预制混凝土板取计量单位"m^3"，即按设计图示尺寸以体积计算。若图纸上标明了预制空心板的图集标号，查找图集，对照板号，就可以查到混凝土含量（体积）及钢筋含量（kg）。

【例 5.39】　某工程预制板结构示意图如图 5.131 所示。试计算预制空心板清单工程量。

解　空心板清单工程量按体积计算。

$$V=[(0.46+0.49)\times 0.12/2-\pi\times(0.076/2)^2\times 5]\times 3.6=0.12(\text{m}^3)$$

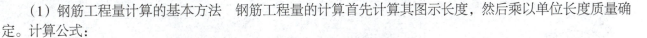

A—A剖面图

13. 预制混凝土楼梯（编码 010513）

预制混凝土楼梯以段计量，其他预制构件以块、根计量时，都必须描述单件体积。

湖北省规定预制混凝土楼梯取一项计量单位"m³"，即按设计图示尺寸以体积计算。

图 5.131　预制空心板示意图

14. 其他预制构件（编码 010514）

其他预制构件以块、根计量时，都必须描述单件体积。

15. 钢筋工程（编码 010515）

（1）钢筋工程量计算的基本方法　钢筋工程量的计算首先计算其图示长度，然后乘以单位长度质量确定。计算公式：

$$\text{钢筋质量} = \text{钢筋计算长度} \times \text{钢筋单位理论质量} \tag{5.47}$$

钢筋单位理论质量可根据式（5.48）计算确定，或查"计量规范"相关表确定。

$$G=0.006165d^2 \quad \text{或} \quad G=0.00617d^2 \tag{5.48}$$

式中，d 为钢筋直径，代入公式时，单位为 mm。

在计算纵向钢筋图示长度时，需要考虑以下参数：

① 混凝土保护层厚度。根据最新的《混凝土结构设计规范》（2015 年版）（GB 50010—2010），混凝土保护层是结构构件中钢筋外边缘至构件表面范围用于保护钢筋的混凝土。构件中最外层钢筋的保护层厚度应符合规范的规定。

② 弯起钢筋增加长度。弯起钢筋的弯曲度数有 30°、45°、60°，如图 5.132 所示。弯起钢筋增加的长度为 $s-l$，不同弯起角度的增加值可查表获取。

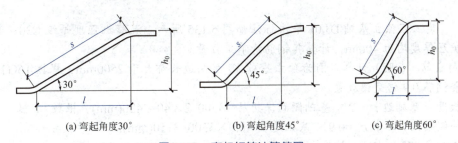

(a) 弯起角度30°　　　(b) 弯起角度45°　　　(c) 弯起角度60°

图 5.132　弯起钢筋计算简图

③ 钢筋弯钩增加长度。钢筋的弯钩主要有半圆弯钩（180°）、直弯钩（90°）和斜弯钩（135°），如图 5.133。半圆弯钩增加长度为 $6.25d$，直弯钩增加长度为 $3.5d$，斜弯钩增加长度为 $4.9d$。

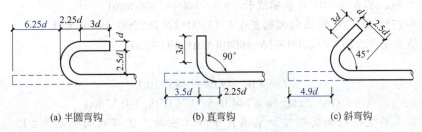

(a) 半圆弯钩　　　(b) 直弯钩　　　(c) 斜弯钩

图 5.133　钢筋弯钩计算简图

④ 钢筋的锚固长度。为便于钢筋工程量计算，钢筋的锚固长度可以通过查表确定，16G101 系列图集

也给出受拉钢筋锚固长度及受拉钢筋抗震锚固长度。

⑤纵向受拉钢筋的搭接长度。可以通过查表确定，16G101系列图集给出了纵向受拉钢筋搭接长度。

⑥箍筋长度的计算。箍筋是为了固定主筋位置和组成钢筋骨架而设置的一种钢筋。计算长度时，要考虑混凝土保护层、箍筋的形式、箍筋的根数和箍筋单根长度。以双肢箍筋为例说明箍筋长度的计算，如图5.134所示。

$$箍筋单根长度 = 构件截面周长 - 8 \times 保护层厚 - 4 \times 箍筋直径 + 2 \times 弯钩增加长度 \tag{5.49}$$

$$拉筋单根长度 = 构件宽度 - 2 \times 保护层厚 + 2 \times 弯钩增加长度 \tag{5.50}$$

根据《混凝土结构工程施工规范》（GB 50666—2011）的规定，箍筋斜弯钩增加长度为$1.9d + \max(10d, 75mm)$。

$$箍筋根数 = 箍筋分布长度 / 箍筋间距 + 1 \tag{5.51}$$

钢筋工程量计算时除了要依据平法施工图外，还要参考平法图集中的标准构造详图，这样才能正确计算钢筋图示长度，然后再确定其质量。

（2）钢筋工程清单工程量计算规则及应用案例　以典型构件基础、柱、框架梁、板为例，具体说明平法施工图钢筋工程量长度的计算方法。

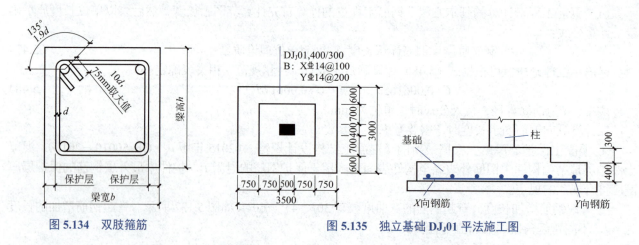

图5.134　双肢箍筋　　　　图5.135　独立基础DJ₁01平法施工图

【例5.40】 某工程独立基础DJ₁01平法标注如图5.135所示。混凝土强度等级C30，独立基础底面、顶面、侧面保护层厚度均为40mm，计算其钢筋清单工程量。

解 ①X向底筋（带肋）计算。因为独立基础X、Y向边长都大于2500mm，根据16G101规定，外侧钢筋除外，其余钢筋0.9倍交错放置。

外侧钢筋长度 = 基础边长 - 2 × 基础侧面保护层 = 3500 - 2 × 40 = 3420(mm)，根数 = 2根。

其余钢筋一侧缩短，其长度 = 0.9 × 基础边长 = 0.9 × 3500 = 3150(mm)。

根数 = [y - 2 × min(75, s/2)]/s(结果向上取整) - 1 = (3000 - 2 × 50)/100 - 1 = 28(根)。

小计：X向底筋长度 = 3420 × 2 + 3150 × 28 = 95040(mm) = 95.04(m)。

②Y向底筋（带肋）计算。

外侧钢筋长度 = y - 2c = 3000 - 2 × 40 = 2920(mm)，根数 = 2根。

其余钢筋一侧缩短，其长度 = 0.9 × 基础边长 = 0.9 × 3000 = 2700(mm)。

根数 = [x - 2 × min(75, s/2)]/s(结果向上取整) - 1 = (3500 - 2 × 75)/200 - 1 = 16(根)。

小计：Y向底筋长度 = 2920 × 2 + 2700 × 16 = 49040(mm) = 49.04(m)。

③底筋汇总。

$$L = 95.04 + 49.04 = 144.08(m)$$
$$G = 1.208kg/m \times 144.08m = 174.05(kg) = 0.174(t)$$

二维码5.7

【例5.41】 某三层框架结构实训楼，采用柱下独立基础，底部双向配筋为Φ12@150，基础钢筋保护层为40mm。各层层高均为3.6m，楼面板及屋面板板厚均为120mm，屋顶板面标高为10.80m。与框架柱KZ1（角柱）相连接的楼屋面框架梁，截面尺寸均为300mm×650mm，框架柱KZ1的截面尺寸为600mm×600mm，内配12Φ22、箍筋Φ8@100/200。其KZ1构造形式如图5.136所示，按照施工方案，柱纵筋采用电渣压力焊连接，试计算 KZ1（角柱）的钢筋清单工程量（已知所有钢筋混凝土构件均为 C30，抗震等级为二级，柱梁混凝土保护层厚度为 20mm，柱插筋保护层厚度＞5d）。

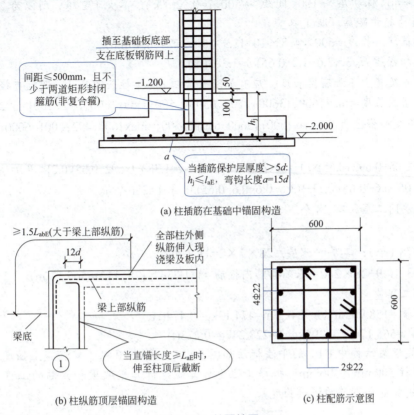

图 5.136　柱配筋图

解　（1）纵筋计算

① 柱纵筋在基础内的锚固长度。

弯折长度取值判断：首先直径为 22mm，二级抗震，C30 混凝土，所以直接查表（16G101-1 图集）可知锚固长度为 L_{aE}=33d=33×22=726(mm) ＜ 800mm（基础厚度 2.0m-1.2m）。由于 726mm 小于基础厚度 800mm，基础高度满足直锚。柱插筋伸入基础内长度＝基础高度-基础底筋保护层厚度-2×基础钢筋直径 ＝ 0.8-0.04-2×0.012=0.736(m)。

已知柱插筋保护层厚度大于 5d；弯折长度 a 应取 max(6d，150)=150(mm)。则柱纵筋在基础内的锚固长度 =0.736+0.15=0.886(m)。

② 柱外侧纵筋顶部锚固长度 =1.5L_{abE}=1.5×33×0.022=1.089(m)。

柱内侧纵筋从梁底伸至柱顶长度 = 梁高 - 保护层厚度 =0.65-0.02=0.63m ＜ L_{aE}=33×0.022=0.726(m)。

柱内侧纵筋在柱顶的锚固长度 = 柱内侧纵筋从梁底伸至柱顶长度 +12d=0.63+12×0.022=0.894(m)。

③ 每根柱纵筋长度= 基础顶面至屋面框架梁底的距离 + 柱顶锚固长度 + 基础内锚固长度

a. 柱外侧纵筋长度=[(10.8+1.2-0.65)+1.089+0.886]m/ 根×7 根 =93.275(m)；

b. 柱内侧纵筋长度=[(10.8+1.2-0.65)+0.894+0.886]m/ 根×5 根 =65.65(m)；

柱纵筋总长度=93.275+65.65=158.925(m)。

（2）箍筋（Φ8@100/200）

① 每根外箍长度 =(B+H)×2-8× 保护层 +2×1.9d+2×max(10d，75mm)=(0.6+0.6)×2-8×0.02+2×1.9×0.008+2×10×0.008=2.43(m)。

② 每根内箍长度 ={[(B-2× 保护层 -2d-D)/(边宽方向第一排纵筋根数 -1)]+D+2d}×2+(H-2× 保护层)×2+2×1.9d+2×max(10d，75mm)=[(0.6-2×0.02-2×0.008-0.022)×1/3+0.022+2×0.008]×2+(0.6-2×0.02)×2+2×1.9×0.008+2×10×0.008=1.734(m)。

③箍筋数量，箍筋设置有加密区和非加密区。

根据本例已知纵筋外（不含弯折段）混凝土厚度>5d，箍筋间距≤500mm且不少于2根。

(800<基础厚>-40<保护层>-100<间距>)/500-1=0.32(根)，不少于2根，所以为2根。

注意：100mm为起步距离。减1取整。

箍筋为非复合箍筋，长度=600×4-8×20+11.9×8×2=2430.4(mm)。

本例底层柱根加密≥$H_n/3$=(3.6+1.2-0.65)/3=1.383(m)。

其他层梁柱节点及其上下加密区长度，应有加密长度≥max{柱长边尺寸（圆柱直径），$H_n/6$，500}。

首层柱上端加密区长度=max{600,(3600+1200-650)/6,500}=max{600,692,500}=692(mm)=0.692(m)。

2～3层柱上下端加密区长度=max{600,(3600-650)/6,500}=max{600,492,500}=600(mm)=0.6(m)。

则外箍个数：

首层：[(1.383-0.05+0.692+0.65)/0.1]<加密区>+[(3.6+1.2-1.383-0.692-0.65)/0.2]<非加密区>+1=39(个)。

二层：[(0.6-0.05+0.6+0.65)/0.1]+[(3.6-0.6-0.6-0.65)/0.2]+1=28(个)。

三层：计算方法同二层，有28个。

内箍个数：

首层：39×2=78（个）；二层～三层：28×2×2=112(个)。

箍筋长度=2.43×(39+28×2+2<基础插筋内箍筋>)+1.734×(78+112)=565.17(m)。

（3）计算钢筋工程量

Φ22钢筋工程量=158.905m×2.984kg/m=474.17kg=0.474(t)；

Φ8钢筋工程量=565.17m×0.395kg/m=223.24kg=0.223(t)

【例5.42】 某框架结构中KL2的平法标注如图5.137，共计20根。其混凝土强度等级为C30，抗震等级为一级，框架柱500mm×500mm。根据工程量计算规范计算框架梁和钢筋的工程量（保护层厚度按25mm计算，不考虑拉筋和钢筋的搭接长度）。

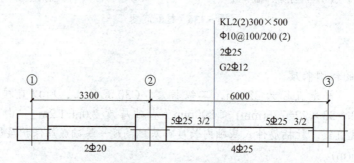

图5.137 KL2配筋图

解 矩形梁（010503002001）

清单工程量 V=0.3×0.5×(3.3-0.5+6.0-0.5)×20=24.90(m³)

1.现浇构件钢筋Φ25（010515001001）

（1）上部通长筋 20×2Φ25

查16G101-1图集，锚固长度L_{aE}=33d=33×25=825(mm)>h_c-c=500-25=475(mm)，弯锚。

锚固长度=max(0.4L_{aE}，h_c-c)+15d max(0.4×33×25，500-25+15×25=850(mm)

上部通长筋长度=净长+锚固长×2=(3300+6000-500+850×2)×2×20=420000(mm)

（2）第一排支座负筋 20×1Φ25

第二跨第一排左支座负筋：净跨/3+左锚固长=[(6000-500)/3+850]×20=53666.67(mm)

第二跨第一排右支座负筋：净跨/3+右锚固长=[(6000-500)/3+850]×20=53666.67(mm)

（3）第二排支座负筋 20×2Φ25

第二跨第二排左支座负筋：净跨/4+左锚固长=[(6000-500)/4+850]×2×20=89000(mm)

第二跨第二排右支座负筋：[(6000-500)/4+850]×2×20=89000(mm)

（4）下部非通长筋 20×4Φ25

第二跨下部非通长筋：净跨＋左直锚 max($0.4L_{ae}$，$0.5h_c+5d$)+右弯锚 =(6000-500+375+850)×4×20=538000(mm)

长度合计：1243333.34mm

质量：3.85×1243333.34/1000=4786.83(kg)=4.787(t)

2. 现浇构件钢筋Φ20（010515001002）

第一跨下部非通长筋 20×2Φ20：

左支座锚固 =max($0.4L_{aE}$，$0.5h_c+5d$)+15d=max(0.4×33×20，0.5×500+5×20)+15×20=650(mm)

右支座锚固 =33d=33×20=660(mm)

长度 =[650+(3300-500)+660]×2×20=164400(mm)

质量：2.466×164400/1000=405.41(kg)=0.405(t)

3. 现浇构件钢筋Φ12（010515001003）

侧面构造筋 20×G2Φ12，锚固长15d：

[(3300+6000-500)+15×12×2]×2×20=366400(mm)

质量：0.888×366400/1000=325.36(kg)=0.325(t)

4. 现浇构件钢筋（Φ10 箍筋）（010515001004）

（1）单根长：

(300+500)×2-8×25+[1.9×10+max(10×10，75)]×2=1638(mm)

（2）箍筋根数：

一级抗震，加密区 =max($2h_b$，500)=2×500=1000(mm)

第一跨，左加密区：n=(1000-50)/100+1=11(根)

右加密区为 11 根，非加密区 n=(3300-500-1000×2)/200-1=3(根)，合计 25 根。

第二跨，左加密区：n=(1000-50)/100+1=11(根)

右加密区为 11 根，非加密区 n=(6000-500-1000×2)/200-1=17(根)，合计 39 根。

总根数：25+39=64(根)

总长度：1638×64=104832(mm)

质量：0.617×104832/1000=64.681(kg)=0.065(t)

【例5.43】 某实训楼标准层的结构平面图如图 5.138 所示。已知框架梁的截面尺寸为 250mm×600mm，柱截面 300mm×300mm，梁板的混凝土强度等级为 C30，板厚为 120mm，在室内干燥环境中使用。试计算有梁板钢筋清单工程量（板中未注明分布钢筋按Φ6@250计算）。

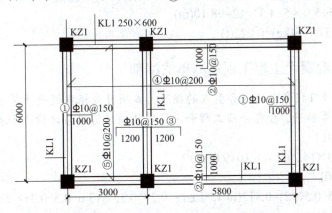

图 5.138 某实训楼标准层的结构平面图

解 查 16G101-1，可得保护层厚参数，计算条件为，在一类环境下钢筋的保护层厚度，梁 20mm，板 15mm。图中①②③号筋为负筋，④⑤为底筋。钢筋总长度＝单根钢筋长度×根数

1. 底筋

（1）④号筋Φ10@200—X方向受力筋（底筋）

④号筋单根长度＝梁侧至梁侧净长 L_n＋锚固 2×max(5d,支座宽B/2)=3.0+5.8-0.125×2+2×max(5×0.01，0.25/2)=8.8(m)

④号筋根数 =[净跨 − 起步距离 (2×板筋间距 /2)]/ 板筋间距 =(6-0.125×2-0.2)/0.2+1=29(根)

（2）⑤号筋Φ10@200，Y 方向受力筋（底筋）

⑤号筋单根长度 =(6.0-0.125×2)+2×max(5×0.01，0.25/2)=6.0(m)

⑤号筋根数 =[(3.0-0.125×2)< 净跨 >-0.2< 板筋间距 >]< 第一跨净跨 >/0.2+1+[(5.8-0.125×2)-0.2< 板筋间距 >]< 第二跨净跨 >/0.2+1=14+28=42(根)

2. 端支座负弯矩筋

端支座负弯矩筋应判断锚固方式，确定锚固长度，确定锚固值。

16G101 图集查到 L_a=29d=29×10=290(mm) > 250mm（支座梁宽），需弯锚。

其弯锚长度 = 梁宽 − 保护层 +15d=250-20+15×10=380(mm)

（1）①号负筋Φ10@150

①号负筋长度 =1000+380+(120-15)=1485(mm)

①号负筋根数 =(净跨 − 板筋间距 /2)/ 板筋间距 +1=(6000-300-150)/150+1=38(根)

①号筋分布筋长度 =6000-2000< 两端 2 号负筋的标注水平长 >+150×2< 分布筋与负筋搭接 150>= 4300(mm)

①号筋分布筋的根数 =(1000-50)/250+1=5(根)

（2）②号负筋Φ10@150

②号负筋长度 = ①号负筋长度 =1485(mm)

②号负筋根数 =5800-300-150/150+1=37(根)

②号筋分布筋长度 =3000-1000-1200+150×2+5800-1000-1200+150×2=5000(mm)

②号筋分布筋根数 = ①号筋分布筋根数 =5(根)

3. 中间支座负弯矩筋Φ10@150

③号负筋长度 =1200+1200+(120-15)×2=2610(mm)

③号负筋根数 = ①号负筋根数 =38(根)

③号筋分布筋长度 = ①号负筋长度 =4300(mm)

③号筋分布筋根数 =[(1200-125-50< 起步距离 >)/250+1]×2=10(根)

4. 钢筋汇总

Φ10 长度合计：8.8×29+6.0×42+1.485×38×2< 轴数 >+1.485×37×2< 轴数 >+2.61×38=255.2+252+112.86+ 109.89+99.18=829.13(m)

质量：0.617×829.13=511.57(kg)=0.512(t)

Φ6 长度合计：4.3×5+5.0×5+4.3×12=98.10(m)

质量：0.222×98.10=21.778(kg)=0.022(t)

三、混凝土及钢筋混凝土工程工程量清单的编制

任务解析 根据本项目任务七的任务引入的描述，本项目应根据规范清单项目划分和设计图纸要求，分别列项。清单工程量计算如下，分部分项工程和单价措施项目清单与计价表如表5.11所示。

异形柱（010502003001）

V=(0.2×0.6+0.4×0.2)×(4.2+0.3)×10=9.00(m³)

矩形梁 （010503002001）

KL2：0.2×0.45×(4.5-0.5×2)=0.315(m³)，LL1：0.2×0.35×(3.6-0.5-0.3)×2=0.392(m³)

合计：0.315+0.392=0.71(m³)

有梁板（010505001001）

板厚100mm：0.1×[(3.9+0.2)×(4.5+4.2+0.2)]=3.65(m³)，板厚120mm：0.12×[(4.2-0.1)×(4.5+0.2)]= 2.31(m³)

KL1：0.2×(0.45-0.1)×(4.5+4.2-0.6-0.5×2)×2=0.99(m³)，KL2：0.2×0.45×(4.5-0.5×2)=0.32(m³)

LL1：0.2×(0.35-0.1)×(3.9-0.5-0.3)+0.2×(0.35-0.12)×(4.2-0.3-0.3)+0.2×(0.35-0.1)×(3.9-0.5-0.5)+0.2×(0.35-0.12)×(4.2-0.1-0.3)=0.64(m³)

LL2：$0.2 \times (0.35-0.1) \times (3.9-0.5 \times 2)=0.15(m^3)$

合计：$3.65+2.31+0.99+0.32+0.64+0.15=8.06(m^3)$

空心板（010512002001），可查空心板图集，可知 YKB3661 和 YKB3651 每块板的体积分别为 0.1592m³/块、0.1342m³/块，则 $6 \times 0.1592+1 \times 0.1342=1.09(m^3)$

表 5.11 分部分项工程和单价措施项目清单与计价表

序号	项目编码	项目名称	项目特征	计量单位	工程数量
1	010502003001	异形柱	1. 柱形状：L 形、T 形； 2. 混凝土种类：现场搅拌混凝土； 3. 混凝土强度等级：C20	m³	9.00
2	010503002001	矩形梁	1. 混凝土种类：现场搅拌混凝土； 2. 混凝土强度等级：C20	m³	0.71
3	010505001001	有梁板	1. 混凝土种类：现场搅拌混凝土； 2. 混凝土强度等级：C20	m³	8.06
4	010512002001	空心板	1. 图代号：YKB3661、YKB3651； 2. 单件体积：YKB3661 为 0.1592m³/块、YKB3651 为 0.1342 m³/块； 3. 安装高度：4.2m； 4. 混凝土强度等级：C30	m³	1.09

任务八 ▶ 金属结构工程计量

 任务引入

背景材料：某钢结构厂房的柱间支撑如图 5.139 所示，钢材品种为 Q235 并刷一遍防锈漆，采用焊接连接。该剪刀撑由施工单位附属钢结构加工厂制作，并安装就位。

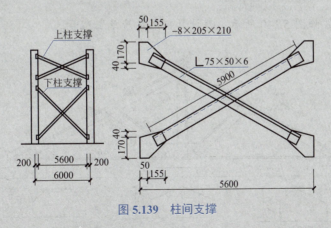

图 5.139 柱间支撑

要求：编制该金属结构工程的工程量清单。

一、清单项目

金属结构工程包括钢网架、钢屋架、钢桁架、钢柱、钢梁、钢楼板及钢构件七个分项工程。清单项目表请扫二维码 5.8 查看。

二维码 5.8

1. 钢柱（编码 010603）清单项目的有关说明

① 实腹钢柱是指具有实腹式断面的柱，类型指十字形、T 形、L 形、H 形等。

② 空腹钢柱类型指箱形、格构式等。

③ 型钢混凝土柱浇筑钢筋混凝土，其混凝土和钢筋应按"计量规范"附录 E 混凝土及钢筋混凝土工程中相关项目编码列项。

2. 钢梁（编码 010604）清单项目的有关说明

① 梁类型指 H 形、L 形、T 形、箱形、格构式等。

② 型钢混凝土梁浇筑钢筋混凝土，其混凝土和钢筋应按"计量规范"附录 E 混凝土及钢筋混凝土工程中相关项目编码列项。

3. 钢楼板、墙板（编码 010605）清单项目的有关说明

① 钢楼板上浇筑钢筋混凝土，其混凝土和钢筋应按"计量规范"附录 E 混凝土及钢筋混凝土工程中相关项目编码列项。

② 压型钢楼板按"计量规范"表中钢楼板项目编码列项。

4. 钢构件（编码 010606）清单项目的有关说明

① 钢墙架项目包括墙架柱、墙架梁和连接杆件。

② 钢支撑、钢拉条类型指单式、复式；钢檩条类型指型钢式、格构式；钢漏斗形式指方形、圆形；天沟形式指矩形沟或半圆形沟。

③ 加工铁件等小型构件，按"计量规范"表中零星钢构件项目编码列项。

二、清单工程量的计算

1. 钢屋架

计算规则：有两种计算方法。以榀计量，按设计图示数量计算；以"t"计量，按设计图示尺寸以质量计算。不扣除孔眼的质量，焊条、铆钉、螺栓等不另增加质量。

湖北省相关文件规定：钢屋架以吨计量。

【例 5.44】 厂房屋架如图 5.140 所示，试计算钢屋架清单工程量。

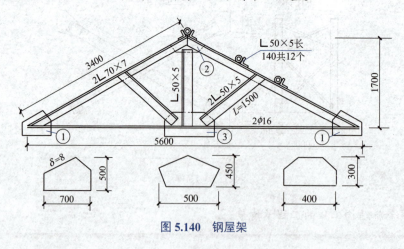

图 5.140 钢屋架

解 钢屋架清单工程量清单工程量为 1 榀，或按设计图示尺寸以质量计算。不扣除孔眼的质量，焊条、铆钉、螺栓等不另增加质量。

上弦∟70×7 重量 =3.40×2×2×7.398=100.61(kg)；下弦重量 2φ16=5.60×2×1.58=17.70(kg)

立杆重量∟50×5=1.70×3.77=6.41(kg)；斜撑∟50×5 重量 =1.50×2×2×3.77=22.62(kg)

①号 δ=8 连接板重量 =0.7×0.5×2×62.80=43.96(kg)

②号连接板重量 =0.5×0.45×<u>62.80</u>=14.13(kg)

③号连接板重量 =0.4×0.3×<u>62.80</u>=7.54(kg)

檩托∟50×5 重量 =0.14×12×<u>3.77</u>=6.33(kg)

屋架工程量 =100.61+17.70+6.41+22.62+43.96+14.13+7.54+6.33=219.30(kg)=0.219(t)

注：下划线的数据是查钢材单位理论质量表得到的。

二维码 5.9

2.实腹钢柱

计算规则：按设计图示尺寸以质量计算工程量。不扣除孔眼的质量，焊条、铆钉、螺栓等不另增加质量，依附在钢柱上的牛腿及悬臂梁等并入钢柱工程量内。

$$实腹钢柱重量 = 柱高 × 每米重量 \qquad (5.52)$$

【例 5.45】 某工程 H 形钢长度为 9.56m，规格为 400mm×300mm×10mm× 16mm，具体尺寸如图 5.141 所示，求其清单工程量。

解 查钢材单位理论质量表知：16mm 厚钢板的理论质量是 125.6kg/m²，10mm 厚钢板的理论质量是 78.5kg/m²。

腹板重量：78.5×(0.4-0.032)×9.56=276.17(kg)≈0.276(t)

翼缘板重量：2×125.6×0.3×9.56=720.44(kg)≈0.720(t)

H 形钢工程量合计：0.276+0.720=0.996(t)

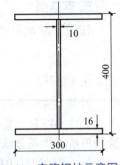

图 5.141 实腹钢柱示意图

3.空腹钢柱

按设计图示尺寸以质量计算工程量。不扣除孔眼的质量，焊条、铆钉、螺栓等不另增加质量，依附在钢柱上的牛腿及悬臂梁等并入钢柱工程量内。

【例 5.46】 某厂房工程空腹钢柱如图 5.142 所示，共 2 根，加工厂制作，运输到现场进行拼装、安装、超声波探伤，耐火极限为二级。计算该空腹钢柱清单工程量。

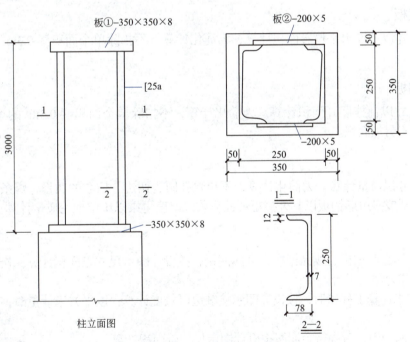

图 5.142 空腹钢柱示意图

解 板① -350mm×350mm×8mm 钢板的工程量：查表知，8mm 厚钢板的理论质量是 62.8kg/m²，则 62.8×0.35×0.35×2×2=30.772(kg)≈0.031(t)

板② -200×5 钢板的工程量：查表知，5mm 厚钢板的理论质量是 39.2kg/m²，则 39.2×0.2×(3-0.008×2)×2×2=93.578(kg)≈0.094(t)

[25a 的工程量，查表知，[25a 的理论质量是 27.4kg/m，则

$27.4 \times (3-0.008 \times 2) \times 2 \times 2 = 327.046(kg) \approx 0.327(t)$

空腹柱的清单工程量 $= 0.031 + 0.094 + 0.327 = 0.452(t)$

4. 钢梁

按设计图示尺寸以质量计算工程量。梁类型指 H 形、L 形、T 形、箱形、格构式等。

$$钢梁重量 = 梁长度 \times 每米重量 \qquad (5.53)$$

5. 钢檩条

按设计图示尺寸以质量计算工程量。钢檩条类型指型钢式、格构式。

$$钢檩条重量 = 钢檩条长度 \times 每米重量 \qquad (5.54)$$

6. 钢护栏

计算规则：按设计图示尺寸以质量计算，不扣除孔眼的质量，焊条、铆钉、螺栓等不另增加质量。

【例 5.47】 某操作平台栏板如图 5.143 所示，其展开长度 4.8m，扶手∟50×4 角钢，横衬用 -50×4 扁钢，竖杆用 $\phi16$ 钢筋每隔 250mm 一道，竖杆长 1m，计算栏杆清单工程量。

解 钢护栏（010606009）

∟50×4 扶手，线密度 3.05kg/m，

角钢重 $= 4.8 \times 3.05 = 14.64(kg) = 0.015(t)$

-50×4 横衬，线密度 1.57kg/m，

扁钢重 $= 4.8 \times 1.57 = 7.536(kg) = 0.008(t)$

$\phi16$ 竖杆，根数 $= 4.8/0.25 + 1 = 21(根)$，

竖杆重 $= 21 \times 0.00617 \times 16^2 = 33.17(kg) = 0.033(t)$

因此栏杆工程量 $= 0.015 + 0.008 + 0.033 = 0.056(t)$

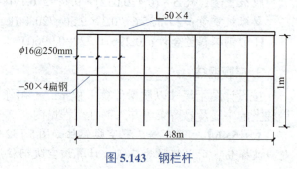

图 5.143 钢栏杆

7. 压型钢板楼板

按设计图示尺寸以铺设水平投影面积计算，为简化计算，不扣除单个面积 $\leq 0.3\text{m}^2$ 柱、垛及孔洞所占面积。

8. 压型钢板墙板

按设计图示尺寸以铺挂展开面积计算。为简化计算，不扣除单个面积 $\leq 0.3\text{m}^2$ 的梁、孔洞所占面积，包角、窗台泛水等不另加面积。

9. 钢构件

按设计图示尺寸以质量计算。为简化计算，不扣除孔眼、切边、切肢的质量，焊条、铆钉、螺栓等不另增加质量，不规则或多边形钢板以其外接矩形面积乘以厚度再乘以单位理论质量计算。

10. 金属制品

① 成品空调金属百叶护栏、成品栅栏、金属网栏，按设计图示尺寸以面积计算。楼层平台，即与楼层板标高齐平的平台称为楼层平台。

② 成品雨篷以米计量工程量时，按设计图示接触边以长度计算；以平方米计量时，按设计图示尺寸以展开面积计算。

③ 砌块墙钢丝网加固、后浇带金属网按设计图示尺寸以面积计算。

三、金属结构工程的工程量清单编制

任务解析 根据本项目任务八的任务引入的描述，该金属结构工程的工程量清单解析过程如下。

钢支撑（010606001001）

角钢每米重量 $= 0.00795\text{kg/m}^3 \times 厚度 \times (长边 + 短边 - 厚度) = 0.00795 \times 6 \times (75+50-6) = 5.68(\text{kg/m})$，或查金属理论计算表得出。

钢板单位理论重量 $=7.85 \times 8 = 62.8(\text{kg/m}^2)$

钢支撑的工程量：

（1）角钢工程量 $=5.9 \times 2 \times 5.68 = 67.02(\text{kg})$；

（2）钢板工程量 $=0.205 \times 0.21 \times 4 \times 62.8 = 10.81(\text{kg})$

柱间支撑制作工程量 $=67.02 + 10.81 = 77.83(\text{kg}) = 0.078(\text{t})$

分部分项工程和单价措施项目清单与计价表如表 5.12 所示。

表 5.12　分部分项工程和单价措施项目清单与计价表

序号	项目编码	项目名称	项目特征描述	计量单位	工程数量
1	010606001001	钢支撑	1. 钢材品种、规格：Q235 型钢； 2. 构件类型：柱间钢支撑； 3. 安装高度：5.45m； 4. 螺栓种类：8.8 级摩擦型、抗剪型螺栓； 5. 探伤要求：焊缝探伤； 6. 防火要求：防火等级二级	t	0.078

任务九 ▶ 木结构工程计量

任务引入

背景材料：某建筑物木屋架如图 5.144 所示。

要求：试计算木屋架清单工程量，并填入清单工程量计算表、分部分项工程和单价措施项目清单与计价表。

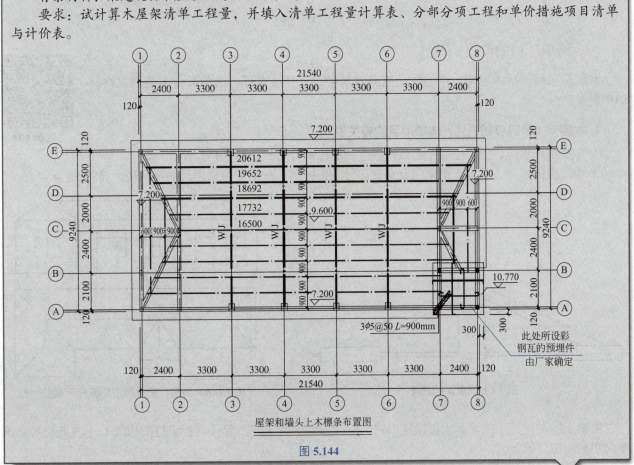

屋架和墙头上木檩条布置图

图 5.144

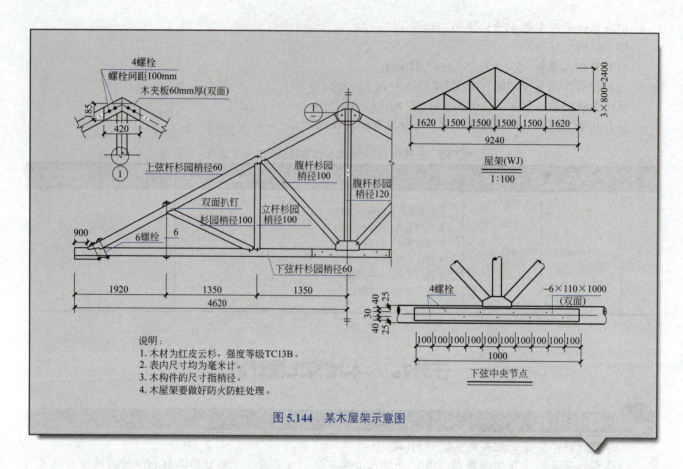

图 5.144 某木屋架示意图

一、清单项目的设置

木结构工程包括木屋架、木构件及屋面木基层三个分项工程。清单项目表请扫二维码 5.10 查看。

二维码 5.10

1. 木屋架（编码 010701）清单项目的有关说明

① 屋架的跨度应以上、下弦中心线两点之间的距离计算，如图 5.145 所示。

② 带气楼的屋架、马尾、折角以及正交部分的半屋架，按相关屋架项目编码列项，如图 5.146 所示。

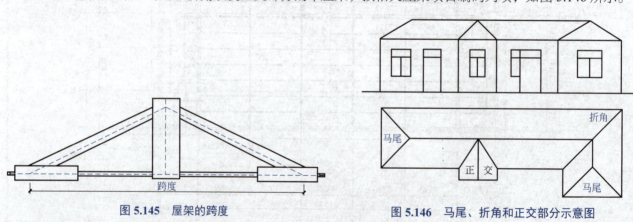

图 5.145 屋架的跨度

图 5.146 马尾、折角和正交部分示意图

屋架上的马尾是指四坡排水屋顶建筑物的两端屋面的端头坡面部位。折角是指构成 L 形的坡屋顶建筑横向和竖向相交的部位。

正交部分是指构成丁字形的坡屋顶建筑横向和竖向相交的部位。

③ 以榀计量，按标准图设计的应注明标准图代号，按非标准图设计的项目特征必须按"计量规范"相关表要求予以描述。

2. 木构件（编码010702）清单项目的有关说明

① 木楼梯的栏杆（栏板）、扶手，应按"计量规范"附录 Q 中的相关项目编码列项。

② 以"m"计量，项目特征必须描述构件规格尺寸。

③ "其他木结构"项目适用于斜撑、传统民居的垂花、花芽子、封檐板、博风板等构件。博风板带大刀头时，每个大刀头增加长度50cm。

a. 封檐板：指钉在前后檐口的木板。

b. 博风板：指山墙部分与封檐板连接成人字形的木板。

c. 大刀头：又叫勾头板，指博风板两端的刀形板。

相关示意图如图 5.147 所示。

图 5.147 其他木构件

3. 屋面木基层（编码010703）清单项目的有关说明

屋面木基层工程量清单项目设置、计量单位及工程量计算规则，应按"计量规范"附录的规定执行。屋面木基层是指檩木以上、瓦以下的结构层，完整的屋面木基层包括椽子、望板、油毡、顺水条和挂瓦条等。

二、清单工程量的计算

1. 木屋架

① 以"榀"计量，按设计图示数量计算。如果是按标准图设计的木屋架，以榀计量的应注明标准图的代号。如果按非标准图设计的项目，需要描述木屋架的跨度、材料品种及规格、刨光要求、拉杆及夹板种类、防护材料种类等项目特征。

② 以"m³"计量。木屋架如果以立方米计量则需要屋架的规格尺寸计算木屋架的体积。

湖北省规定，木屋架以"m³"计量。

2. 木构件

① 木桩、木梁应按设计图示尺寸以体积计算工程量。

② 木檩条以"m³"计量时，按设计图示尺寸以体积计算；以"m"计量时，按设计图示尺寸以长度计算，并且需要在项目特征中描述构件的规格尺寸。

③ 木楼梯，按设计图示尺寸以水平投影面积计算。不扣除宽度≤300mm的梯井，伸入墙内的部分不计算面积。并且木楼梯的栏杆、栏板、扶手，应按照"其他装饰工程"中的相关项目编码列项。

【例 5.48】 某不上人屋面五层房屋木楼梯平面如图 5.148 所示，试计算木楼梯面层清单工程量。

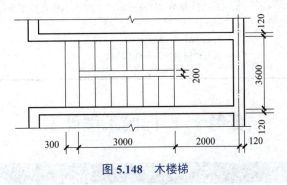

图 5.148 木楼梯

解 木楼梯清单工程量 $S=(0.30+3.00+2.00-0.12)\times(3.60-0.24)\times4=69.62(m^2)$

3. 屋面木基层

计算规则：按设计图示尺寸以斜面积计算。不扣除房上烟囱、风帽底座、风道、小气窗、斜沟等所占面积。小气窗的出檐部分不增加。

三、木结构工程的工程量清单编制

任务解析 根据本项目任务九的任务引入的描述，该木结构工程的工程量清单解析过程如下。

木屋架（010701001001），清单工程量为 4 榀或计算体积：

上弦：利用直角三角形求斜长 $3.14 \times 0.03^2 \times \sqrt{2.4 \times 2.4 + 3.72 \times 3.72} \times 2 = 0.025(m^3)$

注：3.72=4.62<半跨长>-0.9<挑檐木>

下弦：$3.14 \times 0.03^2 \times 9.24 = 0.026(m^3)$

腹杆：

① 立杆：$3.14 \times 0.06^2 \times 2.4 = 0.027(m^3)$

② 斜杆：$3.14 \times 0.05^2 \times \sqrt{1.529 \times 1.529 + 1.35 \times 1.35} \times 2 = 0.032(m^3)$

③ 立杆：$3.14 \times 0.05^2 \times \tan 32.829° \times (1.02 + 1.35) \times 2 = 0.024(m^3)$

④ 斜杆：$3.14 \times 0.05^2 \times \sqrt{0.658 \times 0.658 + 1.35 \times 1.35} \times 2 = 0.024(m^3)$

⑤ 立杆：$3.14 \times 0.05^2 \times \tan 32.829° \times 1.02 \times 2 = 0.01(m^3)$

注：1.02=1.92-0.9；$\theta=32.829°$ 是上下弦相交的角度，由屋架长度与高度反三角函数查出，即 $\tan\theta=2.4/3.72$，求出 $\theta=32.829°$，$0.658=(1.92-0.9) \times \tan\theta$，$1.529=(1.92-0.9+1.35) \times \tan\theta$

小计：0.027+0.032+0.024+0.024+0.01=0.117(m^3)

木夹板：$0.42 \times 0.185 \times 0.06 \times 2$<上弦处>$+1.0 \times 0.11 \times 0.006 \times 2$<下弦中央>$=0.011(m^3)$

合计：$(0.025+0.026+0.117+0.011) \times 4 = 0.716(m^3) \approx 0.72(m^3)$

木檩条（010702003001）：$L=[(20.612+19.652+18.692+17.732) \times 2 + 16.5] \times 4 = 679.50(m)$

或木檩条直径120mm，$V=679.52 \times 3.14 \times 0.06^2 = 7.68(m^3)$

分部分项工程和单价措施项目清单与计价表如表 5.13 所示。

表 5.13 分部分项工程和单价措施项目清单与计价表

序号	项目编码	项目名称	项目特征描述	计量单位	工程数量
1	010701001001	木屋架	1. 跨度：9m； 2. 材料品种、规格：红皮云杉； 3. 刨光要求：刨光； 4. 拉杆及夹板种类：60mm 木夹板； 5. 防护材料种类：刷防腐油	榀或 m^3	4 或 0.72
2	010702003001	木檩条	1. 构件规格尺寸； 2. 木材种类：红皮云杉，木檩条小头直径不小于120mm； 3. 刨光要求：刨光； 4. 防护材料种类：刷防腐油	m 或 m^3	679.50 或 7.68

任务十 ▶ 门窗工程计量

任务引入

背景材料：某建筑工程中，门窗如图 5.149 所示，窗为铝合金双扇推拉窗，门为铝合金单扇平开门，型材均采用 90 系列 1.4 mm 厚。某工程的门窗设计见表 5.14。

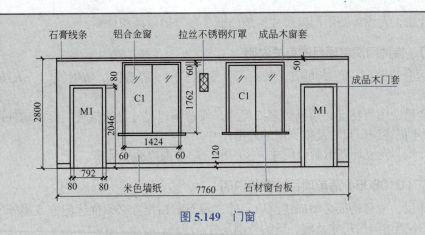

图 5.149　门窗

表 5.14　工程门窗设计表

序号	编号	规格（宽 × 高）	数量	备 注
1	M-1	4200mm×2950mm	1	铝合金地弹门，90 框料，平板玻璃 10mm 厚
2	M-2	800mm×2400mm	8	水曲实木门，执手锁，刷硝基清漆 3 遍
3	C-1	1500mm×1200mm	6	塑料窗，广达料 80 系列，中空玻璃 (5+6+5)mm 厚
4	C-2	1500mm×1500mm	10	塑料窗，广达料 80 系列，中空玻璃 (5+6+5)mm 厚

要求：编制该门窗工程的工程量清单。

一、清单项目的设置

门窗是重要的建筑构件，也是重要的装饰部件。门窗工程包括木门、金属门、金属卷帘门、厂库房大门、特种门、其他门、木窗、金属窗、门窗套、窗台板、窗帘、窗帘盒、轨分项工程。清单项目表请扫二维码 5.11 查看。

二维码 5.11

1. 木门（编码 010801）清单项目的有关说明

① 木质门应区分镶板木门、企口木板门、实木装饰门、胶合板门、夹板装饰门、木纱门、全玻门（带木质扇框）、木质半玻门（带木质扇框）等项目，分别编码列项。

② 木门五金应包括：折页、插销、门碰珠、弓背拉手、搭机、木螺钉、弹簧折页（自动门）、管子拉手（自由门、地弹门）、地弹簧（地弹门）、角铁、门轧头（地弹门、自由门）等。

③ 木质门带套计量按洞口尺寸以面积计算，不包括门套的面积，但门套应计算在综合单价中。

④ 以"樘"计量，项目特征必须描述洞口尺寸；以"m²"计量，项目特征可不描述洞口尺寸。

⑤ 单独制作安装木门框按木门框项目编码列项。

2. 金属门（编码 010802）清单项目的有关说明

① 金属门应区分金属平开门、金属推拉门、金属地弹门、全玻门（带金属扇框）、金属半玻门（带扇框）等项目，分别编码列项。

② 铝合金门五金包括：地弹簧、门锁、拉手、门铰、螺钉等。

③ 金属门五金包括：L 形执手插锁（双舌）、执手锁（单舌）、门轧头、地锁、防盗门机、门眼（猫眼）、门碰珠、电子锁（磁卡锁）闭门器、装饰拉手等。

④ 以"樘"计量，项目特征必须描述洞口尺寸，没有洞口尺寸必须描述门框或扇外围尺寸；以"m²"计量，项目特征可不描述洞口尺寸及框、扇的外围尺寸。

⑤ 以"m²"计量，无设计图示洞口尺寸，按门框、扇外围以面积计算。

3. 厂库房大门、特种门清单项目的有关说明

① 特种门应区分冷藏门、冷冻间门、保温门、变电室门、隔音门、放射线门、人防门、金库门等项目，分别编码列项。

② 以"樘"计量，项目特征必须描述洞口尺寸，没有洞口尺寸必须描述门框或扇外围尺寸；以"m²"计量，项目特征可不描述洞口尺寸及框、扇的外围尺寸。

③ 以"m²"计量，无设计图示洞口尺寸，按门框、扇外围以面积计算。

4. 其他门（编码010805）清单项目的有关说明

① 以"樘"计量，项目特征必须描述洞口尺寸，没有洞口尺寸必须描述门框或扇外围尺寸；以"m²"计量，项目特征可不描述洞口尺寸及框、扇的外围尺寸。

② 以"m²"计量，无设计图示洞口尺寸，按门框、扇外围以面积计算。

5. 木窗（编码010806）清单项目的有关说明

① 木质窗应区分木百叶窗、木组合窗、木固定窗、木装饰空花窗等项目，分别编码列项。

② 以"樘"计量，项目特征必须描述洞口尺寸，没有洞口尺寸必须描述窗框外围尺寸；以"m²"计量，项目特征可不描述洞口尺寸及框的外围尺寸。

③ 以"m²"计量，无设计图示洞口尺寸，按门框、扇外围以面积计算。

④ 木橱窗、木飘（凸）窗以樘计量，项目特征必须描述框截面及外围展开面积。

⑤ 木窗五金包括：折页、插销、风钩、木螺钉、滑轮滑轨（推拉窗）等。

6. 金属窗（编码010807）清单项目的有关说明

① 金属窗应区分金属组合窗、防盗窗等项目，分别编码列项。

② 以"樘"计量，项目特征必须描述洞口尺寸，没有洞口尺寸必须描述窗框外围尺寸；以"m²"计量，项目特征可不描述洞口尺寸及框的外围尺寸。

③ 以"m²"计量，无设计图示洞口尺寸，按门框、扇外围以面积计算。

④ 金属橱窗、凸（飘）窗以樘计量，项目特征必须描述框外围展开面积。

⑤ 金属窗五金包括：折页、螺钉、执手、卡锁、铰拉、风撑、滑轨、拉把、拉手、角码、牛角制等。

7. 门窗套（编码010808）清单项目的有关说明

① 以"樘"计量，项目特征必须描述洞口尺寸、门窗套展开宽度。

② 以"m²"计量，项目特征可不描述洞口尺寸、门窗套展开宽度。

③ 以"m"计量，项目特征必须描述门窗套展开宽度、筒子板及贴脸宽度。

④ 木门窗套适用于单独门窗套的制作、安装。

8. 窗帘、窗帘盒、轨（编码010810）清单项目的有关说明

① 窗帘若是双层，项目特征必须描述每层材质。

② 窗帘以"m"计量，项目特征必须描述窗帘高度和宽度。

二、清单工程量计算

1. 木门

① 木质门、木质门带套、木质连窗门、木质防火门在以"m²"计量时按设计图示洞口尺寸以面积计算，其中木质门带套按设计图示洞口以"m²"计量时，是不包括门套的面积的，但门套是考虑在综合单价中。

② 木门框可以按设计数量以"樘"计算，也可以按照设计图示框的中心线以"m"进行计算，木门框在描述项目特征时除了描述门代号及洞口尺寸、防护材料的种类，还需要描述木门框的截面尺寸。

【例5.49】　某建筑工程中采用1樘实木门，立面图如图5.150所示，试计算清单工程量。

解　该实木门制作、安装的清单工程量=1樘，或者$S=(1.2+0.06×2)×(2.1+0.06)=2.85(m^2)$

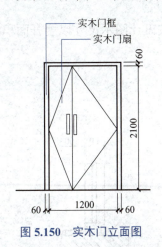

图5.150　实木门立面图

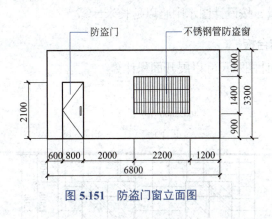

图5.151　防盗门窗立面图

2.金属门

金属门项目工程量计算可以按设计图示数量以"樘"计算或者按设计图示洞口尺寸以"m^2"计算，如果无洞口尺寸的，可以按门框、扇外围以面积计算。

【例5.50】　某建筑工程中采用1樘防盗门和防盗窗，立面图如图5.151所示，试计算清单工程量。

解　防盗门（编码01080204001）制作、安装的清单工程量=1樘，或者$S=0.8×2.1=1.68(m^2)$；
防盗窗制作、安装的清单工程量=1樘，或者$S=2.2×1.4=3.08(m^2)$

3.金属卷帘（闸）门

金属卷帘（闸）门和防火卷帘（闸）门工程量有两种：以"樘"计算，按设计图示数量计算；以"m^2"计算，按设计图示洞口尺寸以面积计算。

【例5.51】　某建筑工程中采用1樘卷闸门，立面图如图5.152所示，试计算清单工程量。

解　卷闸门（编码010803001001）制作、安装的清单工程量=1樘，或$S=3.8×2.5=9.50(m^2)$

4.厂库房大门、特种门

厂库房大门、特种门工程量计算有两种方法：以"樘"计算，按设计图示数量计算；以"m^2"计量，按设计图示洞口尺寸以面积计算。

5.其他门

工程量计算规则同厂库房大门、特种门工程量计算规则。

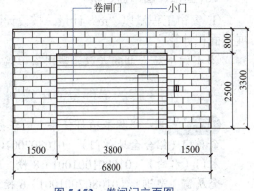

图5.152　卷闸门立面图

6.木窗

①木窗的工程量按设计图示数量以"樘"计算时，特殊五金项目工程量按图示以"个"或"套"计算。
②木窗已考虑木材的干燥损耗、刨光损耗下料后备长度、门窗走头增加的体积。

7.金属窗

清单计算规则同木窗清单计算规则。

【例5.52】　某建筑工程中采用铝合金窗，立面图如图5.153所示，试计算清单工程量。

解　该铝合金窗分别编码，铝合金窗（编码010807001001）制作、安装的清单工程量=1樘，或者
$S=1.6×1.5=2.40(m^2)$；

铝合金窗（编码010807001002）制作、安装的清单工程量 =1 樘，或者 $S=1.8\times1.5=2.70(m^2)$

8.门窗套

门窗套以"樘"计量，按设计图示数量计算；以"m^2"计量，按设计图示尺寸以展开面积计算；以"m"计量，按设计图示中心以延长米计算。

9.窗台板

按设计图示尺寸以展开面积计算。

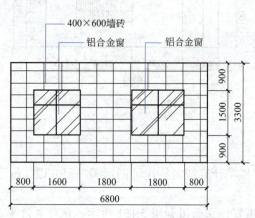

图 5.153　铝合金窗立面图

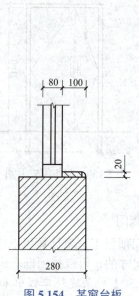

图 5.154　某窗台板

【例 5.53】　某窗台板如图 5.154 所示。窗洞为 1500mm×1800mm，塑钢窗居中立樘。试计算窗台板清单工程量。

解　窗台板清单工程量 = 展开面积 $=1.5\times0.1=0.15(m^2)$

10.窗帘、窗帘盒、轨

① 窗帘工程量以"m"计量，按设计图示尺寸以成活后长度计量以"m^2"计量，按图示尺寸以成活后展开面积计算。

② 木窗帘盒、饰面夹板、塑料窗帘盒、铝合金窗帘盒、窗帘轨工程量应按设计图示尺寸以长度计算。

三、门窗工程的工程量清单编制

任务解析　根据本项目任务十的任务引入的描述，该门窗工程的清单工程量计算如下。

金属门（铝合金地弹门）（010802001001）1 樘，或 $S=4.2\times2.95=12.39(m^2)$

木门（水曲）（010801001001）8 樘，或 $S=0.8\times2.4\times8=15.36(m^2)$

金属窗（塑钢）（010807001001）6 樘，或 $S=1.5\times1.2\times6=10.80(m^2)$

金属窗（塑钢）（010807001002）10 樘，或 $S=1.5\times1.5\times10=22.50(m^2)$

编制的招标工程量清单见表 5.15。

表 5.15　分部分项工程和单价措施项目清单表

工程名称：某工程　　　　　　　　　　　　　　　　　　　　　　　　　　　第 页 共 页

序 号	项目编码	项目名称	项目特征	计量单位	工程数量	金额 / 元		
						综合单价	合价	其中 暂估价
1	010802001001	金属门（铝合金地弹门）	①铝合金地弹门，规格 4200mm×2950mm；②90 框料；③平板玻璃 10mm	m^2	12.39			

续表

序号	项目编码	项目名称	项目特征	计量单位	工程数量	综合单价	合价	其中 暂估价
						金额/元		
2	010801001001	木门（水曲）	①水曲实木装饰门，规格 800mm×2400mm；②普通执手锁；③刷硝基清漆 3 遍	m²	15.36			
3	010807001001	金属窗（塑钢）	①规格 1500mm×1200mm；②广达料 80 系列；③中空玻璃 16mm	m²	10.80			
4	010807001002	金属窗（塑钢）	①广达料 80 系列；②中空玻璃 16mm	m²	22.50			

任务十一 ▸ 屋面及防水工程计量

任务引入

　　背景材料：某住宅楼屋面及防水工程如图 5.155 所示，檐沟和雨篷粘贴 SBS 改性沥青防水卷材，采用单层热熔满铺法施工，具体做法：40mm 厚 C20 细石混凝土，内配ф4@150 双向钢筋；设 SBS 改性沥青防水卷材隔离层；20mm 厚 1∶3 水泥砂浆找平层；30mm 厚聚苯乙烯泡沫板保温层；20mm 厚 1∶3 水泥砂浆找平层；现浇钢筋混凝土屋面。刚性屋面 6m 间距分隔缝宽 20 mm，与女儿墙之间留缝 30mm，油膏嵌缝，卷材均采用单层热熔满铺法进行施工。

　　要求：计算清单工程量，编制该屋面及防水工程的工程量清单。

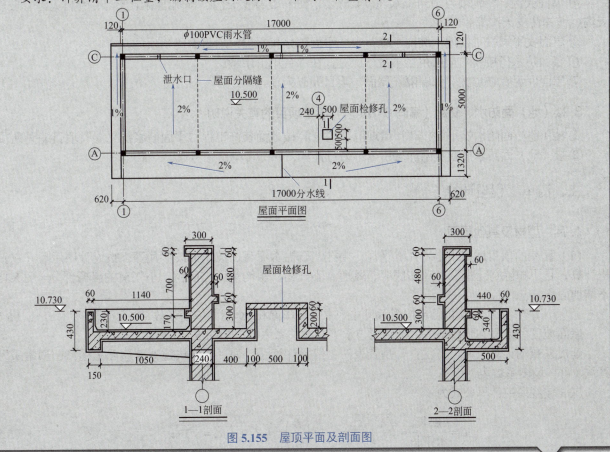

图 5.155　屋顶平面及剖面图

二维码 5.12

一、清单项目的设置

屋面及防水工程包括瓦、型材及其他屋面，屋面防水及其他，墙面防水、防潮，楼（地）面防水、防潮 4 个分项工程。清单项目表请扫二维码 5.12 查看。

1. 瓦、型材及其他屋面（编码 010901）清单项目的有关说明

① 瓦屋面项目适用于小青瓦、平瓦、筒孔、石棉水泥瓦、玻璃钢波形瓦等，若是在木基层上铺瓦，项目特征不必描述黏结层砂浆的配合比，瓦屋面铺防水层，按屋面防水及其他相关项目编码列项。

② 型材屋面项目适用于压型钢板、金属压型夹心板、阳光板、玻璃钢等。型材屋面的钢檩条、骨架、螺栓、挂钩等均应包括在报价内。型材屋面、阳光板屋面、玻璃钢屋面的柱、梁、屋架，按"计量规范"金属结构工程中相关项目编码列项。

③ 阳光板屋面是指主要由 PC/PET/PMMA/PP 料制作的采光屋面，玻璃钢屋面是以玻璃纤维或其制品作增强材料的屋面。其既具有玻璃的硬度、耐高温、抗腐蚀的性质，又具有钢铁一样坚硬不碎的特点，阳光板屋面、玻璃钢屋面为新增清单项目。

④ 膜结构屋面项目适用于膜布屋面，支撑和拉固膜布的钢柱、金属网架、钢丝绳等均应包括在项目报价内。但支撑柱的钢筋混凝土柱基，锚固的钢筋混凝土基础以及地脚螺栓等应按照相关项目编码列项。

2. 屋面防水及其他（编码 010902）清单项目的有关说明

① 屋面卷材防水项目适用于胶结材料粘贴卷材进行防水的屋面。

② 屋面涂膜防水项目适用于厚质涂料、薄质涂料和有加增强材料及没有加增强材料的涂膜防水屋面。

③ 屋面刚性防水项目适用于细石混凝土、补偿收缩混凝土、块体混凝土、预应力混凝土和钢纤维混凝土刚性防水屋面。屋面刚性层无钢筋，其钢筋项目特征不必描述。

④ 屋面天沟、沿沟项目适用于水泥砂浆天沟、细石混凝土天沟、预制混凝土天沟、卷材天沟、玻璃钢天沟、镀锌铁皮天沟等。

⑤ 屋面找平层按"楼地面装饰工程"中"平面砂浆找平层"项目编码列项。

⑥ 屋面防水搭接及附加层用量不另行计算，在综合单价中考虑。

⑦ 屋面保温找坡层按"保温隔热屋面"项目编码列项。

3. 楼（地）面防水、防潮（编码 010904）清单项目的有关说明

① 楼（地）面防水找平层按"计量规范"附录 L 楼地面装饰工程"平面砂浆找平层"项目编码列项。

② 楼（地）面防水搭接及附加层用量不另行计算，在综合单价中考虑。

二、清单工程量计算

1. 瓦、型材及其他屋面

（1）瓦屋面项目适用于小青瓦、平瓦、筒孔、石棉水泥瓦、玻璃钢波形瓦等，按设计图示尺寸以斜面积计算，且不扣除房上烟囱、风帽底座、风道、小气窗、斜沟等所占面积，小气窗的出檐部分（图 5.156）不增加面积。

$$斜面积 = 按图示尺寸的水平投影面积 \times 屋面坡度系数 \tag{5.55}$$

屋面坡度系数又称延尺系数，指斜面与水平面的关系系数，如图 5.157 所示。

延尺系数的计算有两种方法：一是查表法；二是计算法。为了方便快捷计算屋面工程量，通常采用计算法（可按坡度系数表）计算。

屋面坡度系数计算公式为：

$$C = \frac{斜长}{水平长} = \frac{\sqrt{A^2 + B^2}}{A} = \sqrt{1 + \left(\frac{B}{A}\right)^2} = \sqrt{1 + \tan\alpha} = \sqrt{1 + i^2} \tag{5.56}$$

式中　C——屋面坡度系数，即延尺系数；

　　　α——水平与斜面的夹角；

　　　i——使用百分比表示的坡度，$i=$ 高度 / 底边 $\times100\%=B/A\times100\%$。

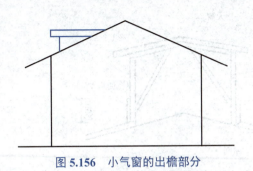

图 5.156　小气窗的出檐部分

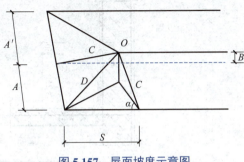

图 5.157　屋面坡度示意图

【例 5.54】　某工程的坡屋面如图 5.158 所示，屋面坡度为 1：2，现浇混凝土屋面板上从下至上的构造做法为 15mm 厚 1：2 防水砂浆找平层；1：2 水泥砂浆挂瓦条。间距 315mm，断面 20mm×30mm；420mm×332mm 英红色水泥彩瓦。

问题：根据以上背景资料及现行国家标准《建设工程工程量清单计价规范》（GB 50500—2013）、《房屋建筑与装饰工程工程量计算规范》（GB 50854—2013），试计算该瓦屋面的清单工程量。

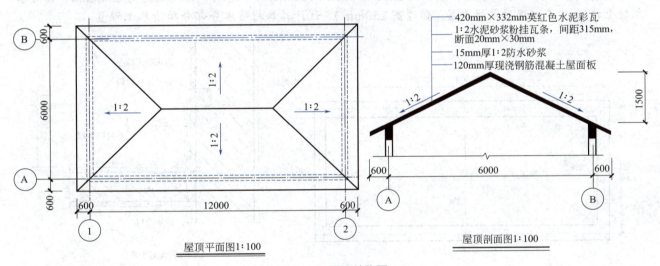

图 5.158　屋面结构图

解　查表可知屋面坡度系数 =1.118，则瓦屋面清单工程量

$S=(12+0.6\times2)\times(6+0.6\times2)\times1.118=106.25(\text{m}^2)$

（2）型材屋面工程量按设计图示尺寸以斜面积计算不扣除房上烟囱、风帽底座、风道、小气窗、斜沟等所占面积。小气窗的出檐部分不增加面积。

（3）膜结构屋面的工程量按设计图示尺寸以需要覆盖的水平面积计算，而不是膜布的实际面积，如图 5.159 所示。

2.屋面防水及其他

（1）屋面卷材防水、屋面涂膜防水按设计图示尺寸以面积计算。斜屋顶（不包括平屋顶找坡）按斜面积计算，平屋顶按水平投影面积计算，不扣除房

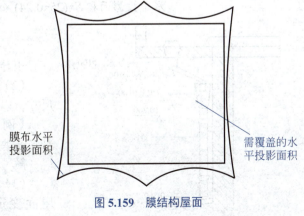

图 5.159　膜结构屋面

上烟囱、风帽底座、风道、屋面小气窗和斜沟所占面积，屋面的女儿墙、伸缩缝和天窗等处的弯起部分，

并入屋面工程量内，如图 5.160 所示。

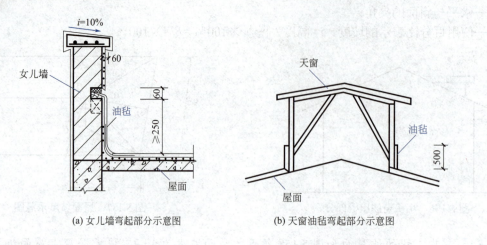

(a) 女儿墙弯起部分示意图　　　　　(b) 天窗油毡弯起部分示意图

图 5.160　卷材屋面女儿墙、天窗油毡弯起部分示意图

【例 5.55】　某住宅工程 SBS 改性沥青防水卷材防水屋面平面、剖面如图 5.161 所示，其结构层由下向上的做法为：钢筋混凝土板 1:12 水泥珍珠岩找坡，坡度 2%，最薄处 60mm；保温隔热层上 1:2.5 水泥砂浆找平层；刷冷底子油，热铺贴 3mm 厚 SBS 改性沥青防水卷材一道（翻边高 250mm），在防水卷材上抹 1:2.5 水泥砂浆找平层（翻边高 250mm）。试计算卷材防水分部分项清单工程量。

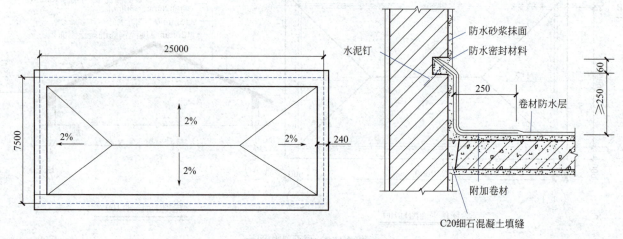

图 5.161　某住宅工程屋面

解　屋面卷材防水（010902001001）

水平投影面积 $S=(25-0.24)\times(7.5-0.24)=24.76\times7.26=179.76(m^2)$

斜面积 $S=179.76\times1.0002=179.80(m^2)$

弯起部分 $S=(24.76+7.26)\times2\times0.25=16.01(m^2)$

小计：$179.80+16.01=195.81(m^2)$

（2）屋面排水管按设计图示尺寸以长度计算。如设计未标注尺寸，以檐口至设计室外散水上表面垂直距离计算。

【例 5.56】　某屋面设计有铸铁管雨水口、塑料水落管、塑料水斗共 10 处，如图 5.162 所示。计算其清单工程量。

解　水落管清单工程量 $=(10.2+0.3)\times10=105(m)$

（3）屋面天沟、檐沟按设计图示尺寸以展开面积计算；屋面变形缝按设计图示以长度计算，如图 5.163、图 5.164 所示。

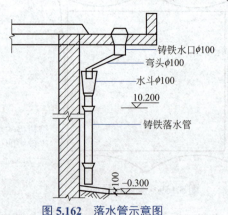

图 5.162　落水管示意图

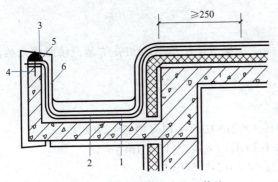

图 5.163 卷材、涂膜防水屋面檐沟

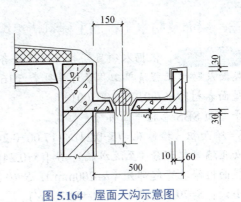

图 5.164 屋面天沟示意图

1—防水层；2—附加层；3—密封材料；4—水泥钉；5—金属压条；6—保护层

3. 墙面防水、防潮

墙面卷材防水、涂膜防水、砂浆防水（防潮）按设计图示尺寸以面积计算。墙面变形缝按长度计算。

【例 5.57】 某阅览室工程墙基防潮层位于墙身 -0.300m 处，做法为 20mm 厚 1∶2 水泥砂浆加 5% 防水剂，如图 5.165 所示，试计算墙面砂浆防潮清单工程量。

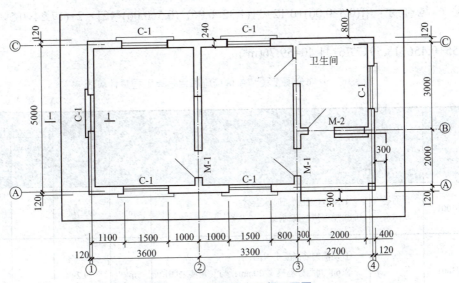

图 5.165 某阅览室工程平面图

解 墙面砂浆防潮（编码 010903003001）按设计图示尺寸以面积计算。

$L_{外墙中心线}$ =(3.6+3.3+2.7+5)×2=29.2(m)，$L_{内墙净长线}$ =(5-0.24)×2+(2.7-0.24)=11.98(m)

清单工程量 S=(29.2+11.98)×0.24=9.88(m²)

4. 楼（地）面防水、防潮

楼（地）面防水、防潮工程量，按主墙间净空面积计算，扣除凸出地面的构筑物、设备基础等所占面积，不扣除间壁墙及单个面积≤0.3m² 柱、垛、烟囱和孔洞所占面积。楼（地）面防水反边高度≤300mm 算作地面防水，反边高度>300mm 按墙面防水计算。

【例 5.58】 某阅览室卫生间如图 5.165 所示，其卫生间防水做法为：钢筋混凝土楼板，素水泥结合层一道，1.5mm 厚单组分聚氨酯防水涂料四周卷起 180mm，20mm 厚 1∶3 水泥砂浆找平层，40mm 厚细石混凝土面层，试计算涂膜防水清单工程量。

解 楼（地）面涂膜防水（010904002001）

$S_{地面净空面积}$=(2.7-0.24)×(3-0.24)=6.79(m²)，$S_{翻边面积}$=[(2.7-0.24)+(3-0.24)]×2×0.18=1.88(m²)

S=6.79+1.88=8.67(m²)

三、屋面及防水工程的工程量清单编制

任务解析　依据本项目任务十一的任务引入的描述和屋面设计图纸的相关信息，按照规定的计算规则，屋面及防水工程清单工程量计算见表5.16。

屋面卷材防水（010902001001）

平屋面SBS卷材平面部分：

S = 净面积 − 检修孔 = (5−0.24)×(17.00−0.24)−(0.50+0.1×2)×(0.50+0.1×2)=79.29(m^2)

女儿墙弯起部分（至泛水底）：S=[(5−0.24)+(17.00−0.24)]×2×0.30=12.91(m^2)

屋面检修孔弯起部分（h=200mm）：S=(0.5+0.1×2)×4×0.2=0.56(m^2)

小计：S=79.29+12.91+0.56=92.76(m^2)

屋面刚性层（010902003001），同卷材平面部分为79.29m^2

屋面卷材檐沟、雨篷（010902007001）

雨篷（Ⓐ轴外侧挑出宽度1140mm）：平面＋卷起

(17+0.24)×1.14+(17+0.24)×0.17+(17+0.24)×0.23=26.55(m^2)

雨篷与檐沟高差部分：(0.43−0.23)×1.14×2=0.456(m^2)

檐沟平面部分：[(5+0.12+1.32−0.06)×2+17.24+(0.5−0.06)×2]×(0.5−0.06)=13.59(m^2)

檐沟女儿墙弯起：(5.24×2+17.24)×(0.34−0.06)=7.76(m^2)

檐沟侧壁弯起部分：{[(0.5−0.06)+0.12+5+(1.32−0.06)+(0.5−0.06)×2]×2+(17.24+0.5×2−0.06×2)}×

0.34=11.40(m^2)

小计：26.55+0.456+13.59+7.76+11.40=59.76(m^2)

表5.16　分部分项工程和单价措施项目清单工程量计算表

工程名称：　　　　　　　　　　　　　　　　　　　　　　　　　　　　　第1页　共1页

序号	项目编码	项目名称	项目特征	计量单位	工程数量	综合单价	合价	其中暂估价
1	010902001001	屋面卷材防水	①SBS改性沥青防水卷材；②单层热熔满铺法	m²	92.76			
2	010902003001	屋面刚性层	①现浇钢筋混凝土屋面；②6m间距分隔缝宽20mm，与女儿墙之间留缝30mm，油膏嵌缝	m²	79.29			
3	010902007001	屋面卷材檐沟、雨篷	①SBS改性沥青防水卷材；②油膏嵌缝；③单层热熔满铺法	m²	59.76			

任务十二 ▶ 保温、隔热、防腐工程计量

 学习目标

熟悉建筑物保温、隔热、防腐常用的材料；熟悉清单项目的设置；掌握清单工程量的计算规则及方法；会计算该分部分项工程清单工程量，编制招标清单表。

特别提示

本部分的内容紧跟行业绿色建筑和节能建筑发展的背景，随着绿色建筑的推广，节能建筑的应用越来越广泛。建筑节能的途径之一是减少建筑围护结构的能量损失。建筑物围护结构的能量损失主要来自外墙、门窗、屋顶等部位，这三个部位的节能技术各国建筑界都非常关注。现今主要发展方向是，适应保温、隔热新材料、新工艺和切实可行的构造技术，以提高保温、隔热、防腐工程的计量与计价的技能。

任务引入

背景材料：某建筑公司总承包的办公楼屋顶平面图及屋面做法如图 5.166 所示，隔热板为现场预制。

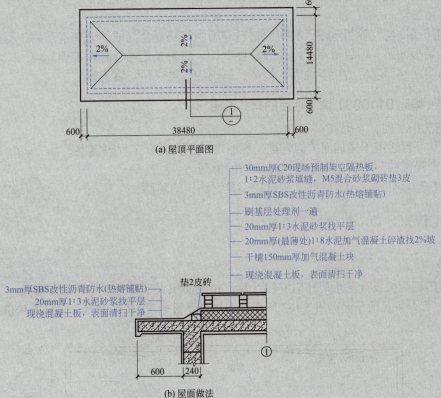

图 5.166　某工程屋顶平面图及节点详图

要求：根据背景材料的内容和保温隔热防腐工程计量任务的学习，编制分部分项工程量清单。

一、清单项目的设置

保温隔热防腐工程包括保温隔热、防腐面层及其他防腐 3 个分项工程。清单项目表请扫二维码 5.13 查看。

二维码 5.13

1. 保温、隔热（编码 011001）清单项目的有关说明

① 保温隔热装饰面层，按相关项目编码列项；仅做找平层按楼地面装饰工程"平面砂浆找平层"或墙、柱面装饰与隔断、幕墙工程"立面砂浆找平层"项目编码列项。

② 保温隔热墙项目适用于建筑物外墙、内墙保温隔热工程。

③ 柱帽保温隔热应并入天棚保温隔热工程量内。

④ 池槽保温隔热应按其他保温隔热项目编码列项。

⑤ 保温隔热方式指内保温、外保温、夹心保温。

⑥ 保温柱、梁适用于不与墙、天棚相连的独立柱、梁。

2. 防腐面层（编码011002）清单项目的有关说明

① 防腐面层按面层材料不同依次分为防腐混凝土面层、防腐砂浆面层、防腐胶泥面层、玻璃钢防腐面层、聚氯乙烯板面层、块料防腐面层。各项目需按防腐部位（分平面防腐和立面防腐），面层材料品种，厚度（或层数），黏结材料种类等分别进行编码列项。

② 防腐踢脚线，应按《房屋建筑与装饰工程工程量计算规范》（GB 50854—2013）中楼地面装饰工程"踢脚线"项目编码列项。

③ "防腐混凝土面层""防腐砂浆面层""防腐胶泥面层"项目适用于平面或立面的水玻璃混凝土、水玻璃砂浆、水玻璃胶泥、沥青混凝土、沥青砂浆、沥青胶泥、树脂混凝土、树脂砂浆、树脂胶泥及聚合物水泥砂浆等防腐工程。

④ "玻璃钢防腐面层"项目适用于树脂胶材料与增强材料复合而成的玻璃钢防腐工程。

⑤ "聚氯乙烯板面层"项目适用于地面、墙面的软、硬聚氯乙烯板防腐工程。

⑥ "块料防腐面层"项目适用于地面、沟槽、基础的各类块料防腐工程。

3. 其他防腐（编码011003）清单项目的有关说明

① 浸渍砖砌法指平砌、立砌。

② "隔离层"项目适用于楼地面的沥青类、树脂玻璃钢类防腐工程隔离层。

③ "砌筑沥青浸渍砖"项目适用于浸渍标准砖的铺砌。

④ "防腐涂料"项目适用于建筑物、构筑物以及钢结构的防腐。

二、清单工程量计算

1. 保温隔热

（1）保温隔热屋面按设计图示尺寸以面积计算。扣除面积大于0.3m²孔洞所占面积。

【例5.59】 已知某屋面平面如图5.167所示，女儿墙详图如图5.168所示，试计算保温层清单工程量。

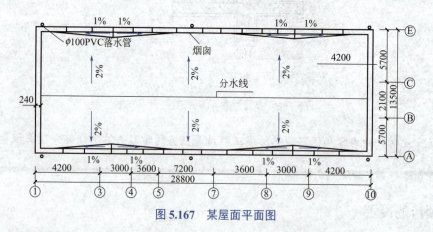

图5.167 某屋面平面图

解 保温隔热屋面（011001001001）

$$S=(28.8-0.24\times2)\times(13.5-0.24\times2)=368.73(m^2)$$

（2）保温隔热墙面按设计图示尺寸以面积计算。扣除门窗洞口以及面积大于0.3m²梁、孔洞所占面积；门窗洞口侧壁以及与墙相连的柱，并入保温墙体工程量内。

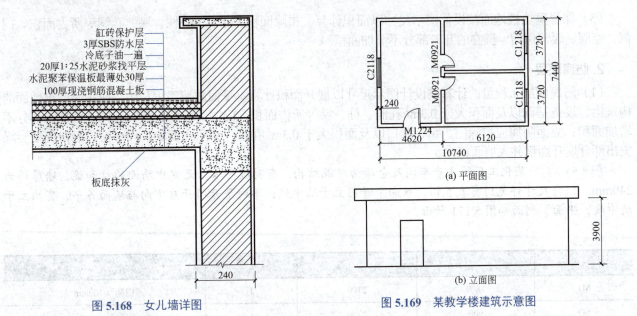

图 5.168　女儿墙详图

图 5.169　某教学楼建筑示意图

【例 5.60】　某教学楼平面、立面示意图如图 5.169 所示，该工程外墙保温做法：基层表面清理；刷界面砂浆 5mm；刷 25mm 厚胶粉聚苯颗粒；铺网格布抹防渗抗裂砂浆；门窗边做保温，宽度为 120mm；门窗规格为 M1224：1200mm×2400mm；M0921：900mm×2400mm；C2118：2100mm×1800mm；C1218：1200mm×1800mm。试计算该工程外墙外保温的分部分项清单工程量。

解　保温墙面（011001003001）清单工程量计算如下：

墙面积：S_1=[(10.74+0.24)+(7.44+0.24)]×2×3.90-(1.2×2.4+2.1×1.8+1.2×1.8×2)=134.57(m²)

门窗侧边：S_2=[(2.1+1.8)×2+(1.2+1.8)×4+(2.4×2+1.2)]×0.12=3.10(m²)

合计：134.57+3.10=137.67(m²)

（3）保温柱按设计图示柱断面保温层中心线展开长度乘保温层高度以面积计算，扣除面积大于 0.3m² 梁所占面积。

$$柱保温层工程量 = 保温层中心线展开长度 × 设计高度 \qquad (5.57)$$

【例 5.61】　某冷库内设有两根柱，柱用软木包二层 50mm 的隔热层，尺寸如图 5.170 所示，试计算该柱保温层工程量。

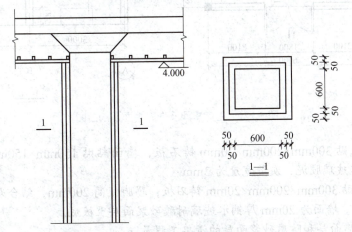

图 5.170　保温柱

解　保温隔热柱（011001004001）

清单工程量 S=(0.6+0.05×2)×4.0×4.0×2=22.40(m²)

（4）保温隔热梁按设计图示梁断面保温层中心线展开长度乘保温层长度以面积计算。

$$梁保温层工程量 = 保温层中心线展开长度 × 设计长度 \qquad (5.58)$$

（5）保温隔热楼地面按设计图示尺寸以面积计算。扣除面积大于 0.3m² 柱、垛、孔洞等所占面积。门洞、空圈、暖气保槽、壁龛的开口部分不增加面积。

2. 防腐面层

（1）防腐面层工程量的计算按设计图示尺寸以展开面积计算。平面防腐工程量中，应扣除凸出地面的构筑物、设备基础以及面积大于 0.3m² 孔洞、柱、垛等所占面积，门洞、空圈、暖气包槽、壁龛的部分不增加面积；立面防腐应扣除门、窗、洞口以及面积大于 0.3m² 孔洞、梁所占面积，门、窗、洞口侧壁、垛突出部分展开面积并入墙面积内。

【例 5.62】 某化工厂的生产车间及仓库为砖混结构，有耐酸要求，无突出墙面的柱和梁，墙厚均为 240mm。门窗尺寸详见门窗表 5.17，双向平开门立于墙中线，单向平开门开启方向与墙面齐平，窗均立于墙中线，平面、剖面如图 5.171 所示。

表 5.17 门窗表

编号	宽/mm	高/mm	樘数	备注
M1	1800	2100	1	门框厚 100mm
M2	900	2100	1	门框厚 100mm
C1	1400	1500	2	窗框厚 80mm
C2	1800	1500	1	窗框厚 80mm

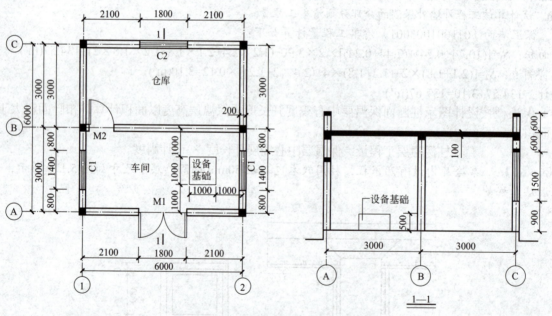

图 5.171 生产车间及仓库平面、剖面图

车间：地面基层上贴 300mm×200mm×20mm 铸石板，墙面粘贴 150mm×150mm×20mm 瓷板至板底，结合层均为 6mm 厚钠水玻璃胶泥，灰缝宽度为 3mm。

仓库：地面基层上贴 300mm×200mm×20mm 铸石板，踢脚线高 200mm，结合层均为 6mm 厚钠水玻璃胶泥，灰缝宽度为 3mm。墙面为 20mm 厚钠水玻璃耐酸砂浆面层至板底。

要求：计算块料防腐面层和防腐砂浆面层的清单工程量。

解 （1）块料防腐面层（铸石板防腐地面）（011002006001）

仓库地面：(6-0.24)×(3-0.24)=15.90(m²)，车间地面：(6-0.24)×(3-0.24)-1.0×1.0=14.90(m²)

小计：15.90+14.90=30.80(m²)

（2）块料防腐面层（瓷板防腐墙面）（011002006001）

车间墙面：[(6-0.24)+(3-0.24)]×2×(3-0.1)=49.42(m²)

扣减门窗洞口:

M1:1.8×2.1=3.78(m²);M2:0.9×2.1=1.89(m²);C1:1.4×1.5×2=4.20(m²)

增加门窗侧壁:

M1:(1.8+2.1×2)×0.5×(0.24-0.1)=0.42(m²);M2:(0.9+2.1×2)×0.5×(0.24-0.1)=0.71(m²);

C1:(1.4+1.5)×2×0.5×(0.24-0.08)×2=0.93(m²)

小计:49.42+0.42+0.71+0.93-3.78-1.89-4.20=41.61(m²)

(3)块料踢脚线(铸石板防腐)(011105003001)

仓库踢脚线:[(6-0.24)+(3-0.24)]×2=17.04(m);扣除门窗洞口 M2:0.90(m)

小计:17.04-0.90=16.14(m)

(4)防腐砂浆面层(011002002001)

仓库墙面:[(6-0.24)+(3-0.24)]×2×(3-0.1)=49.42(m²)

扣除门窗洞口:M2:0.9×2.1=1.89(m²);C2:1.8×1.5=2.7(m²)

增加门窗侧壁:(1.8+1.5)×2×0.5×(0.24-0.08)=0.53(m²)

小计:49.42+0.53-1.89-2.7=45.36(m²)

(2)池、槽块料防腐面层,按设计图示尺寸以展开面积计算。

【例5.63】 如图5.172所示为某耐酸池贴耐酸瓷砖,耐酸沥青胶泥结合层,树脂胶泥勾缝,瓷砖规格230mm×113mm×65mm,胶泥结合层6mm,灰缝宽度3mm。试计算清单工程量。

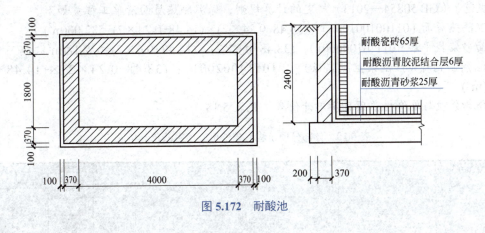

图5.172 耐酸池

解 计算清单工程量

(1)池底、池壁25mm厚耐酸沥青砂浆:4.0×1.80+(4.00+1.80)×2×(2.40-0.025)=34.75(m²)

(2)池底贴耐酸瓷砖:4.00×1.80=7.20(m²)

(3)池壁贴耐酸瓷砖:(4.00+1.80-0.025×2)×2×(2.40-0.025)=26.73(m²)

说明:0.096=0.025〈耐酸沥青砂浆厚〉+0.006〈耐酸沥青胶泥结合层厚〉+0.065〈耐酸瓷砖厚〉

3.其他防腐

(1)隔离层按设计图示尺寸以展开面积计算。

① 平面防腐:扣除凸出地面的构筑物、设备基础以及面积大于0.3m²孔洞、柱、垛等所占面积,门洞、空圈、暖气包槽、壁龛的部分不增加面积。

② 立面防腐:扣除门、窗、洞口以及面积大于0.3m²孔洞、梁所占面积,门、窗、洞口侧壁、垛突出部分展开面积并入墙面积内。

(2)砌筑沥青浸渍砖,按设计图示尺寸以体积计算。

【例5.64】 某化工车间如图5.173所示,地面进行防腐处理,采用的是沥青浸渍砖(240mm×115mm×53mm),计算防腐清单工程量。

解 砌筑沥青浸渍砖清单工程量(011003002):

V=[(4.0+4.0-0.24)×(4.0+4.0-0.24)-2.00×1.5-0.5×0.5]×0.053+1.8×0.24×0.053=3.04(m³)

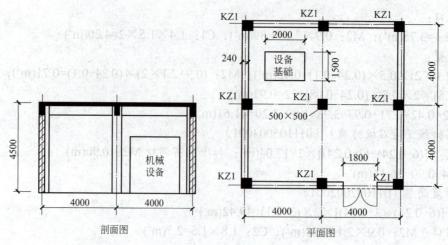

图 5.173　某化工车间示意图

三、保温、隔热及防腐工程的工程量清单编制

任务解析　依据本项目任务十二的任务引入和屋面设计图的相关信息，按照《房屋建筑与装饰工程工程量计算规范》（GB 50854—2013）规定的计算规则，保温隔热屋面清单工程量如下。

（1）保温隔热屋面（011001001001）：$(38.48-0.24\times2)\times(14.48-0.24\times2)=532.00(m^2)$

（2）平面砂浆找平层（011101006001）：$(38.48+0.6\times2)\times(14.48+0.6\times2)=622.18(m^2)$

（3）其他预制构件（预制架空隔热板）（010514002001）：$(38.48-0.24\times2)\times(14.48-0.24\times2)\times0.03=15.96(m^3)$

编制的分部分项与单价措施项目清单计价表，见表 5.18。

表 5.18　分部分项工程和单价措施项目清单计价表

工程名称：　　　　　　　　　　　　　　　　　　　　　　　　　　　　　　　　　第　页　共　页

序号	项目编码	项目名称	项目特征	计量单位	工程数量	金额/元		
						综合单价	合价	其中暂估价
1	011001001001	保温隔热屋面	干铺加气混凝土块保温隔热，150mm 厚	m²	532.00			
2	011001001002	保温隔热屋面	1：8 水泥加气混凝土碎渣保温隔热，最薄处 20mm 厚，2%找坡	m²	532.00			
3	011101006001	平面砂浆找平层	20mm 厚 1：3 水泥砂浆找平	m²	622.18			
4	010514002001	其他预制构件（预制架空隔热板）	30mm 厚 C20 现场预制架空隔热板，1：2 水泥砂浆填缝，M5 混合砂浆砌砖垫三皮	m³	15.96			

任务十三 ▶ 楼地面装饰工程计量

　学习目标

　　熟悉楼地面装饰常用的材料与构造；熟悉楼地面装饰清单项目的设置；掌握楼地面装饰清单工程量的计算规则及方法；会计算该分部分项工程清单工程量，编制招标工程量清单表。

任务引入

背景材料：某教学楼底层平面如图 5.174 所示。墙厚 240mm，走廊、楼梯间为水泥砂浆地面。走廊做法：素土夯实，C15 混凝土垫层 80mm 厚，1∶2.5 水泥砂浆 20mm 厚；楼梯面：楼梯板，1∶2.5 水泥砂浆面 20mm 厚。室内房间贴地面砖：C15 混凝土垫层 80mm 厚，1∶3 水泥砂浆找平 20mm 厚，素水泥浆铺贴灰白色全瓷地面砖 600mm×600mm。M1 尺寸为 1500mm×2400mm；M2 尺寸为 1000mm×2400mm。

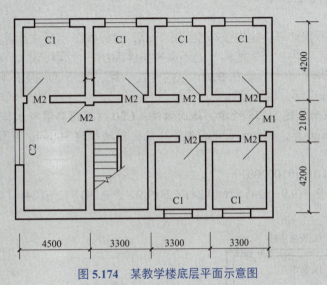

图 5.174　某教学楼底层平面示意图

要求：计算楼地面装饰工程清单工程量，编制工程量清单。

一、清单项目的设置

根据楼地面工程装饰装修使用材料和部位构造的不同，设置整体面层及找平层、块料面层、橡塑面层、其他材料面层、踢脚线、楼梯面层、台阶装饰和零星装饰项目 8 个分项工程。清单项目表请扫二维码 5.14 查看。

二维码 5.14

1. 整体面层及找平层（编码 011101）清单项目的有关说明

① 水泥砂浆面层处理是拉毛还是提浆压光应在面层做法要求中描述。

② 平面砂浆找平层只适用于仅做找平层的平面抹灰。找平层指为铺设楼地面面层所做的平整底层。

③ 间壁墙指墙厚≤120mm 的墙。

④ 楼地面混凝土垫层另按"计量规范"附录 E.1 垫层项目编码列项，除混凝土外的其他材料垫层按"计量规范"垫层项目编码列项。

2. 块料面层（编码 011102）清单项目的有关说明

① 在描述碎石材项目的面层材料特征时可不用描述规格、品牌、颜色。

② 石材、块料与粘接材料的结合面刷防渗材料的种类在防护层材料种类中描述。

③ 磨边指施工现场磨边。所谓磨边，就是将板材的一条边或几条边磨成具有几何形状的一种石材加工工艺。

3. 零星装修项目（编码 011108）清单项目的有关说明

① 楼梯、台阶牵边和侧面镶贴块料面层，≤ 0.5m² 的少量分散的楼地面镶贴块料面层，应按零星装饰项目执行。

② 石材、块料与粘接材料的结合面刷防渗材料的种类在防护材料种类中描述。

二、清单工程量计算

1. 整体面层及找平层

（1）计算规则　按设计图示尺寸以面积计算。扣除凸出地面的构筑物、设备基础、室内铁道、地沟等所占面积，不扣除间壁墙和 $0.3m^2$ 以内的柱、垛、附墙烟囱及孔洞所占面积。门洞、空圈、暖气包槽、壁龛的开口部分不增加，如图 5.175 所示。

（2）解读

① 按设计图示尺寸以面积计算：室内按净空面积计算，室外按图示尺寸计算。

② 构筑物、设备基础、室内铁道、地沟等处不需做整体面层，且面积较大，必须扣除。

③ 为简化计算，间壁墙和单个面积在 $0.3m^2$ 以内的柱、垛、附墙烟囱及孔洞所占面积不扣除，门洞、空圈、暖气包槽、壁龛的开口部分也不增加。

【例 5.65】　某书店平面如图 5.176 所示，地面做法：C20 细石商品混凝土找平层 60mm 厚，1：2.5 白水泥色石子水磨石面层 20mm 厚，15mm×2mm 铜条分隔，距墙柱边 300mm 范围内按纵横 1m 宽分格，试列出清单项目，计算工程量。

解　现浇水磨石地面（011101002001）

清单工程量 =(9.9-0.24)×(6-0.24)×2+(9.9×2-0.24)×(2-0.24)=145.71(m²)

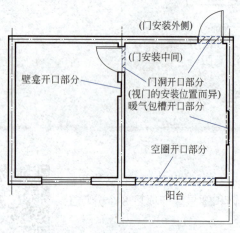

图 5.175　楼地面计算示意图

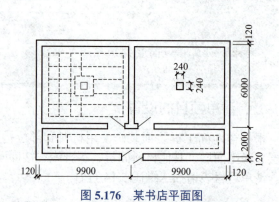

图 5.176　某书店平面图

2. 块料面层

（1）计算规则　按设计图示尺寸以面积计算。门洞、空圈、暖气包槽、壁龛的开口部分并入相应的工程量内。

（2）计算规则的解读

① 块料面层要求比整体面层计算更详细，这是由于其块料面层造价较高。门洞、空圈、暖气包槽、壁龛的开口部分要按实际面积计算，并入相应的地面工程量内，材料不同则分别编码列项。

② 当面层规格不同、铺贴方式不同时，应分别列项。

③ 项目特征中的防护材料指石材底面、侧面的防酸防碱处理。

【例 5.66】　某砖混结构的商店如图 5.177 所示，地面做法：C20 细石混凝土找平层 60mm 厚，现场集中搅拌，1：2.5 水泥砂浆铺贴全瓷抛光地板砖，规格为 600mm×600mm，试列出清单项目，计算清单工程量。

解　块料楼地面（011102003001）

块料面层清单工程量 =(4.5×3-0.24)×(6.0-0.24)-0.4×0.4=76.22(m²)

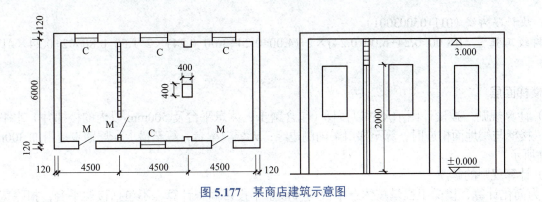

图 5.177　某商店建筑示意图

3. 橡塑面层

计算规则同块料面层。

4. 其他材料面层

计算规则同块料面层。

5. 踢脚线

（1）计算规则　以"m²"计算，按设计图示长度乘以高度以面积计算；或以"m"计算，按延长米计算。

（2）计算规则的解读

① 按设计图示长度乘以高度以面积计算时，其中图示长度室内按净周长计算，室外按外边线长度计算。

② 门洞、空圈、暖气包槽、壁龛的开口部分要扣除，侧壁要增加，三面突出墙面的柱的侧边要增加。

③ 楼梯踏步踢脚线要计算斜长，再乘以高度，有的地区为简化计算过程是按投影长度乘以相应系数后再乘以高度。锯齿部分小三角形面积要并入，如图 5.178 所示。

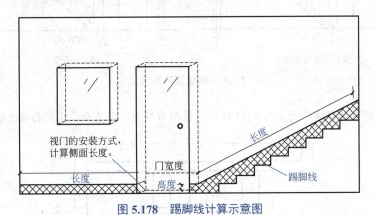

图 5.178　踢脚线计算示意图

【例 5.67】　某房屋平面如图 5.179 所示，室内水泥砂浆粘贴 200mm 花岗岩踢脚线，计算工程量。

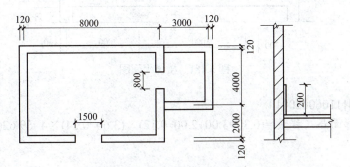

图 5.179　某房屋平面示意图

解 块料踢脚线（011105003001）

踢脚线工程量 =[(8.00-0.24+6.00-0.24)×2+(4.00-0.24+3.00-0.24)×2-1.50-0.80×2+0.24×4]×0.20=7.59(m²)

6.楼梯面层

（1）计算规则　按设计图示尺寸以楼梯（包含踏步、休息平台及500mm以内的楼梯井）水平投影面积计算。楼梯与楼地面相连时，算至梯口梁内侧边缘；无梯口梁者，算至最上一层踏步边沿加300mm，如图5.180所示。

（2）计算规则的解读

①为简化计算，楼梯工程量按休息平台与梯段水平投影面积计算，不包括楼层平台，扣除宽度大于500mm梯井水平投影面积。

②楼梯与走道相连时，以梯口梁为界，有梯口梁则算至梯口梁内侧边缘；无梯口梁者，算至最上一层踏步边沿加300mm，有梯间墙算至梯间墙边。装饰施工图一般无法反映梯口梁位置，因此常以最上层踏步外延300mm计算。

③楼梯面层装饰工程量 =(楼梯水平投影净长 × 楼梯水平投影净宽 - 宽度大于500mm的梯井水平投影面积)× 楼梯层数。楼梯的层数与是否为上人屋面及一个自然层楼梯的跑数有关。

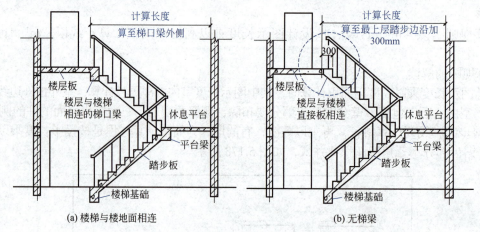

图5.180　楼梯面计算示意图

【例5.68】　某五层房屋楼梯平面如图5.181所示，屋面为不上人型屋面，楼梯面层为块料，计算清单工程量。

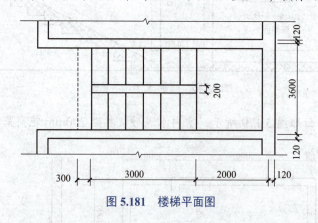

图5.181　楼梯平面图

解　块料楼梯面（011106002001）

楼梯面层工程量 =(0.30+3.00+2.00-0.12)×(3.60-0.24)×4=69.62(m²)

7.台阶装饰

（1）计算规则　按设计图示尺寸以台阶（包括最上层踏步边沿加300mm）水平投影面积计算。

（2）计算规则的解读

① 一般情况下，为简化计算，台阶工程量按水平投影面积计算。

② 台阶与平台相连接时，台阶计算最上一层踏步加300mm，平台面层剩余部分按楼地面编码列项，如图5.182中虚线所示。

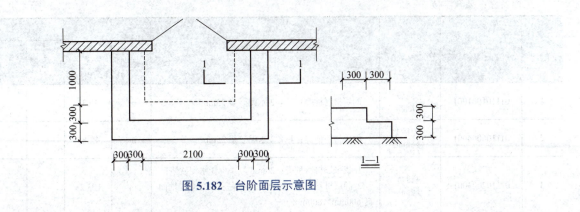

图5.182 台阶面层示意图

③ 台阶的牵边是指楼梯、台阶踏步的端部为防止流水直接从踏步端部流出的构造做法；翼墙是指坡道或台阶两边的挡墙，如图5.183所示。

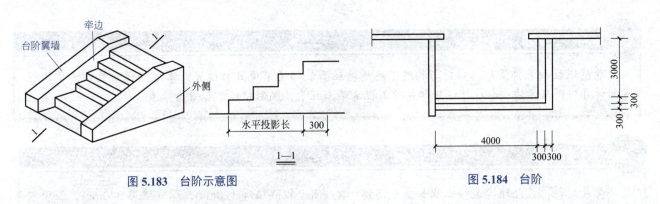

图5.183 台阶示意图　　　　　图5.184 台阶

【例5.69】 某学院行政楼入口台阶如图5.184所示，花岗石贴面，试计算其台阶工程量。

解 石材台阶面（011107001001）

清单工程量 $=(4+0.3\times2)\times(0.3\times2+0.3)+(3.0-0.3)\times(0.3\times2+0.3)=6.57(\text{m}^2)$

8.零星装饰项目

（1）计算规则 按设计图示尺寸面积计算。

（2）零星项目主要适用于池槽、蹲位、楼梯、台阶侧面等装饰以及楼地面未列项、面积在0.5m²以内的少量分散的楼地面项目，按展开表面积计算。

三、楼地面装饰工程的工程量清单编制

任务解析 根据本项目任务十三的任务引入的描述，解析过程如下。

（1）计算清单工程量

① 水泥砂浆地面（011101001001）

清单工程量 $=(2.1-0.24)\times(9.9-0.24)+(3.3-0.24)\times4.2=30.82(\text{m}^2)$

② 水泥砂浆楼梯面（011106004001）

清单工程量 $=(3.3-0.24)\times4.2=12.85(\text{m}^2)$

③ 块料楼地面（011102003001）

彩釉砖地面工程量 $=(3.3-0.24)\times(4.2-0.24)\times5+(4.5-0.24)\times(10.5-0.24\times2)=103.28(\text{m}^2)$

（2）工程量清单编制

依据任务描述和设计图的相关信息，填入清单工程量的计算结果，编制的分部分项与单价措施项目清单计价表，见表5.19。

表 5.19　分部分项工程和单价措施项目清单计价表

工程名称：某教学楼

序 号	项目编码	项目名称	项目特征	计量单位	工程数量	金额 / 元		
						综合单价	合价	其中
								暂估价
1	011101001001	水泥砂浆地面	面层材料种类：1：2 水泥砂浆 25mm	m²	30.82			
2	011106004001	水泥砂浆楼梯面	面层材料种类：1：2 水泥砂浆 25mm	m²	12.85			
3	011102003001	块料楼地面	1. 找平层材料种类：20mm 厚 1：3 水泥砂浆； 2. 面层材料种类：素水泥浆铺贴灰白色全瓷地面砖 600mm×600mm	m²	103.28			

任务十四 ▶ 墙柱面装饰工程计量

 学习目标

熟悉墙柱面装饰常用的材料与构造；熟悉墙柱面装饰清单项目的设置；掌握墙柱面装饰清单工程量的计算规则及方法；会计算该分部分项工程清单工程量，编制招标工程量清单表。

 任务引入

背景材料：某经理室装修工程如图5.185所示。间壁轻隔墙厚120mm，承重墙厚240mm。经理室内装修做法详见表5.20分部分项工程量清单中所列的内容。不计算踢脚、墙面门口侧边的工程量，柱面与墙踢脚做法相同，柱装饰面层厚度50mm。

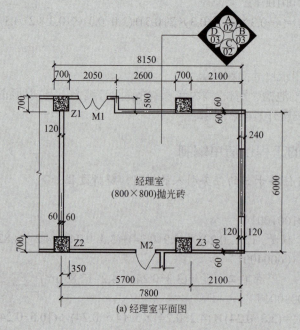

(a) 经理室平面图

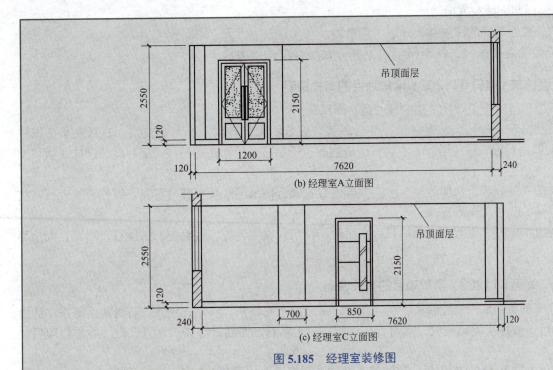

图 5.185　经理室装修图

要求：根据图 5.185 所示内容和表 5.20 分部分项工程量清单所列项目，计算经理室内墙柱面装修清单工程量。将相应的计量单位、计算式及计算结果填入分部分项工程量清单表的相应栏目中（计算结果均保留两位小数）。

表 5.20　分部分项工程量清单

序号	项目编码	项目名称	计量单位	工程数量	计算式
1		柱面装饰 （1）木龙骨饰面包方柱；（2）木龙骨 25mm×300mm，中距 300mm×300mm； （3）基层：9mm 胶合板；（4）面层：红榉饰面板			
2		块料墙面 （1）界面剂；（2）粘贴层：水泥砂浆；（3）面层：规格 194mm×94mm 面砖			

一、清单项目的设置

墙柱面装饰工程是在墙柱结构上进行表层装饰的工程，共分 10 个分项工程清单项目，即墙面抹灰、柱（梁）面抹灰、零星抹灰、墙面镶贴块料、柱（梁）面镶贴块料、镶贴零星块料、墙饰面、柱（梁）饰面、幕墙工程、隔断工程。清单项目表请扫二维码 5.15 查看。

二维码 5.15

1. 墙面抹灰（编码 011201）清单项目的有关说明

墙面抹灰是指在墙面上抹水泥砂浆、混合砂浆、白灰砂浆的面层工程，其组成如图 5.186 所示。

① 立面砂浆找平项目适用于仅做找平层的立面抹灰。

② 抹石灰砂浆、水泥砂浆、混合砂浆、聚合物水泥砂浆、麻刀石灰浆、石膏灰浆等按墙面一般抹灰列项，水刷石、斩假石、干粘

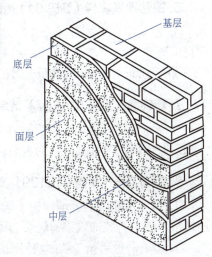

图 5.186　抹灰的组成

155

石、假面砖等按墙面装饰抹灰列项。

③ 飘窗凸出外墙面增加的抹灰并入外墙工程量内。

④ 有吊顶天棚的内墙抹灰，抹至吊顶以上部分在综合单价中考虑。

2. 柱（梁）面抹灰（编码011202）清单项目的有关说明

① 砂浆找平项目适用于仅做找平层的柱（梁）面抹灰。

② 柱（梁）面抹石灰砂浆、水泥砂浆、混合砂浆、聚合物水泥砂浆、麻刀石灰浆、石膏灰浆等按柱（梁）面一般抹灰编码列项；柱（梁）面水刷石、斩假石、干粘石、假面砖等按柱（梁）面装饰抹灰项目编码列项。

③ 一般抹灰指石灰砂浆、水泥砂浆、水泥混合砂浆、聚合物水泥砂浆、麻刀石灰、纸筋石灰、石膏灰等的抹灰。

④ 装饰抹灰指水刷石、斩假石、干粘石、假面砖、拉条灰、拉毛灰、甩毛灰、扒拉石、喷涂、滚涂等的抹灰。

3. 零星抹灰（编码011203）清单项目的有关说明

① 零星项目抹石灰砂浆、水泥砂浆、混合砂浆、聚合物水泥砂浆、麻刀石灰浆、石膏灰浆等按"计量规范"中零星项目一般抹灰编码列项，水刷石、斩假石、干粘石、假面砖等按"计量规范"中零星项目装饰抹灰编码列项。

② 墙、柱（梁）面≤0.5m² 的少量分散的抹灰按"计量规范"中零星抹灰项目编码列项。

4. 墙面镶贴块料面层（编码011204）清单项目的有关说明

① 本部分主要包括石材（大理石、花岗岩等）和块料（彩釉砖、瓷砖等）的墙面的镶贴。

② 碎拼石材是指采用碎块材料在水泥砂浆结合层上铺设而成，碎块间缝填嵌水泥砂浆或水泥石粒等。在描述碎块项目的面层材料特征时可不用描述规格、颜色。

③ 石块、材料与粘接材料的结合面刷防渗材料的种类在防护层材料种类中描述。

④ 块料墙面的施工方法有镶贴、挂贴、干挂等方式。安装方式可描述为砂浆或黏结剂粘贴、挂贴、干挂等，不论哪种安装方式，都要详细描述与组价相关的内容。

5. 柱（梁）面镶贴块料（编码011205）清单项目的有关说明

① 在描述碎块项目的面层材料特征时可不用描述规格、颜色。

② 石材、块料与粘接材料的结合面刷防渗材料的种类在防护层材料种类中描述。

③ 柱梁面干挂石材的钢骨架按"墙面块料面层"中的"干挂石材钢骨架"相应项目编码列项。

6. 镶贴零星块料（编码011206）清单项目的有关说明

① 零星项目干挂石材的钢骨架按"计量规范"附录表"墙面块料面层"中的"干挂石材钢骨架"相应项目编码列项。

② 墙柱面≤0.5m² 的少量分散的镶贴块料面层按"计量规范"中零星项目执行。

7. 墙饰面（编码011207）清单项目的有关说明

墙饰面是指以金属或木质材料为骨架或框架，在其表面用装饰面板所形成的墙面和柱面。它与以砖墙柱和混凝土墙柱为基层进行的表面装饰有所区别。

8. 幕墙工程（编码012109）清单项目的有关说明

① 幕墙是建筑的外墙围护不承重，因其像幕布一样挂上去，故又称为"帷幕墙"，是现代大型和高层建筑常用的带有装饰效果的轻质墙体。

② 幕墙钢骨架按"墙面块料面层"中的干挂石材钢骨架编码列项。

二、清单工程量计算

1. 墙面抹灰

（1）计算规则 按设计图示尺寸以面积计算。扣除墙裙、门窗洞口及单个大于 $0.3m^2$ 的孔洞面积，不扣除踢脚线、挂镜线和墙与构件交接处的面积，门窗洞口和孔洞的侧壁及顶面不增加面积。附墙柱、梁、垛、烟囱侧壁并入相应的墙面面积内，如图 5.187 所示。

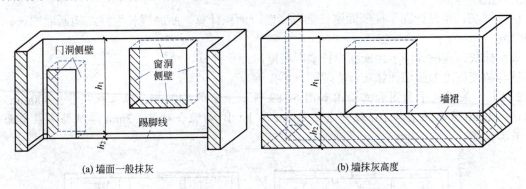

(a) 墙面一般抹灰 （b) 墙抹灰高度

图 5.187 墙面抹灰示意图

$$墙面抹灰面积 = 墙长 × 墙高 + 附墙柱、梁、垛、烟囱侧壁面积 - 墙裙、门窗洞口面积 -$$
$$单个大于 0.3m^2 孔洞面积 \tag{5.59}$$

（2）计算规则的解读

① 墙与构件交接处的面积是指墙与梁的交接处所占面积，不包括墙与楼板的交接处面积，内墙面分层计算。

② 外墙抹灰面积按外墙垂直投影面积计算。计算外墙抹灰高度时（拉通计算），无勒脚的，高度按设计室外地面算起；有勒脚的，高度按勒脚上方算起。屋面有女儿墙压顶的，算至压顶上方；屋面板挑檐无组织排水的，算至板底。

③ 外墙抹灰面积按其长度乘以高度计算。

④ 内墙抹灰面积按主墙间的净长乘以高度计算：

a. 无墙裙的，高度按室内楼地面至天棚底面计算；

b. 有墙裙的，高度按墙裙顶至天棚底面计算；

c. 有吊顶天棚抹灰，高度算至天棚底。

⑤ 内墙裙抹灰面按内墙净长乘以高度计算。

【例 5.70】 某商店平面和立面如图 5.188 所示，外墙面抹水泥砂浆，底层为 1:3 水泥砂浆打底 14mm 厚，面层为 1:2.5 水泥浆抹面 8mm 厚；外墙裙水刷石，1:3 水泥砂浆打底 12mm 厚，素水泥浆二遍，1:1.5 水泥白石子 10mm 厚（分格），计算外墙面抹灰和外墙裙装饰抹灰工程量。其中，M 的尺寸为 1000mm×2500mm，C 的尺寸为 1200mm×1500mm。

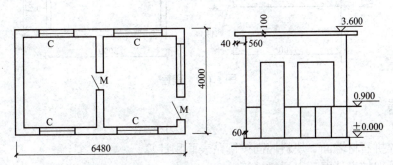

图 5.188 某商店平面图和立面图

解 墙面一般抹灰（外墙面水泥砂浆）（011201001001）

清单工程量 =(6.48+4.00)×2×(3.6-0.10-0.90)-1.00×(2.50-0.90)-1.20×1.50×5=43.90(m²)

墙面装饰抹灰（外墙裙水刷白石子）（011201002001）

清单工程量 =[(6.48+4.00)×2-1.00]×0.90=17.96(m²)

2. 柱（梁）面抹灰

（1）柱（梁）面适用于独立柱、独立梁，附墙柱、梁面合并到相应墙面工程量内，带梁天棚中的梁合并到天棚工程量。

（2）柱面抹灰，按设计图示柱断面周长乘以高度以面积计算。断面周长为柱结构断面周长，不含装饰层材料的厚度。

（3）梁面抹灰，按设计图示梁断面周长乘以长度以面积计算。

（4）柱与梁交接处参照墙面抹灰计算规则，不扣除。

【例 5.71】 某建筑平面图和立面图如图 5.189 所示，墙厚 240mm，独立柱尺寸：400mm×400mm。其装饰做法：1mm 素水泥浆加 107 胶一道；12mm 厚 1：1：4 混合砂浆；2mm 厚纸筋灰浆罩面，计算柱面抹灰清单工程量。

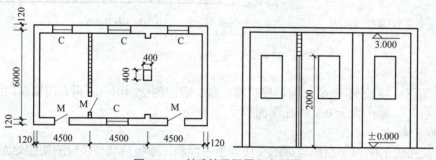

图 5.189 某建筑平面图和立面图

解 柱面抹灰清单工程量 =0.4×4×3.0=4.80(m²)

3. 零星抹灰

（1）**计算规则** 按设计图示尺寸以面积计算。

（2）**计算规则的解读** 零星抹灰适用于挑檐、天沟、腰线、窗台线、窗台板、门窗套、压顶、栏板扶手、遮阳板、雨篷周边等，以及墙柱面小于 0.5m² 少量分散的抹灰。按构件结构尺寸的展开面积计算。

【例 5.72】 某雨篷水泥砂浆抹灰，侧板外侧斩假石抹灰，如图 5.190 所示，试计算零星抹灰清单工程量。

解 雨篷表面有顶面、侧面和底面三个部分，顶面部分为卷材的找平层；底面抹灰为天棚抹灰，只需计算侧面抹灰。

斩假石抹灰工程量：S=0.6×(1.2×2+3)=3.24(m²)

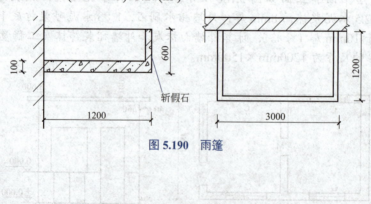

图 5.190 雨篷

4. 墙面块料面层

（1）计算规则

① 石材墙面、碎拼石材墙面、块料墙面按镶贴表面积计算。

② 干挂石材钢骨架按设计图示以质量计算。

（2）计算规则解读

① 块料墙面按设计图示尺寸以镶贴表面积计算，应扣除踢脚线、挂镜线及墙与构件交接处的面积，门

窗洞口的侧壁及顶面要增加。附墙的柱、梁、垛、烟囱侧壁并入墙面面积内。按镶贴表面积计算则应考虑块料面层和粘贴厚度后的建筑尺寸，如图 5.191 所示。

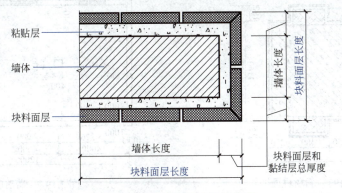

图 5.191 镶贴表面积计算示意图

② 干挂石材钢骨架按重量计算，先计算总长度，在乘以相应理论重量。

【例 5.73】 某变电室外墙面尺寸如图 5.192 所示，M 为 1500mm×2000mm；C1 为 1500mm×1500mm；C2 为 1200mm×800mm；墙厚 240mm，9mm 厚 1∶3 水泥砂浆打底，8mm 厚 1∶0.1∶2.5 混合砂浆粘接层，扫毛压实抹平，门窗侧面宽度 100mm，外墙粘贴规格为 194mm×94mm 瓷质外墙砖，灰缝 5mm。计算块料墙面清单工程量。

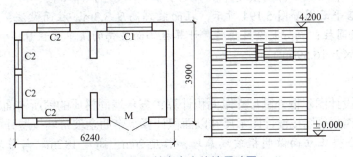

图 5.192 某变电室外墙尺寸图

解 块料墙面（021204003001）

清单工程量 =(6.24+3.90)×2×4.20-1.50×2.00-1.50×1.50-1.20×0.80×4+[1.50×4+(1.20+0.80)×2×4]×0.10=78.29(m²)

5. 柱（梁）面镶贴块料

（1）计算规则 以镶贴表面积计算。

（2）计算规则解读 柱（梁）面安装块料面层，按设计图示饰面周长乘以高度以面积计算，饰面周长包含装饰层材料厚度，柱帽、柱墩饰面合并到柱身工程量计算，梁与柱交接的地方要扣除。

【例 5.74】 某学院大门柱高 8m，柱面进行石材装饰（18mm 厚大理石），施工方法采用湿挂法，如图 5.193 所示，计算石材柱面的清单工程量。

解 石材柱面（011205001001），清单工程量按镶贴表面积计算：(0.98+1.52)×2×8.0=40(m²)

6. 墙饰面

计算规则如下。

① 装饰板墙面按净面积（墙净长乘以净高）计算，为简化计算过程，小于 0.3m² 的单个孔洞面积不扣除。

② 墙面装饰浮雕按设计图示尺寸以面积计算。

【例 5.75】 某商店平面图如图 5.194 所示，内墙面装饰高度 3.3m，具体做法为：30mm×40mm 双向木龙骨，450mm×450mm×5mm 胶合板基层；铝合金复合板墙面；木龙骨和胶合板刷防火漆二遍。计算饰面装饰的清单工程量。

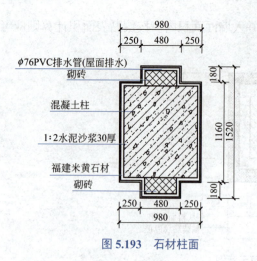

图 5.193　石材柱面

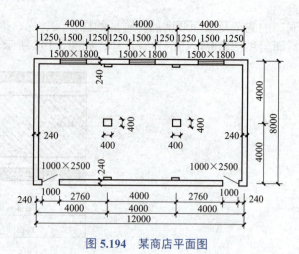

图 5.194　某商店平面图

解　$S=[(12-0.24)+(8-0.24)]\times2\times3.3-1.5\times1.8\times3-1\times2.5\times2=115.73(m^2)$

7. 柱（梁）饰面

（1）计算规则

① 柱（梁）面装饰：按设计图示饰面外围尺寸以面积计算。柱帽、柱墩并入相应饰面工程量内。

② 成品装饰柱：按设计数量以"根"计算或按设计长度以"m"计算。

（2）计算规则解读　柱（梁）饰面按设计图示尺寸（成活尺寸）计算。

【例 5.76】　某商店平面图如图 5.194 所示，柱面装饰高度 3.3m，柱面做法：木龙骨三夹板基层；面层包直径为 800mm 铝板圆柱；刷防火涂料两遍。计算柱饰面装饰的清单工程量。

解　$S=\pi\times0.8\times3.3\times2=16.59(m^2)$

8. 幕墙工程

（1）带骨架幕墙按设计图示框外围尺寸以面积计算，与幕墙同材质的窗所占面积不扣除。

（2）全玻（无框玻璃）幕墙按设计图示尺寸以面积计算，带肋全玻幕墙按展开面积计算。

【例 5.77】　某办公楼正立面做明框玻璃幕墙，长度 26m，高度 18.2m。与幕墙同材质窗洞口尺寸为 900mm×900mm，共 12 个。试计算幕墙清单工程量。

解　幕墙（011209001001）清单工程量 $=26\times18.2=473.20(m^2)$

9. 隔断

（1）木隔断：按设计图示框外围尺寸以面积计算。扣除单个 $0.3m^2$ 以上孔洞所占面积；浴厕门的材质与隔断相同时，门的面积并入隔断面积内。

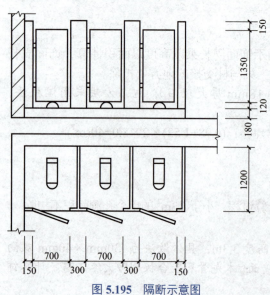

图 5.195　隔断示意图

（2）玻璃隔断、塑料隔断：按设计图示框外围尺寸以面积计算。扣除单个 $0.3m^2$ 以上孔洞所占面积。

（3）成品隔断：按设计图示尺寸以框外围面积计算或按设计数量以间计算。

（4）其他隔断：按设计图示框外围尺寸以面积计算。扣除单个 $0.3m^2$ 以上孔洞所占面积。为简化计算，单个孔洞面积小于 $0.3m^2$ 的不扣除。当浴厕门的材质与隔断相同时，门的面积并入隔断面积内，不同时则另行计算。

【例 5.78】　某卫生间浴厕门和隔断的材质均为某品牌 80 系列塑钢，如图 5.195 所示。计算塑钢隔断的清单工程量。

解　厕门的材质与隔断相同时，门的面积并入隔断面积内。

门工程量 $=1.35\times0.7\times3=2.835(m^2)$

间隔隔断工程量 $=(1.35+0.15+0.12)\times(2\times0.3+0.15\times2+1.2\times3)=7.29(m^2)$

隔断工程量 $=2.835+7.29=10.13(m^2)$

三、墙柱面装饰工程的工程量清单编制

任务解析　依据本项目任务十四的任务引入的描述和设计图的相关信息，经理室内墙柱面装修清单工程量计算如下，编制的分部分项与单价措施项目清单计价表，见表5.21。

柱面装饰（011208001001）

$[(0.35-0.06+0.05)+(0.70-0.12+0.05)]×(2.55-0.12)×2$<Z1及Z2>$+[(0.7+0.05×2)+(0.70-0.12+0.05)×2]×(2.55-0.12)×2$<Z3>$=14.73(m^2)$

块料墙面（011204003001）

$（7.62+0.58）×(2.55-0.12)-1.2×(2.15-0.12)-(0.35-0.06)×(2.55-0.12)$< Ⓐ 轴 >$+7.62×(2.55-0.12)-0.85×(2.15-0.12)-(0.7+0.35-0.06)×(2.55-0.12)$<Ⓒ轴 >$= 31.17(m^2)$

表 5.21　分部分项与单价措施项目清单计价表

序号	项目编码	项目名称	项目特征	计量单位	工程数量
1	011208001001	柱面装饰	1. 木龙骨饰面包方柱； 2. 木龙骨 25×300mm，中距 300mm×300mm； 3. 基层：9mm 胶合板； 4. 面层：红桦饰面板	m²	14.73
2	011204003001	块料墙面	1. 界面剂； 2. 粘贴层：水泥砂浆； 3. 面层：规格 194mm×94mm 面砖	m²	31.17

任务十五 ▶ 天棚装饰工程计量

学习目标

熟悉天棚装饰工程常用的材料与构造；熟悉天棚装饰工程清单项目的设置；掌握天棚装饰工程清单工程量的计算规则及方法；会计算该分部分项工程清单工程量，编制分部分项工程量清单表。

任务引入

背景材料：某会议室天棚吊顶装饰，其吊顶平面、剖面分别如图5.196、图5.197所示。

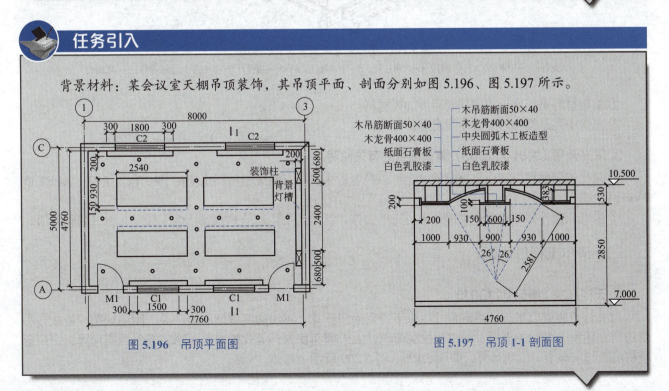

图 5.196　吊顶平面图　　　　图 5.197　吊顶 1-1 剖面图

要求：(1) 计算天棚装饰工程清单工程量。将相应的计量单位、计算式及计算结果填入分部分项工程量清单表。

(2) 若天棚采用混合砂浆抹灰，底层用 8mm 厚混合砂浆 1：0.3：3，面层采用 10mm 厚混合砂浆，计算天棚装饰工程的清单工程量，编制分部分项清单表。

一、清单项目的设置

二维码 5.16

天棚装饰工程是在楼板、屋架下弦或屋面板的下面进行的工程。天棚装饰工程包括天棚抹灰、天棚吊顶、采光天棚、天棚其他装饰 4 个分项工程清单项目。清单项目表请扫二维码 5.16 查看。

1. 天棚抹灰（编码 011301）清单项目的有关说明

① 天棚抹灰是指屋顶或者楼层顶使用水泥砂浆、腻子粉等材料进行的装修做法，起到与基层粘接、找平、美观的效果。

② 在项目特征中，应描述天棚基层类型及材料等情况。"天棚抹灰"项目基层类型有现浇混凝土天棚、预制混凝土天棚、木板条等。

2. 天棚吊顶（编码 011302）清单项目的有关说明

① 天棚吊顶由龙骨、面层（基层）和吊筋三大部分组成，如图 5.198 所示。

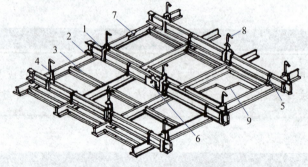

图 5.198　铝合金龙骨吊顶安装示意图

1—大龙骨；2—中龙骨；3—小龙骨；4—大吊挂件；5—中吊挂件；6—大接插件；7—中接插件；8—吊杆；9—罩面板

② 基层材料是指底板或面层背后的加强材料。

③ 龙骨中距是指相邻龙骨中线之间的距离。

3. 采光天棚（编码 011303）清单项目的有关说明

① 采光天棚的棚顶可以是玻璃的，也可以是各种采光板。采光板材料主要由 PP、PC、PET、APET 或 PVC 料做成。

② 采光天棚骨架不包括在本部分中，应单独按"计量规范"附录 F 金属结构工程相关项目编码列项。

二、清单工程量计算

1. 天棚抹灰（编码 011301）

（1）计算规则　按设计图示尺寸以水平投影面积计算。不扣除间壁墙、柱、垛、附墙烟囱、检查口和管道所占面积。带梁的天棚，梁两侧抹灰面积并入天棚面积内；板式楼梯底面抹灰按斜面积计算；锯齿形楼梯底板抹灰按展开面积计算，如图 5.199、图 5.200 所示。

建筑工程计量与计价

162

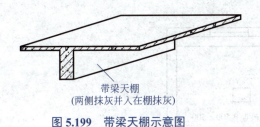

带梁天棚
(两侧抹灰并入在棚抹灰)

图 5.199 带梁天棚示意图

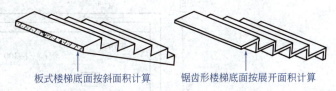

板式楼梯底面按斜面积计算   锯齿形楼梯底面按展开面积计算

图 5.200 楼梯底面

$$\text{天棚抹灰面积} = \text{主墙间净长} \times \text{主墙间净宽} + \text{梁侧面面积} - \text{单个大于 } 0.3\text{m}^2 \text{孔洞、独立柱与天棚相连的窗帘盒面积} \qquad (5.60)$$

（2）清单工程量计算规则解读

① 室内天棚抹灰，间壁墙、垛、柱、附墙烟囱、检查口和管道所占面积较小，所需的人工、材料、机械消耗量也较小，因此计算时不扣除。有梁板梁底含在投影面积内，只需增加梁两侧面积。

② 楼梯底板、雨篷、阳台底抹灰按天棚抹灰列项，清单工程量计算按实际面积或展开面积计算。

【例5.79】 某工程现浇井字梁顶棚如图5.201所示，采用麻刀石灰浆面层，计算清单工程量。

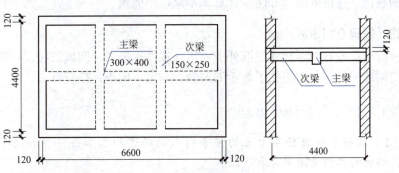

图 5.201 某工程现浇井字梁顶棚

解 顶棚抹灰工程量 $=(6.60-0.24)\times(4.40-0.24)+(0.40-0.12)\times6.36\times2+(0.25-0.12)\times3.86\times2\times2-(0.25-0.12)\times0.15\times4=31.95(\text{m}^2)$

【例5.80】 某雨篷面采用水泥砂浆抹灰，侧板外侧采用斩假石抹灰，如图5.190，试计算天棚抹灰清单工程量。

解 雨篷底面抹灰为天棚抹灰（011301001001），雨篷水泥砂浆抹灰工程量 $S=1.2\times3=3.6(\text{m}^2)$

2. 天棚吊顶（编码011302）

（1）按设计图示尺寸以水平投影面积计算，室内按净面积计算。

（2）间壁墙、附墙烟囱、柱、垛、检查口和管道所占面积较小，已考虑在单价中，工程量中不必扣除。

（3）与天棚相连的窗帘盒所占的面积要扣除，窗帘盒单独列门窗工程的项目。

（4）天棚中的灯槽及跌级、锯齿形、吊挂式、藻井式天棚展开增加的面积在报价中考虑，清单工程量不另计算。高差在200mm以上400mm以下，错台投影面积达到规定要求以上者为跌级天棚。

（5）在计算吊顶工程量时风口所占面积不扣除，但风口的制作与安装另按数量单独列项。

（6）检查口、开灯孔不单独列清单，含在综合单价内。

$$\text{天棚吊顶面积} = \text{房间净长} \times \text{房间净宽} - \text{单个大于 } 0.3\text{m}^2 \text{孔洞面积} - \text{独立柱面积} - \text{窗帘盒面积}$$
$$\qquad (5.61)$$

【例5.81】 某办公室平面如图5.202所示，天棚装修具体做法：一级不上人吊顶；龙骨材料种类：U形轻钢龙骨，中距450mm×450mm；基层、面层材料种类：纸面石膏板。窗帘盒宽200mm，高400mm，通长。试计算该天棚的清单工程量并编制分部分项工程清单表。

解 天棚吊顶（011302001001），清单工程量 $=(3.6\times3-0.24)\times(5.0-0.24-0.20)-0.3\times0.3\times2=47.97(\text{m}^2)$

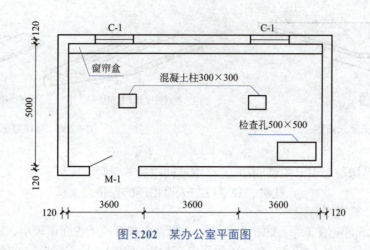

图 5.202 某办公室平面图

3.采光天棚（编码011303）

（1）计算规则　按框外围展开面积计算。

（2）计算规则的解读　按框外围展开面积计算，不是投影面积。

4.天棚其他装饰（编码011304）

（1）计算规则　灯带按设计图示尺寸以框外围面积计算；送风口、回风口按设计图示数量计算。

（2）计算规则的解读　灯带分项包括了灯带的安装和固定，但不包括灯具。

三、天棚装饰工程的工程量清单编制

任务解析　（1）依据本项目任务十五的任务引入的描述和已知条件等相关信息，天棚工程清单工程量的计算如下，编制的工程量清单见表5.22。

① 吊顶天棚（纸面石膏板吊顶）（011302001001）

吊顶水平投影面积：$7.76×4.76=36.94(m^2)$

扣减窗帘盒和装饰柱：

C1窗帘盒：$(1.5+0.3×2)×0.2×2=0.84(m^2)$；C2窗帘盒：$(1.8+0.3×2)×0.2×2=0.96(m^2)$

装饰柱（灯槽）：$(2.4+0.5×2)×0.2=0.68(m^2)$

小计：$36.94-0.84-0.96-0.68=34.46m^2$

② 灯带（槽）（011304002001），清单工程量$S=(2.4+0.5×2)×0.2=0.68(m^2)$

表 5.22　分部分项工程和单价措施项目清单表

工程名称：某会议室　　　　　　　　　　　　　　　　　　　　　　　　　　　　　第 页 共 页

序号	项目编码	项目名称	项目特征	计量单位	工程数量	金额/元		
						综合单价	合价	其中 暂估价
1	011302001001	吊顶天棚	1.吊顶形式、吊杆规格、高度； 2.木吊筋，断面10mm×40mm； 3.木龙骨400mm×400mm； 4.纸面石膏板	m²	34.46			
2	011304002001	灯带（槽）	1.灯带尺寸：3400mm×200mm； 2.安装固定方式：卡槽固定的方式	m²	0.68			

（2）天棚采用混合砂浆抹灰，天棚工程清单计算如下，工程量清单编制见表5.23。

天棚抹灰（011301001001），清单工程量 $S=7.76×4.76=36.94(m^2)$

表 5.23 分部分项工程和单价措施项目清单表

工程名称：某会议室 　　　　　　　　　　　　　　　　　　　　　　　　　　　　第　页　共　页

序号	项目编码	项目名称	项目特征	计量单位	工程数量	金额/元		
						综合单价	合价	其中
								暂估价
1	011301001001	天棚抹灰	1. 底层用 8mm 厚混合砂浆 1：0.3：3； 2. 面层采用 10mm 厚混合砂浆	m²	36.94			
2	011304002001	灯带（槽）	1. 灯带尺寸：3400mm×200mm； 2. 安装固定方式：卡槽固定的方式	m²	0.68			

任务十六 ▶ 油漆、涂料、裱糊工程计量

学习目标

熟悉油漆、涂料、裱糊工程常用的材料与构造；熟悉油漆、涂料、裱糊工程清单项目的设置；掌握油漆、涂料、裱糊工程清单工程量的计算规则及方法；会计算该分部分项工程清单工程量，编制分部分项工程量清单表。

任务引入

背景材料：某传达室如图 5.203 所示，外墙真石漆墙面，内墙面下部木墙裙高 1000 mm，上润油粉、刮腻子、油色、清漆四遍、磨退出亮；内墙抹灰面满刮腻子二遍，贴对花墙纸，挂镜线 25mm×50mm，刷底油一遍、调和漆二遍，挂镜线以上及顶棚刷防瓷涂料二遍。如图 5.204 所示窗连门，门窗分别为全玻璃门、推拉窗，居中立樘，框厚 80mm，墙厚 240mm。

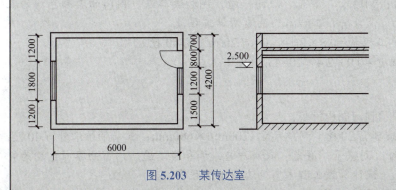

图 5.203 某传达室

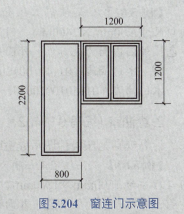

图 5.204 窗连门示意图

要求：试列出油漆、涂料、裱糊工程的清单项目，计算清单工程量。将相应的计量单位、计算式及计算结果填入清单工程量计算表，并编制分部分项工程清单表（计算结果均保留两位小数）。

一、清单项目的设置

油漆、涂料工程俗称涂饰工程，是指将涂料涂敷于物体表面的工程。涂料是指涂敷于物体表面，并与物体表面材料很好黏结并形成完整保护膜的物料总称。

油漆、涂料、裱糊工程包括门油漆，窗油漆，木扶手及其他条板、线条油漆，木材面油漆，金属面油漆，抹灰面油漆，喷刷涂料，裱糊等8个分项工程清单项目。清单项目表请扫二维码5.17查看。

二维码 5.17

1. 门油漆（编码011401）清单项目的有关说明

① 木门油漆应区分木大门、单层木门、双层（一玻一纱）木门、双层（单裁口）木门、全玻自由门、半玻自由门、装饰门、有框门、无框门等项目，分别编码列项。

② 金属门油漆应区分平开门、推拉门、钢制防火门等项目，分别编码列项。

③ 以"m²"计量，项目特征可不描述洞口尺寸。

2. 窗油漆（编码011402）清单项目的有关说明

① 木窗油漆应区分木窗、单层木窗、双层（一玻一纱）木窗、双层框扇（单裁口）、单层组合窗、木百叶窗、木推拉窗等项目，分别编码列项。

② 金属窗油漆应区分平开窗、推拉窗、固定窗、组合窗、金属格栅窗等项目，分别编码列项。

③ 以"m²"计量，项目特征可不描述洞口尺寸。

3. 木扶手及其他条板、线条油漆（编码011403）清单项目的有关说明

木扶手应区分带托板与不带托板，分别编码列项，若是木栏杆带扶手，木扶手不应单独列项，应包含在木栏杆油漆中。

二、清单工程量计算

1. 门油漆（编码011401）

（1）计算规则　按设计图示数量或设计图示洞口面积计算。

（2）计算规则解读

① 工程量一般以面积计算，如果门窗型号单一，可以选择按数量计算。湖北省规定该项选取设计图示洞口面积计算。

② 注意洞口面积与门扇面积的区别。洞口面积可以查看施工图门窗表，门窗表中的数据要事先核对准确。

【例5.82】　某住宅工程有单扇木内门40樘，洞口尺寸为800mm×2100mm；带纱入户木门20樘，洞口尺寸900mm×2400mm。门油漆均为：刮腻子、磨光、底油一遍，调和漆二遍。内门油漆颜色均为乳黄色，外门内面为乳黄色、外面为棕红色。试计算该工程木门油漆清单工程量。

解　木门油漆（011401001001），清单工程量=0.8×2.1×40=67.20(m²) 或 40樘

木门油漆（011401001002），清单工程量=0.9×2.4×20=43.20(m²)

2. 窗油漆（编码011402）

计算规则为按设计图示数量或设计图示洞口面积计算。

【例5.83】　某住宅工程有双扇木内玻璃窗20樘，洞口尺寸1200mm×600mm；三扇带纱木外窗40樘，洞口尺寸为1500mm×1800mm。窗油漆为：刮腻子、磨光、底油一遍，调和漆二遍。内窗油漆颜色均为乳黄色，外窗内面为乳黄色、外面为棕红色。试计算该工程木窗油漆清单工程量。

解　木窗油漆（011402001001），单层木窗工程量=1.2×0.6×20=14.40(m²)

木窗油漆（011402001002），带纱木窗工程量=1.5×1.8×40=108.00(m²)

3. 木扶手及其他条板、线条油漆（编码011403）

（1）计算规则　按设计图示尺寸以长度计算。

（2）计算规则解读 楼梯栏杆上的木扶手油漆踏步部分按斜长计算，平直段直接相加，梯井宽度要计算。

$$楼梯扶手长度 = 斜长 + 弯头 + 水平长 \tag{5.62}$$

4. 木材面油漆（编码011404）

（1）计算规则 按设计图示尺寸以面积计算。

（2）计算规则解读 以油漆部位展开面积计算的项目要注意木材正反两面。

【例5.84】 某墙面装饰如图5.205所示，木线为三道线，25mm宽。装饰三合板面层刷调和漆3遍（底油一遍、刮腻子），计算清单工程量。

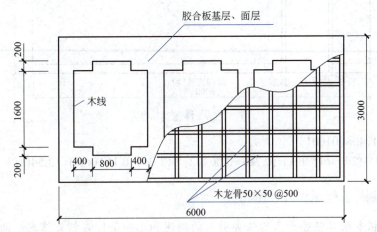

图5.205 某墙面装饰图

解 木墙裙油漆（011404001001）

墙面装饰刷调和漆（木龙骨夹板基层三合板面层）工程量 =3.0×6.0=18.00(m²)

线条油漆（011403005001）

装饰线条（25mm宽木线）工程量 =[(0.4+0.8+0.4)+(0.2+1.6+0.2)]×2×3=21.6(m)

5. 金属面油漆

（1）计算规则 按设计图示尺寸以质量计算或按展开面积以"m²"计算。

（2）计算规则解读 金属面油漆按质量计算时，先计算长度或者面积，然后乘以理论质量得到工程量。

6. 抹灰面油漆

（1）计算规则

① 抹灰面油漆、满刮腻子按设计图示尺寸以面积计算。

② 抹灰线条油漆按设计图示尺寸以长度计算。

（2）计算规则解读 不同部位的抹灰面油漆分别列项，均以展开面积计算，门窗洞口侧壁要计算。

7. 喷刷涂料

（1）计算规则

① 墙面喷刷涂料、天棚喷刷涂料、空花格、栏杆刷涂料、木材构件刷防火涂料按设计图示尺寸以面积计算。

② 线条刷涂料按设计图示尺寸以面积计算。

③ 金属构件刷防火涂料按设计展开面积计算或按设计图示尺寸以质量计算。

（2）计算规则解读 不同部位刷涂料以展开面积计算，附墙柱侧边展开合并到墙面，带梁天棚梁侧展开合并到天棚。

8. 裱糊

清单工程量计算规则为墙纸裱糊、织锦缎裱糊按实铺面积计算，踢脚线高度要扣除。

【例 5.85】 某酒店大堂装饰中墙面贴蓝色花纹墙纸，如图 5.206 所示，计算该墙面墙纸裱糊的工程量。

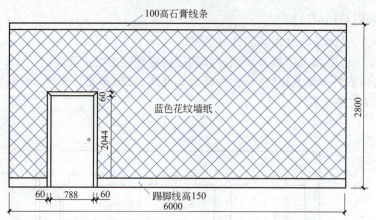

图 5.206 墙面装饰图

解 墙纸裱糊（011408001001）

清单工程量 $S=6.0 \times (2.8-0.15-0.1)-(0.788+0.06 \times 2) \times (2.044-0.15+0.06)=13.54(m^2)$

三、油漆涂料裱糊工程量清单的编制

任务解析 依据本项目任务十六的任务引入的描述和已知条件等相关信息、油漆涂料裱糊工程清单工程量计算如下。

（1）抹灰面油漆（011406001001）

外墙面真石漆工程量 = 墙面工程量 + 洞口侧面工程量 = $(6.24+4.44) \times 2 \times 4.8-(1.76+1.44+2.7)+(7.6+6.6) \times 0.08=97.76(m^2)$

（2）门油漆（011401001001） 1 樘或 $0.8 \times 2.2=1.76(m^2)$

（3）窗油漆（011402001001） 2 樘或 $1.8 \times 1.5+1.2 \times 1.2=4.14(m^2)$

（4）木墙裙油漆（011404001001） 工程量 = $(5.76+3.96) \times 2 \times 1.0-0.8 \times 1.0=18.64(m^2)$

（5）墙纸裱糊（011408001001）

工程量 = 内墙净长 × 裱糊高度 - 门窗洞口面积 + 洞口侧面面积 = $(5.76+3.96) \times 2 \times 2.25-2 \times 1.2-1.8 \times 1.5+6.6 \times 0.08+5.6 \times 0.08=39.62(m^2)$

（6）挂镜线油漆（011403005001） 挂镜线工程量 = $(6-0.12 \times 2+4.2-0.12 \times 2) \times 2=19.44(m)$

（7）墙面喷刷涂料（011407001001） 墙面涂料工程量 = $(6-0.12 \times 2+4.2-0.12 \times 2) \times 2 \times (3.5-3.2)=5.83(m^2)$

（8）天棚喷刷涂料（011407002001） 天棚涂料工程量 = $(6-0.12 \times 2) \times (4.2-0.12 \times 2)=22.81(m^2)$

分部分项工程和单价措施项目清单表的编制见表 5.24。

表 5.24 分部分项工程和单价措施项目清单表

工程名称：某传达室　　　　　　　　　　　　　　　　　　　　　　　　　　　第　页　共　页

序号	项目编码	项目名称	项目特征	计量单位	工程数量	金额/元		
						综合单价	合价	其中
								暂估价
1	011401001001	门油漆	调和漆	m²	1.76			
2	011402001001	窗油漆	调和漆	m²	4.14			
3	011403005001	挂镜线油漆	调和漆	m	19.44			
4	011404001001	木墙裙油漆	上润油粉、刮腻子、油色、清漆四遍、磨退出亮	m²	18.64			

续表

| 序 号 | 项目编码 | 项目名称 | 项目特征 | 计量单位 | 工程数量 | 金额 / 元 | | |
| | | | | | | 综合单价 | 合价 | 其中 |
								暂估价
5	011406001001	抹灰面油漆	真石漆	m²	97.76			
6	011407001001	墙面喷刷涂料	防瓷涂料二遍	m²	5.83			
7	011407002001	天棚喷刷涂料	防瓷涂料二遍	m²	22.81			
8	011408001001	墙纸裱糊	抹灰面满刮腻子二遍，贴对花墙纸	m²	39.62			

任务十七 ▶ 其他装饰工程计量

学习目标

　　熟悉其他装饰工程清单项目的设置；掌握其他装饰工程清单工程量的计算规则及方法；会计算该分部分项工程清单工程量，编制分部分项工程量清单表。

任务引入

　　背景材料：某教学楼卫生间洗漱台平面图如图 5.207 所示，1500mm×1050mm 车边镜，20mm 厚孔雀绿大理石台饰。

　　要求：试列出其他装饰工程的清单项目，计算清单工程量。将相应的计量单位、计算式及计算结果填入清单工程量计算表，并编制分部分项工程清单表（计算结果均保留两位小数）。

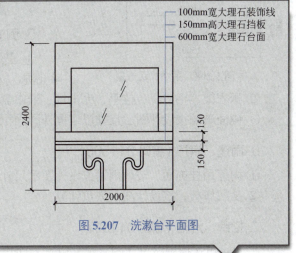

图 5.207　洗漱台平面图

一、清单项目的设置

　　其他装饰工程包括柜类、货架，压条、装饰线，扶手、栏杆、栏板装饰，暖气罩，厕浴配件，雨篷、旗杆，招牌、灯箱，美术字 8 个分项工程清单项目。清单项目表请扫二维码 5.18 查看。

二维码 5.18

　　清单项目设置、项目特征描述、计量单位及工程量计算规则应按"计量规范"附录的规定执行。

二、清单工程量计算

1. 柜类、货架（编码 011501）

　　柜类、货架工程量以"个"计量时，按设计图示数量计算；以"m"计量时，按设计图示尺寸以延长米计算；以"m³"计量时，按设计图示尺寸以体积计算。

【例5.86】　某客房有 1600mm×450mm×850mm 附墙矮柜 3 个，1200mm×400mm×800mm 附墙矮柜 2 个。试计算清单工程量。

解　柜台（011501001001）

1600mm×450mm×850mm 矮柜清单工程量 =3(个)，1200mm×400mm×800mm 矮柜清单工程量 =2(个)

或者：1600mm×450mm×850mm 矮柜清单工程量 =1.6×3=4.8(m)

1200mm×400mm×800mm 矮柜清单工程量 =1.2×2=2.4(m)

或者：1600mm×450mm×850mm 矮柜清单工程量 =1.6×0.45×0.85×3=1.84(m^3)

1200mm×400mm×800mm 矮柜清单工程量 =1.2×0.4×0.8×2=0.77(m^3)

2. 压条、装饰线（编码 011502）

工程量按设计图示尺寸以长度计算。

3. 扶手、栏杆、栏板装饰（编码 011503）

工程量按设计图示尺寸以扶手中心线长度（包括弯头长度）计算，梯段部分按斜长计算，弯头、梯井长度要并入。

4. 暖气罩（编码 011504）

按设计图示尺寸以垂直投影面积（不展开）计算。

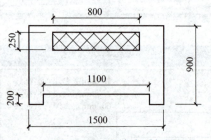

图 5.208　平墙式暖气罩

【例5.87】　平墙式暖气罩尺寸如图 5.208 所示，采用五合板基层，榉木板面层，机制木花格散热口，共 18 个，计算工程量。

解　饰面暖气罩（011504001001）

清单工程量 =(1.5×0.9-1.10×0.20)×18=20.34(m^2)

5. 厕浴配件（编码 011505）

① 卫生间洗漱台按设计图示尺寸以台面外接矩形面积计算。不扣除孔洞、挖弯、削角所占面积，挡板、吊沿板面积并入台面面积内。

② 晒衣架、毛巾杆、拉手、毛巾杆、纸巾盒、镜箱等 9 个清单项目按设计图示数量以"个"计算。

③ 镜面玻璃按设计图示尺寸以边框外围面积计算。

6. 雨篷、旗杆（编码 011506）

① 雨篷吊挂饰面、玻璃雨篷按设计图示尺寸以水平投影面积计算。

② 金属旗杆，按设计图示数量计算。

7. 招牌、灯箱（编码 011507）

平面、箱式招牌按设计图示尺寸以正立面边框外围面积计算，复杂形的凹凸造型部分不增加面积。灯箱按设计图示数量计算。

【例5.88】　某商店的钢结构箱式招牌，大小 12000mm×2000mm×200mm，为五夹板衬板、铝塑板面层，钛金字 1500mm×1500mm 的 6 个，150mm×100mm 的 12 个。试计算招牌清单工程量。

解　招牌、灯箱（011507001001）

箱式招牌清单工程量 =12×2=24(m^2)

招牌五夹板、铝塑板的工程量 =12×2+12×0.2×2+2×0.2×2=29.6(m^2)

8. 美术字（编码 011508）

工程量按设计图示数量以"个"计算，字体大小不同分别列项。

【例5.89】　求例 5.88 中美术字的清单工程量。

解　金属字（011508004001）　1500mm×1500mm 美术字清单工程量 =6(个)

金属字（011508004002）　150mm×100mm 美术字清单工程量 =12(个)

三、其他装饰工程的工程量清单编制

任务解析 依据本项目任务十七的任务引入的描述和已知条件等相关信息，其他装饰工程清单工程量计算如下。

（1）洗漱台（011505001001）

洗漱台的工程量 = 台面面积 + 挡板面积 + 吊沿面积 =2×0.6+0.15×(2+0.6+0.6)+2×(0.15−0.02)=1.94(m²)

（2）石材装饰线（011502003001），挂镜线工程量 =2−1.5=0.5(m)

分部分项工程和单价措施项目清单编制见表 5.25。

表 5.25 分部分项工程和单价措施项目清单表

工程名称：某卫生间　　　　　　　　　　　　　　　　　　　　　　　　　　　　　　　　　　第 页 共 页

序号	项目编码	项目名称	项目特征	计量单位	工程数量	综合单价	合价	其中暂估价
1	011505001001	洗漱台	20mm 厚孔雀绿大理石	m²	1.94			
2	011502003001	石材装饰线	大理石	m	0.5			

任务十八 ▶ 措施项目工程计量

学习目标

熟悉单价措施项目清单项目的设置；掌握单价措施项目清单工程量的计算规则及方法；会计算单价措施项目清单工程量，编制单价和总价措施项目招标工程量清单表。

任务引入

背景材料：某框架结构办公楼见图 5.209，其由图示 A、B、C 单元楼组成一幢整体建筑。A 楼 15 层，檐口滴水标高 50.70m，每层建筑面积 500m²，B 楼、C 楼均为 10 层，檐口滴水标高均为 34.50m，每层建筑面积 300m²。

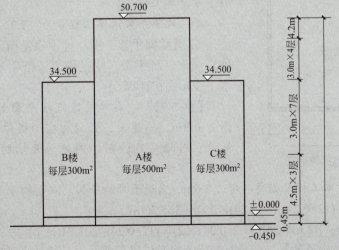

图 5.209 某框架结构办公楼

要求：计算单价措施项目清单工程量，编制该措施项目工程量清单表。

措施项目计量包括单价措施项目计量和总价措施项目计量。单价措施项目清单项目表请扫二维码5.19查看。

二维码5.19

一、单价措施项目计量

1. 脚手架工程（编码011701）

（1）清单项目的设置　脚手架工程量清单项目设置、计量单位及工程量计算规则，应按"计量规范"附录的规定执行。

（2）清单项目的有关说明

① 使用综合脚手架时，不再使用外脚手架、里脚手架等单项脚手架；综合脚手架适用于能够按"建筑面积计算规则"计算建筑面积的建筑工程脚手架，不适用于房屋加层、构筑物及附属工程脚手架。

② 同一建筑物有不同檐高时，按建筑物竖向切面分别按不同檐高编列清单项目。

③ 整体提升架已包括2m高的防护架体设施。

④ 脚手架材质可以不描述，但应注明由投标人根据工程实际情况按照国家现行标准、规范等自行确定。

（3）清单工程量

① 综合脚手架：按建筑面积计算。

【例5.90】　某公司单层工业厂房无天窗的高度8.70m，建筑面积909.98m²，试编制该综合脚手架的清单。

解　综合脚手架（011701001001），清单工程量$S=909.98m^2$

② 外脚手架、里脚手架：外脚手架搭设在外墙外边线外的上料堆料施工作业用的脚手架。里脚手架又称内墙脚手架，是沿室内墙面搭设的脚手架，它可用于内墙砌筑和装修施工。外脚手架、里脚手架按所服务对象的垂直投影面积计算。

③ 悬空脚手架：悬空脚手架是依附两个建筑物搭设的通道等构件的脚手架。悬空脚手架按搭设的水平投影面积计算。

④ 挑脚手架：挑脚手架就是在建筑物上用型钢铁挑出搭设的脚手架。挑脚手架按搭设长度乘以搭设层数以延长米计算。

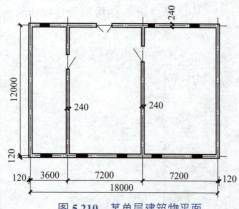

图5.210　某单层建筑物平面

【例5.91】　某建筑物2～6层为标准层，悬挑阳台的悬挑宽度为1.5m，每层悬挑阳台的顺墙方向长度为7.2m。试计算挑脚手架清单工程量。

解　挑脚手架清单工程量为：7.2×(6-2+1)=36(m)

⑤ 满堂脚手架：满堂脚手架是指天棚抹灰用的脚手架，又称作满堂红脚手架，就是满屋子搭架子。满堂脚手架按搭设的水平投影面积计算。

【例5.92】　某单层建筑物平面如图5.210所示，室内外高差0.3m，平屋面，预应力空心板厚0.12m，檐高6m，装饰做法：外墙喷刷涂料、内墙和天棚刷乳胶漆。试计算脚手架清单工程量。

解　根据题意，由于本工程天棚高度超过3.6m，需设置外脚手架、满堂脚手架。

外脚手架工程量为：(12+0.24+18+0.24)×2×6=365.76(m²)

满堂脚手架工程量为：[(3.6-0.24)+(7.2-0.24)×2]×(12-0.24)=203.21(m²)

⑥ 整体提升架：整体提升架是指配置有专门的提升机进行整体提升的外脚手架，脚手架可以随楼层的升高整体提升。按所服务对象的垂直投影面积计算。

⑦ 外装饰吊篮：外装饰吊篮是外墙装修用的工具式脚手架。按所服务对象的垂直投影面积计算。

（4）任务实施　脚手架措施项目的工程量清单编制如下。

任务解析 依据本项目任务十八的任务引入描述的相关信息，该办公楼项目可以计算建筑面积，但有两个不同檐高，所以应按两个综合脚手架项目列项。清单工程量计算如下，分部分项工程和单价措施项目清单与计价表如表5.26所示。

综合脚手架（011701001001）$S=500×15=7500(m^2)$；综合脚手架（011701001002）$S=300×10×2=6000(m^2)$

表 5.26　分部分项工程和单价措施项目清单与计价表

工程名称：某办公楼　　　　　　　　　　　　　　　　　　　　　　　　　　　　　　　　第 页 共 页

序号	项目编码	项目名称	项目特征描述	计量单位	工程数量
1	011701001001	综合脚手架	1. 建筑结构形式：框架结构； 2. 檐口高度：51.15m	m^2	7500
2	011701001002	综合脚手架	1. 建筑结构形式：框架结构； 2. 檐口高度：34.95m	m^2	6000

2. 混凝土模板及支架（撑）（编码 011702）

（1）清单项目的设置　混凝土模板及支架（撑）工程量清单项目设置、计量单位及工程量计算规则，应按"计量规范"附录的规定执行。

（2）清单工程量

① 混凝土模板及支撑（架）项目，除另有规定外，按混凝土与模板接触面的面积以平方米计算。若以立方米计量的模板及支撑（架），按混凝土及钢筋混凝土实体项目执行，其综合单价中应包含模板及支撑（架）。

② 个别混凝土项目的模板及支撑（架）未列，例如垫层等，按混凝土及钢筋混凝土实体项目执行，其综合单价中应包括模板及支撑。

③ 原槽浇灌的混凝土基础，不计算模板。

④ 采用清水模板时，应在特征中注明。

⑤ 若现浇混凝土梁、板支撑高度超过3.6m时，项目特征应描述支撑高度。

【例 5.93】 图5.211为某框架结构教学楼的某层局部钢筋混凝土主梁板结构图，层高3.0m，其中板厚为120mm，梁、板顶标高为+6.00m，柱的区域部分为（+3.00m ～ +6.00m）。

问题：试编制该层钢筋混凝土柱、梁、板模板工程的分部分项工程量清单。

解　矩形柱模板（011702002001）

工程量：$4×(3×0.5×4-0.3×0.7×2-0.2×0.12×2)=22.13(m^2)$

有梁板模板（011702014001）

KL1 工程量：$[(5-0.5)×(0.7×2+0.3)]×4-4.5×0.12×4=28.44(m^2)$

板工程量：$(5.5-2×0.3)×(5.5-2×0.3)-0.2×0.2×4=23.85(m^2)$

合计：$28.44+23.85=52.29(m^2)$

模板工程的分部分项工程量清单编制见表5.27。

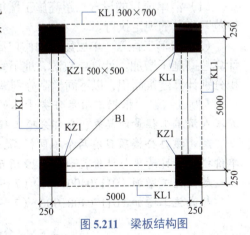

图 5.211　梁板结构图

表 5.27　单价措施项目清单与计价表

序号	项目编码	项目名称	项目特征	计量单位	工程数量
1	011702002001	矩形柱模板		m^2	22.13
2	011702014001	有梁板模板	支撑高度：3.0m	m^2	52.29

3. 垂直运输（编码 011703）

（1）清单项目的设置　垂直运输工程量清单项目设置及工程量计算规则，应按"计量规范"附录的规定执行。

（2）清单项目的有关说明

① 建筑物的檐口高度是指设计室外地坪至檐口滴水的高度（平屋顶系指屋面板底高度），突出主体建筑物屋顶的电梯机房、楼梯出间、瞭望塔、排烟机房等不计入檐口高度。

② 垂直运输是指施工工程在合理工期内所需垂直运输机械。

③ 同一建筑物有不同檐高时，按建筑物的不同檐高做纵向分割，分别计算建筑面积，以不同檐高分别编码列项。

（3）清单工程量　垂直运输工程量以"m²"为计量单位，按建筑面积计算；按天计量，以施工工期日历天数计算。湖北省地区按"m²"计算。

任务解析　垂直运输措施项目的工程量清单编制

根据本项目任务十八的任务引入描述的背景资料，计算该项目垂直运输清单工程量，并填入清单工程量计算表、分部分项工程和单价措施项目清单与计价表。

该办公楼项目有两个不同檐高，所以应按两个项目列项。清单工程量计算如下，分部分项工程和单价措施项目清单与计价表如表 5.28 所示。

垂直运输（011703001001）　　500×15=7500(m²)

垂直运输（011703001002）　　300×10×2=6000(m²)

表 5.28　分部分项工程和单价措施项目清单与计价表

序号	项目编码	项目名称	项目特征描述	计量单位	工程数量
1	011703001001	垂直运输	1.建筑结构形式：框架结构； 2.檐口高度：51.15m，15层	m²	7500
2	011703001002	垂直运输	1.建筑结构形式：框架结构； 2.檐口高度：34.95m，10层	m²	6000

4. 超高施工增加（编码 011704）

（1）清单项目的设置　超高施工增加工程量清单项目设置、计量单位及工程量计算规则，应按"计量规范"附录的规定执行。

（2）清单工程量　单层建筑物檐口高度超过 20m，多层建筑物超过 6 层时，可按超高部分的建筑面积计算超高施工增加。计算层数时，地下室不计入层数。同一建筑物有不同檐高时，可按不同高度的建筑面积分别计算建筑面积，以不同檐高分别编码列项。

【例 5.94】　根据本项目任务十八的任务引入的背景资料，计算该项目超高施工增加的清单工程量，并填入清单工程量计算表、分部分项工程和单价措施项目清单与计价表。

解　该办公楼项目有两个不同檐高，所以应按两个项目列项。清单工程量计算如下，分部分项工程和单价措施项目清单与计价表如表 5.29 所示。

超高施工增加（011704001001）（7～15层超高）　　500×9=4500(m²)

超高施工增加（011704001002）（7～10层超高）　　500×4=2000(m²)

表 5.29　分部分项工程和单价措施项目清单与计价表

工程名称：某办公楼

序号	项目编码	项目名称	项目特征	计量单位	工程数量
1	011704001001	超高施工增加	1.建筑结构形式：框架结构； 2.檐口高度：51.15m，15层； 3.超过6层部分的建筑面积：4500m²	m²	4500
2	011704001002	超高施工增加	1.建筑结构形式：框架结构； 2.檐口高度：34.95m，10层； 3.超过6层部分的建筑面积：2000m²	m²	2000

5. 大型机械设备进出场及安拆（编码 011705）

（1）清单项目的设置　大型机械设备进出场及安拆工程量清单项目设置、计量单位及工程量计算规则，应"计量规范"附录的规定执行。

（2）清单工程量计算规则　大型机械设备进出场及安拆按使用机械设备的数量计算。

【例 5.95】　某安居工程施工高度为 80m，施工方案采用一部室外施工电梯。试计算该工程大型设备机械进出场及安拆的清单工程量，并填入清单工程量计算表、分部分项工程和单价措施项目清单与计价表。

解　清单工程量计算如下，分部分项工程和单价措施项目清单与计价表如表 5.30 所示。

大型设备机械进出场及安拆（011705001001），清单工程量 =1 台次

表 5.30　分部分项工程和单价措施项目清单与计价表

序号	项目编码	项目名称	项目特征描述	计量单位	工程数量
1	011705001001	大型设备机械进出场及安拆	1. 室外施工电梯； 2. 提升高度：80m	台次	1

6. 施工排水降水（编码 011706）

（1）清单项目的设置　施工排水降水工程量清单项目设置及工程量计算规则，应按"计量规范"的规定执行。

（2）清单工程量计算规则

① 成井按设计图示尺寸以钻孔深度计算。

② 排水、降水按排水、降水日历天数计算。

【例 5.96】　某临江工程施工加强排水降水，拟采用 200S63A 型双吸离心泵 1 台及 200HW-7.5kW 潜水泵 6 台连接 $3\phi200mm$ 排水管，将雨水排至施工现场附近湖泊。根据气象资料，预计抽排时间为一天 24h，抽排水量可达 $10m^3/h$。试计算该工程施工排水、降水的清单工程量，并填入清单工程量计算表、分部分项工程和单价措施项目清单与计价表。

解　清单工程量计算，分部分项工程和单价措施项目清单与计价表如表 5.31 所示。

排水、降水（011706002001），1 昼夜

表 5.31　分部分项工程和单价措施项目清单与计价表

序号	项目编码	项目名称	项目特征	计量单位	工程数量
1	011706002001	排水、降水	1. 200S63A 型双吸离心泵； 2. 200HW-7.5kW 潜水泵； 3. $3\phi200mm$ 排水管	昼夜	1

二、总价措施项目计量

1. 清单项目的设置

总价措施项目费工程量清单项目设置、计量单位及工程量计算规则，应按"计量规范"附录的规定执行。

2. 总价措施项目标准格式

总价措施项目不能计算工程量的项目清单，以"项"为计量单位进行编制，其标准格式见"计量规范"附录。

【思考题】

1. 什么是措施项目？其中单价措施项目费用和总价措施项目费用是指什么？请举例说明。

2. 脚手架工程、模板工程、垂直运输工程清单工程量如何计算？

3. 总价措施项目清单与计价表的格式是什么样的？

4. 什么是综合脚手架和超高施工增加？

二维码 5.20

175

项目六
建筑工程清单计价

学习目标

　　熟悉工程量清单计价、全费用综合单价的基本概念；熟悉定额计价规则；掌握综合单价的计算；会计算分部分项工程和单价措施项目的计价工程量、综合单价；掌握建筑工程计价工程量计算规则的主要内容和要求；掌握装饰装修工程计价工程量计算规则的主要内容和要求；会编制各分部分项工程和单价措施项目综合单价分析表和清单计价表。

任务一 ▸ 土石方工程清单计价

任务引入

　　背景材料：某传达室工程 ±0.000 以下基础工程施工图如图 5.57～图 5.59 所示，室内外高差为 450mm，基础垫层为非原槽浇筑，垫层支模，混凝土强度等级为 C15，地圈梁混凝土强度等级为 C20。不考虑挡土板施工，工作面为 300mm，放坡系数 1：0.33，开挖基础土，其中一部分土壤考虑按挖方量的 60% 进行现场运输、堆放，采用人力车运输，距离为 40m，另一部分土壤在基坑边 5m 内堆放。平整场地弃土、取土运距为 5m。弃土外运 5km，回填为夯填。土壤类别为三类土，均为天然密实土，工作面和放坡增加的工程量并入各土方工程量中。
　　要求：依据湖北省现行定额和国家相关清单规范，编制该土方工程清单计价表。

一、计价工程量

1. 计价（定额）工程量计算规则

　　（1）土石方的开挖、运输均按开挖前的天然密实体积计算。土方回填，按回填后的竣工体积计算。不同状态的土石方体积按定额规定换算。
　　（2）基础土石方的开挖深度，应按基础（含垫层）底标高至设计室外地坪标高确定。交付施工场地标高与设计室外地坪标高不同时，应按交付施工场地标高确定。
　　（3）基础施工的工作面宽度，按施工组织设计计算；施工组织设计无规定时，按下列规定计算。
　　① 当组成基础的材料不同或施工方式不同时，基础施工的工作面宽度按表 6.1 计算。
　　② 基础施工需要搭设脚手架时，基础施工的工作面宽度，条形基础按 1.5m 计算（只计算一面），独立基础按 0.45m 计算（四面均计算）。
　　③ 基坑土方大开挖需做边坡支护时，基础施工的工作面宽度按 2.00m 计算。

④ 基坑内施工各种桩时，基础施工的工作面宽度按 2.00m 计算。

⑤ 管道施工的工作面宽度，按定额规定计算。

表 6.1　基础施工单面工作面宽度计算表

基础材料	每面增加工作面宽度 /mm
砖基础	200
毛石、方整石基础	250
混凝土基础（支模板）	400
混凝土基础垫层（支模板）	150
基础垂直面做砂浆防潮层	400（自防潮层面）
基础垂直面做防水层或防腐层	10000（自防水层或防潮层面）
支挡土板	100（另加）

（4）基础土方放坡，自基础（含垫层）底标高算起。混合土质的基础土方，其放坡的起点深度和放坡坡度，按不同土类厚度加权平均计算。

① 土方放坡的起点深度和放坡坡度，按施工组织设计计算；施工组织设计无规定时，按定额规定计算。

② 基础土方放坡，自基础（含垫层）底标高算起。

③ 混合土质的基础土方，其放坡的起点深度和放坡坡度，按不同土类厚度加权平均计算。挖建筑物沟槽长度：外墙按图示中心线长度计算；内墙按图示基础底面之间净长度计算；内外突出部分（垛、附墙烟囱等）体积并入沟槽土方工程量内计算。

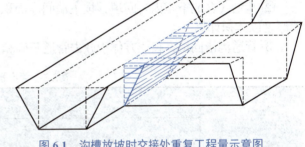

④ 计算基础土方放坡时，不扣除放坡交叉处的重复工程量，如图 6.1 所示。

⑤ 基础土方支挡土板时，土方放坡不另行计算。

图 6.1　沟槽放坡时交接处重复工程量示意图

（5）平整场地，按设计图示尺寸，以建筑物首层建筑面积计算。建筑物地下室结构外边线突出首层结构外边线时，其突出部分的建筑面积合并计算。围墙、挡土墙、窖井、化粪池都不计算平整场地。

（6）沟槽土石方，按设计图示沟槽长度乘以沟槽断面面积，以体积计算。内外突出部分（垛、附墙烟囱等）体积并入沟槽土方工程量内计算。

① 条形基础的沟槽长按设计规定计算；设计无规定时，按下列规定计算：外墙沟槽，按外墙中心线长度计算。突出墙面的墙垛，按墙垛突出墙面的中心线长度，并入相应工程量内计算。内墙沟槽、框架间墙沟槽，按基础（含垫层）之间垫层（或基础底）的净长度计算。

沟槽长度计算公式为：

$$沟槽长度 \, L = \sum 外墙中心线长 + \sum 内墙基础垫层净长 \tag{6.1}$$

 特别提示

计算式中内墙基础槽底净长（$L_{槽}$）、内墙基础顶面净长（$L_{基}$）、内墙净长线（$L_{内}$）、内墙中心线（$L_{内中}$）可通过图 5.68 进行区别。

② 管道的沟槽长度，按设计规定计算；设计无规定时，以设计图示管道中心线长度（不扣除下口直径

或边长≤1.5m的井池）计算。下口直径或边长大于1.5m的井池的土石方，另按基坑的相应规定计算。

③ 沟槽的断面面积，应包括工作面宽度、放坡宽度或石方允许超挖量的面积。

（7）基坑土石方，按设计图示基础（含垫层）尺寸，另加工作面宽度、土方放坡宽度或石方允许超挖量乘以开挖深度，以体积计算。

（8）一般土石方，按设计图示基础（含垫层）尺寸，另加工作面宽度、土方放坡宽度或石方允许超挖量乘以开挖深度，以体积计算。机械施工坡道的土石方工程量，并入相应工程量内计算。

（9）直埋电缆沟槽挖填根据电缆敷设路径，除特殊要求外，按照表6.2规定以"m³"为计量单位。沟槽开挖长度按照电缆敷设路径长度计算，需要单独计算余土（余石）外运工程量时按照直埋电缆沟槽挖填量12.5%计算。

表6.2　直埋电缆沟槽土石方挖填计算表

项目	电缆根数	
	1～2根	每增1根
每米沟长挖方量/m³	0.45	0.15

（10）基底钎探，以垫层（或基础）底面积计算。

（11）原土碾压，按图示碾压面积计算，填土碾压按图示碾压后的体积（夯实后体积）计算。

（12）回填，按下列规定，以体积计算。

① 沟槽、基坑回填，按挖方体积减去设计室外地坪以下建筑物、基础（含垫层）的体积计算。

② 房心（含地下室内）回填，按主墙间净面积（扣除连续底面积2m²以上的设备基础等面积）乘以回填厚度以体积计算。

③ 管道沟槽回填，按挖方体积减去管道基础和表6.3规定的管道折合回填体积计算。

表6.3　管道折合回填体积表　　　　　　　　　　单位：m³/m

管道材质	公称直径/mm					
	501～600	601～800	801～1000	1001～1200	1201～1400	1401～1600
混凝土管	0.33	0.60	0.92	1.15	1.35	1.55
钢管	0.21	0.44	0.71	—	—	—
铸铁管	0.24	0.49	0.77	—	—	—

（13）土方运输，以天然密实体积计算。

① 土石方运距，按挖土区重心至填方区（或堆放区）重心间的最短距离计算。

② 挖土总体积减去回填土（折合天然密实体积），总体积为正，则为余土外运；总体积为负，则为取土内运。

2. 计价工程量的计算

【例6.1】　根据本项目任务一的任务引入所给定的已知条件，试计算平整场地、挖地槽、地坑、土方回填、余土弃置计价工程量，并填入计价工程量计算表中。

解　本工程清单列项分平整场地、挖沟槽土方、挖基坑土方、土方回填、余土弃置5个项目，其中挖沟槽土方清单项目相应定额工程内容包括挖土、弃土于5m以内或装土、修整边底，未含单（双）轮车50m内运土方和基底钎探，应另列；挖基坑土方清单项目也是如此；土方回填清单项目包括基础回填和室内回填，套相应定额子目为槽坑夯填和平地夯填。本工程5个清单项目与之对接套用的定额子目如表6.4所示。

表 6.4　项目套接与工程量计算方法

序号	清单编码/定额编码	项目名称	项目特征	工程量计算方法	备注
1	010101001001	平整场地	1. 土壤类别：二类土； 2. 弃土运距：5m； 3. 取土运距：5m	首层建筑面积	
1.1	G1-318	平整场地		首层建筑面积	
2	010101003001	挖沟槽土方	1. 土壤类别：二类土； 2. 挖土深度：1.3m； 3. 弃土运距：40m	挖土体积	
2.1	G1-11	人工挖沟槽 三类土 2m 内		挖土体积	
2.2	G1-51	单（双）轮车 运土方 50m 内		运土体积	
2.3	G1-332	基底钎探		基底面积	
3	010101004001	挖基坑土方	1. 土壤类别：二类土； 2. 挖土深度：1.55m； 3. 弃土运距：40m	挖土体积	
3.1	G1-19	人工挖基坑 三类土 2m 内		挖土体积	
3.2	G1-51	单（双）轮车 运土方 50m 内		运土体积	
3.3	G1-332	基底钎探			
4	010103002001	土方回填	1. 土质要求：满足规范及设计； 2. 密实度要求：满足规范及设计； 3. 粒径要求：满足规范及设计； 4. 夯实（碾压）：夯填； 5. 运输距离：40m	基底面积	
4.1	G1-329	夯填（槽坑）			
4.2	G1-328	夯填（平地）			
5	010103001001	余土弃置	弃土运距：5km		
5.1	G1-212+G1-213×(5-1)	自卸汽车运土方 运距 5km 以内			每增加 1km 另套 G-213 子目

　　湖北省规定挖沟槽土方和挖基坑土方清单工程量计算因工作面和放坡增加的工程量（管沟工作面增加的工程量）并入各土方工程量中，因此它们的清单工程量与计价工程量相同。计价工程量的计算过程见表 6.5。

表 6.5　清单及定额工程量计算表

工程名称：土石方工程

序号	清单编码/定额编号	项目名称	项目特征	单位	工程量	工程量计算式
1	010101001001	平整场地	1. 土壤类别：二类土； 2. 弃土运距：5m； 3. 取土运距：5m	m²	73.71	$S=(3.6×3+0.12×2)×(3.0+0.24)+(3.6+0.12)×2×5.10$
1.1	G1-318	平整场地		m²	73.71	同清单单工程量
2	010101003001	挖沟槽土方	1. 土壤类别：二类土； 2. 挖土槽深度：1.3m； 3. 弃土运距：40m	m³	89.33	$L_{外}=(10.8+8.1)×2=37.8(m)$，$L_{内}=3-0.92=2.08(m)$ $H=1.75-0.45=1.3(m) < 1.5(m)$，不放坡，留工作面，查定额表，可知工作面宽 $C=0.4m$ $S_{1-(2-2)}=(0.92+2×0.4)×1.3=2.24(m²)$ $V=(37.8+2.08)×2.24=89.33(m³)$
2.1	G1-11	人工挖沟槽 三类土 2m内		m³	89.33	同清单单工程量
2.2	G1-51	单（双）轮车运土方 50m内		m³	53.60	$89.33×60\%$
2.3	G1-332	基底钎探		m²	36.69	$0.92×[37.8+(3-0.92)]$
3	010101004001	挖基坑土方	1. 土壤类别：二类土； 2. 挖基坑深度：1.55m； 3. 弃土运距：40m	m³	20.35	$H=2.0-0.45=1.55(m) > 1.5(m)$，要放坡，放坡系数 $k=0.33$ $V=(2.3×0.4×2+0.33×1.55^2×1.55+1/3×0.33^2×1.55^3$
3.1	G1-19	人工挖基坑深度（2m以内）		m³	20.35	同清单单工程量
3.2	G1-51	单（双）轮车运土方 50m内		m³	12.21	$20.35×60\%$
3.3	G1-332	基底钎探		m²	5.29	$2.3×2.3$
4	010103002001	土方回填	1. 土质要求：满足规范及设计； 2. 密实度要求：满足规范及设计； 3. 粒径要求：满足规范及设计； 4. 夯实（碾压）：夯填； 5. 运输距离：40m	m³	105.04	①沟槽、基层：$L_{外}=(10.8+8.1)×2=37.8(m)$ $L_{内}=3-0.92=2.08(m)$ $V=(37.8+2.08)×0.92×0.25=9.17(m³)$ 室外地坪以下带基础 $L_{内}=3-0.24=2.76(m³)$ ②基坑、垫层：$V=2.3×2.3×0.1=0.529(m³)$ 室外地坪以下独立基础 $V=\frac{1}{3}×0.25×(0.5^2+2.1^2+0.5×2.1)+1.05×0.4×0.4+2.1×2.1×0.15=1.31(m³)$ 基础回填：$V=89.33+20.35-9.7-14.05-1.31=84.62(m³)$ 室内回填：$V=(3.36×2.76+7.86×6.96-0.4×0.4)×(0.45-0.13)=20.42(m³)$ 回填方=$84.62+20.42=105.04(m³)$
4.1	G1-329	夯填（槽坑）		m³	84.62	$89.33+20.35-9.7-14.05-1.31$
4.2	G1-328	夯填（平地）		m³	20.47	$(3.36×2.76+7.86×6.96)×(0.45-0.13)$
5	010103001001	余土弃置	弃土运距：5km	m³	4.59	$V=89.33+20.35-84.62-20.47$
5.1	G1-212换	自卸汽车运土方 运距5km以内		m³	4.59	同清单单工程量

二、工程量清单计价

1. 全费用综合单价的计算

例 6.1 中平整场地、挖沟槽土方、挖基坑土方、土方回填、余土弃置定额均属于土石方工程，依据湖北省 18 版费用定额规定，费用计算中的费率为 44.28%，它是由总价措施项目费 7.87%（安全文明施工费 6.58% + 其他组织措施费 1.29%）+ 企业管理费 15.42% + 利润 9.42% + 规费 11.57% 汇总计算而来，增值税率按国家规定调整为 9%。

查阅《湖北省建筑工程消耗量定额及全费用基价表》（2018），查得表 6.6 内容。

表 6.6　湖北省建筑工程消耗量定额及全费用基价表（2018）

序号	定额编号	项目名称	计量单位	全费用/元	人工费/元	材料费/元	机械费/元
1	G1-318	平整场地	100m²	332.84	207.83	—	—
2	G1-11	人工挖沟槽；三类土 2m 内	10m³	556.05	347.21	—	—
3	G1-51	人力车运土方 50m 内	10m³	154.56	96.51	—	—
4	G1-332	基底钎探	100m²	276.48	84.64	96.71	20.97
5	G1-19	人工挖基坑；三类土 2m 内	10m³	626.33	391.09	—	—
6	G1-329	夯填土（槽坑）	10m³	267.13	166.43	—	—
7	G1-328	夯填实（地坪）	10m³	204.21	127.14	0.53	176.22
8	G1-212	自卸汽车运土方；运距 1km 以内	1000m³	8522.08	—	2189.33	3803.87
9	G1-213	自卸汽车运土方；运距 30km 以内（每增加 1km）	1000m³	2501.90	—	630.81	1125

余方弃置清单项目的定额套接中，因运距与定额 G1-212 相比发生了变化，定额的换算过程 G1-212+G1-213 如下：

材料费 =2189.33+630.81×(5-1)=4712.57(元)；机械费 =3803.87+1125×(5-1)=8303.87(元)

其余保持定额人工、材料和机械单价均不变，全费用综合单价分析表见表 6.7，其余的计算过程请扫二维码 6.1 查看。

二维码 6.1

2. 工程量清单计价

任务解析　综上所述，本工程清单计价如表 6.8 所示。

表 6.7 全费用综合单价分析表

工程名称：土石方工程　　　　标段：　　　　　　第 页 共 页

项目编码	01010101001001	项目名称	平整场地	计量单位	m²	工程量	73.71

清单全费用综合单价组成明细

定额编号	定额项目名称	定额单位	数量	单价/元					合价/元				
				人工费	材料费	施工机具使用费	费用	增值税	人工费	材料费	施工机具使用费	费用	增值税
G1-318	平整场地	100m²	0.01	207.83	0	0	92.05	26.99	2.08	0	0	0.92	0.27
人工单价				小计					2.08	0	0	0.92	0.27
普工 92 元/工日				未计价材料费									
				清单全费用综合单价						3.27			

材料费明细	主要材料名称、规格、型号	单位	数量	单价/元	合价/元	暂估单价/元	暂估合价/元
							—

注：1. 如不使用省级或行业建设主管部门发布的计价依据，可不填定额编码、名称等。
2. 招标文件提供了暂估单价的材料，按暂估的单价填入表内"暂估单价"栏及"暂估合价"栏。

表 6.8 分部分项工程和单价措施项目清单计价表

工程名称：某传达室　　　　标段：　　　　　　第 页 共 页

序号	项目编码	项目名称	项目特征描述	计量单位	工程量	金额/元		
						全费用单价	合价	其中：暂估价
1	010101001001	平整场地	1. 土壤类别：二类土； 2. 弃土运距：5m； 3. 取土运距：5m	m²	73.71	3.27	241.03	
2	010101003001	挖沟槽土方	1. 土壤类别：二类土； 2. 挖土深度：1.3m； 3. 弃土运距：40m	m³	89.33	64.83	5791.26	
3	010101004001	挖基坑土方	1. 土壤类别：二类土； 2. 挖土深度：1.55m； 3. 弃土运距：40m	m³	20.35	71.32	1451.36	
4	010103002001	土方回填	1. 土质要求：满足规范及设计； 2. 密实度要求：满足规范及设计； 3. 粒径要求：满足规范及设计； 4. 夯实（碾压）：夯填； 5. 运输距离：40m	m³	105.04	25.04	2630.20	
5	010103001001	余土弃置	弃土运距：5km	m³	4.59	18.2	83.54	
			小计				10197.39	

任务二 ▸ 地基处理与边坡支护工程清单计价

　　背景材料：某工程地基施工组织设计中采用土钉支护，如图 6.2 所示。土钉深度为 2m，平均每平方米设一个，C25 混凝土喷射厚度为 80mm。

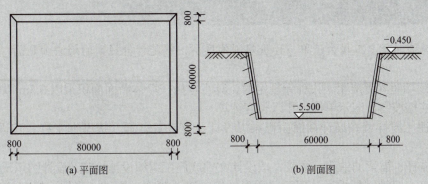

图 6.2　土钉支护示意图

　　要求：依据湖北省现行定额和国家相关清单规范，编制该地基处理与边坡支护工程的清单计价。

一、计价工程量

（一）计价（定额）工程量计算规则

依据《湖北省房屋建筑与装饰工程消耗量定额及全费用基价表》（2018）的规定，计算要求如下。

1. 地基处理

（1）掺石灰、回填砂、碎石、片石，均按设计图示尺寸以体积计算。

（2）堆载预压、真空预压按设计图示尺寸以加固面积计算。

（3）强夯分满夯、点夯，区分不同夯击能量，按设计图示尺寸的夯击范围以面积计算，设计无规定时，按每边超过基础外缘的宽度 4m 计算。

（4）振冲桩（填料）按设计图示尺寸以体积计算。

（5）振动砂石桩按设计桩截面乘以桩长（包括桩尖）以体积计算。

（6）LCG（低强度混凝土桩）按设计图示尺寸以桩长（包括桩尖）计算，取土外运按成孔体积计算。

（7）水泥搅拌桩（含深层水泥搅拌法和粉体喷搅法）按设计桩长加 50cm 乘以设计桩外径截面以体积计算。

（8）高压旋喷桩工程量，钻孔按原地面至设计桩底的距离以长度计算，喷浆按设计加固桩截面面积乘以设计桩长加 50cm 以体积计算。

（9）石灰桩按设计桩长（包括桩尖）以长度计算。

（10）灰土桩按设计桩长（包括桩尖）乘以设计桩外径截面积，以体积计算。

（11）压密注浆钻孔数量按设计图示以钻孔深度计算。

（12）分层注浆钻孔数量按设计图示尺寸以钻孔深度计算。注浆数量按设计图纸注明加固土体的体积计算。

（13）褥垫层按设计图示尺寸以面积计算。

2. 基坑与边坡支护工程

（1）地下连续墙

①现浇导墙混凝土按设计图示以体积计算。现浇导墙混凝土模板按混凝土与模板接触面的面积计算。

②成槽工程量按设计长度乘以墙厚及成槽深度（设计室外地坪至连续墙底），以体积计算。

③锁口管以"段"为单位（段指槽壁单元槽段），锁口管吊拔按连续墙段数计算，定额中已包括锁口管的摊销费用。

④清底置换以"段"为单位（段指槽壁单元槽段）。

⑤浇筑连续墙混凝土工程量按设计长度乘以墙厚及墙深加 0.5m，以体积计算。计算公式为：

$$V = 墙长 \times 墙厚 \times (墙深 + 0.5) \tag{6.2}$$

注意浇筑连续墙混凝土工程量清单与计价规则的区别，就是计价规则的墙深加 0.5m。

⑥凿地下连续墙超灌混凝土，设计无规定时，其工程量按墙体断面面积乘以 0.5m 以体积计算。

（2）咬合灌注桩按设计图示单桩尺寸以长度计算。

（3）型钢水泥土搅拌墙按设计截面面积乘以设计长度计算，插、拔型钢工程量按设计图示型钢质量计算。

（4）土钉、锚杆、锚索的钻孔、灌浆，按设计文件或施工组织设计规定（设计图示尺寸）的钻孔深度，按长度计算。钢筋、钢管锚杆按设计图示以质量计算。锚头制作、安装、张拉、锁定按设计图示以"套"计算。

（5）喷射混凝土护坡区分土层与岩层，按设计文件（或施工组织设计）规定尺寸，以面积计算。

（6）挡土板按设计文件（或施工组织设计）规定的支挡范围，以面积计算。

（7）钢支撑按设计图示尺寸以质量计算，不扣除孔眼质量，焊条、铆钉、螺栓等也不另增加质量。

（8）圆木桩根据设计桩长 L（检尺长）和圆木桩小头直径 D（检尺径），查《木材材积速算表》，计算圆木桩体积。

（9）打、拔槽型钢板桩按钢板桩质量以"t"计算。打、拔拉森钢板桩（SP-Ⅳ型）按设计桩长计算。

（10）打、拔拉森钢板桩（SP-Ⅳ型）按设计桩长计算。

（11）凡打断、打弯的桩，均需拔除重打，但不重复计算工程量。

（二）计价工程量的计算

【例 6.2】 根据本项目任务二的任务引入所给定的已知条件，试对基坑支护工程列项，计算计价工程量，并填入计价工程量计算表中。

解 本基坑支护工程清单列项分土钉支护、喷射混凝土 2 个清单项目，其中喷射混凝土定额子目 G2-121 是厚度 50mm，增加 30mm 厚度另套 G2-123 定额子目，各个清单项目与之对接套用的定额子目如表 6.9 所示。

表 6.9 项目套接与工程量计算方法

序号	清单编码/定额编码	项目名称	项目特征	工程量计算方法	备注
1	010202008001	土钉支护	1. 土钉深度：2m； 2. 喷射厚度：80mm； 3. 混凝土强度等级：C25	钻孔深度或数量	
1.1	G2-104	砂浆土钉（钻孔灌浆）		钻孔深度	
2	010202009001	喷射混凝土	1. 部位：边坡； 2. 厚度：80mm； 3. 材料种类：C25 混凝土	面积	
2.1	G2-121	喷射混凝土护坡 初始厚 50mm，土层		面积	
2.2	G2-123	每增减 10mm		面积	厚度每增减 10mm 另套 G2-123

土钉支护和喷射混凝土的清单工程量与计价工程量相同，计价工程量的计算过程见表 6.10。

表 6.10 清单及定额工程量计算表

工程名称：边坡支护工程

序号	清单编码/定额编号	项目名称	项目特征	单位	工程量	工程量计算式
1	010202008001	土钉支护	1. 土钉深度：2m； 2. 喷射厚度：80mm； 3. 混凝土强度等级：C25	m	2895.98	斜面面积 $S=(80.80+60.80)\times2\times\sqrt{0.8^2+(5.5-0.45)^2}=1447.99(m^2)$ $L=1447.99m^2\times1.00$ 个 $/m^2\times2.00m/$ 个 $=2895.98(m)$
1.1	G2-104	砂浆土钉（钻孔灌浆）		m	2895.98	同清单工程量
2	010202009001	喷射混凝土	1. 部位：边坡； 2. 厚度：80mm； 3. 材料种类：C25 混凝土	m²	1447.99	$S=(80.80+60.80)\times2\times\sqrt{0.8^2+(5.5-0.45)^2}$
2.1	G2-121	喷射混凝土护坡初始厚 50mm，土层		m²	1447.99	同清单工程量
2.2	G2-123	每增减 10mm		m²	1447.99	同清单工程量

二、工程量清单计价

1. 全费用综合单价的计算

查阅《湖北省建筑工程消耗量定额及全费用基价表》(2018)，查得表 6.10 定额项目的相应内容，见表 6.11。

表 6.11 湖北省建筑工程消耗量定额及全费用基价表（2018）（节选）

序号	定额编号	项目名称	计量单位	全费用/元	人工费/元	材料费/元	机械费/元
1	G2-104	砂浆土钉（钻孔灌浆）	100m	5500.65	638.81	804.81	1555.14
2	G2-121	喷射混凝土护坡初始厚 50mm，土层	100m²	5362.17	1152.41	2071.73	305.94
3	G2-123	每增减 10mm	100m²	1020.50	209.93	409.41	59.62

喷射混凝土护坡清单项目的定额套接中，因厚度与定额 G2-121 相比发生了变化，定额的换算过程 (G2-121)+(G2-123) 如下。

$$人工费 =1152.41+209.93\times(80-50)/10=1782.2(元)$$
$$材料费 =2071.73+409.41\times(80-50)/10=3299.96(元)$$
$$机械费 =305.94+59.62\times(80-50)/10=484.8(元)$$

其余保持定额人工、材料和机械单价均不变。

土钉支护、喷射混凝土等定额项目均属于结构工程，依据湖北省 2018 版费用定额规定，费用计算中的费率为 89.19%，它是由总价措施项目费 (13.64%+0.7%)+ 企业管理费 28.27% + 利润 19.73% + 规费 26.85% 计算出来的，增值税率按国家规定调整为 9%。全费用综合单价的计算过程如表 6.12 所示，其余计算过程请扫二维码 6.1 查看。

2. 清单计价编制

任务解析 根据计价工程量表（表 6.11）、全费用综合单价分析表（表 6.12）及二维码 6.1 相关资料中计算的综合单价，编制分部分项与单价措施项目工程量清单计价表，见表 6.13。

表 6.12 全费用综合单价分析表

工程名称：地基处理与边坡支护工程　　　　　　　标段：　　　　　　　第　页　共　页

项目编码	010202008001	项目名称	土钉支护	计量单位	m	工程量	2895.98

清单全费用综合单价组成明细

定额编号	定额项目名称	定额单位	数量	单价/元				合价/元			
				人工费	材料费	施工机具使用费	增值税	人工费	材料费	施工机具使用费	增值税
G2-104	砂浆土钉（钻孔灌浆）	100m	0.01	638.81	804.81	1555.14	450.54	6.39	8.05	15.55	4.51
人工单价		小计						6.39	8.05	15.55	4.51
技工：142元/工日； 普工：92元/工日		未计价材料费									0
		清单全费用综合单价							54.57		

材料费明细	主要材料名称、规格、型号	单位	数量	单价/元	合价/元	暂估单价/元	暂估合价/元
	电【机械】	kW·h	0.166	0.75	0.12		
	柴油【机械】	kg	0.4	5.26	2.10		
	汽油【机械】	kg	0.168	6.03	1.01		
	水泥砂浆 1∶1	m³	0.0127	365.07	4.64		
	耐压胶管 φ50	m	0.008	22.25	0.18		
	其他材料费			—	8.05	—	
	材料费小计						0

注：1. 如不使用省级或行业建设主管部门发布的计价依据，可不填定额编码、名称等。
　　2. 招标文件提供了暂估价的材料，按暂估价的单价填入表内"暂估单价"栏及"暂估合价"栏。

表 6.13 分部分项工程和单价措施项目工程量清单计价表

工程名称：某工程　　　　　　　标段：　　　　　　　第　页　共　页

序号	项目编码	项目名称	项目特征描述	计量单位	工程量	金额/元		
						全费用单价	合价	其中：暂估价
1	010202008001	土钉支护	1. 土钉深度：2m； 2. 喷射厚度：80mm； 3. 混凝土强度等级：C25	m	2895.98	54.57	158033.63	
2	010202009001	喷射混凝土	1. 部位：边坡； 2. 厚度：80mm； 3. 材料种类：C25 混凝土	m²	1447.99	83.29	120603.09	
			小计				278636.72	

任务三 ▶ 桩基础工程清单计价

　　背景材料：某别墅工程采用旋挖钻孔灌注桩进行施工。场地地面标高为 495.50m，旋挖桩桩径为 1000mm，桩长为 20m，采用水下商品混凝土 C30，桩顶标高为 493.50m，桩数为 206 根，超灌高度不少于 1m。根据地质情况，采用 5mm 厚钢护筒，护筒长度不少于 3m。

　　要求：依据湖北省现行定额和国家相关清单规范，编制该桩基础工程清单计价表。

一、计价工程量

1. 计价工程量计算规则

依据《湖北省房屋建筑与装饰工程消耗量定额及全费用基价表》（2018）的规定，计算规则要求如下。

（1）打桩

①预制钢筋混凝土桩：打、压预制钢筋混凝土桩按设计桩长（包括桩尖）乘以桩截面面积，以体积计算。

②预应力钢筋混凝土管桩：打、压预应力钢筋混凝土管桩按设计桩长（不包括桩尖），以长度计算。预应力钢筋混凝土管桩钢桩尖按设计图示尺寸，以质量计算。预应力钢筋混凝土管桩，如设计要求加注填充材料时，填充部分另按钢管桩填芯的相应项目执行。桩头灌芯按设计尺寸以灌注体积计算。

③钢管桩：钢管桩按设计要求的桩体质量计算。钢管桩内切割、精割盖帽按设计要求的数量计算。钢管桩管内钻孔取土、填芯按设计桩长（包括桩尖）乘以填芯截面积，以体积计算。

④打桩工程的送桩均按设计桩顶标高至打桩前的自然地坪标高另加 0.5m 计算相应的送桩工程量，如图 6.3 所示，计算公式为：

$$送桩长度 = 桩顶面至自然地坪面距离 + 0.5 \qquad (6.3)$$

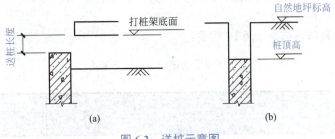

图 6.3　送桩示意图

⑤预制混凝土桩、钢管桩电焊接桩，按设计要求接桩头的数量计算。

⑥预制混凝土桩截桩按设计要求截桩的数量计算。截桩长度≤1m 时，不扣减相应桩的打桩工程量；截桩长度>1m 时，其超过部分按实扣减打桩工程量，但桩体的价格不扣除。

⑦预制混凝土桩凿桩头按设计图示桩截面积乘以凿桩头长度，以体积计算。凿桩头长度设计无规定时桩头长度按桩体高 40d（d 为桩体主筋直径，主筋直径不同时取较大者）计算；灌注混凝土桩凿桩头按设计超灌高度（设计有规定的按设计要求，设计无规定的按 0.5m）乘以桩身设计截面积，以体积计算。

⑧桩头钢筋整理，按所整理的桩的数量计算。

（2）灌注桩

①钻孔桩、旋挖桩成孔工程量按打桩前自然地坪标高至设计桩底标高的成孔长度乘以设计桩径截面积，以体积计算。入岩增加项目工程量按实际入岩深度乘以设计桩径截面积，以体积计算，竣工时按实调整。

②钻孔桩、旋挖桩、冲击桩灌注混凝土工程量按设计桩径截面积乘以设计桩长（包括桩尖）另加加灌长度，以体积计算。加灌长度设计有规定者，按设计要求计算；无规定者，按 0.5m 计算。

 小贴士

钻孔桩、旋挖桩、冲击桩灌注混凝土定额工程量计算规则与清单工程量不同。

③ 沉管成孔工程量按打桩前自然地坪标高至设计标底标高（不包括预制桩尖）的成孔长度乘以钢管外径截面积，以体积计算。

④ 沉管桩灌注混凝土工程量按钢管外径截面积乘以设计桩长（不包括预制桩尖）另加加灌长度，以体积计算。加灌长度设计有规定者，按设计要求计算；无规定者，按 0.5m 计算。

⑤ 人工挖孔桩挖孔工程量按进入土层、岩石层的成孔长度乘以设计护壁外围截面积，以体积计算。

⑥ 人工挖孔桩灌注混凝土按设计图示截面积乘以设计桩长另加加灌长度，以体积计算。加灌长度设计有规定者，按设计要求计算；无规定者，按 0.5m 计算。

⑦ 钻（冲）孔灌注桩、人工挖孔桩，设计要求扩底时，其扩底工程量按设计尺寸，以体积计算，并入相应的工程量内。

⑧ 泥浆池建造和拆除、泥浆运输工程量，按成孔工程量以体积计算。

⑨ 桩孔回填工程量按打桩前自然地坪标高至桩加灌长度的顶面乘以桩孔截面积，以体积计算。

⑩ 注浆管、声测管埋设工程量按打桩前的自然地坪标高至设计桩底标高另加 0.5m，以长度计算。

⑪ 桩底（侧）后压浆工程量按设计注入水泥用量，以质量计算。如水泥用量差别大，允许换算。

2. 计价工程量的计算

【例 6.3】 根据本项目任务三的任务引入的描述，试列项计算桩基础工程计价工程量，并填入计价工程量计算表中。

解 本工程采用的排桩为基坑支护用桩，且采用水下商品混凝土，说明其为地下水位以下桩，故应按泥浆护壁成孔灌注桩计算。另外超灌部分需要截（凿）桩头。根据表 5.6，可知该工程包含泥浆护壁成孔灌注桩、截（凿）桩头两个清单项目。计价定额说明有泥浆护壁成孔灌注桩套定额的规定，即灌注桩定额中，未包括钻机场外运输、截除余桩、泥浆处理及外运，发生时按相应项目执行。因此，泥浆护壁成孔灌注桩清单项目包含与之相对应的 4 个定额子目。定额内未包括桩钢筋笼、铁件制安项目，因此定额子目桩头钢筋整理组价到截（凿）桩头清单项目中。

本工程清单与定额的套接情况如表 6.14 所示。

表 6.14 项目套接与工程量计算方法

工程名称：桩基础工程

序号	清单编码/定额编号	项目名称	项目特征	工程量计算方法	备注
1	010302001001	泥浆护壁成孔灌注桩（旋挖桩）	1. 地层情况：详见勘察报告； 2. 空桩长度：2m； 3. 桩径：1000mm； 4. 成孔方法：旋挖钻孔； 5. 护筒类型、长度：5mm 厚钢护筒，不少于 3m； 6. 混凝土种类、强度等级：水下商品混凝土 C30	成孔体积	
1.1	G3-99	旋挖钻机钻孔机成孔 桩径 ≤1000mm		成孔体积	泥浆护壁成孔灌注桩定额分成孔、泥浆池、混凝土和泥浆运输
1.2	G3-141	泥浆池建造和拆除		成孔体积	
1.3	G3-152	旋挖钻孔桩灌注混凝土		成孔加超灌体积	

序号	清单编码/定额编号	项目名称	项目特征	工程量计算方法	备注
1.4	G1-226	泥浆运输 运距5km 以内		成孔体积	已包钢护筒，不再另计
2	010301004001	截（凿）桩头	1.桩类型：旋挖桩； 2.桩头截面、高度：直径1000mm，1m； 3.混凝土强度等级：C30； 4.有无钢筋：有		
2.1	G3-61	凿桩头 灌注混凝桩		桩头体积或根数	
2.2	G3-62	桩头钢筋整理		根数	凿桩头工程内容未包含钢筋整理，另计

　　泥浆护壁成孔灌注桩清单工程量与之包含的灌注桩混凝土定额子目的计价工程量计算规则不同，其计价工程量计算过程见表6.15。

表 6.15　清单及定额工程量计算表

工程名称：桩基础工程

序号	清单编码/定额编号	项目名称	项目特征	单位	工程量	工程量计算式
1	010302001001	泥浆护壁成孔灌注桩（旋挖桩）	1.地层情况：详见勘察报告； 2.空桩长度：2m； 3.桩径：1000mm； 4.成孔方法：旋挖钻孔； 5.护筒类型、长度：5mm厚钢护筒、不少于3m； 6.混凝土种类、强度等级：水下商品混凝土C30	m³	3557.62	$V=\pi\times0.5^2\times(20+495.50-493.50)\times206$
1.1	G3-99	旋挖钻机钻孔机成孔桩径≤1000mm		m³	3557.62	
1.2	G3-141	泥浆池建造和拆除		m³	3557.62	
1.3	G3-152	旋挖钻孔桩灌注混凝土		m³	3395.91	$V=\pi\times0.5^2\times(20+1)\times206$
1.4	G1-226	泥浆运输 运距5km 以内		m³	3557.62	$V=\pi\times0.5^2\times(20+495.50-493.50)\times206$
2	010301004001	截（凿）桩头	1.桩类型：旋挖桩； 2.桩头截面、高度：直径1000mm，1m； 3.混凝土强度等级：C30； 4.有无钢筋：有	m³	161.71	$V=\pi\times0.5^2\times1.0\times206$
2.1	G3-61	凿桩头 灌注混凝桩		m³	161.71	$V=\pi\times0.5^2\times1.0\times206$
2.2	G3-62	桩头钢筋整理		根	206	

二、工程量清单计价

1. 全费用综合单价的计算

查阅《湖北省建筑工程消耗量定额及全费用基价表》(2018)，全费用人材机单价见表6.16。

表6.16 湖北省建筑工程消耗量定额及全费用基价表(2018)(节选)

序号	定额编号	项目名称	计量单位	全费用/元	人工费/元	材料费/元	机械费/元
1	G1-226	泥浆运输 运距5km以内	10m³	1486.76	368.16	280.07	366.07
2	G3-61	凿桩头 灌注混凝土桩	10m³	3320.45	894.46	108.05	629.59
3	G3-62	桩头钢筋整理	10根	124.55	59.31	—	—
4	G3-99	旋挖钻机钻孔机成孔 桩径≤1000mm	10m³	4512.03	479.92	853.65	1217.44
5	G3-141	泥浆池建造和拆除	10m³	87.91	31.23	19.76	0.19
6	G3-152	旋挖钻孔桩灌注混凝土	10m³	5888.99	229.49	4871.23	—

泥浆护壁成孔灌注桩、凿桩头等基坑支护工程的定额均属于结构工程，依据湖北省2018版费用定额规定，费用计算中的费率为89.19%，它是由总价措施项目费(13.64%+0.7%)+企业管理费28.27%+利润19.73%+规费26.85%计算出来的，增值税率按国家规定调整为9%。依据表6.16，全费用综合单价的计算过程如表6.17所示，其余计算过程请扫二维码6.1查看。

2. 清单计价编制

任务解析 根据计价工程量计算表(表6.15)、全费用综合单价分析表(表6.17)及二维码6.1相关资料中计算的综合单价，编制分部分项与单价措施项目工程量清单计价表，见表6.18。

表6.17 全费用综合单价分析表

工程名称：桩基础工程　　　　标段：　　　　　　第　页　共　页

项目编码	010302001001	项目名称	泥浆护壁成孔灌注桩(旋挖注桩)	计量单位	m	工程量	3557.62

清单全费用综合单价组成明细

定额编号	定额项目名称	定额单位	数量	单价/元					合价/元				
				人工费	材料费	施工机具使用费	费用	增值税	人工费	材料费	施工机具使用费	费用	增值税
G3-99	旋挖钻机钻孔机成孔 桩径≤1000mm	10m³	0.1	479.92	853.65	1217.44	1513.88	365.84	47.99	85.37	121.74	151.39	36.58

续表

定额编号	定额项目名称	定额单位	数量	单价/元					合价/元				
				人工费	材料费	施工机具使用费	费用	增值税	人工费	材料费	施工机具使用费	费用	增值税
G3-141	泥浆池建造和拆除	10m³	0.1	31.23	19.76	0.19	28.02	7.13	3.12	1.98	0.02	2.80	0.71
G3-152	机械成孔灌注桩混凝土旋挖钻孔	10m³	0.0955	229.49	4871.23	0	204.68	477.48	21.92	465.20	0	19.55	45.60
G1-226	泥浆运输 运距5km以内	10m³	0.1	368.16	280.07	366.07	325.12	120.55	36.82	28.01	36.61	32.51	12.06
人工单价							小计		109.85	580.56	158.56	206.25	94.95
按工142元/工日；普工92元/工日							未计价材料费					0	
清单全费用综合单价									1149.98				

材料费明细	主要材料名称、规格、型号	单位	数量	单价/元	合价/元	暂估单价/元	暂估合价/元
	水	m³	1.98	3.39	6.71		
	电[机械]	kW·h	18.2147	0.75	13.66		
	柴油[机械]	kg	12.6493	5.26	66.54		
	汽油[机械]	kg	3.5358	6.03	21.32		
	黏土	m³	0.061	29.09	1.77		
	金属周转材料	kg	1.025	3.92	4.02		
	低合金钢焊条 E43 系列	kg	0.112	6.92	0.78		
	混凝土实心砖 240mm×115mm×53mm	千块	0.005	295.18	1.48		
	干混砌筑砂浆 DM M5	m³	0.002	248.81	0.50		
	预拌水下混凝土 C30	m³	1.2057	384.66	463.78		
	材料费小计		—	—	580.56	—	—

注：1. 如不使用省级或行业建设主管部门发布的计价依据，可不填定额编号、名称等。
2. 招标文件提供了暂估单价的材料，按暂估的单价填入表内"暂估单价"栏及"暂估合价"栏。

表 6.18　分部分项工程和单价措施项目清单计价表

工程名称：桩基础工程　　　　　　　　　　　标段：　　　　　　　　　　　　　　第 页 共 页

序号	项目编码	项目名称	项目特征描述	计量单位	工程量	金额 / 元		
						全费用单价	合价	其中：暂估价
1	010302001001	泥浆护壁成孔灌注桩（旋挖桩）	1.地层情况：详见勘察报告； 2.空桩长度：2m； 3.桩径：1000mm； 4.成孔方法：旋挖钻孔； 5.护筒类型、长度：5mm 厚钢护筒、不少于 3m； 6.混凝土种类、强度等级：水下商品混凝土 C30	m³	3557.62	1149.98	4091191.85	
2	010301004001	截（凿）桩头	1.桩类型：旋挖桩； 2.桩头截面、高度：直径 1000mm，1m； 3.混凝土强度等级：C30； 4.有无钢筋：有	m³	161.71	345.65	55895.06	
		小计					4147086.91	

任务四 ▶ 砌筑工程清单计价

任务引入

　　背景材料：某单层建筑物为框架结构，尺寸如图 5.83 所示，墙身用干混砌筑砂浆 DMM10 砌筑加气混凝土砌块，厚度为 250mm；女儿墙用烧结煤矸石空心砖砌筑，墙厚为 240mm，混凝土压顶断面 240mm×180mm；隔墙用干混砌筑砂浆 DMM10 砌筑蒸压灰砂砖墙，厚度 120mm。框架柱断面 240mm×240mm 到女儿墙顶；各轴线处均有框架梁，框架梁断面墙厚 400mm；门窗洞口上均采用现浇钢筋混凝土过梁，断面墙厚为 180mm。M1 为 1560mm×2700mm；M2 为 1000mm×2700mm；C1 为 1800mm×1800mm；C2 为 1560mm×1800mm。

　　要求：依据湖北省现行定额和国家相关清单规范，编制该砌筑工程工程量清单计价。

一、计价工程量

（一）定额工程量计算规则

1.砖砌体、砌块砌体

（1）砖基础工程量按设计图示尺寸以体积计算。

① 附墙垛基础宽出部分体积按折加长度合并计算，扣除地梁（圈梁）、构造柱所占体积，不扣除基础大放脚 T 形接头处的重叠部分及嵌入基础内的钢筋、铁件、管道、基础砂浆防潮层和单个面积 ≤ 0.3m² 的孔洞所占体积，靠墙暖气沟的挑檐不增加体积。

② 基础长度：外墙按外墙中心线长度计算；内墙按内墙基净长线计算。如图 5.68 所示。

小贴士

　　砖基础的计价工程量与清单计量规则不同，清单规则中砖基础长度内墙按内墙净长线计算。

（2）砖墙、砌块墙按设计图示尺寸以体积计算。

① 扣除门窗、洞口、嵌入墙内的钢筋混凝土柱、梁、圈梁、挑梁、过梁及凹进墙内的壁龛、管槽、暖气槽、消火栓箱所占体积，不扣除梁头、板头、檩头、垫木、木楞头、沿缘木、木砖、门窗走头、砖墙内加固钢筋、木筋、铁件、钢管及单个面积 ≤ 0.3m² 的孔洞所占的体积。凸出墙面的腰线、挑檐、压顶、窗台线、虎头砖、门窗套的体积亦不增加。凸出墙面的砖垛并入墙体体积内计算。

② 墙长度：外墙按中心线，内墙按净长线计算。

③ 墙高度。

a. 外墙：斜（坡）屋面无檐口天棚者算至屋面板底；有屋架且室内外均有天棚者算至屋架下弦底另加200mm；无天棚者算至屋架下弦底另加300mm，出檐宽度超过600mm时按实砌高度计算；有钢筋混凝土楼板隔层者算至板顶。平屋顶算至钢筋混凝土板底。

b. 内墙：位于屋架下弦者，算至屋架下弦底；无屋架者算至天棚底另加100mm；有钢筋混凝土楼板隔层者算至楼板底；有框架梁时算至梁底。

c. 女儿墙：从屋面板上表面算至女儿墙顶面（如有混凝土压顶时算至压顶下表面）。

d. 内、外山墙：按其平均高度计算。

④ 墙厚度，标准砖以240mm×115mm×53mm为准，其砌体厚度按表6.19计算。

表 6.19　标准砖砌体计算厚度表

砖数（厚度）	$\frac{1}{4}$	$\frac{1}{2}$	$\frac{3}{4}$	1	$1\frac{1}{2}$	2	$2\frac{1}{2}$	3
计算厚度 /mm	53	115	178	240	365	490	615	740

小贴士

对比表6.19与表5.7，找出标准砖墙厚在清单规则与计价规则上的区别。

a. 标准砖以240mm×115mm×53mm为准，其砌体厚度按表6.19计算。

b. 使用非标准砖时，其砌体厚度应按砖实际规格和设计厚度计算；如设计厚度与实际规格不同时，按实际规格计算。

⑤ 框架间墙：不分内外墙，按墙体净尺寸以体积计算。

⑥ 围墙：高度算至压顶上表面（如有混凝土压顶时算至压顶下表面），围墙柱并入围墙体积内。

（3）空斗墙按设计图示尺寸以空斗墙外形体积计算。

① 墙角、内外墙交接处、门窗洞口立边、窗台砖、屋檐处的实砌部分体积已包括在空斗墙体积内。

② 空斗墙的窗间墙、窗台下、楼板下、梁头下等的实砌部分，应另行计算，套用零星砌体项目。

（4）填充墙按设计图示尺寸以填充墙外形体积计算。其中实砌部分已包括在定额内，不另计算。

（5）砖柱按设计图示尺寸以体积计算，扣除混凝土及钢筋混凝土梁垫、梁头、板头所占体积。

（6）零星砌体、地沟、砖过梁按设计图示尺寸以体积计算。

（7）砖散水、地坪按设计图示尺寸以面积计算。

（8）附墙烟囱、通风道、垃圾道应按设计图示尺寸以体积（扣除孔洞所占体积）计算，将之并入所依附的墙体体积内。当设计规定孔洞内需抹灰时，另按"墙柱面工程"相应项目计算。

（9）轻质砌块L形专用连接件的工程量按设计数量计算。

2. 轻质隔墙

按设计图示尺寸以面积计算。

3. 垫层工程量

按设计图示尺寸以体积计算。

建筑工程计量与计价

（二）计价工程量的计算

【例 6.4】 某单层建筑物平面、基础剖面图如图 6.4 所示。已知层高 3.6m，内、外墙墙厚均为 240mm，所有墙身上均设置圈梁，且圈梁与现浇板顶平，板厚 100mm。试计算砖基础和垫层工程量。

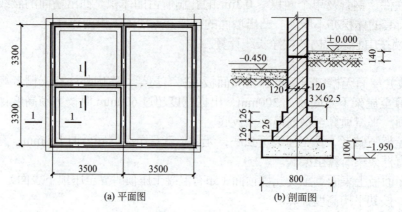

(a) 平面图   (b) 剖面图

图 6.4 基础示意图

解 $L_{中}=(3.5\times2+3.3\times2)\times2=27.2(m)$，$L_{内}=3.3\times2-0.24+3.5-0.24=9.62(m)$

基础深度：$h=1.95-0.1=1.85(m)$

砖基础工程量：$V_{外}=(27.2+9.62)\times(0.24\times1.85+0.007875\times12)=19.83(m^3)$

【例 6.5】 根据本项目任务四的任务引入所给定的已知条件，试计算清单项目实心砖墙、空心砖墙、砌块墙的计价工程量并填入计价工程量计算表。

解 因为本工程清单项目实心砖墙、空心砖墙清单项目与定额项目 A1-32 和 A1-3 的干混砌筑砂浆 DMM10 强度相同，可直接套用。砌块墙与套用的定额项目 A1-11 的砌块材质不同，是不能直接套用，需进行换算。这 3 个清单项目与之对接套用的定额子目如表 6.20 所示。

表 6.20 项目套接与工程量计算方法

序号	清单编码/定额编码	项目名称	项目特征	工程量计算方法	备注
1	010402001001	砌块墙	1. 砌块品种、规格、强度等级：蒸压加气混凝土砌块 600mm×300mm×250mm； 2. 墙体类型：250mm 厚直形墙； 3. 砂浆强度等级：DMM10 干混砌筑砂浆	体积	
1.1	A1-32	蒸压加气混凝土砌块墙（墙厚大于 150mm）		体积	
2	010401005001	空心砖墙	1. 砖品种、规格、强度等级：烧结煤矸石空心砖 240mm×115mm×53mm； 2. 墙体类型：240mm 厚直形女儿墙体； 3. 砂浆强度等级：DMM10 干拌砌筑砂浆	体积	
2.1	A1-11 换	空心砖墙（1 砖）		体积	空心砖→烧结煤矸石
3	010401003001	实心砖墙	1. 砖品种、规格、强度等级：蒸压灰砂砖墙 240mm×115mm×53mm； 2. 墙体类型：120mm 厚直形墙体； 3. 砂浆强度等级：DMM10 干混砌筑砂浆	体积	
3.1	A1-3	混水砖墙（1/2 砖）		体积	

砌筑工程清单工程量与计价工程量的计算规则相同，计价工程量的计算过程见表 6.21。

194

表 6.21　清单及定额工程量计算表

工程名称：砌筑工程

序号	清单编码/定额编号	项目名称	项目特征	单位	工程量	工程量计算式
1	010402001001	砌块墙	1. 砌块品种、规格、强度等级：蒸压加气混凝土砌块 600mm×300mm×250mm； 2. 墙体类型：250mm厚直形墙； 3. 砂浆强度等级：DMM10干混砌筑砂浆	m³	28.37	$H=3.6m，b=0.25m$ $L=(11.34-0.24×4+10.44-0.24×4)×2=39.72(m)$ $V_{门窗}=(1.8×1.8×6+1.56×1.8+1.56×2.7)×0.25=6.62(m^3)$ $V_{过梁}=0.25×0.18×[(1.8+0.5)×6+1.56×2]×0.25=0.76(m^3)$ $V=39.72×3.6×0.25-0.76-6.62=28.37(m^3)$
1.1	A1-32	蒸压加气混凝土砌块墙（墙厚大于150mm）		m³	28.37	同清单工程量
2	010401005001	空心砖墙	1. 砖品种、规格、强度等级：烧结煤矸石空心砖 240mm×115mm×53mm； 2. 墙体类型：240mm厚直形女儿墙； 3. 砂浆强度等级：DMM10干混砌筑砂浆	m³	3.05	$V=39.72×(0.5-0.18)×0.24$
2.1	A1-11换	空心砖墙（1砖）		m³	3.05	同清单工程量
3	010401003001	实心砖墙	1. 砖品种、规格、强度等级：蒸压灰砂砖 240mm×115mm×53mm； 2. 墙体类型：120mm厚形墙体； 3. 砂浆强度等级：DMM10干混砌筑砂浆	m³	7.54	$L=(11.34-0.24×4)×2=20.76(m)$ $H=3.6m，b=0.12m$ $V_{门窗}=1×2.7×4×0.12=1.3(m^3)$ $V_{过梁}=0.12×0.18×1.5×4=0.13(m^3)$ $V=20.76×3.6×0.12-1.3-0.13=7.54(m^3)$
3.1	A1-3	混水砖墙（1/2砖）		m²	7.54	同清单工程量

二、工程量清单计价

1. 全费用综合单价的计算

查阅《湖北省建筑工程消耗量定额及全费用基价表》（2018），查得定额项目的全费用基价用表，具体内容见表6.22。

表 6.22　湖北省建筑工程消耗量定额及全费用基价表（2018）（节选）

序号	定额编号	项目名称	计量单位	全费用/元	人工费/元	材料费/元	机械费/元
1	A1-32	蒸压加气混凝土砌块墙（墙厚大于150mm）	10m³	5217.88	1303.01	2207.63	14.80
2	A1-3	混水砖墙（1/2砖）	10m³	8102.19	2315.69	2848.05	37.09
3	A1-11换	空心砖墙（1砖）	10m³	4350.16	1240.54	1524.96	24.91

实心砖墙、空心砖墙、砌块墙的定额均属于结构工程，依据湖北省 2018 版费用定额规定，费用计算中的费率为 89.19%，它是由总价措施项目费（13.64%＋0.7%）＋企业管理费 28.27%＋利润 19.73%＋规费 26.85%计算出来的，增值税率按国家规定调整为 9%。依据表 6.22，全费用综合单价的计算过程如表 6.23 所示，其余计算过程请扫二维码 6.1 查看。

表 6.23 全费用综合单价分析表

工程名称：砌筑工程   标段：   第 页 共 页

项目编码	010401001001	项目名称	砌块墙	计量单位	m³	工程量	28.37

清单全费用综合单价组成明细

定额编号	定额项目名称	定额单位	数量	单价/元					合价/元				
				人工费	材料费	施工机具使用费	费用	增值税	人工费	材料费	施工机具使用费	费用	增值税
A1-32	蒸压加气混凝土砌块墙墙厚大于 150mm 砂浆	10m³	0.1	1303.01	2207.63	14.8	1175.35	423.07	130.3	220.76	1.48	117.54	42.31
人工单价	高级技工 212 元/工日；技工 142 元/工日；普工 92 元/工日				小计				130.3	220.76	1.48	117.54	42.31
					未计价材料费				0				
					清单全费用综合单价				512.39				

材料费明细	主要材料名称、规格、型号	单位	数量	单价/元	合价/元	暂估单价/元	暂估合价/元
	水	m³	0.12	3.39	0.41		
	电［机械］	kW·h	0.225	0.75	0.17		
	蒸压粉煤灰加气混凝土砌块 600mm×300mm×250mm 以外	m³	0.93258	189.37	176.60		
	蒸压灰砂砖 240mm×115mm×53mm	千块	0.0258	349.57	9.02		
	干混砌筑砂浆 DMM10	t	0.1343	257.35	34.56		
				—			0
	材料费小计				220.76		0

2. 清单计价编制

【任务解析】根据计价工程量表 6.21、表 6.23 及二维码 6.1 资料中计算的综合单价，可编制分部分项与单价措施项目工程量清单计价表，见表 6.24。

表 6.24　分部分项工程和单价措施项目清单计价表

工程名称：某别墅工程　　　　　　　　　　标段：　　　　　　　　　　　　第　页　共　页

序号	项目编码	项目名称	项目特征描述	计量单位	工程量	金额／元		
						全费用单价	合价	其中：暂估价
1	010402001001	砌块墙	1. 砌块品种、规格、强度等级：蒸压加气混凝土砌块 600mm×300mm×250mm； 2. 墙体类型：250mm 厚直形墙； 3. 砂浆强度等级：DMM10 干混砌筑砂浆	m³	28.37	512.39	14536.50	
2	010401005001	空心砖墙	1. 砖品种、规格、强度等级：烧结煤矸石空心砖 240mm×115mm×53mm； 2. 墙体类型：240mm 厚直形女儿墙体； 3. 砂浆强度等级：DMM10 干混砌筑砂浆	m³	3.05	371.37	1132.68	
3	010401003001	实心砖墙	1. 砖品种、规格、强度等级：蒸压灰砂砖墙 240mm×115mm×53mm； 2. 墙体类型：120mm 厚直形墙体； 3. 砂浆强度等级：DMM10 干混砌筑砂浆	m³	7.54	801.52	6043.46	
			小计				21712.64	

任务五 ▶ 混凝土及钢筋混凝土工程清单计价

任务引入

　　背景材料：某单层办公楼的结构平面布置如图 5.99 所示。已知预拌混凝土构件均为 C20；预应力空心板 C30；YKB3661：0.1592m³/块，YKB3651：0.1342m³/块，采用不焊接卷扬机施工；基础顶面标高为 -0.300m，板面标高为 4.200m。

　　要求：依据湖北省现行定额和国家相关清单规范，编制该混凝土分部分项工程量清单计价。

一、计价工程量

（一）计价（定额）工程量计算规则

1. 现浇混凝土

（1）混凝土工程量除另有规定者外，均按设计图示尺寸以体积计算。不扣除构件内钢筋、预埋铁件及墙、板中 0.3m² 以内的孔洞所占体积。型钢混凝土中型钢骨架所占体积按密度 7850kg/m³ 扣除。

（2）基础：按设计图示尺寸以体积计算，不扣除伸入承台基础的桩头所占体积。

① 带形基础：不分有肋式与无肋式，均按带形基础项目计算。有肋式带形基础，肋高（指基础扩大顶面至梁顶面的高）≤1.2m 时，合并计算；大于 1.2m 时，扩大顶面以下的基础部分，按无肋带形基础项目计算，扩大顶面以上部分，按墙项目计算。

小贴士

　　注意带形基础计价工程量的计算方法与清单工程量不相同。

② 箱式基础分别按基础、柱、墙、梁、板等有关规定计算。

③ 设备基础：设备基础除块体（块体设备基础是指没有空间的实心混凝土形状）以外，其他类型设备基础分别按基础、柱、墙、梁、板等有关规定计算。

（3）柱：按设计图示尺寸以体积计算。

① 有梁板的柱高，应按柱基上表面（或楼板上表面）至上一层楼板上表面之间的高度计算；

② 无梁板的柱高，应按柱基上表面（或楼板上表面）至柱帽下表面之间的高度计算；

③ 框架柱的柱高，应按柱基上表面至柱顶面高度计算；

④ 构造柱按全高计算，嵌接墙体部分（马牙槎）并入柱身体积；

⑤ 依附柱上的牛腿，并入柱身体积内计算；

⑥ 钢管混凝土柱以钢管高度按照钢管内径计算混凝土体积。

（4）墙：按设计图示尺寸以体积计算，扣除门窗洞口及 $0.3m^2$ 以上孔洞所占体积，墙垛及凸出部分并入墙体积内计算。直形墙中门窗洞口上的梁并入墙体积；短肢剪力墙结构砌体内门窗洞口上的梁并入梁体积。墙与柱连接时墙算至柱边；墙与梁连接时墙算至梁底；墙与板连接时墙算至板底；未凸出墙面的暗梁、暗柱并入墙体积。

（5）梁：按设计图示尺寸以体积计算，伸入砖墙内的梁头、梁垫并入梁体积内。

① 梁与柱连接时，梁长算至柱侧面；

② 主梁与次梁连接时，次梁长算至主梁侧面。

（6）板：按设计图示尺寸以体积计算，不扣除单个面积 $0.3m^2$ 以内的柱、垛及孔洞所占体积。

① 有梁板系指梁（包括主、次梁）与板构成一体，其工程量按梁、板的体积总和计算，与柱头重合部分体积应扣除。

特别提示

有梁板计价工程量的计算要扣除与柱头重合部分，这与清单工程量不扣除单个面积 ≤ $0.3m^2$ 的柱不同，要特别注意。

② 无梁板系指不带梁直接用柱头支承的板，其体积按板与柱帽体积之和计算。

③ 平板系指无柱、梁，直接用墙支承的板。

④ 各类板伸入砖墙内的板头并入板体积内计算，薄壳板的肋、基梁并入薄壳体积内计算。

⑤ 空心板按设计图示尺寸以体积（扣除空心部分）计算。

（7）栏板、扶手按设计图示尺寸以体积计算，伸入砖墙内的部分并入栏板、扶手体积计算。

（8）挑檐、天沟按设计图示尺寸以墙外部分体积计算。挑檐、天沟与板（包括屋面板）连接时，以外墙外边线为分界线；与梁（包括圈梁等）连接时，以梁外边线为分界线。

（9）凸阳台（凸出外墙外侧用悬挑梁悬挑的阳台）按阳台项目计算；凹进墙内的阳台，按梁、板分别计算，阳台栏板、压顶分别按栏板、压顶项目计算。

小贴士

阳台计价工程量的计算方法与清单工程量不同。

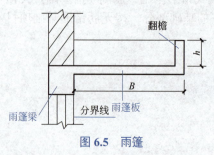

图 6.5 雨篷

（10）雨篷梁、板工程量合并，按雨篷以体积计算，高度 ≤ 400mm 的栏板并入雨篷体积内计算；栏板高度 > 400mm 时，按栏板计算，如图 6.5 所示。

（11）楼梯（包括休息平台，平台梁、斜梁及楼梯的连接梁）按设计图示尺寸以水平投影面积计算，不扣除宽度小于 500mm 楼梯井，伸入墙内部分不计算。当整体楼梯与现浇楼板无梯梁连接时，以楼梯的最后一个踏步边缘加 300mm 为界。

（12）散水、台阶按设计图示尺寸，以水平投影面积计算。台阶与平台连接时其投影面积应以最上层踏步外沿加 300mm 计算。

（13）场馆看台、地沟、混凝土后浇带按设计图示尺寸以体积计算。

（14）二次灌浆、空心砖内灌注混凝土，按照实际灌注混凝土体积计算。

2. 钢筋

（1）现浇、预制构件钢筋，按设计图示钢筋长度（钢筋中心线）乘以单位理论质量计算。

（2）钢筋搭接长度应按设计图示及规范要求计算；设计图示及规范要求未标明搭接长度的，不另计算搭接长度。

（3）钢筋的搭接（接头）数量应按设计图示及规范要求计算；设计图示及规范要求未标明的，按以下规定计算。

① ϕ10 以内的长钢筋按每 12m 计算一个钢筋搭接（接头）；

② ϕ10 以上的长钢筋按每 9m 计算一个钢筋搭接（接头）。

（4）各类钢筋机械连接接头不分钢筋规格，按设计要求或施工规范规定以"个"计算，且不再计算该处的钢筋搭接长度。

（5）先张法预应力钢筋按设计图示钢筋长度乘以单位理论质量计算。

（6）后张法预应力钢筋按设计图示钢筋（钢绞线、钢丝束）长度乘以单位理论质量计算。

① 低合金钢筋两端均采用螺杆锚具时，钢筋长度按孔道长度减 0.35m 计算，螺杆另行计算。

② 低合金钢筋一端采用镦头插片，另一端采用螺杆锚具时，钢筋长度按孔道长度计算，螺杆另行计算。

③ 低合金钢筋一端采用镦头插片，另一端采用帮条锚具时，钢筋长度按增加 0.15m 计算；两端均采用帮条锚具时，钢筋长度按孔道长度增加 0.3m 计算。

④ 低合金钢筋采用后张混凝土自锚时，钢筋长度按孔道长度增加 0.35m 计算。

⑤ 低合金钢筋（钢绞线）采用 JM、XM、QM 型锚具，孔道长度≤ 20m 时，钢筋长度按孔道长度增加 1m 计算；孔道长度＞ 20m 时，钢筋长度按孔道长度增加 1.8m 计算。

⑥ 碳素钢丝采用锥形锚具，孔道长度≤ 20m 时，钢丝束长度按孔道长度增加 1m 计算；孔道长度＞ 20m 时，钢丝束长度按孔道长度增加 1.8m 计算。

⑦ 碳素钢丝采用墩头锚具时，钢丝束长度按孔道长度增加 0.35m 计算。

（7）预应力钢丝束、钢绞线锚具安装按套数计算。

（8）植筋按数量计算，植入钢筋按外露和植入部分长度之和乘以单位理论质量计算。

（9）钢筋网片、混凝土灌注桩钢筋笼、地下连续墙钢筋笼按设计图示钢筋长度乘以单位理论质量计算。

（10）混凝土构件预埋铁件、螺栓，按设计图示尺寸，以质量计算。

3. 预制混凝土构件安装

（1）预制混凝土构件安装，预制混凝土均按图示尺寸以体积计算，不扣除构件内钢筋、铁件及小于 0.3m² 以内孔洞所占体积。

（2）预制混凝土矩形柱、工字形柱、双肢柱、空格柱、管道支架等安装，均按柱安装计算。

（3）组合屋架安装，以混凝土部分体积计算，钢杆件部分不计算。

（4）预制板安装，不扣除单个面积≤ 0.3m² 的孔洞所占体积，扣除空心板空洞体积。

（5）预制混凝土构件接头灌缝，均按预制混凝土构件体积计算。

（6）预制烟道、通风道安装的工程量区分不同的截面大小，按照图示高度以"m"计算。

（7）风帽安装的工程量，按设计图示数量以"个"计算。

（二）计价工程量的计算

【例 6.6】 根据本项目任务五的任务引入所给定的已知条件，试计算图 5.99 预拌混凝土柱、梁、板及预应力空心板的计价工程量，并填入计价工程量计算表中。

解 已知该单层办公楼的预拌混凝土柱、梁、板清单项目，可直接套用定额子目。但是预应力空心板清单项目的定额则按外购成品构件列入预制混凝土构件安装项目。定额含量包含了构件安装损耗，定额取定价综合了混凝土构件制作及运输、钢筋制作及运输、预制混凝土模板等内容，所以定额不另计。需要注意的是，预制构件的接头灌缝则未包含在内，因此预应力空心板清单项目的定额有空心板成品安装、接头灌缝等2个定额子目组价。本工程清单与定额的套接情况如表6.25所示。

表6.25 项目套接与工程量计算方法

序号	清单编码/定额编码	项目名称	项目特征	工程量计算方法	备注
1	010502003001	异形柱	1. 柱形状：L形、T形； 2. 混凝土种类：预拌混凝土； 3. 混凝土强度等级：C20	柱体积，不扣钢筋、铁件及小于0.3m²孔洞	
1.1	A2-13	异形柱		柱体积，不扣钢筋、铁件及小于0.3m²孔洞	
2	010503002001	矩形梁	1. 混凝土种类：预拌混凝土； 2. 混凝土强度等级：C20	梁的体积	
2.1	A2-17	矩形梁		梁的体积	
3	010505001001	有梁板	1. 混凝土种类：预拌混凝土； 2. 混凝土强度等级：C20	按梁、板的体积总和计算，扣除与柱头重合部分体积	清单规则
3.1	A2-30	有梁板		不扣除单个面积≤0.3m²的柱	计价规则
4	010512002001	空心板	1. 图代号：YKB3661、YKB3651； 2. 单件体积：YKB3661为0.1592m³/块、YKB3651为0.1342m³/块； 3. 安装高度：4.2m； 4. 混凝土强度等级：C30	空心板的体积	
4.1	A2-172	空心板成品安装焊接		空心板的体积	
4.2	A2-193	预制混凝土空心板接头灌缝		预制混凝土构件体积	

根据计价工程量计算规则和表6.25，可得出计价工程量，其计算过程见表6.26。

表6.26 清单及定额工程量计算表

工程名称：混凝土及钢筋混凝土工程

序号	清单编码/定额编号	项目名称	项目特征	单位	工程量	工程量计算式
1	010502003001	异形柱	1. 柱形状：L形、T形； 2. 混凝土种类：预拌混凝土； 3. 混凝土强度等级：C20	m³	9.00	$(0.2×0.6+0.4×0.2)×(4.2+0.3)×10$根
1.1	A2-13	异形柱		m³	9.00	同清单工程量
2	010503002001	矩形梁	1. 混凝土种类：预拌混凝土； 2. 混凝土强度等级：C20	m³	0.71	KL2：$0.2×0.45×(4.5-0.5×2)=0.315(m³)$ LL1：$0.2×0.35×(3.6-0.5-0.3)×2$根$=0.392(m³)$ 合计：$0.315+0.392=0.71(m³)$
2.1	A2-17	矩形梁		m³	0.71	同清单工程量
3	010505001001	有梁板	1. 混凝土种类：预拌混凝土； 2. 混凝土强度等级：C20	m³	8.06	板厚100mm：$0.1×[(3.9+0.2)×(4.5+4.2+0.2)]=3.65(m³)$ 板厚120mm：$0.12×[(4.2-0.1)×(4.5+0.2)]=2.31(m³)$ KL1：$0.2×(0.45-0.1)×(4.5+4.2-0.6-0.5×2)×2$根$=0.99(m³)$ KL2：$0.2×0.45×(4.5-0.5×2)=0.32(m³)$

序号	清单编码/定额编号	项目名称	项目特征	单位	工程量	工程量计算式
3	010505001001	有梁板	1.混凝土种类：预拌混凝土； 2.混凝土强度等级：C20	m³	8.06	LL1：上面轴线$0.2×(0.35-0.1)×(3.9-0.5-0.3)+0.2×(0.35-0.12)×(42-03-03)$+下面轴线$02×(0.35-0.1)×(3.9-05-05)+02×(0.35-0.12)×(4.2-0.1-0.3)=0.64(m^3)$ LL2：$0.2×(0.35-0.1)×(3.9-0.5×2)=0.15m^3$ 合计：$3.65+2.31+0.99+0.32+0.64+0.15=8.06(m^3)$
3.1	A2-30	有梁板		m²	7.90	有梁板清单工程量$=8.06(m^3)$ 扣除柱头与板重合部分体积 Z1：$V_{柱头}=(0.2×0.4+0.2×0.6)×0.1×4$个$+[(0.2×0.4+0.2×0.6)+(0.2×0.4+0.2×0.4)]×0.1=0.116(m^3)$ Z2：$V_{柱头}=(0.2×0.2+0.2×0.4×2+0.2×0.4×2)×0.12×2$个$=0.086(m^3)$ 合计：$8.06-0.116-0.086=7.86(m^3)$
4	010512002001	空心板	1.图代号：YKB3661、YKB3651； 2.单件体积：YKB3661为$0.1592m^3$/块、YKB3651为$0.1342 m^3$/块； 3.安装高度：4.2m； 4.混凝土强度等级：C30	m²	1.09	6块$×0.1592+1$块$×0.1342$
4.1	A2-172	空心板成品安装焊接		m²	1.09	同清单工程量
4.2	A2-193	预制混凝土空心板接头灌缝		m²	1.09	同清单工程量

二、工程量清单计价

1. 全费用综合单价的计算

查阅《湖北省建筑工程消耗量定额及全费用基价表》（2018），查得各个定额项目的全费用基价表，具体内容见表6.27。

表 6.27 湖北省建筑工程消耗量定额及全费用基价表（2018）（节选）

序号	定额编号	项目名称	计量单位	全费用/元	人工费/元	材料费/元	机械费/元
1	A2-13	异形柱	10m³	5520.10	796.92	3465.37	—
2	A2-17	矩形梁	10m³	4624.12	310.88	3526.91	—
3	A2-30	有梁板	10m³	4686.23	343.73	3570.07	0.77
4	A2-172	空心板成品安装焊接	10m³	13464.60	649.89	863.75	548.12
5	A2-193	预制混凝土空心板接头灌缝	10m³	2271.12	860.02	413.87	2.70

依据湖北省 2018 版费用定额规定，混凝土及钢筋混凝土工程按照房屋建筑工程取费，因此，费用计算中的费率为 89.19%，它是由总价措施项目费（13.64%＋0.7%）＋企业管理费 28.27%＋利润 19.73%＋规费 26.85%汇总计算而来，增值税率按国家规定调整为 9%。全费用综合单价的计算过程如表 6.28 所示，其余计算过程清扫二维码 6.1 查看。

表 6.28 全费用综合单价分析表

工程名称：混凝土及钢筋混凝土工程　　　　标段：　　　　　　第 页 共 9 页

项目编码	010502003001	项目名称	异形柱	计量单位	m³	工程量	

清单全费用综合单价组成明细

定额编号	定额项目名称	定额单位	数量	单价/元					合价/元				
				人工费	材料费	施工机具使用费	费用	增值税	人工费	材料费	施工机具使用费	费用	增值税
A2-13	预拌混凝土 异形柱	10m³	0.1	796.92	3465.37	0	710.77	447.58	79.69	346.54	0	71.08	44.76
人工单价													
技工 142 元/工日；普工 92 元/工日	小计								79.69	346.54	0	71.08	44.76
	未计价材料费												
	清单全费用综合单价								542.07				

材料费明细	主要材料名称、规格、型号	单位	数量	单价/元	合价/元	暂估单价/元	暂估合价/元
	水	m³	0.2105	3.39	0.71		0
	预拌混凝土 C20	m³	0.9797	341.94	335		0
	其他材料费			—	10.83	—	
	材料费小计			—	346.54	—	

注：1. 如不使用省级或行业建设主管部门发布的计价依据，可不填这定额编码、名称等。
2. 招标人提供了暂估价的材料，按暂估单价填入表内"暂估单价"栏及"暂估合价"栏。

2. 清单计价编制

任务解析 根据清单工程量及定额工程量计算表（表 6.26）、全费用综合单价计算表（表 6.28）及二维码 6.1 相关资料计算的综合单价，编制该工程分部分项与单价措施项目工程量清单计价表，见表 6.29。

表 6.29　分部分项工程和单价措施项目清单计价表

工程名称：某单层收发室　　　　标段：　　　　　　　　　　　　　　　　　　　　　　　　　　　　　第　页　共　页

序号	项目编码	项目名称	项目特征描述	计量单位	工程量	金额 元		
						全费用单价	合价	其中暂估价
1	010502003001	异形柱	1. 柱形状：L形、T形； 2. 混凝土种类：预拌混凝土； 3. 混凝土强度等级：C20	m³	9.00	542.07	4878.63	
2	010503002001	矩形梁	1. 混凝土种类：预拌混凝土； 2. 混凝土强度等级：C20	m³	0.71	449.32	319.02	
3	010505001001	有梁板	1. 混凝土种类：预拌混凝土； 2. 混凝土强度等级：C20	m³	8.06	451.89	3642.23	
4	010512002001	空心板	1. 图代号：YKB3661、YKB3651； 2. 单件体积：YKB3661 为 0.1592m³/ 块、YKB3651 为 0.1342 m³/块； 3. 安装高度：4.2m； 4. 混凝土强度等级：C30	m³	1.09	1550.39	1689.93	
			小计				10529.81	

任务六 ▶ 金属结构工程清单计价

任务引入

背景资料：某工业厂房钢屋架端部的竖向支撑如图6.6所示，该工程有4榀图6.6所示的钢支撑，已知钢支撑在工厂焊接，且涂刷环氧富锌底漆防锈，钢支撑安装高度为10m，采用M18高强螺栓与钢屋架连接，钢支撑用料表见表6.30。

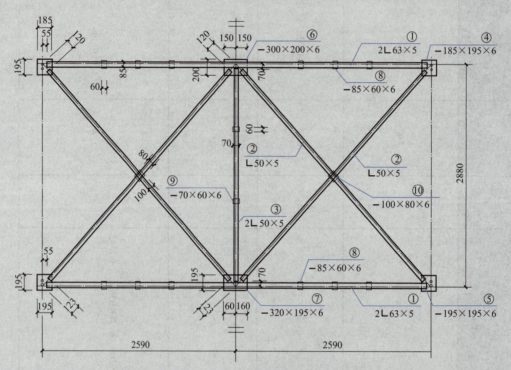

图 6.6 钢屋架竖向钢支撑示意图

要求：依据湖北省现行定额和国家相关清单规范，编制该钢支撑工程的清单计价。

表 6.30 钢屋架竖向支撑用料表

零件号	断面/(mm×mm)	数量	零件号	断面/(mm×mm)	数量
①	L63×5	4×4	⑥	−200×6	1×4
②③	L50×5	4×4	⑦	−195×6	1×4
④	−185×6	2×4	⑧⑨	−60×6	2×4
⑤	−195×6	2×4	⑩	−80×6	2×4

一、计价工程量

1. 计价（定额）工程量计算规则

（1）预制钢构件安装

① 构件安装工程量按成品构件的设计图示尺寸以质量计算，不扣除单个面积0.3m² 以内孔洞质量，焊缝、铆钉、螺栓等不另增加质量。

② 钢网架计算工程量时，不扣除孔眼的质量，焊缝、铆钉等不另增加质量。焊接空心球网架质量包括

连接钢管杆件、连接球、支托和网架支座等零件的质量，螺栓球节点网架质量包括连接钢管杆件（含高强螺栓、销子、套筒、锥头或封板）、螺栓球、支托和网架支座等零件的质量。

③ 依附在钢柱上的牛腿及悬臂梁的质量等并入钢柱的质量内，钢柱上的柱脚板、加劲板、柱顶板、隔板和肋板并入钢柱工程量内。

④ 钢管柱上的节点板、加强环、内衬板（管）、牛腿等并入钢管柱的质量内。

⑤ 钢平台的工程量包括钢平台的柱、梁、板、斜撑等的质量，依附于钢平台上的钢扶梯及平台栏杆，并入钢平台的工程量内。

⑥ 钢楼梯的工程量包括楼梯平台、楼梯梁、楼梯踏步等的质量，钢楼梯上的扶手、栏杆并入钢楼梯的工程量内。

⑦ 钢构件现场拼装平台摊销工程量按实施拼装构件的工程量计算。

（2）围护体系安装

① 钢楼层板、屋面板、硅酸钙板墙面板按设计图示尺寸的铺设面积以"m^2"计算，不扣除单个面积 $0.3m^2$ 以内柱、垛及孔洞所占面积。

② 保温岩棉铺设，EPS 混凝土浇灌按设计图示尺寸的铺设或浇灌体积以"m^3"计算，不扣除单个面积 $0.3m^2$ 以内孔洞所占体积。

③ 硅酸钙板包柱、包梁按钢构件设计断面尺寸以"m^2"计算。

④ 钢板天沟按设计图示尺寸以质量计算，依附天沟的型钢并入天沟的质量内计算；不锈钢天沟、彩钢板天沟按设计图示尺寸以长度计算。

2.计价工程量的计算

【例6.7】 根据本项目任务六的任务引入所给定的已知条件，试计算金属结构工程的计价工程量，并填入计价工程量计算表中。

解 根据金属结构工程清单项目的设置可知，该工程仅包含钢支撑一个清单项目。定额说明有厂房钢结构的屋面支撑安装应套用钢支撑安装定额的规定，钢支撑定额工作内容中已经包含成品钢屋架制作、刷防锈漆和螺栓等的费用，因此钢支撑清单仅对应钢支撑安装一个定额项目。本工程清单与定额的套接情况如表 6.31 所示。

表 6.31 项目套接与工程量计算方法

工程名称：钢支撑工程

序号	清单编码/定额编号	项目名称	项目特征	工程量计算方法	备注
1	010606001001	钢支撑	钢屋架竖向支撑；L63mm×5mm、L50mm×5mm，6mm 厚钢板；安装高度 10m，刷环氧富锌底漆防锈	钢支撑质量，不扣螺栓孔，不增加螺栓	屋架支撑套用钢支撑安装定额
1.1	A3-40	钢支撑			

清单项目与定额项目的工程量计算规则一致，均按钢支撑质量计算，计算钢支撑质量时，对于型材应查阅五金手册得到其单位长度的质量，因此可将计算型材质量转换为计算型材的长度；钢材的密度为 $7850kg/m^3$，计算钢板质量应先求其体积，计算过程如表 6.32 所示。

表 6.32 清单及定额项目工程量计算表

工程名称：钢支撑工程

序号	清单编码/定额编号	项目名称	项目特征	单位	工程量	工程量计算式
1	010606001001	钢支撑	钢屋架竖向支撑；L63mm×5mm、L50mm×5mm，6mm 厚钢板；安装高度 10m，刷环氧富锌底漆防锈	t	0.760	189.93×4[榀数]/1000

续表

序号	清单编码/定额编号	项目名称	项目特征	单位	工程量	工程量计算式
	A3-40	钢支撑		t	0.760	189.93×4[榀数]/1000
			单榀总质量	kg	189.93	97.75+54.74+20.66+3.4+3.58+2.83+2.94+2.88+0.4+0.75
			总质量	kg	97.75	5.07×4×4.82
		①L63×5	单位质量	kg/m	4.82	4.82（查五金手册）
			单榀根数	根	4	4
			单根长度	m	5.07	2.59×2-0.055×2
			总质量	kg	54.74	3.63×4×3.77
		②L50×5	单位质量	kg/m	3.77	3.77（查五金手册）
			单榀根数	根	4	4
			单根长度	m	3.63	$\sqrt{2.59^2+2.88^2}$ -0.123-0.12
1.1			总质量	kg	20.66	2.74×2×3.77
		③L50×5	单位质量	kg/m	3.77	3.77（查五金手册）
			单榀根数	根	2	2
			单根长度	m	2.74	2.88-0.07×2
		④-185×195×6	质量	kg	3.40	0.185×0.195×0.006×2[块数]×7.85×1000
		⑤-195×195×6	质量	kg	3.58	0.195×0.195×0.006×2[块数]×7.85×1000
		⑥-300×200×6	质量	kg	2.83	0.3×0.2×0.006×1[块数]×7.85×1000
		⑦-320×195×6	质量	kg	2.94	0.32×0.195×0.006×1[块数]×7.85×1000
		⑧-85×60×6	质量	kg	2.88	0.085×0.06×0.006×12[块数]×7.85×1000
		⑨-70×60×6	质量	kg	0.40	0.07×0.06×0.006×2[块数]×7.85×1000
		⑩-100×80×6	质量	kg	0.75	0.1×0.08×0.006×2[块数]×7.85×1000

需要注意的是，钢支撑单榀质量为 0.19t，小于 0.2t，按定额规定应套用钢支撑定额，若钢支撑单榀质量大于 0.2t，则应按钢屋架定额计列项目。

二、工程量清单计价

1. 全费用综合单价的计算

金属结构工程隶属于结构工程，费用计算中的费率应为 89.19%，增值税率为 9%，保持定额人工、材料和机械单价均不变，计算过程如表 6.33 所示。

2. 工程量清单计价

本工程清单计价如表 6.34 所示。

第 页 共 页

表6.33　全费用综合单价分析表

工程名称：钢支撑工程　　标段：

项目编码	010606001001			项目名称	钢支撑				计量单位	t			工程量	0.760
清单综合单价组成明细														
定额编号	定额项目名称	定额单位	数量	单价/元					合价/元					
				人工费	材料费	施工机具使用费	增值税	费用	人工费	材料费	施工机具使用费	增值税	费用	
A3-40	钢支撑	t	1.000	323.33	4131.24	244.50	468.50	506.45	323.33	4131.24	244.50	468.50	506.45	
人工单价				小计					323.33	4131.24	244.50	468.50	506.45	
普工92元/工日; 技工142元/工日; 高级技工212元/工日				未计价材料费					0					
				清单项目全费用综合单价					5674.02					

	主要材料名称、规格、型号	单位	数量	单价/元	合价/元	暂估单价/元	暂估合价/元
材料费明细	钢支撑 成品	t	1.000	3850.23	3850.23		
	环氧富锌漆 底漆	kg	2.120	37.95	80.45		
	低合金钢焊条 E43系列	kg	2.341	6.92	16.20		
	六角螺栓	kg	5.304	5.92	31.40		
	氧气	m³	0.220	3.27	0.72		
	吊装夹具	套	0.020	102.67	2.05		
	钢丝绳 φ12	kg	4.920	6.61	32.52		
	垫木	m³	0.014	1855.33	25.97		
	稀释剂	kg	0.170	11.21	1.91		
	柴油[机械]	kg	8.988	5.26	47.28		
	电[机械]	kW·h	29.731	0.75	22.30		
	其他材料费	元			20.21		
	材料费小计				4131.24		

表 6.34　分部分项工程和单价措施项目清单计价表

工程名称：钢支撑工程　　　　　　　　　　　标段：　　　　　　　　　　　第　页　共　页

序号	项目编码	项目名称	项目特征描述	计量单位	工程量	金额 / 元		
						全费用单价	合价	其中：暂估价
1	010606001001	钢支撑	钢屋架竖向支撑；∟63mm×5mm，∟50mm×5mm，6mm厚钢板；安装高度10m，刷环氧富锌底漆防锈	t	0.760	5674.02	4312.26	

任务七 ▶ 木结构工程清单计价

 任务引入

> 背景材料：某图书馆采用木结构设计，采用红皮云杉木屋架和木檩条（见图 5.144），要求刷防腐油。
>
> 要求：依据湖北省现行定额和国家相关清单规范，编制该木结构工程工程量清单计价。

一、计价工程量

1. 计价（定额）工程量计算规则

（1）木屋架

① 木屋架按设计图示的规格尺寸以体积计算。附属于其上的木夹板、垫木、风撑、挑檐木均按木料体积并入屋架工程量内，如图 6.7 所示。

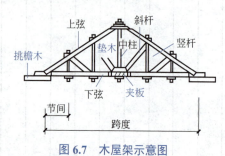

图 6.7　木屋架示意图	图 6.8　带气楼的屋架

② 圆木屋架上的挑檐木、风撑等设计规定为方木时，应将方木木料体积乘以系数 1.7 折合成圆木并入圆木屋架工程量内。

③ 钢木屋架工程量按设计图示的规格尺寸以体积计算。定额内已包括钢构件的用量，不再另外计算。

💬 **小贴士**

钢木屋架是指屋架下弦及竖向腹杆用钢材制作。

钢木屋架工程量 = 屋架木杆件轴线长度 × 杆件竣工断面面积 + 气楼屋架和半屋架体积　　（6.4）

④ 带气楼的屋架，其气楼屋架并入所依附屋架工程量内计算，如图 6.8 所示。

⑤ 屋架的马尾、折角和正交部分半屋架，并入相连屋架工程量内计算。

（2）木构件

① 木柱、木梁按设计图示尺寸以体积计算。

② 木楼梯按设计图示尺寸以水平投影面积计算。不扣除宽度 ≤ 300mm 的楼梯井，伸入墙内部分不计算。

③ 木地楞按设计图示尺寸以体积计算。定额内已包括平撑、剪刀撑、沿油木的用量，不再另外计算。

④ 木搁板按设计图示尺寸以面积计算。

（3）屋面木基层　屋面木基层是指屋架上弦以上至屋面瓦以下的结构部分，如图 6.9 所示。

① 檩条工程量按设计图示的规格尺寸以体积计算。附属于其上的檩条三角条按木料体积并入檩条工程量内。单独挑檐木并入檩条工程量内。檩托木、檩垫木已包括在定额项目内，不另计算，如图 6.10 所示。

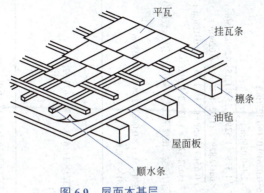

图 6.9　屋面木基层

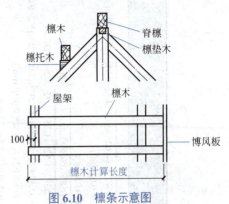

图 6.10　檩条示意图

② 简支檩木长度按设计计算，设计无规定时，按相邻屋架或山墙中距增加 0.20m 接头计算，两端出山檩条算至博风板；连续檩的长度按设计长度增加 5% 的接头长度计算。

$$檩木工程量 = 檩木杆件计算长度 × 竣工木料断面面积 \tag{6.5}$$

③ 屋面椽子、屋面板、挂瓦条、竹帘子工程量按设计图示尺寸以屋面斜面积计算，不扣除屋面烟囱、风帽底座、风道、小气窗及斜沟等所占面积。小气窗的出檐部分亦不增加面积。

④ 封檐板工程量按设计图示檐口外围长度计算。博风板按斜长度计算，每个大刀头增加长度 0.50m。

$$封檐板工程量 = 屋面水平投影长度 × 檐板数量 \tag{6.6}$$

$$博风板工程量 = (山尖屋面水平投影长度 × 屋面坡度系数 + 0.5 × 2) × 山墙端数 \tag{6.7}$$

2. 计价工程量的计算

【例 6.8】　根据本项目任务七的任务引入所给定的已知条件，试计算图 5.144 木结构清单项目的计价工程量，并填入计价工程量计算表中。

解　根据已知条件，可列木屋架和木檩条 2 个清单项目，因为采用红皮云杉木，属于二类木材，根据定额规定，可直接套用定额子目，定额内容综合了制作、运输、安装、刷防护材料等。因此，清单项目与定额的套接情况如表 6.35 所示。

表 6.35　项目套接与工程量计算方法

序号	清单编码/定额编码	项目名称	项目特征	工程量计算方法	备注
1	010701001001	木屋架	1. 跨度：9m； 2. 材料品种、规格：红皮云杉； 3. 刨光要求：刨光； 4. 拉杆及夹板种类：60mm 木夹板； 5. 防护材料种类：刷防腐油	数量或者体积	
1.1	A4-1	圆木屋架		屋架体积	考虑刨光损耗
2	010702003001	木檩条	1. 构件规格尺寸； 2. 木材种类：红皮云杉，木檩条小头直径不小于 120mm； 3. 刨光要求：刨光； 4. 防护材料种类：刷防腐油	木檩条体积	
2.1	A4-22	圆木檩条		木檩条体积	考虑刨光损耗

需要注意的是，设计刨光的屋架、檩条在计算木料体积时，应加刨光损耗。方木一面刨光加 3mm，两面刨光加 5mm；圆木直径加 5mm。圆木屋架上的木夹板等设计规定为方木，应将方木木料体积乘以系数 1.7 折合成圆木并入圆木屋架工程量内。连续檩条的长度按设计长度增加 5% 的接头长度计算。计价工程量具体的计算过程见表 6.36。

工程名称：木结构工程

表 6.36 清单及定额项目工程量计算表

序号	清单编码/定额编号	项目名称	项目特征	单位	工程量	工程量计算式
1	010701001001	木屋架	1. 跨度：9m； 2. 材料品种、规格：红皮云杉； 3. 刨光要求：刨光； 4. 拉杆及夹板种类：60mm 木夹板； 5. 防护材料种类：刷防腐油	m³	0.72	上弦：$3.14×0.03×0.03×\sqrt{2.4×2.4+(4.62-0.9)}×(4.62-0.9)×2=0.025$(m³) 下弦：$3.14×0.03×0.03×9.24=0.026$(m³) 腹杆：$3.14×0.06×0.06×2.4=0.027$(m³) $3.14×0.05×0.05×\sqrt{0.658×0.658+1.35×1.35}×2=0.024$(m³) $3.14×0.05×0.05×\sqrt{1.529×1.529+1.35×1.35}×2=0.032$(m³) 立杆：$3.14×0.05×0.05×[tan32.829°×1.02+tan32.829°×(1.02+1.35)]×2=0.034$(m³) 木夹板：$0.42×0.185×0.06×2+1×0.11×0.006×2=0.011$(m³) 合计：$(0.025+0.026+0.083+0.034+0.011)×4=0.72$(m³)
1.1	A4-1	圆木屋架				上弦：$3.14×(0.03+0.0025)^2×\sqrt{2.4×2.4+3.72×3.72}×2=0.029$(m³) 下弦：$3.14×(0.03+0.0025)^2×9.24=0.031$(m³) 腹杆：小计 $0.029+0.035+0.026+0.011=0.127$(m³) 长立杆：$3.14×(0.06+0.0025)^2×2.4=0.029$(m³) 斜杆：$3.14×(0.05+0.0025)^2×\sqrt{1.529×1.529+1.35×1.35}×2=0.035$(m³) 中立杆：$3.14×(0.05+0.0025)^2×tan32.829°×(1.02+1.35)×2=0.026$(m³) 斜杆：$3.14×(0.05+0.0025)^2×\sqrt{0.658×0.658+1.35×1.35}×2=0.026$(m³) 短立杆：$3.14×(0.05+0.0025)^2×tan32.829°×1.02×2=0.011$(m³) 注：式中 32.829° 是上下弦相交的角度，由屋架长度与高度反三角函数查出，即 $tanθ=2.4/3.72$，求出 $θ=32.829°$ 木夹板：$(0.42×0.185×0.06×2+1×0.11×0.006×2)×1.7=0.018$(m³) 合计：$(0.029+0.031+0.127+0.018)×4=0.82$(m³)
2	010702003001	木檩条	1. 构件规格尺寸； 2. 木材种类：红皮云杉，木檩条小头直径不小于 120mm； 3. 刨光要求：刨光； 4. 防护材料种类：刷防腐油	m³	7.68	$L=[(20.612+19.652+18.692+17.732)×2+16.5]×4$幅$=679.52$(m) $V=679.52×3.14×0.06^2=7.68$(m³)
2.1	A4-22	圆木檩条		m³	8.06	$L=[(20.612+19.652+18.692+17.732)×2+16.5]×4$幅$=679.52$(m) $V=679.52×3.14×0.06^2×(1+5\%)=8.06$(m³)

二、工程量清单计价

1. 全费用综合单价的计算

查阅《湖北省建筑工程消耗量定额及全费用基价表》(2018),查得各个定额项目的全费用基价表,具体内容见表 6.37。

表 6.37　湖北省建筑工程消耗量定额及全费用基价表(2018)(节选)

序号	定额编号	项目名称	计量单位	全费用/元	人工费/元	材料费/元	机械费/元
1	A4-1	圆木屋架 跨度≤10m	10m³	46077.20	6700.33	28834.64	—
2	A4-22	圆木檩条	10m³	25709.63	2452.43	18890.66	—

依据湖北省 2018 版费用定额规定,圆木屋架及圆木檩条按照房屋建筑工程取费。因此,费用计算中的费率为 89.19%,它是由总价措施项目费率(13.64%+0.7%)+企业管理费率 28.27%+利润率 19.73%+规费率 26.85%,汇总计算出来的。增值税率按国家规定调整为 9%。全费用综合单价的计算过程如表 6.38 所示,其余计算过程清扫二维码 6.1 查看。

2. 清单计价编制

任务解析 根据表 6.36、表 6.38 及二维码 6.1 相关资料中计算的综合单价,编制该工程分部分项单价与单价措施项目工程量清单单价表,见表 6.39。

表 6.38　全费用综合单价分析表

工程名称:木结构　　　　　　标段:　　　　　　第　页　共　页

项目编码	项目名称		计量单位	工程量
010701001001	木屋架		m³	0.72

清单综合单价组成明细

定额编号	定额项目名称	定额单位	数量	单价/元					合价/元				
				人工费	材料费	施工机具使用费	费用	增值税	人工费	材料费	施工机具使用费	费用	增值税
A4-1	圆木屋架 跨度≤10m	10m³	0.1139	6700.33	28834.64	0	680.67	3735.99	763.17	3284.27	0	680.67	425.53
人工单价					小计				763.17	3284.27	0	680.67	425.53
技工 142 元/工日; 普工 92 元/工日					未计价材料费								0
					清单全费用综合单价								5153.64

续表

材料费明细	主要材料名称、规格、型号	单位	数量	单价/元	合价/元	暂估单价/元	暂估合价/元
	原木	m³	1.19595	1529.71	1829.46	—	
	板枋材	m³	0.19272	2479.49	477.85	—	
	其他材料费			—	976.96	—	0
	材料费小计			—	3284.27	—	0

注：1. 如不使用省级或行业建设主管部门发布的计价依据，可不填定额编码、名称等。

2. 招标文件提供了暂估单价的材料，按暂估单价填入表内"暂估单价"栏及"暂估合价"栏。

表6.39 分部分项工程和单价措施项目清单计价表

工程名称：木结构　　　　标段：　　　　　　　　　　第 页 共 页

序号	项目编码	项目名称	项目特征描述	计量单位	工程量	全费用单价	合价	其中暂估价
							金额/元	
1	010701001001	木屋架	1. 跨度：9m； 2. 材料品种、规格：红皮云杉； 3. 刨光要求：刨光； 4. 拉杆及夹板种类：60mm木夹板； 5. 防护材料种类：刷防腐油	m³	0.72	5153.64	3710.62	
2	010702003001	木檩条	1. 构件规格尺寸； 2. 木材种类：红皮云杉，木檩条小头直径不小于120mm； 3. 刨光要求：刨光； 4. 防护材料种类：刷防腐油	m³	7.68	2698.17	20721.95	
			合计				24432.57	

任务八 ▶ 门窗工程清单计价

任务引入

　　背景资料：某工程的门窗表如表6.40所示。已知每樘门上均按安装了执手锁一套，防火门FM1每樘带明装闭门器2套；铝合金窗上的玻璃为6+12A+6双层中空玻璃，纱窗SC1安装在C1窗上。

　　要求：依据湖北省现行定额和国家清单规范，编制该门窗工程的清单计价。

表 6.40　门窗表

序号	门窗代号	洞口尺寸		樘数	门窗类型
		宽度/mm	高度/mm		
一	木门				
1	M1	1500	2100	10	带门套双扇无纱无亮实木成品平开门
2	M2	900	2100	20	带门套单扇无纱无亮复合成品平开门
3	FM1	1200	2100	10	木质防火门
二	铝合金窗				
1	C1	1500	1800	20	上亮隔热断桥铝合金推拉窗
2	C2	1200	1800	10	上亮隔热断桥铝合金内平开下悬窗
3	SC1	800	1200	20	铝合金隐形纱窗
4	BYC1	1000	600	20	铝合金百叶窗

一、计价工程量

1. 计价（定额）工程量计算规则

（1）木门

①成品木门框安装按设计图示框的中心线长度计算。

②成品木门扇安装按设计图示扇面积计算。

③成品套装木门安装按设计图示数量计算。

④木质防火门安装按设计图示洞口面积计算。

⑤纱门按设计图示扇外围面积计算。

（2）金属门窗、防盗栅（网）

①铝合金门窗（飘窗、阳台封闭窗除外）、塑钢门窗、塑料节能门窗均按设计图示门、窗洞口面积计算。

②彩板钢门窗按设计图示门、窗洞口面积计算。彩板钢门窗附框按框中心线长度计算。

③门连窗按设计图示洞口面积分别计算门、窗面积，其中窗的宽度算至门框的外边线。

④纱窗扇按设计图示扇外围面积计算。

⑤飘窗、阳台封闭窗按设计图示框型材外边线尺寸以展开面积计算。

⑥钢质防火门、防盗门、不锈钢格栅防盗门、电控防盗门按设计图示门洞口面积计算。

⑦电控防盗门控制器按设计图示套数计算。

⑧防盗窗、钢质防火窗按设计图示窗洞口面积计算。

⑨金属防盗栅（网）制作安装按洞口尺寸以面积计算。

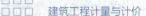

（3）金属卷帘（闸）　金属卷帘（闸）按设计图示卷帘门宽度乘以卷帘门高度（包括卷帘箱高度）以面积计算。电动装置安装按设计图示套数计算。

（4）厂库房大门、特种门　厂库房大门、特种门按设计图示门洞口面积计算。百页钢门的安装工程量按设计尺寸以质量计算，不扣除孔眼、切肢、切片、切角的质量。

（5）其他门

① 全玻有框门扇按设计图示扇边框外边线尺寸以扇面积计算。

② 全玻无框（条夹）门扇按设计图示扇面积计算，高度算至条夹外边线，宽度算至玻璃外边线。

③ 全玻无框（点夹）门扇按设计图示玻璃外边线尺寸以扇面积计算。

④ 无框亮子按设计图示门框与横梁或立柱内边缘尺寸玻璃面积计算。

⑤ 全玻转门按设计图示数量计算。

⑥ 不锈钢伸缩门按设计图示延长米计算。

⑦ 电子感应门安装按设计图示数量计算。

⑧ 全玻转门传感装置、伸缩门电动装置和电子感应门电磁感应装置按设计图示套数计算。

⑨ 金属子母门安装按设计图示洞口面积计算。

（6）门钢架、门窗套、包门框（扇）

① 门钢架按设计图示尺寸以质量计算。

② 门钢架基层、面层按设计图示饰面外围尺寸展开面积计算。

③ 门窗套（筒子板）龙骨、面层、基层均按设计图示饰面外围尺寸展开面积计算。

④ 成品门窗套按设计图示饰面外围尺寸展开面积计算。

⑤ 包门框按展开面积计算。包门扇及木门扇镶贴饰面板按门扇垂直投影面积计算。

（7）窗台板、窗帘盒、窗帘轨

① 窗台板按设计图示长度乘宽度以面积计算。图纸未注明尺寸的，窗台板长度可按窗框的外围宽度两边共加 100mm 计算。窗台板凸出墙面的宽度按墙面外加 50mm 计算。

【例 6.9】　试计算图 5.155 窗台板的计价工程量。

解　窗台板的计价工程量 $=1.5 \times 0.1 = 0.15(m^2)$

② 窗帘盒、窗帘轨按设计图示长度计算。

2. 计价工程量的计算

【例 6.10】　根据本项目任务八的任务引入所给定的已知条件，试计算门窗工程的计价工程量，并填入计价工程量计算表中。

解　本工程清单列项分门、窗两类。

门清单中有木质门带套、防火门和门锁安装三类，单开门和双开门因为材质不同，应分开计列，但相应定额内已含门锁，不得另套；防火门清单中包含防火门安装和闭门器安装两个定额，门锁定额内未包括这两项，应另行计列清单和定额。

窗清单中有金属断桥窗、金属纱窗和金属百叶窗三类，推拉窗和内平开下悬窗因为窗种类不同应分开计列。本工程清单与定额的套接情况如表 6.41 所示。

表 6.41　项目套接与工程量计算方法

工程名称：门窗工程

序号	清单编码／ 定额编号	项目名称	项目特征	工程量 计算方法	备注
1	010801002001	木质门带套	M1，1500mm×2100mm； 无玻璃	洞口面积	
1.1	A5-6	带门套成品装饰平开实木门双开		数量	定额已含门锁
2	010801002002	木质门带套	M2，900mm×2100mm； 无玻璃	洞口面积	

续表

序号	清单编码/ 定额编号	项目名称	项目特征	工程量 计算方法	备注
2.1	A5-3	带门套成品装饰平开复合木 门 单开		数量	定额已含门锁
3	010801004001	木质防火门	FM1，1200mm×2100mm； 无玻璃	洞口面积	
3.1	A5-9	木质防火门安装			
3.2	A5-175	闭门器 明装		数量	
4	010801006001	门锁安装	执手锁	数量	FM1上
4.1	A5-161	执手锁			
5	010807001001	金属断桥窗	C1，上亮隔热断桥铝合金推拉 窗，6+12A+6中空玻璃	洞口面积	
5.1	A5-81	隔热断桥铝合金普通窗安装 推拉			
6	010807001002	金属断桥窗	C2，上亮隔热断桥铝合金内平 开下悬窗，6+12A+6中空玻璃		
6.1	A5-83	隔热断桥铝合金普通窗安装 内平开下悬			
7	010807004001	金属纱窗	SC1，800mm×1200mm，铝合 金隐形纱窗	扇外围面积	
7.1	A5-91	铝合金纱窗安装 隐形纱窗			
8	010807003001	金属百叶窗	BYC1，1000mm×600mm，铝 合金材质，无玻璃	洞口面积	
8.1	A5-88	铝合金百叶窗安装			

套装门工程量计算中，清单工程量应按洞口面积计算，定额工程量应按数量计算；防火门清单与定额工程量一致，应按洞口面积计算，闭门器和门锁应按数量计算。

金属断桥窗、金属百叶窗均按洞口面积计算，金属纱窗按框外围的面积计算。

计价工程量的计算过程见表6.42。

表6.42 清单及定额工程量计算表

工程名称：门窗工程

序号	清单编码/ 定额编号	项目名称	项目特征	单位	工程量	工程量计算式
1	010801002001	木质门带套	M1，1500mm×2100mm； 无玻璃	m^2	31.50	1.5×2.1×10
1.1	A5-6	带门套成品装饰平开实木门 双开		樘	10.00	10
2	010801002002	木质门带套	M2，900mm×2100mm； 无玻璃	m^2	37.80	0.9×2.1×20

续表

序号	清单编码 / 定额编号	项目名称	项目特征	单位	工程量	工程量计算式
2.1	A5-3	带门套成品装饰平开复合木门　单开		樘	20.00	20
3	010801004001	木质防火门	FM1，1200mm×2100mm；无玻璃	m²	25.20	1.2×2.1×10
3.1	A5-9	木质防火门安装		m²	25.20	1.2×2.1×10
3.2	A5-175	闭门器　明装		个	20.00	2×10
4	010801006001	门锁安装	执手锁	个	10.00	10×1[FM1 上]
4.1	A5-161	执手锁		个	10.00	10×1[FM1 上]
5	010807001001	金属断桥窗	C1，上亮隔热断桥铝合金推拉窗，6+12A+6 中空玻璃	m²	54.00	1.5×1.8×20
5.1	A5-81	隔热断桥铝合金普通窗安装　推拉		m²	54.00	1.5×1.8×20
6	010807001002	金属断桥窗	C2，上亮隔热断桥铝合金内平开下悬窗，6+12A+6 中空玻璃	m²	21.60	1.2×1.8×10
6.1	A5-83	隔热断桥铝合金普通窗安装　内平开下悬		m²	21.60	1.2×1.8×10
7	010807004001	金属纱窗	SC1，800mm×1200mm，铝合金隐形纱窗	m²	19.20	0.8×1.2×20
7.1	A5-91	铝合金纱窗安装　隐形纱窗		m²	19.20	0.8×1.2×20
8	010807003001	金属百叶窗	BYC1，1000mm×600mm，铝合金材质，无玻璃	m²	12.00	1×0.6×20
8.1	A5-88	铝合金百叶窗安装		m²	12.00	1×0.6×20

二、工程量清单计价

1. 全费用综合单价的计算

门窗工程隶属结构工程，费用计算中的费率应为 89.19%，增值税率为 9%；定额所在行对应数量应为定额工程量除以定额扩大单位后，再除以清单工程量所得的比值；保持定额人工、材料和机械单价均不变，计算过程如表 6.43 及二维码 6.1 所示。

2. 工程量清单计价

本工程清单计价如表 6.44 所示。

表 6.43 全费用综合单价计价表

工程名称：门窗工程　　　　标段：　　　　第 页 共 页

项目编码	011080100020001	项目名称	木质门带套	计量单位	m²	工程量	31.50

清单综合单价组成明细

定额编号	定额项目名称	定额单位	数量	单价/元					合价/元				
				人工费	材料费	施工机具使用费	费用	增值税	人工费	材料费	施工机具使用费	费用	增值税
A5-6	带门套成品装饰平开实木门 双开	樘	0.3175	163.89	2209.20	0.00	146.17	226.73	52.04	701.42	0.00	46.41	71.99
人工单价			小计						52.04	701.42	0.00	46.41	71.99
普工 92 元/工日；技工 142 元/工日；高级技工 212 元/工日			未计价材料费										
			清单项目全费用综合单价						871.86				

材料费明细	主要材料名称、规格、型号	单位	数量	单价/元	合价/元	暂估单价/元	暂估合价/元
	成品装饰双开木门及门套 实木 1.5m×2.1m	樘	0.3175	1903.37	604.32		
	不锈钢合页	个	1.9238	10.27	19.76		
	双开门锁	把	0.3175	161.05	51.13		
	门磁吸	只	0.6349	4.28	2.72		
	大门暗插销	副	0.6349	14.64	9.29		
	发泡剂 750mL	支	0.4127	17.56	7.25		
	其他材料费	元			6.95		
	材料费小计				701.42		

表 6.44 分部分项工程和单价措施项目工程清单计价表

工程名称：门窗工程　　　　　　　　　　　　　　　标段：　　　　　　　　　　　第　页　共　页

序号	项目编码	项目名称	项目特征描述	计量单位	工程量	金额 / 元		
						全费用单价	合价	其中：暂估价
1	010801002001	木质门带套	M1，1500mm×2100mm；无玻璃	m²	31.50	871.86	27463.59	
2	010801002002	木质门带套	M2，900mm×2100mm；无玻璃	m²	37.80	699.93	26457.35	
3	010801004001	木质防火门	FM1，1200mm×2100mm；无玻璃	m²	25.20	627.26	15806.95	
4	010801006001	门锁安装	执手锁	个	10.00	75.96	759.60	
5	010807001001	金属断桥窗	C1，上亮隔热断桥铝合金推拉窗，6+12A+6 中空玻璃	m²	54.00	519.12	28032.48	
6	010807001002	金属断桥窗	C2，上亮隔热断桥铝合金内平开下悬窗，6+12A+6 中空玻璃	m²	21.60	638.42	13789.87	
7	010807004001	金属纱窗	SC1，800mm×1200mm，铝合金隐形纱窗	m²	19.20	117.57	2257.34	
8	010807003001	金属百叶窗	BYC1，1000mm×600mm，铝合金材质，无玻璃	m²	12.00	433.79	5205.48	
		小计					119772.66	

任务九 ▸ 屋面及防水工程清单计价

 任务引入

背景资料：某坡度为 1∶2 的四坡排水屋面采用西班牙瓦铺设，如图 6.11 所示。屋面做法为钢筋混凝土屋面板清扫干净，15mm 厚 1∶2.5 水泥砂浆找平层；满铺二层 3mm 厚 SBS 改性沥青防水卷材，聚丁胶黏合剂粘贴；木顺水条 40mm×20mm 中距 500mm，挂瓦条 30mm×30mm 中距 310mm，西班牙瓦 310mm×310mm，已知挂瓦条单价为 2.98 元 /m，圆钉单价 5.92 元 /kg。

要求：依据湖北省现行定额和国家相关清单规范，编制该屋面工程的清单计价。

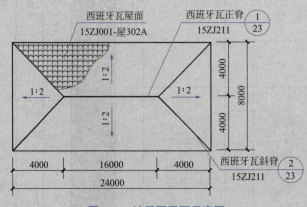

图 6.11　坡屋面平面示意图

一、计价工程量

（一）计价（定额）工程量计算规则

1. 屋面工程

（1）各种屋面和型材屋面（包括挑檐部分），均按设计图示尺寸以面积计算（斜屋面按斜面面积计算），不扣除房上烟囱、风帽底座、风道、小气窗、斜沟和脊瓦等所占面积，小气窗的出檐部分也不增加。

坡度系数，即延尺系数，指斜面与水平面的关系系数。坡度系数的计算有两种方法：一是查表法；二是计算法。为了方便快捷计算屋面工程量，可查定额中坡度系数表计算。

（2）西班牙瓦、瓷质波形瓦、英红瓦屋面的正斜脊瓦、檐口线，按设计图示尺寸以长度计算。

（3）采光板屋面和玻璃采光顶屋面按设计图示尺寸以面积计算（斜屋面按斜面面积计算），不扣除面积 $\leqslant 0.3m^2$ 孔洞所占面积。

（4）膜结构屋面按设计图示尺寸以需要覆盖的水平投影面积计算，膜材料可以调整含量。

（5）围墙瓦顶按设计图示尺寸以长度计算。

2. 防水工程及其他

（1）防水

① 屋面防水，按设计图示尺寸以面积计算（斜屋面按斜面面积计算），不扣除房上烟囱、风帽底座、风道、屋面小气窗和斜沟所占面积；屋面的女儿墙、伸缩缝和天窗等处的弯起部分，按设计图示尺寸计算；设计无规定时，伸缩缝的弯起部分按250mm计算，女儿墙、天窗的弯起部分按500mm计算，计入立面工程量内。

② 楼地面防水防潮层按设计图示尺寸以主墙间净面积计算，扣除凸出地面的构筑物、设备基础等所占面积，不扣除间壁墙及单个面积 $\leqslant 0.3m^2$ 的柱、垛、烟囱和孔洞所占面积。平面与立面交接处上翻高度 $\leqslant 300mm$ 时，按展开面积并入平面工程量内计算；高度 $>300mm$ 时，按立面防水层计算。

③ 墙基防水防潮层，外墙按外墙中心线长度、内墙按墙体净长度乘以宽度，以面积计算。

④ 墙的立面防水防潮层，不论内墙、外墙，均按设计图示尺寸以面积计算。

⑤ 基础底板的防水防潮层按设计图示尺寸以面积计算，不扣除桩头所占面积。桩头处外包防水按桩头投影外扩300mm以面积计算，地沟处防水按展开面积计算，均计入平面工程量，执行相应规定。

⑥ 屋面分格缝，按设计图示尺寸，以长度计算。

（2）屋面排水

① 水落管、镀锌铁皮天沟、檐沟按设计图示尺寸，以长度计算。

② 水斗、下水口、雨水口、弯头、短管等，均以设计数量计算。

③ 种植屋面排水按设计尺寸以铺设排水层面积计算；不扣除房上烟囱、风帽底座、风道、屋面小气窗、斜沟和脊瓦等所占面积，面积 $\leqslant 0.3m^2$ 的孔洞所占面积亦不扣除，屋面小气窗的出檐部分也不增加。

（3）变形缝与止水带

① 变形缝（嵌填缝与盖板）与止水带按设计图示尺寸，以长度计算。

② 屋面检修孔盖板以"块"计算。

（二）计价工程量的计算

【例6.11】　根据本项目任务九的任务引入所给定的已知条件，试计算屋面及防水工程的计价工程量，并填入计价工程量计算表中。

解　本工程清单有平面砂浆找平层、屋面卷材防水和瓦屋面三个。平面砂浆找平层清单中，1:2.5水泥砂浆对应 DS M20 干混地面砂浆，由于厚度为15mm，应按20mm厚找平层定额A9-1减去每增减5mm定额A9-3考虑；屋面卷材防水清单中，聚丁胶黏合剂粘贴系冷粘，而SBS改性沥青卷材有两层，应按冷粘法一层定额A6-58增加一层冷粘A6-60考虑；瓦屋面清单包含屋面和屋脊两个定额，西班牙瓦屋面定额中，因采用木挂瓦条铺设，按定额规定每 100m² 增加 4 工日，增加木挂瓦条 300.3m，圆钉 2.5kg，且屋面坡度为 50%＞45%，人工应乘以系数 1.43。本工程清单与定额的套接情况如表 6.45 所示。

表 6.45 项目套接与工程量计算方法

工程名称：坡屋面工程

序号	清单编码/定额编号	项目名称	项目特征	工程量计算方法	备注
1	011101006001	平面砂浆找平层	15mm 厚 1∶2.5 水泥砂浆	屋面斜面积	
1.1	(A9-1)−(A9-3)	平面砂浆找平层 混凝土上 15mm			1∶2.5 水泥砂浆→DS M20 干混地面砂浆
2	010902001001	屋面卷材防水	满铺二层 3mm 厚 SBS 改性沥青防水卷材，聚丁胶黏合剂粘贴	屋面斜面积	
2.1	(A6-58)+(A6-60)	SBS 改性沥青卷材 冷粘法二层 平面			
3	010901001001	瓦屋面	木顺水条 40mm×20mm 中距 500mm，挂瓦条 30mm×30mm 中距 310mm，310mm×310mm 西班牙瓦	屋面斜面积	
3.1	(A6-9) 换	西班牙瓦 挂瓦条上铺设			1. 每 100m² 增加 4 工日，增加挂瓦条 300.3m，圆钉 2.5kg； 2. 坡度 50%＞45%，人工×1.43
3.2	A6-10	西班牙瓦 正斜脊		屋脊长度	

计算坡屋面工程量时，屋面砂浆找平层、屋面卷材防水和瓦屋面均按屋面斜面积计算，即按屋面水平投影面积乘以延尺系数 C，坡度为 i 的屋面 $C=\sqrt{1+i^2}$；屋脊按长度计算，其中斜脊长度按屋面的半跨长度 A 乘以隔延尺系数 D 计算，坡度为 i 的屋面 $D=\sqrt{2+i^2}$。

计价工程量的计算过程见表 6.46。

表 6.46 清单及定额工程量计算表

工程名称：坡屋面工程

序号	清单编码/定额编号	项目名称	项目特征	单位	工程量	工程量计算式
1	011101006001	平面砂浆找平层	15mm 厚 1∶2.5 水泥砂浆	m²	214.66	192×1.118

续表

序号	清单编码/定额编号	项目名称	项目特征	单位	工程量	工程量计算式
	(A9-1)~(A9-3)	平面砂浆找平层 混凝土上 15mm		m²	214.66	192×1.118
1.1			屋面水平投影面积	m²	192.00	24×8
			屋面延尺系数	m²	1.118	$\sqrt{1+0.5^2}$
2	010902001001	屋面卷材防水	满铺二层 3mm 厚 SBS 改性沥青防水卷材，聚丁胶黏合剂粘贴	m²	214.66	192×1.118
2.1	(A6-58)+(A6-60)	SBS 改性沥青卷材 冷粘法二层 平面		m²	214.66	192×1.118
3	010901001001	瓦屋面	木顺水条 40mm×20mm 中距 500mm，挂瓦条 30mm×30mm 中距 310mm，310mm×310mm 西班牙瓦	m²	214.66	192×1.118
3.1	(A6-9) 换	西班牙瓦 挂瓦条上铺设		m²	214.66	192×1.118
	A6-10	西班牙瓦 正斜脊		m	40.00	16+24
3.2			正脊长度	m	16.00	16.00
			隔延尺系数		1.500	$\sqrt{2+0.5^2}$
			斜脊长度	m	24.00	4×1.5×4

二、工程量清单计价

1. 全费用综合单价的计算

平面砂浆找平层定额隶属装饰工程，费用计算中的费率为 44.97%；屋面卷材防水和瓦屋面定额隶属结构工程，费用计算中的费率为 89.19%，增值税率为 9%。

依据前述的定额换算规定，西班牙瓦屋面定额换算方法是：

$$人工费 = \left(3.546 + \frac{3.546}{3.546+5.319} \times 4\right) \times 1.43 \times 92 <普工> + \left(5.319 + \frac{5.319}{3.546+5.319} \times 4\right) \times 1.43 \times 1.42 <技工>$$
$$= 2244.43(元)$$

材料费 =13094.16+300.3×2.98< 木挂瓦条 >+2.5×5.92< 圆钉 >=14003.85(元)

保持定额人工、其他材料和机械单价均不变，计算过程如表 6.47 及二维码 6.1 所示。

2. 工程量清单计价

本工程清单计价如表 6.48 所示。

表 6.47 全费用综合单价分析表

工程名称：坡屋面工程　　　　标段：　　　　第　页　共　页

项目编码	01110100600 1	项目名称	平面砂浆找平层	计量单位	m²	工程量	214.66

清单综合单价组成明细

定额编号	定额项目名称	定额单位	数量	单价/元					合价/元				
				人工费	材料费	施工机具使用费	费用	增值税	人工费	材料费	施工机具使用费	费用	增值税
(A9-1)~(A9-3)	平面砂浆找平层 混凝土上 15mm	100m²	0.01	585.34	811.31	47.77	284.71	155.63	5.85	8.11	0.48	2.85	1.56
	小计								5.85	8.11	0.48	2.85	1.56
	未计价材料费										0		

人工单价
普工 92元/工日；
技工 142元/工日；
高级技工 212元/工日

清单项目全费用综合单价　18.85

材料费明细

主要材料名称、规格、型号	单位	数量	单价/元	合价/元	暂估单价/元	暂估合价/元
干混地面砂浆 DS M20	t	0.02601	308.64	8.03		
水	m³	0.009	3.39	0.03		
电[机械]	kW·h	0.0727	0.75	0.05		
材料费小计				8.11		

表 6.48 分部分项工程和单价措施项目清单计价表

工程名称：坡屋面工程　　　　标段：　　　　第　页　共　页

序号	项目编码	项目名称	项目特征描述	计量单位	工程量	金额/元		
						全费用单价	合价	其中：暂估价
1	011101006001	平面砂浆找平层	15mm 厚 1:2.5 水泥砂浆	m²	214.66	18.85	4046.34	
2	010902001001	屋面卷材防水	满铺二层 3mm 厚 SBS 改性沥青防水卷材，聚丁胶黏合剂粘贴	m²	214.66	125.46	26931.24	
3	010901001001	瓦屋面	木顺水条 40mm×20mm 中距 500mm，挂瓦条 30mm×30mm 中距 310mm，310mm×310mm 西班牙瓦	m²	214.66	213.67	45866.40	
		小计					76843.98	

任务十 ▸ 保温隔热防腐工程清单计价

任务引入

　　背景资料：某上人平屋面工程，采用平面尺寸为 800mm×800mm 的地砖保护层屋面，如图 6.12 所示。屋面做法为：钢筋混凝土屋面板，表面清扫干净；30mm 厚（最薄处）LC5.0 轻骨料混凝土找 2% 坡；20mm 厚 1:2.5 水泥砂浆找平层；1.5mm 厚聚氨酯防水涂料隔汽层，上翻高度过保温层 150mm；干铺 50mm 厚挤塑聚苯乙烯泡沫塑料板保温层；30mm 厚 C20 细石混凝土找平层；涂刷基层处理剂，铺设 2 层 3mm 厚 SBS 改性沥青防水卷材，热熔满铺；0.4mm 厚聚乙烯薄膜保护层；25mm 厚 1:3 干硬性水泥砂浆，10mm 厚防滑地砖铺平拍实，缝宽 10mm，1:2 水泥砂浆勾缝。已知 0.4mm 厚聚乙烯薄膜的单价为 0.22 元 /m²，LC5.0 轻骨料混凝土单价为 407.25 元 /m³。

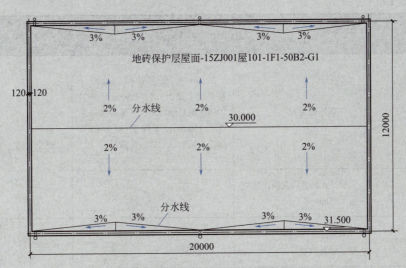

图 6.12　平屋面示意图

　　要求：依据湖北省现行定额和国家相关清单规范，编制该屋面工程的清单计价。

一、计价工程量

1. 计价（定额）工程量计算规则

　　砌筑沥青浸渍砖计价工程量按设计图示尺寸以面积计算，除它与清单规则有区别外，其余项目与前面的清单工程量计算规则相同。

2. 计价工程量的计算

　　【例 6.12】　根据本项目任务十的任务引入所给定的已知条件，试计算保温隔热防腐工程的计价工程量，并填入计价工程量计算表中。

　　解　本工程清单有保温隔热屋面、平面砂浆找平层、垫层、屋面卷材防水、块料楼地面五个。

　　保温隔热屋面清单包含找坡层、隔汽层和保温层三类定额，LC5.0 轻骨料混凝土可借用屋面现浇陶粒混凝土定额套接，但需将陶粒混凝土换算成轻骨料混凝土，找坡层的平均厚度应为 $h_{平均} = 0.03 + \dfrac{(12-0.24)/2 \times 2\%}{2} = 0.089(m)$，故 100mm 厚的定额 A7-5 扣减 11mm 厚，即套接定额为 A7-5-A7-6×1.1；隔汽层防水应分成平面和立面两个定额，由于聚氨酯防水涂料厚度为 1.5mm，因此应用 2mm 厚定额扣减 0.5mm 厚定额。

平面砂浆找平层清单中，1:2.5 水泥砂浆对应 DS M20 干混地面砂浆，对应定额应套接在填充材料上找平项目；细石混凝土找平层可借用混凝土垫层清单，定额可按楼地面工程中的细石混凝土定额套接。

屋面卷材防水清单包含防水卷材和 0.4mm 厚聚乙烯薄膜保护层两类定额，防水卷材定额应分成平面和立面两类，由于防水卷材为 2 层，故应套接铺设一层和每增加一层两个定额；0.4mm 厚聚乙烯薄膜，可借用泡沫防潮纸定额进行换算，应将泡沫防潮纸换算成 0.4mm 厚聚乙烯薄膜，人工不变。

块料楼地面清单中，1:3 干硬性水泥砂浆对应 DS M15 干混地面砂浆，而相应定额中为 DS M20 干混地面砂浆，故应换算材料种类，按定额说明块料地面定额的粘贴砂浆厚度为 20mm，而本工程为 25mm，故应按找平层每增减 5mm 子目增加 5mm。

本工程清单与定额的套接情况如表 6.49 所示。

表 6.49　项目套接与工程量计算方法

工程名称：平屋面工程

序号	清单编码/定额编号	项目名称	项目特征	工程量计算方法	备注
1	011001001001	保温隔热屋面	30mm 厚（最薄处）LC5.0 轻骨料混凝土找 2％坡；1.5mm 厚聚氨酯防水涂料隔汽层，上翻高度过保温层 150mm；干铺 50mm 厚挤塑聚苯乙烯泡沫塑料板保温层	屋面水平投影面积	
1.1	(A7-5) 换 -(A7-6) 换 ×1.1	LC5.0 轻骨料混凝土找坡层　89mm 厚			借用陶粒混凝土定额
1.2	(A6-95)-(A6-97)	聚氨酯防水涂料　1.5mm 厚　平面		屋面斜面积	平面防水
1.3	(A6-96)-(A6-98)	聚氨酯防水涂料　1.5mm 厚　立面		立面防水面积	上翻高度为 0.2m
1.4	A7-41	屋面干铺聚苯乙烯板 50mm 厚		屋面水平投影面积	
2	011101006001	平面砂浆找平层	20mm 厚 1:2.5 水泥砂浆		
2.1	A9-2	平面砂浆找平层 填充材料上 20mm		屋面斜面积	1:2.5 水泥砂浆→DS M20 干混地面砂浆
3	010501001001	垫层	30mm 厚 C20 细石混凝土	混凝土体积	
3.1	A9-4	细石混凝土地面找平层 30mm 厚		屋面斜面积	
4	010902001001	屋面卷材防水	涂刷基层处理剂，铺设 2 层 3mm 厚 SBS 改性沥青防水卷材，热熔满铺；0.4mm 厚聚乙烯薄膜保护层	屋面斜面积 + 卷材上翻面积	
4.1	(A6-52)+(A6-54)	改性沥青卷材　热熔法 2 层　平面		屋面斜面积	

续表

序号	清单编码/定额编号	项目名称	项目特征	工程量计算方法	备注
4.2	(A6-53)+(A6-55)	改性沥青卷材 热熔法 2层 立面		卷材上翻面积	上翻高度按0.5m考虑
4.3	(A6-68)换	满铺0.4mm厚聚乙烯膜保护层		屋面斜面积	用泡沫防潮纸定额换算,将泡沫防潮纸换成0.4mm厚聚乙烯薄膜
5	011102003001	块料楼地面	25mm厚1:3干硬性水泥砂浆,10mm厚防滑地砖铺平拍实,缝宽10mm,1:2水泥砂浆勾缝	屋面斜面积	
5.1	(A9-45)换+(A9-3)换	陶瓷地面砖 单块0.64m² 25mm厚DS M15			(1)1:3干硬性水泥砂浆→DS M15干混地面砂浆,定额DS M20应换成DS M15;(2)另套找平层增加5mm定额

保温隔热屋面的清单工程量应按屋面水平投影面积计算,屋面找坡层定额按水平投影面积计算工程量;由于在找坡层上做隔汽层和保温层,因此平面隔汽防水定额和保温层应按屋面的斜面积计算,隔汽上翻高度因需过保温层150mm,因此上翻高度为50+150=200(mm)。

平面砂浆找平层清单和定额项目均按屋面斜面积计算,细石混凝土找平层定额按屋面斜面积计算,套接的清单为混凝土垫层,应按其体积计算。

屋面卷材防水清单工程量应按屋面斜面积和卷材上翻面积之和计算。平面卷材防水定额工程量为屋面斜面积;立面卷材防水定额工程量计算中,按定额规定上翻高度应按0.5m考虑。

块料楼地面项目,清单和定额计算规则一致,均按实铺面积计算,即为屋面斜面积。

本项目计价工程量的计算过程见表6.50。

二、工程量清单计价

1. 全费用综合单价的计算

平面砂浆找平层、细石混凝土找平层和陶瓷地砖楼地面定额均隶属装饰工程,费用计算中的费率为44.97%;其他定额均属于结构工程,费用计算中的费率为89.19%,增值税率为9%。

材料单价中,0.4mm厚聚乙烯薄膜为0.22元/m²,LC5.0轻骨料混凝土为407.25元/m³。干混地面砂浆DS M15材料单价,按公共专业定额上的材料价格确定表取为295.81元/t。

陶瓷地面砖定额套接中,干混地面砂浆的种类和厚度与原定额相比均发生了变化,定额A9-45换+A9-3换的换算过程如下。

人工费=2586.129<A9-45>+92.74<A9-3>=2678.87(元)

材料费=11847.29<A9-45>-3.468×308.64<A9-45中换出的DS M20>+(3.468+0.867)×295.81<A9-45和A9-3中换入的DS M15>+2.423×0.75<A9-3中的电>=12061.08(元)

机械费=63.69<A9-45>+15.92<A9-3>=79.61(元)

保持定额人工、其他材料和机械单价均不变,计算过程如表6.51及二维码6.1所示。

2. 工程量清单计价

本工程清单计价如表6.52所示。

工程名称：平屋面工程

表 6.50　清单及定额工程量计算表

序号	清单编码/定额编号	项目名称	项目特征	单位	工程量	工程量计算式
1	011001001001	保温隔热屋面	30mm厚（最薄处）LC5.0轻骨料混凝土找2%坡；1.5mm厚聚氨酯防水涂料隔汽层，上翻高度过保温层150mm；干铺50mm厚挤塑聚苯乙烯泡沫塑料板保温层	m²	232.38	(20-0.24)×(12-0.24)
1.1	(A7-5)换-(A7-6)换×1.1	LC5.0轻骨料混凝土找坡层 89mm厚		m²	232.38	(20-0.24)×(12-0.24)
1.2	(A6-95)-(A6-97)	聚氨酯防水涂料 1.5mm厚 平面		m²	232.42	(20-0.24)×(12-0.24)×1.0002
			屋面延尺系数		1.0002	$\sqrt{1+(2\%)^2}$
1.3	(A6-96)-(A6-98)	聚氨酯防水涂料 1.5mm厚 立面		m²	12.61	(20-0.24+12-0.24)×2×0.2
			上翻高度	m	0.20	0.05+0.15
1.4	A7-41	屋面干铺聚苯乙烯板 50mm厚		m²	232.42	(20-0.24)×(12-0.24)×1.0002
2	011101006001	平面砂浆找平层	20mm厚1：2.5水泥砂浆	m²	232.42	(20-0.24)×(12-0.24)×1.0002
2.1	A9-2	平面砂浆找平层 填充材料上 20mm		m²	232.42	(20-0.24)×(12-0.24)×1.0002
3	010501001001	垫层	30mm厚 C20细石混凝土	m²	6.97	232.42×0.03
3.1	A9-4	细石混凝土地面找平层 30mm厚		m²	232.42	(20-0.24)×(12-0.24)×1.0002
4	010902001001	屋面卷材防水	涂刷基层处理剂，铺设2层3mm厚SBS改性沥青防水卷材，热熔满铺；0.4mm厚聚乙烯薄膜保护层	m²	263.94	232.42+31.52
4.1	(A6-52)+(A6-54)	改性沥青卷材 热熔法 2层 平面		m²	232.42	(20-0.24)×(12-0.24)×1.0002
4.2	(A6-53)+(A6-55)	改性沥青卷材 热熔法 2层 立面		m²	31.52	(20-0.24+12-0.24)×2×0.5
			上翻高度	m	0.50	0.5[定额规定]
4.3	(A6-68)换	满铺0.4mm厚聚乙烯膜保护层		m²	232.42	(20-0.24)×(12-0.24)×1.0002
5	011102003001	块料楼地面	25mm厚1：3干硬性水泥砂浆，10mm厚防滑清地砖铺平拍实，缝宽10mm，1：2水泥砂浆勾缝	m²	232.42	(20-0.24)×(12-0.24)×1.0002
5.1	(A9-45)换(+A9-3)换	陶瓷地面砖 单块0.64m² 25mm厚 DS M15		m²	232.42	(20-0.24)×(12-0.24)×1.0002

工程名称：平屋面工程

表6.51 全费用综合单价分析表

标段：　　　　　　　　　　　　　　　　　　　　　　　　　　　　第 页 共 页

项目编码	011001001001	项目名称	保温隔热屋面		计量单位	m²	工程量	232.38

清单综合单价组成明细

定额编号	定额项目名称	定额单位	数量	单价/元					合价/元				
				人工费	材料费	施工机具使用费	费用	增值税	人工费	材料费	施工机具使用费	费用	增值税
(A7-5)换-(A7-6)换×1.1	LC5.0轻骨料混凝土找坡层 89mm厚	100m²	0.010000	714.74	3706.43	0.00	637.47	455.28	7.15	37.06	0.00	6.37	4.55
(A6-95)-(A6-97)	聚氨酯防水涂料 1.5mm厚 立面	100m²	0.010002	369.52	2020.47	0.00	329.57	244.76	3.70	20.21	0.00	3.30	2.45
(A6-96)-(A6-98)	聚氨酯防水涂料 1.5mm厚 立面	100m²	0.000543	560.97	2235.67	0.00	500.33	296.73	0.30	1.21	0.00	0.27	0.16
A7-41	屋面干铺聚苯乙烯板 50mm厚	100m²	0.010002	247.66	1178.15	0.00	220.89	148.20	2.48	11.78	0.00	2.21	1.48
人工单价	小计								13.63	70.26	0.00	12.15	8.64
普工92元/工日；技工142元/工日；高级技工212元/工日	未计价材料费									0			
清单项目全费用综合单价									104.68				

材料费明细	主要材料名称、规格、型号	单位	数量	单价/元	合价/元	暂估单价/元	暂估合价/元
	LC5.0轻骨料混凝土	m³	0.09078	407.25	36.97		
	水	m³	0.0204	3.39	0.07		
	聚氨酯甲乙料	kg	2.1165	9.89	20.93		
	二甲苯	kg	0.0817	5.99	0.49		
	聚苯乙烯泡沫板	m³	0.0510	231.01	11.78		
	其他材料费	元			0.02		
	材料费小计				70.26		

表 6.52　分部分项工程和单价措施项目清单计价表

工程名称：平屋面工程　　　　　　　　　　标段：　　　　　　　　　　　　第　页　共　页

序号	项目编码	项目名称	项目特征描述	计量单位	工程量	金额/元		
						全费用单价	合价	其中：暂估价
1	011001001001	保温隔热屋面	30mm 厚（最薄处）LC5.0 轻骨料混凝土找 2％ 坡；1.5mm 厚聚氨酯防水涂料隔汽层，上翻高度过保温层 150mm；干铺 50mm 厚挤塑聚苯乙烯泡沫塑料板保温层	m²	232.38	104.68	24325.54	
2	011101006001	平面砂浆找平层	20mm 厚 1：2.5 水泥砂浆	m²	232.42	28.79	6691.37	
3	010501001001	垫层	30mm 厚 C20 细石混凝土	m³	6.97	928.32	6470.39	
4	010902001001	屋面卷材防水	涂刷基层处理剂，铺设 2 层 3mm 厚 SBS 改性沥青防水卷材，热熔满铺；0.4mm 厚聚乙烯薄膜保护层	m²	263.94	113.57	29975.67	
5	011102003001	块料楼地面	25mm 厚 1：3 干硬性水泥砂浆，10mm 厚防滑地砖铺平拍实，缝宽 10mm，1：2 水泥砂浆勾缝	m²	232.42	175.05	40685.12	
			小计				108148.09	

任务十一 ▸ 建筑工程单价措施项目清单计价

任务引入1

　　背景材料：如图 6.13～图 6.17 所示为某四级抗震的单层框架结构，框架柱截面尺寸为 300mm× 300mm，柱下采用独立基础，框架间砌体采用 B06 级加气混凝土砌块，内墙 200mm 厚，外墙 250mm 厚，砌块墙底为基础梁，基础梁顶齐平室外设计地面。

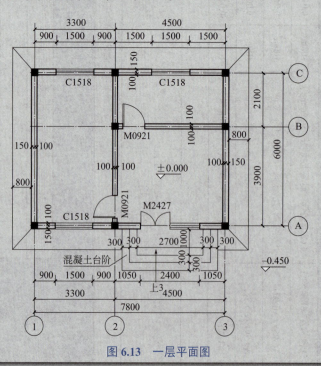

图 6.13　一层平面图

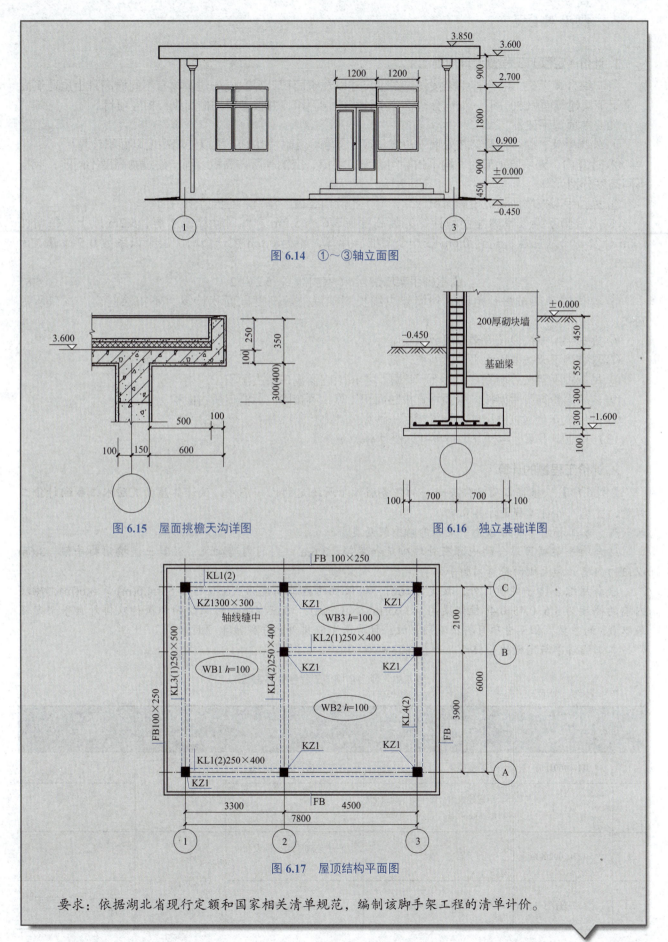

图 6.14 ①～③轴立面图

图 6.15 屋面挑檐天沟详图

图 6.16 独立基础详图

图 6.17 屋顶结构平面图

要求：依据湖北省现行定额和国家相关清单规范，编制该脚手架工程的清单计价。

一、脚手架工程

1. 计价（定额）工程量计算规则

（1）综合脚手架 综合脚手架按设计图示尺寸以建筑面积计算。同一建筑物有不同檐高且上层建筑面积小于下层建筑面积 50% 时，纵向分割，分别计算建筑面积，并按各自的檐高执行相应项目。

（2）单项脚手架

① 外脚手架、整体提升架按外墙外边线长度（含墙垛及附墙井道）乘以外墙高度以面积计算。

② 计算内、外墙脚手架时，均不扣除门、窗、洞口、空圈等所占面积。同一建筑物高度不同时，应按不同高度分别计算。

③ 里脚手架按墙面垂直投影面积计算，均不扣除门、窗、洞口、空圈等所占面积。

④ 满堂脚手架按室内净面积计算，其高度在 3.6 ～ 5.2m 之间时计算基本层，5.2m 以上，每增加 1.2m 计算一个增加层，达到 0.6m 按一个增加层计算，不足 0.6m 按一个增加层乘以系数 0.5 计算。计算公式：

$$满堂脚手架增加层 =(室内净高 -5.2)/1.2 \qquad (6.8)$$

⑤ 整体提升架按提升范围的外墙外边线长度乘以外墙高度以面积计算，不扣除门窗、洞口所占面积。

⑥ 挑脚手架按搭设长度乘以层数以长度计算。

⑦ 悬空脚手架按搭设水平投影面积计算。

⑧ 吊篮脚手架按外墙垂直投影面积计算，不扣除门窗洞口所占面积。

⑨ 内墙面粉饰脚手架按内墙面垂直投影面积计算，不扣除门窗洞口所占面积。

⑩ 挑出式安全网按挑出的水平投影面积计算。

（3）其他脚手架 电梯井架按单孔以座计算。

2. 计价工程量的计算

【例 6.13】 根据本项目任务十一的任务引入 1 所给定的已知条件，试计算屋面及防水工程的计价工程量，并填入计价工程量计算表中。

解 本工程清单有综合脚手架和外脚手架两类。

综合脚手架项目综合的内容有外墙砌筑和装饰，3.6m 以内的内墙砌筑、混凝土浇捣用脚手架，3.6m 以内的内墙面和天棚面粉饰用脚手架。

除套用综合脚手架项目外，按定额说明，框架柱的施工高度为 3.6+0.45+0.55=4.6(m) ＞ 3.6(m)，砌块内墙的高度为 3.6+0.45-0.4(框架梁高)=3.65(m) ＞ 3.6(m)，均应按服务对象的面积执行双排外脚手架定额乘以 0.3 的系数，但两者项目特征不同，故应计取两个双排外脚手架清单项目。

本工程清单与定额的套接情况如表 6.53 所示。

表 6.53 项目套接与工程量计算方法

工程名称：脚手架工程

序号	清单编码 / 定额编号	项目名称	项目特征	工程量 计算方法	备注
1	011701001001	综合脚手架	框架结构，檐高 4.85m	建筑面积	
1.1	A17-1	单层建筑综合脚手架 建筑面积 ≤ 500m²			
2	011701002001	外脚手架	双排外脚手架，搭设高度 4.6m	柱周长 × 柱高	
2.1	(A17-31)×0.3	外脚手架 4.6m 双排			施工高度 ＞ 3.6m 的框架柱

续表

序号	清单编码/定额编号	项目名称	项目特征	工程量计算方法	备注
3	011701002002	外脚手架	双排外脚手架，搭设高度3.65m	墙长×墙高	
3.1	(A17-31)×0.3	外脚手架3.65m 双排			砌筑高度＞3.6m的砌块内墙

综合脚手架项目的工程量为建筑面积，外脚手架项目的工程量为服务对象的垂直面积，本项目工程量计算过程见表6.54。

表6.54 清单及定额工程量计算表

工程名称：脚手架工程

序号	清单编码/定额编号	项目名称	项目特征	单位	工程量	工程量计算式
1	011701001001	综合脚手架	框架结构，檐高4.85m	m²	51.03	(7.8+0.15×2)×(6+0.15×2)
1.1	A17-1	单层建筑综合脚手架 建筑面积≤500m²		m²	51.03	(7.8+0.15×2)×(6+0.15×2)
2	011701002001	外脚手架	双排外脚手架，搭设高度4.6m	m²	44.16	0.3×4×4.6×8
2.1	(A17-31)×0.3	外脚手架4.6m 双排		m²	44.16	0.3×4×4.6×8
			框架柱施工高度	m	4.60	3.6+0.45+0.55
3	011701002002	外脚手架	双排外脚手架，搭设高度3.65m	m²	35.04	3.65×9.6
3.1	(A17-31)×0.3	外脚手架3.65m 双排		m²	35.04	3.65×9.6
			砌块内墙高度	m	3.65	3.6+0.45-0.4
			砌块内墙长度	m	9.60	6-0.3×2+4.5-0.3

3. 工程量清单计价

（1）全费用综合单价的计算 本项目定额均属于结构工程，费用计算中的费率为89.19%，增值税率为9%，保持定额人工、材料和机械单价均不变，计算过程如表6.55及二维码6.1所示。

（2）工程量清单计价 本工程清单计价如表6.56所示。

表 6.55 全费用综合单价分析表

工程名称：脚手架工程　　　　　标段：　　　　　第 页 共 页

项目编码	01170100101001		项目名称	综合脚手架		计量单位	m²	工程量	51.03

清单综合单价组成明细

定额编号	定额项目名称	定额单位	数量	单价/元					合价/元				
				人工费	材料费	施工机具使用费	费用	增值税	人工费	材料费	施工机具使用费	费用	增值税
A17-1	单层建筑综合脚手架 建筑面积≤500m²	100m²	0.0100	1034.41	2058.53	143.83	1050.87	385.89	10.34	20.59	1.44	10.51	3.86
人工单价	小计								10.34	20.59	1.44		3.86

普工 92 元／工日；技工 142 元／工日；高级技工 212 元／工日

未计价材料费 0

清单项目全费用综合单价 46.74

材料费明细

主要材料名称、规格、型号	单位	数量	单价/元	合价/元	暂估单价/元	暂估合价/元
钢管 φ48×3.5	km/天	0.51945	18.05	9.38		
扣件	千个/天	0.18584	12.82	2.38		
木脚手板	m³	0.001826	1844.9	3.37		
钢管底座	千个/天	0.01327	76.92	1.02		
镀锌铁丝 φ0.4	kg	0.36484	4.28	1.56		
圆钉	kg	0.05217	5.92	0.31		
红丹防锈漆	kg	0.05395	12	0.65		
油漆溶剂油	kg	0.00478	3.76	0.02		
钢丝绳 φ8	m	0.00231	2.65	0.01		
原木	m³	0.00003	1529.71	0.05		
垫木 60mm×60mm×60mm	块	0.02148	0.52	0.01		
防滑木条	m³	0.00001	2479.26	0.02		
挡脚板	m³	0.00010	1685.3	0.17		
安全网	m²	0.06910	10.27	0.71		
柴油【机械】	kg	0.17684	5.26	0.93		
材料费小计				20.59		

表 6.56　分部分项工程和单价措施项目清单计价表

工程名称：脚手架工程　　　　　　　　　　标段：　　　　　　　　　第　页　共　页

序号	项目编码	项目名称	项目特征描述	计量单位	工程量	金额/元		
						全费用单价	合价	其中：暂估价
1	011701001001	综合脚手架	框架结构，檐高 4.85m	m²	51.03	46.74	2385.14	
2	011701002001	外脚手架	双排外脚手架，搭设高度 4.6m	m²	44.16	11.37	502.10	
3	011701002002	外脚手架	双排外脚手架，搭设高度 3.65m	m²	35.04	11.37	398.40	
			小计				3285.64	

二、模板工程

 任务引入2

　　背景材料：脚手架工程图 6.13～图 6.17 所示的单层框架结构中，对于现浇混凝土构件，施工单位拟采用胶合板模板钢支撑施工。

　　要求：依据湖北省现行定额和国家相关清单规范，编制本工程矩形柱和有梁板的模板清单计价。

（一）计价（定额）工程量计算规则

　　现浇混凝土构件模板，除另有规定者外，均按模板与混凝土的接触面积（扣除后浇带所占面积）计算。

　　（1）基础

　　① 有肋式带形基础，肋高（指基础扩大顶面至梁顶面的高）≤1.2m 时，合并计算；大于 1.2m 时，基础底板模板按无肋带形基础子目计算。扩大顶面以上部分模板按混凝土墙子目计算。

　　② 独立基础：高度从垫层上表面计算到柱基上表面。

　　③ 满堂基础：无梁式满堂基础有扩大或角锥形柱墩时，并入无梁式满堂基础内计算。有梁式满堂基础梁高（从板面或板底计算，梁高不含板厚）≤1.2m 时，基础和梁合并计算；大于 1.2m 时，底板按无梁式满堂基础模板项目计算，梁按混凝土墙模板项目计算。箱式满堂基础应分别按无梁式满堂基础、柱、墙、梁、板的有关规定计算；地下室底板按无梁式满堂基础模板项目计算；基础内的集水井模板并入相应基础模板工程量计算。

　　④ 设备基础：块体设备基础按不同体积，分别计算模板工程量。框架设备基础应分别按基础、柱以及墙的相应子目计算；楼层面上的设备基础并入梁、板子目计算，如在同一设备基础中部分为块体、部分为框架时，应分别计算。框架设备基础的柱模板高度应由底板或柱基的上表面算至板的下表面；梁的长度按净长计算，梁的悬臂部分应并入梁内计算。

　　⑤ 设备基础地脚螺栓套孔以不同深度以数量计算。

　　（2）柱

　　① 柱模板按柱周长乘以柱高计算，牛腿的模板面积并入柱模板工程量内。

　　② 柱高从柱基或板上表面算至上一层楼板下表面，无梁板算至柱帽底部标高。

　　③ 构造柱均应按图示外露部分计算模板面积。带马牙槎构造柱的宽度按马牙槎处的宽度计算。

　　（3）梁

　　① 梁与柱连接时，梁长算至柱的侧面。

　　② 主梁与次梁连接时，次梁长算至主梁侧面。

　　③ 梁与墙连接时，梁长算至墙侧面。如为砌块墙时，伸入墙内的梁头和梁垫的模板面积并入梁的工程

量内。

④ 圈梁与过梁连接时，过梁长度按门窗洞口宽度共加 500mm 计算。

⑤ 现浇挑梁的悬挑部分按单梁计算，嵌入墙身部分分别按圈梁、过梁计算。

（4）板

① 有梁板包括主梁、次梁与板，梁板工程量合并计算。

② 无梁板的柱帽并入板内计算。

（5）墙

① 墙与梁重叠，当墙厚等于梁宽时，墙与梁合并按墙计算；当墙厚小于梁宽时，墙梁分别计算。

② 墙与板相交，墙高算至板的底面。

（6）现浇混凝土墙、板上单孔面积在 0.3m² 以内的孔洞，不予扣除，洞侧壁模板亦不增加；单孔面积大于 0.3m² 时，应予扣除，洞侧壁模板面积并入墙、板模板工程量以内计算。

（7）现浇混凝土框架分别按柱、梁、板有关规定计算，附墙柱凸出墙面部分按柱工程量计算，暗梁、暗柱并入墙内工程量计算。

（8）柱、墙、梁、板、栏板相互连接的重叠部分，均不扣除模板面积。

（9）挑檐、天沟与板（包括屋面板、楼板）连接时，以外墙外边线为分界线；与梁（包括圈梁等）连接时，以梁外边线为分界线；外墙外边线以外或梁外边线以外为挑檐、天沟。

（10）现浇混凝土悬挑板、雨篷、阳台按图示外挑部分尺寸的水平投影面积计算。挑出墙外的悬臂梁及板边不另计算。

（11）现浇混凝土楼梯（包括休息平台、平台梁、斜梁和与楼层板连接的梁），按水平投影面积计算。不扣除宽度小于 500mm 楼梯井所占面积，楼梯的踏步、踏步板、平台梁等侧面模板不另行计算，伸入墙内部分亦不增加。当整体楼梯与现浇楼板无梯梁连接时，以楼梯的最后一个踏步边缘加 300mm 为界。

（12）混凝土台阶不包括梯带，按图示台阶尺寸的水平投影面积计算，台阶端头两侧不另计算模板面积；架空式混凝土台阶按现浇楼梯计算；场馆看台按设计图示尺寸，以水平投影面积计算。

（13）凸出的线条模板增加量，以凸出棱线的道数分别按长度计算，两条及多条线条相互之间净距小于 100mm 的，每两条按一条计算。

（14）后浇带按模板与后浇带的接触面积计算。

（二）计价工程量的计算

【例 6.14】 根据本项目任务十一任务引入 2 所给定的已知条件，试计算模板工程的计价工程量，并填入计价工程量计算表中。

解 本工程清单项目有矩形柱和有梁板两个。

框架柱和有梁板的模板支撑高度应从室外设计地面算至屋面板底，3.6+0.45-0.1=3.95(m) > 3.6(m)，因此矩形柱模板清单对应的定额项目有 3.6m 以内的矩形柱胶合板模板钢支撑、矩形柱对拉螺栓堵眼增加费、柱支撑高度超过 3.6m 每增加 1m。支撑高度超高 3.6m 的部分不足 1m，按定额规定，超高米数应取为 1m，即支撑高度超过 3.6m 每增加 1m 定额所乘的系数为 1。对于矩形柱对拉螺栓堵眼增加费定额，按定额说明应套接剪力墙中对拉螺栓堵眼增加费定额乘以系数 0.3 处理。

本工程清单与定额的套接情况如表 6.57 所示。

表 6.57 项目套接与工程量计算方法

工程名称：模板工程

序号	清单编码/定额编号	项目名称	项目特征	工程量计算方法	备注
1	011702002001	矩形柱	支撑高度 3.95m	接触面积	
1.1	A16-50	矩形柱胶合板模板钢支撑 ≤ 3.6m			
1.2	(A16-95)×0.3	对拉螺栓堵眼增加费 矩形柱			
1.3	A16-58	柱支撑高度超过 3.6m 每增加 1m		3.6m 以上的接触面积	超高米数 0.35m < 1m，取为 1

序号	清单编码 / 定额编号	项目名称	项目特征	工程量 计算方法	备注
2	011702014001	有梁板	支撑高度 3.95m	接触面积	
2.1	A16-101	有梁板胶合板模板钢支撑≤ 3.6m			
2.2	A16-125	板支撑高度超过 3.6m　每增加 1m		3.6m 以上的 接触面积	超高米数 0.35m ＜ 1m，取为 1

模板工程清单工程量按模板与混凝土构件的接触面积计算。

柱模板与对拉螺栓堵眼增加费定额的工程量均为接触面积，模板的计算高度应算至屋面板底，梁与柱交接处的面积不扣减；柱支撑超高定额的工程量为支撑高度 3.6m 以上的接触面积。

有梁板模板定额工程量应按接触面积计算，梁长应按"谁是支座，谁不断开"的原则处理，主梁长算至柱侧面，次梁长算至主梁侧面，按定额计算规则，梁、板交接部位的接触面积不应扣除，因此在计算梁模板时，梁高应按全高考虑。板支撑超高定额的工程量为支撑高度 3.6m 以上的接触面积，如图 6.18 所示的虚线为支撑高度 3.6m 处，虚线以上至梁顶的高度为 450mm，而 KL3(1) 的梁高为 500mm，因此 KL3(1)有 50mm 位于虚线以下，在计算板支撑超高定额时应予以扣减，而本工程其他梁与板均位于虚线以上，按接触面积计算即可。

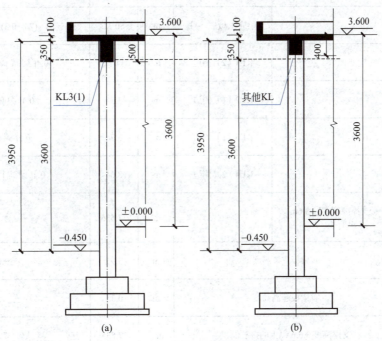

图 6.18　有梁板超高支撑示意图

本项目计价工程量的计算过程见表 6.58。

表 6.58　清单及定额工程量计算表

工程名称：模板工程

序号	清单编码 / 定额编号	项目名称	项目特征	单位	工程量	工程量计算式
1	011702002001	矩形柱	支撑高度 3.95m	m²	43.20	0.3×4×4.5×8
1.1	A16-50	矩形柱胶合板模板钢 支撑≤ 3.6m		m²	43.20	0.3×4×4.5×8

续表

序号	清单编码/定额编号	项目名称	项目特征	单位	工程量	工程量计算式
1.2	(A16-95)×0.3	对拉螺栓堵眼增加费 矩形柱		m²	43.20	0.3×4×4.5×8
			柱模板计算高度	m	4.50	3.6+0.45+0.55-0.1
1.3	A16-58	柱支撑高度超过3.6m每增加1m		m²	3.36	4×0.3×0.35×8
			柱支撑高度	m	3.95	3.6+0.45-0.1[算至板底]
			柱超高高度	m	0.35	3.95-3.6
2	011702014001	有梁板	支撑高度3.95m	m²	79.53	50.31+11.52+3.36+5.7+8.64
2.1	A16-101	有梁板胶合板模板钢支撑≤3.6m		m²	79.53	50.31+11.52+3.36+5.7+8.64
			梁底+板底-柱	m²	50.31	(7.8+0.3)×(6+0.3)-0.3²×8
			KL1（2）侧边	m²	11.52	0.4[梁高]×2×(7.8-0.3×2)×2
			KL2（1）侧边	m²	3.36	0.4[梁高]×2×(4.5-0.3)
			KL3（1）侧边	m²	5.70	0.5[梁高]×2×(6-0.3)
			KL4（2）侧边	m²	8.64	0.4[梁高]×2×(6-0.3×2)×2
2.2	A16-125	板支撑高度超过3.6m每增加1m		m²	77.535	77.535
			有梁板支撑高度	m	3.95	3.6+0.45-0.1
			有梁板超高高度	m	0.35	3.95-3.6
			支撑高度3.6m以上的接触面积	m²	77.535	79.53-1.995
			全部接触面积	m²	79.530	79.530
			KL3（1）在超高3.6m线以下接触面积	m²	1.995	(6-0.3)×0.25+(3.6-3.55)×2×(6-0.3)
			KL3（1）梁底距室外地面高度	m	3.550	3.6+0.45-0.5

（三）工程量清单计价

1. 全费用综合单价的计算

本项目定额均属于结构工程，费用计算中的费率为 89.19%，增值税率为 9%，保持定额人工、材料和机械单价均不变，计算过程如表 6.59 及二维码 6.1 所示。

表 6.59　全费用综合单价分析表

工程名称：模板工程　　　　标段：　　　　　　　　　　　　　第　页　共　页

项目编码	0117020022001	项目名称	矩形柱	计量单位	m²	工程量	43.20

清单综合单价组成明细

定额编号	定额项目名称	定额单位	数量	单价/元					合价/元				
				人工费	材料费	施工机具使用费	费用	增值税	人工费	材料费	施工机具使用费	费用	增值税
A16-50	矩形柱胶合板板模钢支撑≤3.6m	100m²	0.010000	2824.24	2529.57	1.65	2520.41	708.83	28.24	25.30	0.02	25.20	7.09
(A16-95)×0.3	对拉螺栓堵眼增加费　矩形柱	100m²	0.010000	150.18	11.30	0.00	133.95	26.59	1.50	0.11	0.00	1.34	0.27
A16-58	柱支撑高度超过 3.6m　每增加 1m	100m²	0.000778	362.70	51.80	0.00	323.49	66.42	0.28	0.04	0.00	0.25	0.05
人工单价			小计						30.02	25.45	0.02	26.79	7.41
普工 92 元/工日；技工 142 元/工日；高级技工 212 元/工日			未计价材料费						0				
			清单项目全费用综合单价						89.69				

材料费明细	主要材料名称、规格、型号	单位	数量	单价/元	合价/元	暂估单价/元	暂估合价/元
	胶合板模板	m²	0.24675	27.43	6.77		
	板枋材	m³	0.00372	2479.49	9.22		
	钢支撑及配件	kg	0.45744	3.85	1.76		
	木支撑	m³	0.00184	1854.99	3.41		
	圆钉	kg	0.00982	5.92	0.06		
	隔离剂	kg	0.10000	2.57	0.26		
	硬塑料管 φ20	m	1.17766	1.97	2.32		
	对拉螺栓	kg	0.19013	5.92	1.13		
	塑料粘胶带 20mm×50mm	卷	0.02500	15.26	0.38		
	电【机械】	kW·h	0.04560	0.75	0.03		
	膨胀水泥砂浆 1：1	m³	0.00018	607.49	0.11		
	材料费小计				25.45		

建筑工程计量与计价

2. 工程量清单计价

本工程清单计价如表 6.60 所示。

表 6.60　分部分项工程和单价措施项目清单计价表

工程名称：模板工程　　　　　　　　标段：　　　　　　　　　　第　页　共　页

序号	项目编码	项目名称	项目特征描述	计量单位	工程量	金额 / 元		
						全费用单价	合价	其中：暂估价
1	011702002001	矩形柱	支撑高度 3.95m	m²	43.20	89.69	3874.61	
2	011702014001	有梁板	支撑高度 3.95m	m²	79.53	92.32	7342.21	
	小计						11216.82	

三、垂直运输和超高施工增加工程清单计价

任务引入3

　背景材料：某 20 层框剪结构办公楼示意图如图 6.19 所示，其中地下室 2 层，层高 4m，每层建筑面积 2000m²；1～15 层，层高 3.3m，每层建筑面积 1000m²；16～18 层，层高 3m，每层建筑面积 800m²；19、20 层，层高 3m，每层建筑面积 300m²，室内外高差 600mm。已知每层楼板的结构厚度均为 100mm。

　要求：依据湖北省现行定额和国家相关清单规范，编制本工程垂直运输和超高施工增加的清单计价。

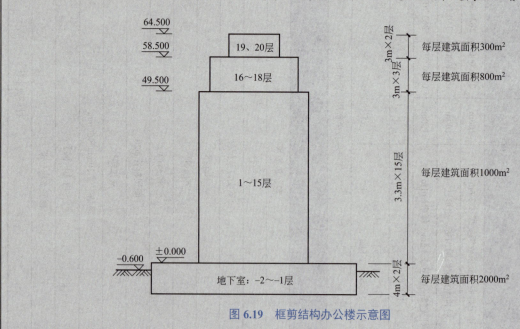

图 6.19　框剪结构办公楼示意图

1. 垂直运输的计价工程量计算规则

（1）建筑物垂直运输，区分不同建筑物檐高按建筑面积计算。同一建筑物有不同檐高且上层建筑面积小于下层建筑面积 50% 时，纵向分割，分别计算建筑面积，并按各自的檐高执行相应项目。地下室垂直运

238

输按地下室建筑面积计算。

（2）按泵送混凝土考虑，如采用非泵送，垂直运输费按以下方法增加：相应项目乘以调整系数 1.08，再乘以非泵送混凝土数量占全部混凝土数量的百分比。

（3）基坑支护的水平支撑梁等垂直运输，按经批准的施工组织设计计算。

2. 建筑物超高增加费的计价工程量计算规则

（1）各项定额中包括的内容指建筑物檐口高度超过 20m 的全部工程项目，但不包括垂直运输、各类构件的水平运输及各项脚手架。

（2）建筑物超高增加费的人工、机械区分不同檐高，按建筑物超高部分的建筑面积计算。当上层建筑面积小于下层建筑面积 50%，进行纵向分割。

【例 6.15】　根据本项目任务十一的任务引入 3 所给定的已知条件，试计算垂直运输和超高施工增加工程的计价工程量，并填入计价工程量计算表中。

解　本工程计列的清单项目有垂直运输和超高施工增加 2 个。

垂直运输清单对应的定额有地下室垂直运输和上部结构垂直运输两类。上部结构垂直运输定额列项时，考虑 19、20 层每层建筑面积为 300m²，16～18 层每层建筑面积 800m²，300m² < 800/2=400m²，即上一层建筑面积小于下一层的一半，按定额规定应按 300m² 垂直分割至第 1 层，建筑物檐高是从室外设计地面算至屋面板底的，64.5+0.6(室内外高差)-0.1(屋面板厚度)=65(m)，因此垂直分割部分，应套接檐高 65m 的垂直运输定额；计算 300m² 建筑面积后，剩下的建筑面积 16～18 层为 800-300=500(m²)，1～15 层为 1000-300=700(m²)，500m² > 700/2=350m²，不符合垂直分割的条件，第 18 层的檐高为 58.5+0.6-0.1=59(m)，因此剩下的部分，应套接檐高 59m 的垂直运输定额。

超高施工增加费清单中，超高 6 层部分的建筑面积为 1000×9+800×3+300×2=12000(m²)。

本工程清单与定额的套接情况如表 6.61 所示。

表 6.61　项目套接与工程量计算方法

工程名称：垂直运输和超高施工工程

序号	清单编码/定额编号	项目名称	项目特征	工程量计算方法	备注
1	011703001001	垂直运输	20 层框剪结构办公楼，地下室建筑面积 4000m²，建筑物檐口高度 65m	全部建筑面积	
1.1	A18-2	地下室垂直运输，塔式起重机		地下室建筑面积	
1.2	A18-10	檐高 65m 垂直运输，塔式起重机		19、20 层垂直分割后的建筑面积	300m² < 800/2=400m²，需垂直分割
1.3	A18-9	檐高 59m 垂直运输，塔式起重机		剩下的 1～18 层建筑面积	500m² > 700/2=350m²，不能垂直分割
2	011704001001	超高施工增加	20 层框剪结构办公楼，檐口高度 65m，超过 6 层部分的建筑面积 12000m²	檐高 20m 以上的建筑面积	

垂直运输清单工程量按全部建筑面积计算。地下室垂直运输定额工程量为地下室建筑面积；檐高 65m 垂直运输定额，应按 300m² 建筑面积共 20 层考虑；檐高 59m 的垂直运输定额工程量为剩下的建筑面积。

  超高施工增加清单项目和定额项目一致，均按檐高 20m 以上的建筑面积计算。本工程第 6 层的檐高为 3.3×6+0.6−0.1=20.3(m)，因此清单与定额项目工程量均为第 6 层及其以上部分的建筑面积。

  本项目计价工程量的计算过程见表 6.62。

表 6.62　清单及定额工程量计算表

工程名称：垂直运输和超高施工工程

序号	清单编码／定额编号	项目名称	项目特征	单位	工程量	工程量计算式
1	011703001001	垂直运输	20 层框剪结构办公楼，地下室建筑面积 4000m²，建筑物檐口高度 65m	m²	22000.00	2×2000+15×1000+800×3+300×2
1.1	A18-2	地下室垂直运输，塔式起重机		m²	4000.00	2000×2
1.2	A18-10	檐高 65m 垂直运输，塔式起重机		m²	6000.00	300×20
1.3	A18-9	檐高 59m 垂直运输，塔式起重机		m²	12000.00	(800−300)×3+(1000−300)×15
2	011704001001	超高施工增加	20 层框剪结构办公楼，檐口高度 65m，超过 6 层部分的建筑面积 12000m²	m²	13000.00	10×1000+3×800+2×300
2.1	A19-5	建筑物超高增加费　檐高 65m		m²	13000.00	10×1000+3×800+2×300
			第 6 层檐高	m	20.30	6×3.3+0.6−0.1

3. 垂直运输和超高施工增加的工程量清单计价

  （1）全费用综合单价的计算　本项目定额均属于结构工程，费用计算中的费率为 89.19%，增值税率为 9%，保持定额人工、材料和机械单价均不变，计算过程如表 6.63 及二维码 6.1 所示。

  （2）工程量清单计价　本工程清单计价如表 6.64 所示。

表 6.63　全费用综合单价分析表

工程名称：垂直运输和超高施工工程　　　　　　标段：　　　　　　　　　　第　页　共　页

项目编码	011703001001	项目名称	垂直运输		计量单位	m²	工程量	22000.00

清单综合单价组成明细

定额编号	定额项目名称	定额单位	数量	单价/元					合价/元				
				人工费	材料费	施工机具使用费	费用	增值税	人工费	材料费	施工机具使用费	费用	增值税
A18-2	地下室垂直运输，塔式起重机	100m²	0.001818	0.00	236.03	2313.77	2063.65	415.21	0.00	0.43	4.21	3.75	0.75
A18-10	檐高 65m 垂直运输，塔式起重机	100m²	0.002727	409.69	445.31	2378.06	2486.39	514.75	1.12	1.21	6.49	6.78	1.40
A18-9	檐高 59m 垂直运输，塔式起重机	100m²	0.005455	404.79	414.66	2131.16	2261.81	469.12	2.21	2.26	11.63	12.34	2.56
人工单价	小计								3.33	3.90	22.33	22.87	4.71
普工 92 元/工日；技工 142 元/工日；高级技工 212 元/工日；	未计价材料费										0		
	清单项目全费用综合单价												57.13

材料费明细	主要材料名称、规格、型号	单位	数量	单价/元	合价/元	暂估单价/元	暂估合价/元
	电【机械】	kW·h	5.2053	0.75	3.90		
	材料费小计				3.90		

241

表 6.64　分部分项工程和单价措施项目清单计价表

工程名称：垂直运输和超高施工工程　　　　　　　　标段　　　　　　　　第 页 共 页

序号	项目编码	项目名称	项目特征描述	计量单位	工程量	金额 / 元		
						全费用单价	合价	其中：暂估价
1	011703001001	垂直运输	20 层框剪结构办公楼，地下室建筑面积 4000m², 建筑物檐口高度 65m	m²	22000.00	57.13	1256860.00	
2	011704001001	超高施工增加	20 层框剪结构办公楼，檐口高度 65m，超过 6 层部分的建筑面积 12000m²	m²	13000.00	69.47	903110.00	
			小计				2159970.00	

四、成品构件二次运输

1. 定额应用说明

（1）适用于场地狭小等情况，成品构件不能一次运至施工现场内，而需由成品构件集中堆放点至施工现场内的二次运输。不适用于构件场外运输，构件场外运输费应包含在构件成品价中。

（2）预制混凝土构件运输，按表 6.65 预制混凝土构件分类。分类表中 Ⅰ、Ⅱ 类构件的单体体积、面积、长度三个指标中，以符合其中一项指标为准（按就高不就低的原则执行）。

表 6.65　预制混凝土构件分类表

类别	项　　目
Ⅰ	桩、柱、梁、板、墙单件体积≤ 1m³、面积≤ 4m²、长度≤ 5m
Ⅱ	桩、柱、梁、板、墙单件体积 >1m³、面积 >4m²、5m< 长度≤ 6m
Ⅲ	6m 至 14m 的桩、柱、梁、板、屋架、桁架、托架（14m 以上另行计算）
Ⅳ	天窗架、侧板、端壁板、天窗上下档及小型构件

（3）金属结构构件运输按表 6.66 分为三类，套用相应项目。

表 6.66　金属结构构件运输分类表

类别	构件名称
一	钢柱、屋架、托架、桁架、吊车梁、网架、钢架桥
二	钢梁、檩条、支撑、拉条、栏杆、钢平台、钢走道、钢楼梯、零星构件
三	墙架、挡风架、天窗架、轻钢屋架、其他构件

2. 计价（定额）工程量计算规则

（1）预制混凝土构件均按图示尺寸以体积计算，不扣除构件内钢筋、铁件及小于 0.3m² 孔洞所占体积。二次运输不计算构件运输废品率。

（2）金属结构构件二次运输按图示尺寸以质量计算。

任务十二 ▶ 楼地面装饰工程清单计价

任务引入

> 背景材料：某建筑底层平面如图 6.20 所示，墙厚 240mm，基层刷素水泥砂浆一道，30mm 厚 DS M20 干混地面砂浆铺设 500mm×500mm 中国红大理石，石材厚度 30mm，石材底面、侧面、表面刷防护液，石材面层密封剂勾缝。

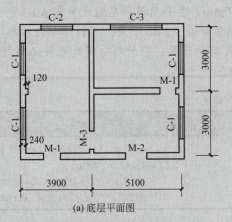

M-1	1000mm×2000mm
M-2	1200mm×2000mm
M-3	900mm×2400mm
C-1	1500mm×1500mm
C-2	1800mm×1500mm
C-3	3000mm×1500mm

(a) 底层平面图　　　　(b) 门窗表

图 6.20　某建筑底层平面图及相应门窗信息

> 要求：依据湖北省 2018 版消耗量定额和费用定额，编制该楼地面工程清单计价表。

一、计价工程量

1. 计价（定额）工程量计算规则

（1）楼地面找平层及整体面层按设计图示尺寸以面积计算。扣除凸出地面构筑物、设备基础、室内铁道、地沟等所占面积，不扣除间壁墙及单个面积 ≤ 0.3m² 的柱、垛、附墙烟囱及孔洞所占面积。门洞、空圈、暖气包槽、壁龛的开口部分不增加面积。

（2）块料面层、橡塑面层、其他材料面层

① 块料面层、橡塑面层及其他材料面层按设计图示尺寸以面积计算。门洞、空圈、暖气包槽、壁龛的开口部分并入相应的工程量内。

② 石材拼花按最大外围尺寸以矩形面积计算。有拼花的石材地面，按设计图示尺寸扣除拼花的最大外围矩形面积计算。

③ 镶嵌规格在 100mm×100mm 以内的石材执行点缀项目，点缀按"个"计算，计算主体铺贴地面面积时，不扣除点缀所占面积。

④ 石材底面刷养护液包括侧面涂刷，工程量按设计图示尺寸以底面积加侧面面积计算。石材表面刷保护液按设计图示尺寸以表面积计算。

⑤ 块料、石材勾缝区分规格按设计图示尺寸以面积计算。

（3）踢脚线按设计图示长度乘高度以面积计算。楼梯靠墙踢脚线（含锯齿形部分）贴块料按设计图示面积计算。

（4）楼梯面层按设计图示尺寸以楼梯（包括踏步、休息平台及 ≤ 500mm 的楼梯井）水平投影面积计算。楼梯与楼地面相连时，算至梯口梁内侧边沿；无梯口梁者，算至最上一层踏步边沿加 300mm。

（5）台阶面层按设计图示尺寸以台阶（包括最上层踏步边沿加 300mm）水平投影面积计算。

（6）零星项目按设计图示尺寸以面积计算。

（7）防滑条如无设计要求时，按楼梯、台阶踏步两端距离减 300mm 以长度计算。

（8）分格嵌条按设计图示尺寸以"延长米"计算。

（9）块料楼地面做酸洗打蜡或结晶，按设计图示尺寸以表面积计算。

2. 计价工程量的计算

【例 6.16】 根据本项目任务十二的任务引入，试计算该石材楼地面清单工程量及对应的计价工程量，并填入计价工程量计算表中。

解 块料楼地面计算清单工程量时按实铺面积计算，门洞开口处要增加。

计价工程量：块料楼地面清单项目特征中的基层刷浆列 A9-13 子目；石材楼地面按规格列 A9-31 子目，该定额中只包含 20mm 厚粘贴砂浆，题目设计为 30mm，要套用找平层增减子目 A9-3 调整厚度；该清单项目特征描述石材底面、侧面要刷防护液，需要列刷防护液 A9-40 子目，石材防护液按单块石材刷底面和四个侧面计算工程量；面层刷防护液 A9-42 按图示表面积计算，密封剂勾缝处理按石材规格列 A9-49 子目，按图示表面积计算。相应计算式见表 6.67、表 6.68。

表 6.67　清单工程量计算表

序号	项目编码	项目名称	计量单位	数量	工程量计算式
1	011102001001	石材楼地面	m²	48.89	$S_净$=(3.9-0.24)×(3+3-0.24)+(5.1-0.24)×(3-0.24)×2=21.082+26.827=47.91(m²) 门洞开口处：(1+1+1.2+0.9)×0.24=0.98(m²) 石材楼地面工程量：47.91+0.98=48.89(m²)

表 6.68　计价工程量计算表

序号	项目编码	项目名称	计量单位	数量	工程量计算式
1	011102001001	石材楼地面	m²	48.89	
	A9-13	素水泥浆一遍	m²	48.89	同清单工程量
	A9-31	石材楼地面	m²	48.89	同清单工程量
	(A9-3)×2	找平层 5mm 厚	m²	48.89	同清单工程量
	A9-40	石材底面养护	m²	60.76	单块涂刷面积：0.5×0.5+0.5×4×0.03=0.31(m²) 48.89/0.25=196(块) 总涂刷面积：196×0.31=60.76(m²)
	A9-42	石材表面保护液	m²	48.89	图示尺寸表面积
	A9-49	密封剂勾缝	m²	48.89	同清单工程量

二、综合单价的计算

【例 6.17】 根据例 6.16，试计算该石材楼地面的综合单价，并填入综合单价分析表。

解 查阅湖北省 2018 房屋建筑工程消耗量定额及基价表，手工计算或运用广联达计价软件 GCCP5.0，进行综合单价分析，结果见表 6.69。

表 6.69　分部分项与单价措施项目综合单价分析

工程名称：　　　　　　　　　　　　　　　　　　　　　　　　　　　　　　　　　　　　　第　页　共　页

序号	项目编码	工程项目名称	单位	数量	综合单价/元					
					人工费	材料费	机械使用费	管理费	利润	小计
1	011102001001	石材楼地面	m²	48.89	39.35	170.85	0.96	5.72	5.9	222.78

续表

序号	项目编码	工程项目名称	单位	数量	综合单价/元					
					人工费	材料费	机械使用费	管理费	利润	小计
1	A9-13	整体面层 干混砂浆楼地面 每增减一遍素水泥浆	100m²	0.4889	105.43	56.41	0	14.96	15.43	192.23
	A9-31	石材楼地面 每块面积0.36m²以内	100m²	0.4889	2499.74	15143	63.69	363.75	375.29	18445.8
	(A9-3)×2	平面砂浆找平层 每增减5mm 单价乘2	100m²	0.4889	185.48	538.82	31.84	30.84	31.82	818.8
	A9-40	石材底面刷养护液光面	100m²	0.6076	348.77	179.31	0	49.49	51.06	628.63
	A9-42	石材表面刷保护液	100m²	0.4889	348.77	793.5	0	49.49	51.06	1242.82
	A9-49	陶瓷地砖 密封剂勾缝 单块地砖0.36m²以内	100m²	0.4889	363.34	330.27	0	51.56	53.19	798.36

三、清单计价编制实例解析

根据例 6.17 编制的综合单价分析表，编制分部分项与单价措施项目工程量清单计价表，见表 6.70。

表 6.70 分部分项与单价措施项目工程量清单计价表

序号	项目编码	项目名称	项目特征	计量单位	工程量	金额/元	
						单价	合价
1	011102001001	石材楼地面	1. 基层素水泥浆一遍； 2. 30mmDS M20 干混地面砂浆粘贴； 3. 面层 30mm 厚 500mm×500mm 中国红大理石； 4. 同色水泥砂浆擦缝； 5. 石材底面、侧面、表面刷防护剂，并进行勾缝处理	m²	48.89	222.78	10891.71

任务十三 ▶ 墙柱面装饰工程清单计价

任务引入

背景材料：某框架结构工程如图 6.21 所示，内墙面 DP M10 抹灰砂浆底厚 20mm。内墙裙 DP M10 抹灰砂浆 15mm 厚打底，DP M10 抹灰砂浆贴 200mm×300mm 陶瓷面砖，并进行加浆勾缝处理。

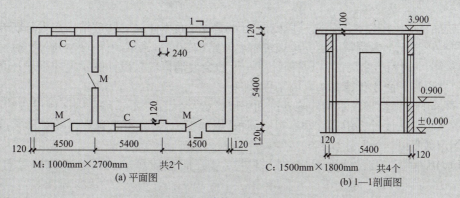

图 6.21 建筑平面、剖面图

要求：依据湖北 2018 版消耗量定额和费用定额，编制该墙面工程清单计价表。

一、计价工程量

1. 计价（定额）工程量计算规则

（1）抹灰类墙面

① 内墙面、墙裙抹灰面积应扣除设计门窗洞口和单个面积大于 $0.3m^2$ 的空圈所占的面积，不扣除踢脚线、挂镜线及单个面积 $\leqslant 0.3m^2$ 的孔洞和墙与构件交接处的面积。且门窗洞口、空圈、孔洞的侧壁面积亦不增加，附墙柱的侧面抹灰应并入墙面、墙裙抹灰工程量内计算。

② 内墙面、墙裙的长度以主墙间的图示净长计算，墙面高度按室内地面至天棚底面净高计算，墙面抹灰面积应扣除墙裙抹灰面积，如墙面和墙裙抹灰种类相同，工程量合并计算。钉板天棚的内墙面抹灰，其高度按室内地面或楼地面至天棚底面另加 100mm 计算。

③ 外墙抹灰面积，按垂直投影面积计算，应扣除门窗洞口、外墙裙（墙面和墙裙抹灰种类相同者应合并计算）和单个面积大于 $0.3m^2$ 的孔洞所占面积，不扣除单个面积 $\leqslant 0.3m^2$ 的孔洞所占面积，门窗洞口及孔洞侧壁面积亦不增加。附墙柱、梁垛、烟囱侧面抹灰面积应并入外墙面抹灰工程量内。

④ 外墙抹灰面积按长度乘以高度以面积计算，长度为外墙外边线长度，高度要从室外设计地坪或勒脚上方开始，有女儿墙的到女儿墙压顶上方，没有女儿墙的算至屋面板底。

⑤ 装饰线条抹灰按设计图示尺寸以长度计算。

⑥ 装饰抹灰分格嵌缝按抹灰面面积计算。

⑦ "零星项目"按设计图示尺寸以展开面积计算。

（2）块料面层墙面

① 内墙面层块料按净长乘以净高以面积计算，突出的柱子两侧面积要并入，门窗洞口面积、墙与构件交接处面积要扣除。

② 镶贴块料面层，按镶贴表面积据实计算。

③ 干挂石材钢骨架按质量计算，依据图纸计算钢骨架长度或者面积，再乘以相应理论质量。

（3）墙饰面 龙骨、基层、面层墙饰面项目按设计图示饰面尺寸以面积计算，扣除门窗洞口及单个面积大于 $0.3m^2$ 的空圈所占的面积，不扣除单个面积 $\leqslant 0.3m^2$ 的孔洞所占面积。

（4）柱面装饰

① 柱面抹灰按结构断面周长乘抹灰高度计算。

② 柱镶贴块料面层按设计图示饰面外围尺寸乘以高度以面积计算，柱与梁交接处面积要扣除。

③ 挂贴石材零星项目中柱墩、柱帽是按圆弧形成品考虑的，按其圆的最大外径以周长计算，其他类型的柱帽、柱墩工程量按设计图示尺寸以展开面积计算。

④ 柱（梁）饰面的龙骨、基层、面层按设计图示饰面尺寸以面积计算，柱帽、柱墩并入相应柱面积计算。

（5）隔断 隔断按设计图示框外围尺寸以面积计算，扣除门窗洞及单个面积大于 $0.3m^2$ 的孔洞所占面积。

（6）幕墙

① 点支承玻璃幕墙，按设计图示尺寸以四周框外围展开面积计算。肋玻结构点式幕墙玻璃肋工程量不另计算，作为材料项进行含量调整。点支承玻璃幕墙索结构辅助钢桁架制作安装，按质量计算。

② 全玻璃幕墙，按设计图示尺寸以面积计算。带肋全玻璃幕墙按设计图示尺寸以展开面积计算，玻璃肋按玻璃边缘尺寸以展开面积计算并入幕墙工程量内。

③ 单元式幕墙的工程量按图示尺寸的外围面积以 "m^2" 计算，不扣除幕墙区域设置的窗、洞口面积。防火隔断安装的工程量按设计图示尺寸垂直投影面积以 "m^2" 计算。槽形预埋件及 T 形转接件螺栓安装的工程量按设计图示数量以 "个" 计算。

④ 框支承玻璃幕墙，按设计图示尺寸以框外围展开面积计算。与幕墙同种材质的窗所占面积不扣除。

⑤ 金属板幕墙按设计图示尺寸以外围面积计算。凹或凸的板材折边不另计算，计入金属板材料单价中。

⑥ 幕墙防火隔离带，按设计图示尺寸以展开面积计算。

⑦ 幕墙防雷系统、金属成品装饰压条均按延长米计算。隔断按设计图示框外围尺寸以面积计算，扣除门窗洞及单个面积大于 $0.3m^2$ 的孔洞所占面积。

⑧ 雨篷按设计图示尺寸以外围展开面积计算。有组织排水的排水沟槽按水平投影面积计算并入雨篷工程量内。

2. 计价工程量的计算

【例 6.18】 根据本项目任务十三的任务引入所给定的已知条件，试计算该墙面清单工程量及对应的计价工程量，并填入计价工程量计算表中。

解 此案例墙裙、墙面做法不同，分别列块料墙面、墙面一般抹灰两个清单项，且块料墙面贴砖之前的打底抹灰列立面砂浆找平层分项。块料墙面清单工程量计算规则按实际铺设面积计算，门窗洞口侧壁要增加；墙面一般抹灰门窗洞口侧壁不增加，计价工程量同清单工程量。计算过程见表 6.71、表 6.72。

表 6.71 清单工程量计算表

序号	项目编码	项目名称	计量单位	数量	工程量计算式
1	011201001001	墙面一般抹灰	m²	123.98	墙面抹灰的高度：3.9-0.1-0.9=2.9(m) 内墙面净长：(4.5-0.24+5.4-0.24)×2+(9.9-0.24+5.4-0.24)×2+0.12×4=48.96(m) 扣门窗洞口面积：1×(2.70-0.90)×4+1.50×1.80×4=18(m²) 抹灰面积：48.96×2.9-18=123.98(m²)
2	011201004001	立面砂浆找平层	m²	40.46	内墙裙抹灰的高度：0.9m 内墙裙净长：48.96m 扣门窗洞口面积：1×0.90×4=3.6(m²) 抹灰面积：48.96×0.9-3.6=40.46(m²)
3	011204003001	块料墙面	m²	41.76	找平面积：40.46m² 增加门洞口侧壁：0.9×0.24×6=1.3(m²) 块料墙面面积：40.46+1.3=41.76(m²)

表 6.72 计价工程量计算表

序号	项目编码	项目名称	计量单位	数量	工程量计算式
1	011201001001	墙面一般抹灰	m²	123.98	
	A10-1	内墙面抹灰	m²	123.98	同清单工程量
2	011201004001	立面砂浆找平层	m²	40.46	
	A10-23	打底找平	m²	40.46	同清单工程量
3	011204003001	块料墙面	m²	41.76	
	A10-72	面砖	m²	41.76	同清单工程量
	A10-82	面砖加浆勾缝	m²	41.76	同清单工程量

二、综合单价的计算

【例 6.19】 根据例 6.18，试计算该墙面工程分项的综合单价，并填入综合单价分析表。

解 查阅湖北省 2018 房屋建筑工程消耗量定额及基价表，进行综合单价分析，结果见表 6.73。

表 6.73　分部分项与单价措施项目综合单价分析

工程名称：　　　　　　　　　　　　　　　　　　　　　　　　　　　　　　　　　　　第　页　共　页

序号	项目编码	工程项目名称	单位	数量	综合单价/元					
					人工费	材料费	机械使用费	管理费	利润	小计
1	011201001001	墙面一般抹灰	m²	123.98	11.59	10.28	0.72	1.75	1.8	26.14
	A10-1	墙面一般抹灰　内墙（14mm+6mm）	100m²	1.2398	1159.11	1028.41	72.31	174.74	180.28	2614.85
2	011201004001	立面砂浆找平层	m²	40.46	10.7	7.45	0.52	1.59	1.64	21.9
	A10-23	墙面装饰抹灰　打底找平 15mm 厚	100m²	0.4046	1070.13	745.07	51.89	159.21	164.26	2190.56
3	011204003001	块料墙面	m²	41.76	45.3	40.64	0.23	6.46	6.67	99.3
	A10-72	墙面块料面层　面砖预拌砂浆（干混）每块面积≤0.06m²	100m²	0.4176	3769.51	4027.67	20.79	537.84	554.9	8910.71
	A10-82	墙面块料面层　面砖加浆勾缝　每块面积≤0.06m²	100m²	0.4176	760.29	36.01	2.44	108.23	111.66	1018.63

三、清单计价编制实例解析

根据例 6.19 编制的综合单价分析表，编制分部分项与单价措施项目工程量清单计价表，见表 6.74。

表 6.74　分部分项与单价措施项目工程量清单计价表

序号	项目编码	项目名称	项目特征	计量单位	工程量	金额/元	
						单价	合价
1	011201001001	墙面一般抹灰	1.墙体类型：砌块墙内墙面；2.20mm 厚 DP M10 抹灰砂浆面层	m²	123.98	26.14	3240.84
2	011201004001	立面砂浆找平层	1.墙体类型：砌块墙内墙面；2.15mm 厚 DP M10 抹灰砂浆打底	m²	40.46	21.9	886.07
3	011204003001	块料墙面	内墙面 DP M10 抹灰砂浆铺贴 200mm×300mm 陶瓷面砖，勾缝处理	m²	41.76	99.3	4146.77

任务十四 ▶ 天棚工程清单计价

 任务引入

背景材料：如图 6.22 所示为某单位活动中心的吊顶构造示意图。
要求：依据湖北省 2018 版消耗量定额和费用定额，编制该吊顶天棚工程清单计价表。

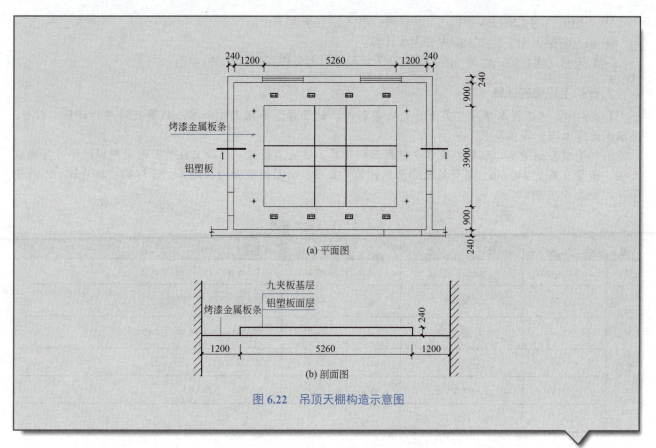

图 6.22　吊顶天棚构造示意图

一、计价工程量

1. 计价（定额）工程量计算规则

（1）抹灰类天棚

① 天棚抹灰按设计结构尺寸以展开面积计算。不扣除间壁墙、垛、柱、附墙、烟囱、检查口和管道所占的面积，带梁天棚的梁两侧抹灰面积并入天棚面积内。

② 阳台底面抹灰按水平投影面积计算，并入相应天棚抹灰面积内。阳台如带悬臂梁，其工程量乘系数 1.30。

③ 雨篷、挑檐底面或顶面抹灰分别按水平投影面积计算，并入相应天棚抹灰面积内。雨篷顶面带反沿或反梁者，其工程量乘以系数 1.20；底面带悬臂梁者，其工程量乘以系数 1.20。

④ 板式楼梯底面抹灰面积（包括踏步、休息平台以及 ≤500mm 宽的楼梯井）按水平投影面积乘以系数 1.15 计算，锯齿形楼梯底板抹灰面积（包括踏步、休息平台以及 ≤500mm 宽的楼梯井）按水平投影面积乘以系数 1.37 计算，楼层平台底板抹灰按展开面积计算后，合并到天棚抹灰面积内，此处容易漏算。

⑤ 此处②~④条，按投影面积乘以系数的部分，板底梁的两侧就不再展开计算。

（2）吊顶天棚

① 天棚龙骨按主墙间水平投影面积计算，不扣除间壁墙、垛、柱、附墙烟囱、检查口和管道所占面积，扣除单个大于 $0.3m^2$ 的孔洞、独立柱及与天棚相连的窗帘盒所占的面积。斜面龙骨按斜面计算。

② 天棚吊顶的基层和面层均按设计图示尺寸以展开面积计算。天棚面中的灯槽及跌级、阶梯式、锯齿形、吊挂式、藻井式天棚面积按展开计算。不扣除间壁墙、垛、柱、附墙烟囱、检查口和管道所占面积，扣除单个大于 $0.3m^2$ 的孔洞独立柱及与天棚相连的窗帘盒所占的面积（注意龙骨工程量不扣窗帘盒）。

③ 格栅吊顶、藤条造型悬挂吊顶、织物软雕吊顶和装饰网架吊顶，按设计图示尺寸以水平投影面积计算。吊筒吊顶以最大外围水平投影尺寸，以矩形面积计算。

（3）采光天棚

① 成品采光天棚工程量按成品组合后的外围投影面积计算，其余采光天棚工程量均按展开面积计算。

建筑工程计量与计价

② 采光天棚的水槽按水平投影面积计算，并入采光天棚工程量。

③ 采光廊架天棚安装按天棚展开面积计算。

（4）天棚其他装饰 灯带（槽）按设计图示尺寸以框外围面积计算。

2. 计价工程量的计算

【**例 6.20**】 根据本项目任务十四的任务引入，试计算该吊顶天棚清单工程量及对应的计价工程量，并填入计价工程量计算表中。

解 吊顶天棚清单工程量，按水平投影面积计算，跌级不展开。计价工程量：此案例经过计算为跌级天棚，面层有高差240mm，龙骨按投影面积计算，基层、面层按展开面积计算，开灯孔按数量计。工程量计算式如表6.75所示。

表 6.75 工程量计算表

序号	项目编码	项目名称	计量单位	数量	工程量计算式
1	011302001001	吊顶天棚	m²	43.66	(1.2+5.26+1.2)×(0.9+3.9+0.9)
	A12-26	天棚龙骨	m²	43.66	同天棚吊顶清单工程量
	A12-69	九夹板基层	m²	24.91	5.26×3.9+(5.26+3.9)×2×0.24
	A12-85	铝塑板面层	m²	24.91	同九夹板基层工程量
	A12-137	金属烤漆条板	m²	23.15	7.66×5.7-5.26×3.9
	A12-251	开灯孔	个	8	

二、综合单价的计算

【**例 6.21**】 根据例6.20，试计算该石材楼地面的综合单价，并填入综合单价分析表。

解 查阅湖北省2018房屋建筑工程消耗量定额及基价表，手工计算或运用广联达计价软件GCCP5.0，进行综合单价分析，见表6.76。

表 6.76 分部分项与单价措施项目综合单价分析

工程名称：　　　　　　　　　　　　　　　　　　　　　　　　　　　　　　　第 页 共 页

序号	项目编码	工程项目名称	单位	数量	综合单价 / 元					
					人工费	材料费	机械使用费	管理费	利润	小计
1	011302001001	吊顶天棚	m²	43.66	50.67	107.72	0	7.19	7.42	173
	A12-26	装配式U形轻钢天棚龙骨（不上人型）规格＞600mm×600mm 跌级	100m²	0.4366	2361.37	3150.7	0	335.08	345.7	6192.85
	A12-69	天棚基层 胶合板基层9mm	100m²	0.2491	983.96	1932.5	0	139.62	144.05	3200.13
	A12-85	铝塑板天棚面层 贴在胶合板上	100m²	0.2491	1880.41	8608.34	0	266.83	275.29	11030.9
	A12-137	天棚面层 金属板 烤漆异型板条 吊顶	100m²	0.2315	1770.54	3031.35	0	251.24	259.21	5312.34
	A12-251	天棚开孔 灯光孔、风口（每个面积在0.02m²以内）开孔	10个	0.8	72.39	0	0	10.27	10.6	93.26

三、清单计价编制实例解析

根据例 6.21 编制的综合单价分析表，编制分部分项与单价措施项目工程量清单计价表，见表 6.77。

表 6.77　分部分项与单价措施项目工程量清单计价表

序号	项目编码	项目名称	项目特征	计量单位	工程量	金额 / 元	
						单价	合价
1	011302001001	吊顶天棚	1. U 形轻钢龙骨　跌级天棚　规格 >600mm×600mm； 2. 9mm 胶合板基层； 3. 面层铝塑板加金属烤漆条板； 4. 造型参照节点大样图	m²	43.66	173	7553.18

任务十五 ▶ 门窗工程清单计价

任务引入

背景材料：如图 6.23 所示，某星级宾馆包房门为实木门扇及门框，框料宽 65mm。

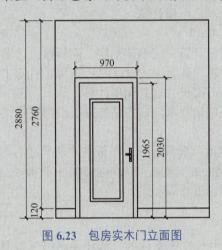

图 6.23　包房实木门立面图

要求：依据湖北省 2018 版消耗量定额和费用定额，编制该门窗工程清单计价表。

一、计价工程量

1. 计价（定额）工程量计算规则

（1）木门

① 成品木门框安装按设计图示框的中心线长度计算。

② 成品木门扇安装按设计图示扇面积计算。

③ 成品套装木门安装按设计图示数量计算。

④ 木质防火门安装按设计图示洞口面积计算。

⑤ 纱门按设计图示扇外围面积计算。

（2）金属门、窗、防盗栅（网）

① 铝合金门窗（飘窗、阳台封闭窗除外）、塑钢门窗、塑料节能门窗均按设计图示门、窗洞口面积计算。

② 彩板钢门窗按设计图示门、窗洞口面积计算。彩板钢门窗附框按框中心线长度计算。

③ 门连窗按设计图示洞口面积分别计算门窗面积，其中窗的宽度算至门框的外边线。

④ 纱窗扇按设计图示扇外围面积计算。

⑤ 飘窗、阳台封闭窗按设计图示框型材外边线尺寸以展开面积计算。

⑥ 钢质防火门、防盗门、不锈钢格栅防盗门、电控防盗门、防盗窗、钢质防火窗、金属防盗栅（网）按设计图示门洞口面积计算。

⑦ 电控防盗门控制器按设计图示套数计算。

（3）金属卷帘（闸）　金属卷帘（闸）按设计图示卷帘门宽度乘以卷帘门高度（包括卷帘箱高度）以面积计算。电动装置安装按设计图示套数计算。

（4）厂库房大门、特种门　厂库房大门、特种门按设计图示门洞口面积计算。百页钢门的安装工程量按设计尺寸以质量计算，不扣除孔眼、切肢、切片、切角的质量。

（5）其他门

① 全玻有框门扇按设计图示扇边框外边线尺寸以扇面积计算；全玻无框（条夹）门扇按设计图示扇面积计算，高度算至条夹外边线、宽度算至玻璃外边线；全玻无框（点夹）门扇按设计图示玻璃外边线尺寸以扇面积计算；无框亮子按设计图示门框与横梁或立柱内边缘尺寸玻璃面积计算。

② 全玻转门按设计图示数量计算；全玻转门传感装置伸缩门电动装置和电子感应门电磁感应装置按设计图示套数计算。

③ 不锈钢伸缩门按设计图示延长米计算。

④ 电子感应门安装按设计图示数量计算。

⑤ 金属子母门安装按设计图示洞口面积计算。

（6）门钢架、门窗套、包门框（扇）

① 门钢架按设计图示尺寸以质量计算；门钢架基层、面层按设计图示饰面外围尺寸展开面积计算。

② 门窗套（筒子板）龙骨、面层、基层均按设计图示饰面外围尺寸展开面积计算。

③ 成品门窗套按设计图示饰面外围尺寸展开面积计算。

④ 包门框按展开面积计算。包门扇及木门扇镶贴饰面板按门扇垂直投影面积计算。

（7）窗台板、窗帘盒、窗帘轨

① 窗台板按设计图示长度乘宽度以面积计算。图纸未注明尺寸的，窗台板长度可按窗框的外围宽度两边共加 100mm 计算。窗台板凸出墙面的宽度按墙面外加 50mm 计算。

② 窗帘盒、窗帘轨按设计图示长度计算。

2. 计价工程量的计算

【例 6.22】　根据本项目任务十五的任务引入，试计算该门窗工程清单工程量及对应的计价工程量，并填入计价工程量计算表中。

解　清单工程量：木质门按门洞口面积计算。计价工程量：按门框、门扇分别列定额子目，门框按中心线长度计算，门扇按图示扇面积计算，见表 6.78。

表 6.78　工程量计算表

序号	项目编码	项目名称	计量单位	数量	工程量计算式
1	010801001001	木质门	m²	1.97	2.03×0.97
	A5-2	成品木门框安装	m	4.9	2.03×2+(0.97−0.065×2)
	A5-1	成品木门扇安装	m²	1.65	1.965×(0.97−0.065×2)

二、综合单价的计算

【例 6.23】　根据例 6.22，试计算该门窗工程的综合单价，并填入综合单价分析表。

解　查阅湖北省房屋建筑工程消耗量定额及基价表，进行综合单价分析，见表 6.79。

表 6.79　分部分项工程和单价措施项目综合单价分析表

工程名称：

序号	项目编码	工程项目名称	单位	数量	综合单价/元					
					人工费	材料费	机械使用费	管理费	利润	小计
1	010801001001	木质门	m²	1.97	27.73	673.36	0	7.84	5.47	714.4
	A5-2	成品木门框安装	100m²	0.049	608.09	10798.12	0	171.91	119.98	11698.1
	A5-1	成品木门扇安装	100m²	0.0165	1504.11	48327.1	0	425.21	296.76	50553.18

三、清单计价编制实例解析

根据例 6.23 编制的综合单价分析表，编制分部分项与单价措施项目工程量清单计价表，见表 6.80。

表 6.80　分部分项与单价措施项目工程量清单计价表

序号	项目编码	项目名称	项目特征	计量单位	工程量	金额/元	
						单价	合价
1	010801001001	木质门	1. 成品木门框 框料宽 65mm； 2. 成品木门扇	m²	1.97	714.4	1407.37

任务十六 ▶ 油漆、涂料、裱糊工程清单计价

任务引入

背景材料：某工程内墙面如图 6.24 所示，胶合板木墙裙上润油粉，刷过氯乙烯漆 5 遍，内墙面、顶棚满刮腻子 2 遍，刷乳胶漆 2 遍（光面）。

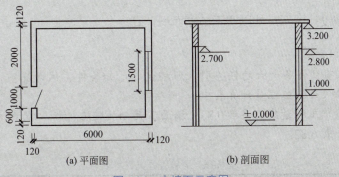

(a) 平面图　　　(b) 剖面图

图 6.24　内墙面示意图

要求：依据湖北省 2018 版消耗量定额和费用定额，编制该室内油漆工程清单计价表。

253

一、计价工程量

（一）计价（定额）工程量计算规则

二维码 6.2

1. 木门油漆工程

执行单层木门油漆的项目，其工程量计算规则及相应系数请扫二维码 6.2 查看。

2. 木扶手及其他板条、线条油漆工程

执行木扶手（不带托板）油漆的项目，其工程量计算规则及相应系数按定额规定执行。

3. 其他木材面油漆工程

（1）执行其他木材面油漆的项目，其工程量计算规则及相应系数按定额规定执行。

（2）木地板油漆按设计图示尺寸以面积计算，空洞、空圈、暖气包槽、壁龛的开口部分并入相应的工程量内。

（3）木龙骨刷防火、防腐涂料按设计图示尺寸以龙骨架投影面积计算。

（4）基层板刷防火、防腐涂料按实际涂刷面积计算。

（5）油漆面抛光打蜡按相应刷油部位油漆工程量计算规则计算。

4. 金属面油漆工程

（1）执行金属面油漆、涂料项目，其工程量按设计图图示尺寸以展开面积计算。质量在 500kg 以内的单个金属构件，可参考定额表中相应的系数，将质量折算为面积。

（2）执行金属平板屋面、镀锌铁皮面（涂刷磷化、锌黄底漆）油漆的项目，其工程量计算规则及相应的系数见定额。

5. 抹灰面油漆、涂料工程

（1）抹灰面油漆、涂料（另做说明的除外）按设计图示尺寸以面积计算。

（2）踢脚线刷耐磨漆按设计图示尺寸长度计算。

（3）槽型底板、混凝土折瓦板、有梁地板、密肋梁板底、井字梁板底刷油漆、涂料按设计图示尺寸展开面积计算。

（4）墙面及天棚面刷石灰油浆、白水泥、石灰浆、石灰大白浆、普通水泥浆、可赛银浆、大白浆等涂料工程量按抹灰面积工程量计算规则计算。

（5）混凝土花格窗、栏杆花饰刷（喷）油漆、涂料按设计图示洞口面积计算。

（6）天棚、墙、柱面基层板缝粘胶带纸按相应天棚、墙、柱面基层板面积计算。

6. 裱糊工程

墙面、天棚面裱糊按设计图示尺寸以实际铺贴面积计算。

（二）计价工程量的计算

【例 6.24】 根据本项目任务十六的任务引入所描述的已知条件，试计算室内油漆工程清单工程量及对应的计价工程量，并填入计价工程量计算表中。

解 木墙裙油漆按清单工程量乘以系数 0.83；墙面、天棚乳胶漆计价工程量计算规则与清单规则一致。工程量计算式见表 6.81、表 6.82。

表 6.81 清单工程量计算表

序号	项目编码	项目名称	计量单位	数量	工程量计算式
1	011404001001	木墙裙油漆	m²	17.72	(6-0.24+3.6-0.24)×2×1=18.24(m²) 扣除门下部：1×1=1(m²) 增加门窗洞口侧壁：(1+1)×0.24=0.48(m²) 工程量：18.24-1+0.48=17.72(m²)

序号	项目编码	项目名称	计量单位	数量	工程量计算式
2	011406001001	抹灰面乳胶漆	m²	37.38	$(5.76+3.36)\times2\times2.2=40.13(m^2)$ 扣门窗洞口：$1\times1.7+1.5\times1.8=4.4(m^2)$ 增加门窗洞口侧壁：$(1.7\times2+1)\times0.24+(1.5+1.8)\times2\times0.09=1.65(m^2)$ 工程量：$40.13-4.4+1.65=37.38(m^2)$
3	011406001002	抹灰面乳胶漆	m²	19.35	5.76×3.36

表 6.82　计价工程量计算表

序号	项目编码	项目名称	计量单位	数量	工程量计算式
1	011404001001	木墙裙油漆	m²	17.72	
	A13-113	木材面刷过氯乙烯漆 5 遍	m²	14.71	17.72×0.83
2	011406001001	抹灰面乳胶漆	m²	37.38	
	A13-199	内墙面乳胶漆 2 遍	m²	37.38	同清单工程量
3	011406001002	抹灰面乳胶漆	m²	19.35	
	A13-200	天棚面乳胶漆 2 遍	m²	19.35	同清单工程量

二、综合单价的计算

【例 6.25】　根据例 6.24，试计算该室内油漆工程的综合单价，并填入综合单价分析表。

解　查阅湖北省 2018 房屋建筑工程消耗量定额及基价表，进行综合单价分析，见表 6.83。

表 6.83　分部分项与单价措施项目综合单价分析表

工程名称：　　　　　　　　　　　　　　　　　　　　　　　　　　　　　　　　第　页　共　页

序号	项目编码	工程项目名称	单位	数量	综合单价 / 元					
					人工费	材料费	机械使用费	管理费	利润	小计
1	011404001001	木护墙、木墙裙油漆	m²	17.72	20.37	19.42	0	2.89	2.98	45.66
	A13-113	其他木材面 过氯乙烯漆五遍成活	100m²	0.1471	2453.48	2338.93	0	348.15	359.19	5499.75
2	011406001001	抹灰面油漆	m²	37.38	10.81	5.46	0	1.53	1.58	19.38
	A13-199	乳胶漆 室内 墙面两遍	100m²	0.3738	1080.83	546.06	0	153.37	158.23	1938.49
3	011406001002	抹灰面油漆	m²	19.35	13.51	5.46	0	1.92	1.98	22.87
	A13-200	乳胶漆 室内 天棚面两遍	100m²	0.1935	1351.29	546.06	0	191.75	197.83	2286.93

三、清单计价编制实例解析

根据例 6.25 编制的综合单价分析表，编制分部分项与单价措施项目工程量清单计价表，见表 6.84。

表 6.84　分部分项与单价措施项目工程量清单计价表

序号	项目编码	项目名称	项目特征	计量单位	工程量	金额 / 元	
						单价	合价
1	011404001001	木墙裙油漆	胶合板木墙裙上刷过氯乙烯漆 5 遍：底油 1 遍、磁漆 2 遍、清漆 3 遍	m²	17.72	45.66	809.10

序号	项目编码	项目名称	项目特征	计量单位	工程量	金额 / 元	
						单价	合价
2	011406001001	抹灰面乳胶漆	内墙面满刮腻子 2 遍，乳胶漆 2 遍	m²	37.38	19.38	724.42
3	011406001002	抹灰面乳胶漆	天棚面满刮腻子 2 遍，乳胶漆 2 遍	m²	19.35	22.87	442.53

任务十七 ▶ 其他装饰工程清单计价

任务引入

背景材料：某楼梯如图 6.25 所示，扶手为 φ63.5mm×2mm 不锈钢扶手，栏杆为不锈钢栏杆。

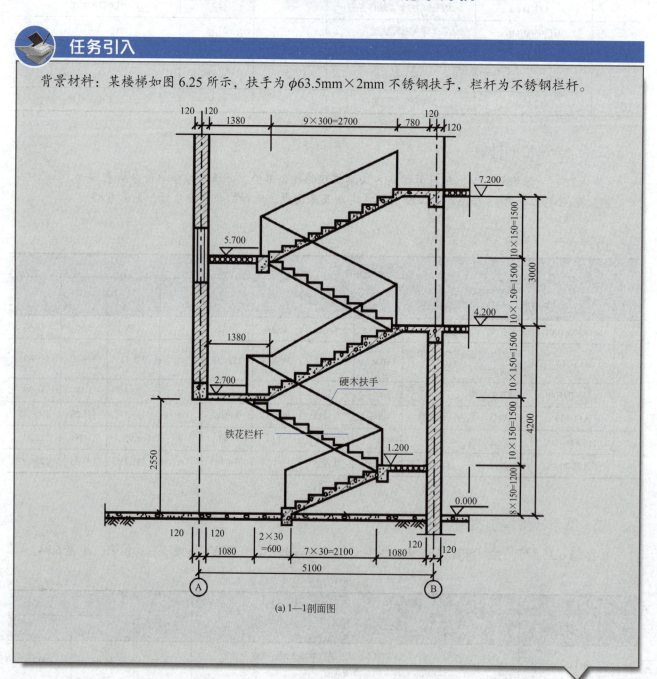

(a) 1—1剖面图

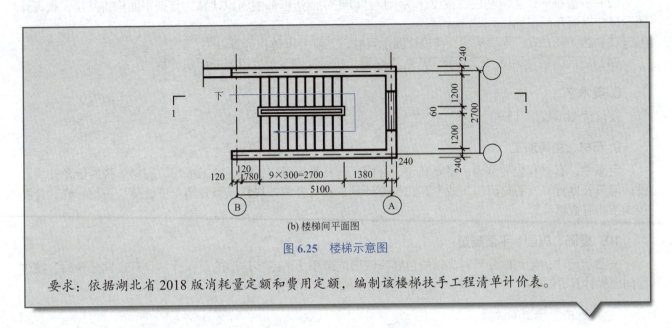

(b) 楼梯间平面图

图 6.25　楼梯示意图

要求：依据湖北省 2018 版消耗量定额和费用定额，编制该楼梯扶手工程清单计价表。

一、计价工程量

（一）计价（定额）工程量计算规则

1. 柜类、货架

柜类、货架工程量按各项目计量单位计算。其中以"m²"为计量单位的项目，其工程量均按正立面的高度（包括脚的高度在内）乘以宽度计算。

2. 压条、装饰线条

压条、装饰线条按线条中心线长度计算。石膏角花、灯盘按设计图示数量计算。

3. 扶手、栏杆、栏板装饰

扶手、栏杆、栏板、成品栏杆（带扶手）均按其中心线长度计算，不扣除弯头长度。如遇木扶手、大理石扶手为整体弯头时，扶手消耗量需扣除整体弯头的长度，设计不明确者，每只整体弯头按 400mm 扣除。单独弯头按设计图示数量计算。

4. 暖气罩

暖气罩（包括脚的高度在内）按边框外围尺寸垂直投影面积计算，成品暖气罩安装按设计图示数量计算。

5. 浴厕配件

（1）大理石洗漱台按设计图示尺寸以展开面积计算，挡板、吊沿板面积并入其中，不扣除孔洞、挖弯、削角所占面积。大理石台面面盆开孔按设计图示数量计算。

（2）盥洗室台镜（带框）、盥洗室木镜箱按边框外围面积计算。

（3）盥洗室塑料镜箱、毛巾杆、毛巾环、浴帘杆、浴缸拉手、肥皂盒、卫生纸盒、晒衣架、晾衣绳等按设计图示数量计算。

6. 雨篷、旗杆

（1）雨篷按设计图示尺寸水平投影面积计算。

（2）不锈钢旗杆按设计图示数量计算。旗杆的电动升降系统和风动系统按套计算。

7. 招牌、灯箱

（1）柱面、墙面灯箱基层，按设计图示尺寸以展开面积计算。

（2）一般平面广告牌基层，按设计图示尺寸以正立面边框外围面积计算，复杂平面广告基层，按设计图示尺寸以展开面积计算。

（3）箱（竖）式广告牌基层，按设计图示尺寸以基层外围体积计算。

（4）广告牌钢骨架以"t"计算。广告牌面层，按设计图示尺寸以展开面积计算。

8. 美术字

按设计图示数量计算。

9. 石材、瓷砖加工

定额中，石材和瓷砖倒角、磨制圆边、开槽、开孔等项目均按现场加工考虑。石材、瓷砖倒角按块料设计倒角长度计算。石材磨边按成型圆边长度计算。石材开槽按块料成型开槽长度计算。石材、瓷砖开孔按成型孔洞数量计算。

10. 壁画、国画、平面雕塑

按图示尺寸，无边框分界时，以能包容该图形的最小矩形或多边形的面积计算。有边框分界时，按边框间面积计算。

（二）计价工程量的计算

【例 6.26】 根据本项目任务十七的任务引入所描述的已知条件，试计算该楼梯扶手清单工程量及对应的计价工程量，并填入计价工程量计算表中。

解 清单规则：金属扶手栏杆设计图示尺寸以扶手中心线长度（包括弯头长度）计算，梯段部分按斜长计算，平直段弯头、梯井长度、顶层的安全护栏长度要并入。定额规则：计价工程量同清单工程量。工程量计算表见表 6.85。

表 6.85 工程量计算表

序号	项目编码	项目名称	计量单位	数量	工程量计算式
1	011503001001	金属扶手、栏杆、栏板	m	17.56	(7+10×4)×0.3×1.118+0.3+0.06×5+1.2
	A14-108	不锈钢栏杆	m	17.56	同清单工程量

二、综合单价的计算

【例 6.27】 根据例 6.26，试计算该楼梯栏杆的综合单价，并填入综合单价分析表。

解 查阅湖北省 2018 房屋建筑工程消耗量定额及基价表，进行综合单价分析，见表 6.86。

表 6.86 分部分项与单价措施项目综合单价分析

工程名称：

第 页 共 页

序号	项目编码	工程项目名称	单位	数量	综合单价/元					
					人工费	材料费	机械使用费	管理费	利润	小计
1	011503001001	金属扶手、栏杆、栏板	m	17.56	86.15	124.28	21.14	15.22	15.71	262.5
	A14-108	不锈钢栏杆 不锈钢扶手	10m	1.756	861.5	1242.8	211.38	152.24	157.07	2624.94

三、清单计价编制实例解析

根据例 6.26 编制的综合单价分析表，编制分部分项与单价措施项目工程量清单计价表，见表 6.87。

表 6.87　分部分项与单价措施项目工程量清单计价表

序号	项目编码	项目名称	项目特征	计量单位	工程量	金额 / 元	
						单价	合价
1	011503001001	金属扶手、栏杆、栏板	1. $\phi63.5mm \times 2mm$ 不锈钢扶手； 2. 不锈钢栏杆	m	17.56	262.5	4609.5

任务十八 ▶ 装饰工程单价措施项目清单计价

任务引入

背景材料：图 6.26 为某变电室外墙面示意图。

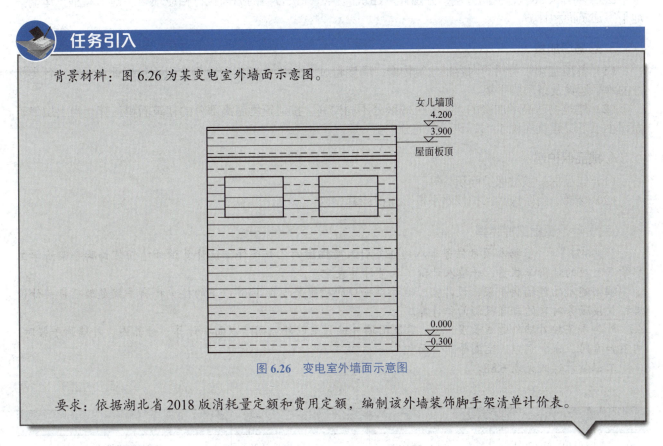

女儿墙顶
4.200
3.900
屋面板顶

0.000
-0.300

图 6.26　变电室外墙面示意图

要求：依据湖北省 2018 版消耗量定额和费用定额，编制该外墙装饰脚手架清单计价表。

一、计价工程量

（一）计价（定额）工程量计算规则

1. 脚手架工程

（1）综合脚手架　按设计图示尺寸以建筑面积计算，同一建筑物有不同高度且上层建筑面积小于下层建筑面积 50% 时，纵向分割，分别计算建筑面积，并按各自的檐高执行相应项目。

（2）外脚手架　外脚手架、整体提升架按外墙外边线长度（含墙垛及附墙并道）乘以外墙高度以面积计算。计算内、外墙脚手架时，均不扣除门、窗、洞口、空圈等所占面积。同一建筑物高度不同时，应按不同高度分别计算。

（3）里脚手架　按墙面垂直投影面积计算，均不扣除门、窗、洞口、空圈等所占面积。

（4）满堂脚手架　按室内净面积计算，不扣除柱、垛、附墙烟囱所占面积。其高度在 3.6 ～ 5.2m 之间时计算基本层，5.2m 以上，每增加 1.2m 计一个增加层，达到 0.6m 按一个增加层计算，不足 0.6m 按一个增加层乘以系数 0.5 计算。

$$满堂脚手架增加层 =(室内净高 -5.2)/1.2 \qquad (6.9)$$

（5）其他脚手架　整体提升架按提升范围的外墙外边线长度乘以外墙高度以面积计算，不扣除门窗、

建筑工程计量与计价

洞口所占面积。

挑脚手架按搭设长度乘以层数以长度计算。悬空脚手架按搭设水平投影面积计算。

吊篮脚手架按外墙垂直投影面积计算，不扣除门窗洞口所占面积。挑出式安全网按挑出的水平投影面积计算。

内墙面粉饰脚手架按内墙面垂直投影面积计算，不扣除门窗洞口所占面积。

2. 垂直运输工程

建筑物垂直运输，需区分不同建筑物檐高按建筑面积计算。同一建筑物有不同檐高且上层建筑面积小于下层建筑面积 50%，纵向分割，分别计算建筑面积，并按各自的檐高执行相应项目。地下室垂直运输按地下室建筑面积计算。

3. 超高增加费

（1）各项定额中包括的内容指建筑物檐口高度超过 20m 的全部工程项目，但不包括垂直运输、各类构件的水平运输及各项脚手架。

（2）建筑物超高增加费的人工、机械区分不同檐高，按建筑物超高部分的建筑面积计算。当上层建筑面积小于下层建筑面积 50%，进行纵向分割。

4. 成品保护费

（1）成品保护按被保护面积计算。

（2）楼梯、台阶成品保护按水平投影面积计算。

（二）计价工程量的计算

【例 6.28】 根据本项目任务十八的任务引入所描述的已知条件，试计算该外墙面装饰脚手架清单工程量及对应的计价工程量，并填入计价工程量计算表中。

解 建筑物外墙脚手架，设计室外地坪至檐口的砌筑高度在 15m 以下的按单排脚手架定额项目；计价工程量按服务对象的垂直投影面积计算。

外脚手架按外墙外边线长度（含墙垛及附墙并道）乘以外墙高度以面积计算。计算内、外墙脚手架时，均不扣除门、窗、洞口、空圈等所占面积。

工程量计算式见表 6.88。

表 6.88　工程量计算表

序号	项目编码	项目名称	计量单位	数量	工程量计算式
1	011701002001	外脚手架	m²	91.26	(6.24+3.9)×2×4.5
	A17-30	单排外架手架	m²	91.26	同清单工程量

二、综合单价的计算

【例 6.29】 根据例 6.28，试计算该外墙面装饰脚手架的综合单价，并填入综合单价分析表。

解 查阅湖北省 2018 房屋建筑工程消耗量定额及基价表，手工计算或运用广联达计价软件 GCCP5.0，进行综合单价分析，见表 6.89。

表 6.89　分部分项工程和单价措施项目综合单价分析表

工程名称：
第 页 共 页

序号	项目编码	工程项目名称	单位	数量	综合单价/元					
					人工费	材料费	机械使用费	管理费	利润	小计
1	011701002001	外脚手架	m²	91.26	6.18	15.2	0.38	1.86	1.29	24.91
	A17-30	外脚手架 15m 以内　单排	100m²	0.9126	618.47	1519.6	37.85	185.54	129.49	2490.95

260

三、清单计价编制实例解析

根据例 6.29 编制的综合单价分析表，编制分部分项与单价措施项目工程量清单计价表，见表 6.90。

表 6.90 分部分项与单价措施项目工程量清单计价表

序号	项目编码	项目名称	项目特征	计量单位	工程量	金额/元	
						单价	合价
1	011701002001	外脚手架	1. 单排钢管外脚手架； 2. 搭设高度 15m 以内	m²	91.26	24.91	2273.29

任务十九 ▶ 建筑工程清单计价编制实例

一、工程概况

（1）本工程为餐饮中心，共 2 层，首层层高 4.2m，第二层层高 3.9m，主要结构类型为框架结构。

（2）建筑占地面积 561.30m²，总建筑面积 1148.70m²，相对标高 ±0.000，室内外标高差 450mm（室外相对标高 -0.300mm）。

（3）基础为 C25 独立基础和带形基础，C10 基础垫层；框架梁、板、柱为 C25；过梁、压顶、构造柱等其他构件为 C20。

（4）±0.000 以下砌体用 MU10 蒸压灰砂砖，M7.5 水泥砂浆砌筑；±0.000 以上墙体为 MU5 加气混凝土砌块，M5 混合砂浆砌筑；厨房、卫生间周边隔墙采用 M5 水泥砂浆砌筑。墙厚均为 200mm 厚。

二、建筑构造做法

本工程屋面、台阶、散水及房间内外墙、顶棚、楼地面等的做法见表 6.91。

表 6.91 建筑构造做法表

类别	部位	做 法
地面	一层地面	素土夯实；80mm 厚 C10 混凝土；素水泥浆结合层一道；25mm 厚 1:4 干硬性水泥砂浆，600mm×600mm×8mm 厚地砖，水泥砂浆擦缝
楼面 1	二层卫生间厨房	30mm 厚 C20 细石混凝土找 0.5%～1%；2mm 厚聚氨酯防水涂料；四周上翻 300mm 高；25mm 厚 1:4 干硬性水泥砂浆，8mm 厚地砖，水泥砂浆擦缝
楼面 2	二层其他	素水泥浆一道；20mm 厚 1:2 水泥砂浆抹光
内墙 1	卫生间厨房	墙面清理干净刷界面剂；20mm 厚 1:3 水泥砂浆打毛；5mm 厚水泥砂浆加 20% 建筑胶镶贴 200mm×300mm×8mm 厚面砖，水泥砂浆擦缝
内墙 2	其他房间	墙面清理干净刷界面剂；15mm 厚 1:3 水泥砂浆打底扫毛；5mm 厚 1:2 水泥砂浆找平；满刮腻子 2 遍，白色乳胶漆两遍
天棚	所有房间	混凝土板底清理干净；满刮腻子砂平；白色乳胶漆两遍
踢脚	一、二层	17mm 厚 1:3 水泥砂浆；3mm 厚 1:1 水泥砂浆加 20% 的 107 胶，80mm 高块料踢脚线
外墙	面砖详立面	外墙面：15mm 厚专用抹灰砂浆，分两次抹灰；刷素水泥浆一遍；4～5mm 厚 1:1 水泥砂浆加水重 20% 建筑胶镶贴；8～10mm 厚规格 240mm×60mm 面砖，水泥浆擦缝

续表

类别	部位	做　法
屋面	屋面	20mm 厚水泥砂浆找平层；1.5mm 厚聚合物水泥防水涂料上翻 300mm；3mm 厚 SBS 改性沥青防水卷材上翻 300mm；40mm 厚泡沫加气混凝土找 2%坡；干铺 50mm 厚挤塑聚苯板；20mm 厚水泥砂浆找平；20mm 厚 1：4 干硬性水泥砂浆；8mm 厚缸砖铺平拍实，水泥擦缝
栏杆	楼梯栏杆	部位：楼梯栏杆，无障碍坡道成品栏杆；详见图集 13ZJ 301—4/36
散水	混凝土散水	素土夯实；60mm 厚中砂铺垫；60mm 厚 C15 混凝土；20mm 厚 1：2 水泥砂浆抹面
台阶	混凝土台阶	混凝土种类——商品混凝土；混凝土强度等级—— C15；面层粘地砖；详见设计图纸及图集 11ZJ 901-9-14

三、门窗表

本工程门窗相关信息见表 6.92。

表 6.92　门窗表

编号	洞口尺寸 /(mm×mm)	数量/樘 一层	数量/樘 二层	数量/樘 总计	类别	编号	洞口尺寸 /(mm×mm)	数量/樘 一层	数量/樘 二层	数量/樘 总计	类别
M-1	1800×2650	1		1	实木门	C-2	600×1350	1	1	2	
M-2	1500×2400	4	8	12		C-3	1500×1650		6	6	
M-3	1200×2100	1		1	镶板门	C-4	900×1650	1	1	2	
M-4	1000×2100	4	4	8		C-5	1500×2700	2		2	
M-5	900×2100		3	3	夹板门	C-6	4500×3000		1	1	
M-6	800×2100	4	6	10		C-7	2100×3000		1	1	
M-4A	1000×2100		1	1	残疾人专用门	GC-1	1800×1200	2		2	
FM-1	1500×2100	2		2	防火门	GC-2	1500×1200	5		5	塑钢窗
	1500×2100	1		1		GC-3	600×900	5	5	10	
C-1	1800×3000	11		11	塑钢窗	LC-1	1500×7500	1		1	
						LC-1A	1500×5250		1	1	
C-1A	1800×2700		14	14		LC-2	600×2950	4		4	

四、餐饮中心工程施工图

工程施工图请扫二维码 6.3 查看。

五、工程量清单计价

本餐饮中心工程量清单计价相关表格请扫二维码 6.4 查看。

二维码 6.3

二维码 6.4

【思考题】

1. 平整场地、挖基础土方、回填土的计价工程量怎样计算？

2. 砖混结构的砖墙长度怎样计算？在计算砖墙工程量时哪些体积应扣除，哪些体积不扣除，哪些体积不增加？框架结构的砌体计价工程量怎样计算？

3. 柱高及梁长各怎样计算？现浇混凝土梁、柱计价工程量各怎样计算？

4. 现浇混凝土有梁板、无梁板、平板的计价工程量怎样计算？

5. 现浇混凝土扶手、压顶、台阶、门框、垫块、散水、坡道的计价工程量怎样计算？

6. 水泥砂浆踢脚线和花岗石踢脚线各怎样计算计价工程量？

7. 墙面抹灰、墙面镶贴块料的计价工程量各怎样计算？

8. 什么是"零星抹灰"和"零星镶贴块料"？计价工程量怎样计算？

9. 顶棚抹灰和顶棚吊顶的计价工程量各怎样计算？

10. 实木装饰门、铝合金窗、金属卷闸门的计价工程量各怎样计算？

项目七
工程结算

学习目标

　　了解竣工结算、工程预付款与进度款支付的概念；熟悉工程结算的方式、工程变更的内容及索赔程序；掌握工程变更价款的确定方法和索赔费用的计算方法。

任务引入

　　背景材料：某学校拟投资新建教学楼工程项目，通过市场招投标，该学校与某建筑公司签订了工程施工承包合同。合同中估算工程量为 5300m³，全费用单价为 180 元 /m³。合同工期为 6 个月。有关付款条款如下：

　　(1) 开工前业主应向承包商支付估算合同总价 20% 的工程预付款；

　　(2) 业主自第一个月起，从承包商的工程款中，按 5% 的比例扣留质量保证金；

　　(3) 当累计实际完成工程量超过（或低于）估算工程量的 15% 时，可进行调价，调价系数为 0.9（或 1.1）；

　　(4) 每月支付工程款最低金额为 15 万元；

　　(5) 工程预付款从乙方获得累计工程款超过估算合同价 30% 以后的下一个月起，至第 5 个月均匀扣除。

　　承包商每月实际完成并经签证确认的工程量见表 7.1。

表 7.1　每月实际完成工程量

月份	1	2	3	4	5	6
完成工程量 /m³	800	1000	1200	1200	1200	500
累计完成工程量 /m³	800	1800	3000	4200	5400	5900

　　要求：

　　(1) 估算合同总价为多少？

　　(2) 工程预付款为多少？工程预付款从哪个月起扣？每月应扣多少工程预付款？

　　(3) 按月如何进行结算？每月工程价款为多少？业主应支付给承包商的工程款为多少？

任务一 ▶ 工程结算的相关内容

一、工程结算的概念、意义和内容

1. 工程结算的概念

工程结算就是工程价款结算的简称，是指建筑工程施工企业在完成工程任务后，依据施工合同的有关规定，按照规定程序向建设单位收取工程价款的一项经济活动。

工程结算的主体是施工企业；工程结算的目的是施工企业向建设单位索取工程款，以实现"商品销售"。

2. 工程结算的意义

（1）工程价款结算是反映工程进度的主要指标。
（2）工程价款结算是加速资金周转的重要环节。
（3）工程价款结算是考核经济效益的重要指标。

3. 工程结算的内容

工程价款结算包括工程计量、工程价款支付、索赔、现场签证、工程价款调整及竣工结算。建筑产品价值大、生产周期长的特点，决定了工程结算必须采取阶段性结算的方法。工程结算一般可分为工程进度款结算和工程竣工结算两种。

二、工程结算的方式

二维码 7.1

1. 按月结算方式

实行旬末或月中预支，月终结算，竣工后清算的办法。跨年度竣工的工程，在年终进行工程盘点，办理年度结算。我国现行建筑安装工程价款结算中，相当一部分是实行这种按月结算方式。

按月结算方式优点是：
（1）便于较准确地计算已完分部分项工程量；
（2）便于建设单位对已完工程进行验收和施工企业考核月度成本情况；
（3）有利于施工企业的资金周转；
（4）有利于建设单位对建设资金实行控制，根据进度控制分期拨款。

2. 竣工后一次结算方式

建设项目或单项工程全部建筑安装工程的建设期在 12 个月以内，或者工程承包合同价值在 100 万元以下的工程，可以实行工程价款每月月中预支，竣工后一次结算。当年结算的工程款应与年度完成的工作量一致，年终不另清算。

3. 分段结算方式

当年开工且当年不能竣工的单项工程或单位工程，按照工程形象进度，划分不同阶段进行结算。形象进度的一般划分为基础、±0.000 以上主体结构、装修、室外工程及收尾等。分段的划分标准，按合同规定。

例如：工程开工后，拨付 10% 合同价款；工程基础完成后，拨付 20% 合同价款；工程主体完成后，拨付 40% 合同价款；工程竣工验收后，拨付 15% 合同价款；竣工结算审核后，结清余款。

分段结算可以按月预支工程款，当年结算的工程款应与年度完成的工作量一致，年终不另清算。

4. 目标结算方式

在工程合同中，将承包工程的内容分解成不同的控制界面，以建设单位验收控制界面作为支付工程价款的前提条件。也就是说，将合同中的工程内容分解成不同的验收单元，当施工企业完成单元工程内容并经有关部门验收质量合格后，建设单位支付构成单元工程内容的工程价款。目标结款方式实质上是运用合同手段和财务手段对工程的完成进行主动控制。

265

5. 结算双方约定并经开户建设银行同意的其他结算方式

实行预收备料款的工程项目，在承包合同或协议中应明确发包单位（甲方）在开工前拨付给承包单位（乙方）工程备料款的预付数额、预付时间，开工后扣还备料款的起扣点、逐次扣还的比例，以及办理的手续和方法。

三、工程预付备料款结算

1. 预付备料款的概念

工程项目开工前，为了确保工程施工正常进行，建设单位应按照合同规定，拨付给施工企业一定限额的工程预付备料款。此预付备料款构成施工企业为该工程项目准备主要材料和结构构件所需的流动资金。

预付备料款也称预付款，预付款还可以带有"动员费"的内容，以供组织人员、完成临时设施工程等准备工作之用。预付款相当于建设单位给施工企业的无息贷款。

2. 预付备料款限额

预付备料款限额，由合同双方商定，在合同中明确。预付备料款限额，取决于以下几个因素：

工程项目中主要材料（包括外购构件）占工程合同造价的比重，材料储备期，施工工期。

在实际工作中，为了简化计算，预付备料款限额可按预付款占工程合同造价的额度计算。其计算公式为：

$$预付备料款限额 = 工程合同造价 \times 预付备料款额度 \tag{7.1}$$

式中，预付备料款额度要根据工程类型、合同工期、承包方式和供应方式等不同条件而定。建筑工程一般不应超过年建筑工程（包括水、电、暖）工程量的30%；安装工程一般不应超过年安装工程量的10%；材料占比重较大的安装工程按年计划产值的15%左右拨付。

对于施工企业常年应备的预付备料款限额，可按下式计算：

$$预付备料款限额 = 年度承包工程总值 \times 主要材料所占比重 / 年施工日历天数 \times 材料储备天数 \tag{7.2}$$

对于材料由建设单位供给的只包工不包料工程，则可以不预付工程备料款。

3. 预付备料款扣回

备料款属于预付性质。当工程进展到一定阶段，随着工程所需储备的主要材料和结构件逐步减少，建设单位应将开工前预付的备料款，以抵充工程进度款的方式陆续扣回，并在竣工结算前全部扣清。

（1）按公式计算起扣点和抵扣额　当未施工工程所需的主要材料和结构件的价值，恰好等于工程预付备料款时开始起扣。每次结算工程价款时，按材料比重扣抵工程价款，竣工前全部扣清。计算公式：

$$T = P - M/N \tag{7.3}$$

式中　T——起扣点，预付备料款开始扣回时的累计完成工程量（金额）；

P——工程合同造价；

M——预付备料款；

N——主要材料及构件所占比例。

【例7.1】　某工程合同价款为300万元，主要材料和结构件费用为合同价款的62.5%。合同规定预付备料款为合同价款的25%。则：

预付备料款 $=300 \times 25\% = 75$（万元），起扣点 $=300-75/62.5\% = 180$（万元）

即当累计结算工程价款为180万元时，应开始抵扣备料款。此时，未完工程价值为120万元，所需主要材料费为 $120 \times 62.5\% = 75$（万元），与预付备料款相等。

（2）按合同规定办法扣还备料款　例如规定工程进度达到60%，开始抵扣备料款，扣回的比例是按每完成10%进度，扣预付备料款总额的25%。

（3）工程最后一次抵扣备料款　适合于造价低、工期短的简单工程。备料款在施工前一次拨付，施工过程中不分次抵扣。当备料款加已付工程款达到95%合同价款（即留5%尾款）之时，停止支付工程款。

四、工程进度款结算（中间结算）

1. 工程进度款结算方式

（1）按月结算与支付　即实行按月支付进度款，竣工后清算的办法。合同工期在两个年度以上的工程，在年终进行工程盘点，办理年度结算。

（2）分段结算与支付　即当年开工、当年不能竣工的工程按照工程形象进度，划分不同阶段支付工程进度款。具体划分在合同中明确。

工程进度支付款项不仅包括合同中规定的初始收入，还包括由于合同变更、索赔、奖励等原因而形成的追加收入。支付流程如图 7.1 所示。

图 7.1　工程进度支付流程

进度款结算时，应扣回的预付款和甲供料款、工程变更价款、索赔款、调价等都同期结算。

2. 工程量的计量与确认

（1）承包人应当按照合同约定的方法和时间，向发包人提交已完工程量的报告。发包人接到报告后 14 天内核实已完工程量，并在核实前 1 天通知承包人，承包人应提供条件并派人参加核实，承包人收到通知后不参加核实，以发包人核实的工程量作为工程价款支付的依据。发包人不按约定时间通知承包人，致使承包人未能参加核实，核实结果无效。

（2）发包人收到承包人报告后 14 天内未核实完工程量，从第 15 天起，承包人报告的工程量即视为被确认，作为工程价款支付的依据，双方合同另有约定的，按合同执行。

（3）对承包人超出设计图纸（含设计变更）范围和因承包人原因造成返工的工程量，发包人不予计量。

3. 工程进度款支付的规定

（1）根据确定的工程计量结果，承包人向发包人提出支付工程进度款申请，14 天内，发包人应按不低于工程价款的 60%，不高于工程价款的 90% 向承包人支付工程进度款。按约定时间发包人应扣回的预付款，与工程进度款同期结算抵扣；对于发包人确认的合同规定的调整金额和工程变更价款作为追加（减）的合同价款与工程进度款同期支付；对于质量保证金从应付的工程款中预留。

（2）发包人超过约定的支付时间不支付工程进度款，承包人应及时向发包人发出要求付款的通知，发包人收到承包人通知后仍不能按要求付款，可与承包人协商签订延期付款协议，经承包人同意后可延期支付，协议应明确延期支付的时间和从工程计量结果确认后第 15 天起计算应付款的利息（利率按同期银行贷款利率计）。

（3）发包人不按合同约定支付工程进度款，双方又未达成延期付款协议，导致施工无法进行，承包人可停止施工，由发包人承担违约责任。

五、竣工结算

1. 竣工结算的概念

竣工结算指施工企业按照合同规定的内容，全部完成所承包的单位工程或单项工程，经有关部门验收质量合格，并符合合同要求后，按照规定程序向建设单位办理最终工程价款结算的一项经济活动。

2. 竣工结算的作用

（1）竣工结算是施工企业与建设单位结清工程费用的依据。

（2）竣工结算是施工企业考核工程成本，进行经济核算的依据。

（3）竣工结算是编制概算定额和概算指标的依据。

3. 竣工结算的编制依据

竣工结算质量取决于编制依据及原始资料积累。编制依据包括：

（1）工程施工合同或施工协议书；

（2）图纸交底或会审纪要、变更记录；

（3）各种验收资料、施工记录；

（4）竣工图：设计施工图经过施工活动，实际与施工产生了哪些变化，将这些变化的情况，具体绘在图纸上，就是竣工图；

（5）其他费用：凡不属于施工图包括范围，而又是有明文规定或因实际施工的需要，经双方同意所发生的费用，一般表现为双方确认的索赔、现场签证事项及价款；

（6）国家及当地现行的有关法律、法规和政策（包括国家及当地现行的消耗量、费用定额及计价规范等有关文件规定、解释说明等）。

4. 竣工结算的方式

（1）施工图预算加签证结算方式　该结算方式是把经过审定的原施工图预算作为工程竣工结算的主要依据。凡原施工图预算或工程量清单中未包括的"新增工程"，在施工过程中历次发生的由于设计变更、进度变更、施工条件变更所增减的费用等。经设计单位、建设单位、监理单位签证后，与原施工图预算一起构成竣工结算文件，交付建设单位经审计后办理竣工结算。

这种结算方式，难以预先估计工程总的费用变化幅度，往往会造成追加工程投资的现象。

（2）预算包干结算方式　预算包干结算，也称施工图预算乘包干系数结算。即在编制施工图预算的同时，另外计取预算外包干费。

$$预算外包干费 = 施工图预算造价 \times 包干系数 \tag{7.4}$$
$$结算工程价款 = 施工图预算造价 \times (1 + 包干系数) \tag{7.5}$$

式中，包干系数由施工企业和建设单位双方商定，经有关部门审批确定。

在签订合同条款时，预算外包干费要明确包干范围。这种结算方式，可以减少签证方面的扯皮现象，预先估计总的工程造价。

（3）每平方米造价包干结算方式　该结算方式是双方根据一定的工程资料或概算指标，事先协定每平方米造价指标，然后按建筑面积汇总计取工程造价，确定应付的工程价款。

（4）招投标结算方式　招标单位与投标单位，按照中标报价、承包方式、承包范围、工期、质量标准、奖惩规定、付款及结算方式等内容签订承包合同。合同规定的工程造价就是结算造价。工程竣工结算时，奖惩费用、包干范围外增加的工程项目另行计算。

5. 竣工结算的有关规定

（1）竣工结算编审　竣工结算分为单位工程竣工结算、单项工程竣工结算、建设项目竣工总结算三种。

二维码 7.2

① 单位工程竣工结算由承包人编制，发包人审查；实行总承包的工程，由具体承包人编制，在总包人审查的基础上，发包人审查。

② 单项工程竣工结算或建设项目竣工总结算由总（承）包人编制，发包人可直接进行审查，也可以委托具有相应资质的工程造价咨询机构进行审查。政府投资项目，由同级财政部门审查。单项工程竣工结算或建设项目竣工总结算经发包人、承包人签字盖章后有效。

承包人应在合同约定期限内完成项目竣工结算编制工作，未在规定期限内完成的并且提不出正当理由延期的，责任自负。

（2）竣工结算审查期限　单项工程竣工后，承包人应在提交竣工验收报告的同时，向发包人递交竣工结算报告及完整的结算资料，发包人应按二维码 7.2 规定时限进行核对（审查）并提出审查意见。

（3）竣工结算的确认和支付

① 发包人收到承包人递交的竣工结算报告及完整的结算资料后，应按照《建设工程价款结算暂行办法》规定的时限（合同约定有期限的，从其约定）进行核实，给予确认或者提出修改意见。

② 发包人收到竣工结算报告及完整的结算资料后，按规定或合同约定期限内，对结算报告及资料没有提出意见，则视同认可。

③ 承包人如未在规定时间内提供完整的工程竣工结算资料，经发包人催促后14天内仍未提供或没有明确答复，发包人有权根据已有资料进行审查，责任由承包人自负。

④ 承包人根据确认的竣工结算报告向发包人申请支付工程竣工结算款。发包人应在收到申请后15天内支付结算款，到期没有支付的应承担违约责任。

发包人根据确认的竣工结算报告向承包人支付工程竣工结算价款，保留质量保证（保修）金，待工程交付使用质保期到期后清算（合同另有约定的，从其约定），质保期内如有返修，发生费用应在质量保证（保修）金内扣除。

（4）竣工结算的程序（图 7.2）

图 7.2　竣工结算程序

【例 7.2】　某施工企业承包某工程项目，甲乙双方签订的关于工程价款的合同内容如下。

（1）建筑安装工程造价 700 万元，建筑材料及设备费占施工产值的 60%；

（2）预付工程款为建筑安装工程造价的 20%，工程实施后，预付工程款从未施工工程尚需的主要材料及构件的价值相当于工程预付款数额时起扣，从每次结算工程价款中按照材料和设备占施工产值的比重扣抵工程预付款，竣工前全部扣清；

（3）工程进度款逐月计算；

（4）工程保修金为建筑安装工程造价的 3%，竣工结算月一次扣留；

（5）材料和设备差价按照规定进行调整（按有关规定上半年材料差价上调 10%，在 6 月份一次调增，工程各月实际完成产值如表 7.2 所示）。

表 7.2　各月实际完成产值

月份	2	3	4	5	6
完成产值 / 万元	63	120	173	224	120

问：（1）该工程预付款、起扣点为多少？

（2）该工程 2 月至 5 月拨付工程款为多少？累计工程款为多少？

（3）6 月份办理工程竣工结算，该工程结算造价为多少？甲方应付结算款为多少？

解　（1）工程预付款 700×20% =140(万元)

（2）各月拨付工程款为：2 月工程款 63 万元，累计 63 万元；

3 月工程款 120 万元，累计 183 万元；

4 月工程款 173 万元，累计 356 万元；

5 月工程款 224-(224+356-467)×60% =156.2 (万元)，累计 512.2 万元；

（3）工程结算总造价为：700+700×60% ×10% =742 (万元)

甲方应付工程结算款：742-512.2-742×3% -140=67.54 (万元)

任务解析 根据本项目的任务引入所描述的内容，可知本任务第一个问题主要考查工程合同价款的计算方法。第二个问题主要考查工程预付款的计算方法和扣留方式。第三个问题主要考查工程款结算与支付的方法。

（1）估算合同总价：$5300mm^3 \times 180$ 元 $/m^3 = 95.4$(万元)

（2）工程预付款金额：$95.4 \times 20\% = 19.08$(万元)

工程预付款应从第 3 个月起扣，因为第 1、2 两个月累计工程款：$1800m^3 \times 180$ 元 $/m^3 = 32.4$(万元)$> 95.4 \times 30\% = 28.62$(万元)

每月应扣工程预付款：$19.08/3 = 6.36$(万元)

（3）工程款按月计算如下：

第 1 个月工程量价款：$800m^3 \times 180$ 元 $/m^3 = 14.40$(万元)

应扣留质量保证金：$14.40 \times 5\% = 0.72$(万元)

本月应支付工程款：$14.40 - 0.72 = 13.68$(万元)< 15(万元)

因此，第 1 个月不予支付工程款。

第 2 个月工程量价款：$1000m^3 \times 180$ 元 $/m^3 = 18.00$(万元)

应扣留质量保证金：$18.00 \times 5\% = 0.9$(万元)

本月应支付工程款：$18.00 - 0.9 = 17.10$(万元)

1 月、2 月累计 $13.68 + 17.1 = 30.78$(万元)> 15(万元)

因此，第 2 个月业主应支付给承包商的工程款为 30.78 万元。

第 3 个月工程量价款：$1200m^3 \times 180$ 元 $/m^3 = 21.60$(万元)

应扣留质量保证金：$21.60 \times 5\% = 1.08$(万元)

预付款从第 3 个月至第 5 个月均匀扣回，每月应扣工程预付款：6.36 万元

3 月应支付工程款：$21.60 - 1.08 - 6.36 = 14.16$(万元)$< 15$(万元)，因此，第 3 个月不予支付工程款。

第 4 个月工程量价款：$1200m^3 \times 180$ 元 $/m^3 = 21.60$(万元)

应扣留质量保证金：$21.60 \times 5\% = 1.08$(万元)

应扣工程预付款：6.36 万元

4 月应支付工程款：$21.60 - 1.08 - 6.36 = 14.16$(万元)

累计：$14.16 + 14.16 = 28.32$(万元)> 15(万元)，因此，第 4 个月业主应支付给承包商的工程款为 28.32 万元。

第 5 个月累计完成工程量为 $5400m^3$，比原估算工程量超出 $100m^3$，但未超出估算工程量的 10%，所以仍按原单价结算。

本月工程量价款：$1200m^3 \times 180$ 元 $/m^3 = 21.60$(万元)

应扣留质量保证金：$21.60 \times 5\% = 1.08$(万元)

应扣工程预付款：6.36 万元

本月应支付工程款：$21.60 - 1.08 - 6.36 = 14.16$(万元)$< 15$(万元)，第 5 个月不予支付工程款。

第 6 个月累计完成工程量为 $5900m^3$，比原估算工程量超出 $600m^3$，已超出估算工程量的 10%，对超出的部分应调整单价。

应按调整后的单价结算的工程量：$5900 - 5300 \times (1 + 10\%) = 70$($m^3$)

本月工程量价款：$70m^3 \times 180$ 元 $/m^3 \times 0.9 + (500 - 70)m^3 \times 180$ 元 $/m^3 = 8.87$(万元)

应扣留质量保证金：$8.87 \times 5\% = 0.44$(万元)

本月应支付工程款：$8.87 - 0.44 = 8.43$(万元)

第 6 个月业主应支付给承包商的工程款累计为 $14.16 + 8.43 = 22.59$(万元)。

任务二　▶　工程变更与工程价款的调整

一、工程变更的概念

在施工过程中，工程师根据工程需要，下达指令对招标文件中的原设计或经工程师批准的施工方案进行任一方面的改变，统称为工程变更。

施工中发生工程变更，必须按照合同约定办理相关手续，该变更才能生效。施工中发生工程变更，承包人按照经发包人认可的变更设计文件，进行变更施工。

二、工程变更的原因

（1）发包人提出的变更　包含上级行业行政主管部门提出的政策性变更和由于国家政策变化引起的变更，比如 2008 年汶川大地震后，国家对整个建筑行业要求新建的和在建的结构物抗震等级要求提高，在建工程结构物的钢筋配筋率增加、混凝土等级提高、结构物尺寸的变化而引起的工程变更；发包方对装饰装修质量标准要求的提高等。

（2）设计方提出的变更　指设计单位在工程实施中发现工程设计中存在的设计漏项、设计缺陷或需要对原设计进行优化设计而提出的工程变更，或因自然因素及其他因素而进行的设计改变等。因设计原因引起工程变更占工程变更的比例比较大，比如设计单位经常在施工过程中补发设计补充文件、设计变更通知等。

（3）承包人提出的变更　指承包人在施工过程中发现的设计与施工现场的地形、地貌、地质结构等情况不一致而提出来的工程变更。因施工质量或安全需要变更施工方法、作业顺序和施工工艺等。承包人原因提出的工程变更在实际工程项目中也占较大比例，比如结构物基底设计标高要求的地基承载力不足需对地基进行补强导致的变更，路基的软土处理范围、处理深度不够需增加的变更，由于临时交通需要增加的临时通行道路、便桥等措施工程的变更等。

（4）工程师提出的变更　监理工程师根据现场实际情况提出的工程变更和工程项目变更、新增工程变更等，或者是出于工程协调和对工程目标控制有利的考虑，而提出的施工工艺、施工顺序的变更。

（5）合同原因　原定合同部分条款因客观条件变化，需要结合实际修正和补充。如因某些客观原因造成原合同签订的部分条款失效或不能实施，合同双方经协商，需对原合同条款进行修正或签订补充合同等。

（6）环境原因　不可预见自然因素和工程外部环境变化导致工程变更。比如因为地震、雪山融化、洪水引起的地质灾害的处理，造成的工程变更等。

（7）其他原因的变更　不可抗拒事件（如洪水、风暴、地震、病毒等重大突发公共卫生事件）引起的工程损害和工期延误；法制机构强加的要求；当地政府和群众提出的变更设计要求。

三、工程变更的内容与管理

（一）工程变更的内容

我国最新的《建设工程施工合同（示范文本）》（GF-2017-0201）条款和 FIDIC 合同条款对工程变更的内容作了规定，见表 7.3。

表 7.3　相关文件对工程变更内容的规定

合同类型	工程变更的内容
建设工程施工合同（示范文本）	（1）增加或减少合同中任何工作，或追加额外的工作； （2）取消合同中任何工作，但转由他人实施的工作除外； （3）改变合同中任何工作的质量标准或其他特性； （4）改变工程的基线、标高、位置和尺寸； （5）改变工程的时间安排或实施顺序

续表

合同类型	工程变更的内容
FIDIC 合同条款	(1) 对合同中任何工作工程量的改变； (2) 任何工作质量或其他特性的变更（如在强制性标准外提高或者降低质量标准）； (3) 工程任何部分标高、位置和尺寸的改变； (4) 删减任何合同约定的工作内容； (5) 进行永久工程所必需的任何附加工作、永久设备、材料供应或其他服务，包括任何联合竣工检验、钻孔和其他检验以及勘察工作； (6) 原定的施工顺序或时间安排； (7) 追加为完成工程所需的任何额外工作

（二）工程变更的程序

《建设工程施工合同（示范文本）》规定设计变更程序如下。

（1）变更提出。由发包人、监理人或承包人提出。

① 发包人提出变更的，应通过监理人向承包人发出变更指示，变更指示应说明计划变更的工程范围和变更的内容。

② 监理人提出变更建议的，需要向发包人以书面形式提出变更计划，说明计划变更工程范围和变更的内容、理由，以及实施该变更对合同价格和工期的影响。发包人同意变更的，由监理人向承包人发出变更指示。发包人不同意变更的，监理人无权擅自发出变更指示。

③ 承包人提出合理化建议的，应向监理人提交合理化建议说明，说明建议的内容和理由，以及实施该建议对合同价格和工期的影响。

（2）承包人应在收到变更指示后 14 天内，向监理人提交变更估价申请。监理人应在收到承包人提交的变更估价申请后 7 天内审查完毕并报送发包人，监理人对变更估价申请有异议，通知承包人修改后重新提交。发包人应在承包人提交变更估价申请后 14 天内审批完毕。发包人逾期未完成审批或未提出异议的，视为认可承包人提交的变更估价申请。

四、工程变更后合同价款调整

1.《建设工程价款结算暂行办法》的规定

（1）合同中已有适用于变更工程的价格，按合同已有的价格变更合同价款。

（2）合同中只有类似于变更工程的价格，可以参照类似价格变更合同价款。

（3）合同中没有适合或类似于变更工程的价格，由承包人或发包人提出适当的变更价格，经双方确认后执行。如果双方不能达成一致的，双方可提请工程所在地工程造价管理机构进行咨询或按合同约定的争议或纠纷解决程序办理。

2.《建设工程工程量清单计价规范》（GB 50500—2013）的规定

因工程变更引起已标价工程量清单项目或其工程数量发生变化时，应按照下列规定调整。

（1）已标价工程量清单中有适用于变更工程项目的，应采用该项目的单价；但当工程变更导致该清单项目的工程数量发生变化，且工程量偏差超过 15% 时，该项目单价应按照本规范的规定调整。

（2）已标价工程量清单中没有适用但有类似于变更工程项目的，可在合理范围内参照类似项目的单价。

（3）已标价工程量清单中没有适用也没有类似于变更工程项目的，应由承包人根据变更工程资料、计量规则和计价办法、工程造价管理机构发布的信息价格和承包人报价浮动率提出变更工程项目的价格，并应报发包人确认后调整。承包人报价浮动率可按下列公式计算：

招标工程： 承包人报价浮动率 $L=(1-$ 中标价 / 招标控制价 $)\times100\%$ (7.6)

非招标工程： 承包人报价浮动率 L=(1- 报价 / 施工图预算)×100% (7.7)

（4）已标价工程量清单中没有适用也没有类似于变更工程项目，且工程造价管理机构发布的信息价格缺价的，应由承包人根据变更工程资料、计量规则、计价办法和通过市场调查等取得有合法依据的市场价格提出变更工程项目的单价，并应报发包人确认后调整。

3.《建设工程施工合同（示范文本）》（GF-2017-0201）的规定

（1）已标价工程量清单或预算书有相同项目的，按照相同项目单价认定。

（2）已标价工程量清单或预算书中无相同项目，但有类似项目的，参照类似项目的单价认定。

（3）变更导致实际完成的变更工程量与已标价工程量清单或预算书中列明的该项目工程量的变化幅度超过15%的，或已标价工程量清单或预算书中无相同项目及类似项目单价的，按照合理的成本与利润构成的原则，由合同当事人按照规定确定变更工作的单价。

【例7.3】 某厂（甲方）与某承包商（乙方）签订某工程项目施工合同。合同采用工程量清单方式，双方约定：每一分项工程的实际工程量增加（或减少）超过招标文件中给出的工程量10%以上时调整单价。

工程施工中，发生设计变更，致使土方开挖工程量由招标文件中的300m³ 增至350m³，超过了10%；合同中该工作的综合单价为55 元 /m³，经协商调整后综合单价为50 元 /m³。试计算土方工程的结算价为多少？

解 按照合同约定，该分项工程量未超过原工程量的部分按照合同综合单价结算，超过部分按照调整后的综合单价结算。因此，该分项工程的结算价应按照以下方法计算。

按原单价结算的工程量：300×(1+10%)=330(m³)，按新单价结算的工程量：350-330=20(m³)

结算价：330×55+20×50=19150(元)

所以，该分项工程结算价为 19150 元。

五、工程价款的动态结算

1. 工程造价指数调整法

$$调整后的工程价款 =工程合同价× \frac{竣工时工程造价指数}{签订合同时工程造价指数} \tag{7.8}$$

【例7.4】 某建筑公司承建一职工宿舍楼（框架结构），工程合同价款 800 万元，2014 年 8 月签订合同并开工，2015 年 10 月竣工，采用工程造价指数调整法予以动态结算。根据该市建筑工程造价指数表可知，宿舍楼（框架结构）2014 年 8 月的造价指数为 124.21，2015 年 10 月的造价指数为 132.35。求调整的款额应为多少？

解 调整的工程价款为：800×132.35/124.21=852.43(万元)

2. 实际价格调整法

由于建筑材料需市场采购的范围越来越大，有些地区规定对钢材、木材、水泥等三大材的价格采取按实际价格结算的方法，承包人可凭发票按实报销。

3. 调价文件计算法

是指合同履行期间按照工程造价管理机构发布调价文件规定的人工、机械使用费系数进行调整。

4. 调值公式法

因人工、材料和设备等价格波动影响合同价格时，根据专用合同条款中约定的数据，按以下公式计算差额并调整合同价格：

$$\Delta P = P_0 \left[A + \left(B_1 \times \frac{F_{t1}}{F_{01}} + B_2 \times \frac{F_{t2}}{F_{02}} + B_3 \times \frac{F_{t3}}{F_{03}} + \cdots + B_n \times \frac{F_{tn}}{F_{0n}} \right) - 1 \right] \tag{7.9}$$

式中　　　　　　　ΔP——需调整的价格差额；

P_0——约定的付款证书中承包人应得到的已完成工程量的金额，此项金额应不包括价格调整、不计质量保证金的扣留和支付、预付款的支付和扣回，约定的变更及其他金额已按现行价格计价的，也不计在内；

A——定值权重（即不调部分的权重）；

B_1, B_2, B_3, $\cdots$, B_n——各可调因子的变值权重（即可调部分的权重），为各可调因子在签约合同价中所占的比例；

F_{t1}, F_{t2}, F_{t3}, $\cdots$, F_{tn}——各可调因子的现行价格指数，指约定的付款证书相关周期最后一天的前 42 天的各可调因子的价格指数；

F_{01}, F_{02}, F_{03}, $\cdots$, F_{0n}——各可调因子的基本价格指数，指基准日期的各可调因子的价格指数。

【例 7.5】 某市某土建工程，合同规定结算款为 200 万元，合同原始报价日期为 2015 年 10 月，工程于 2016 年 4 月建成交付使用。根据表 7.4 所列工程人工费、材料费构成比例以及有关造价指数，计算工程实际结算款。

表 7.4　人工费、材料费构成比例及有关造价指数

项目	人工费	钢材	水泥	集料	红砖	砂	木材	不调值费用
比例	45%	11%	11%	5%	6%	3%	4%	15%
2015 年 10 月指数	100.0	100.8	102.0	93.6	100.2	95.4	93.4	—
2016 年 4 月指数	110.1	98.0	112.9	95.9	98.9	91.1	117.9	—

解

$$实际结算款 = 200 \times \left(0.15 + 0.45 \times \frac{110.1}{100} + 0.11 \times \frac{98}{100.8} + 0.11 \times \frac{112.9}{102} + 0.05 \times \frac{95.9}{93.6} \right) +$$

$$200 \times \left(0.06 \times \frac{98.9}{100.2} + 0.03 \times \frac{91.1}{95.4} + 0.04 \times \frac{117.9}{93.4} \right)$$

$$= 212.7 (万元)$$

通过调值，2016 年 4 月实际结算的工程价款为 212.7 万元，比原始合同价多结 12.7 万元。

任务三 ▶ 工程索赔

一、工程索赔的概念

工程索赔是指在工程承包合同履行中，当事人一方因非己方的原因而遭受经济损失或工期延误，按照合同约定或法律规定，应由对方承担责任，而向对方提出工期和（或）费用补偿要求的行为。由于施工现场条件、气候条件的变化，施工进度、物价的变化，以及合同条款、规范、标准文件和施工图纸的变更、差异、延误等因素的影响，使得工程承包中不可避免地出现索赔。

二、工程索赔产生的原因和结果

1. 工程索赔产生的原因

（1）业主方（包括发包人和工程师）违约　在工程实施过程中，由于发包人或工程师没有尽到合同义务，导致索赔事件发生。例如，未按合同规定提供设计资料、图纸，未及时下达指令、答复请示等，使工程延期；未按合同规定的日期交付施工场地和行驶道路，提供水电、材料和设备，使承包人不能及时开工或造成工程中断；未按合同规定按时支付工程款，或不再继续履行合同；下达错误指令，提供错误信息；

发包人或工程师协调工作不力等。

（2）合同缺陷 合同缺陷表现为合同文件规定不严谨甚至矛盾，合同条款遗漏或错误，设计图纸错误造成设计修改、工程返工、窝工等。

（3）工程环境的变化 如材料价格和人工工日单价的大幅度上涨、国家法令的修改、货币贬值、外汇汇率变化等。

（4）不可抗力或不利的物质条件 不可抗力又可以分为自然事件和社会事件。自然事件主要是工程施工过程中不可避免发生并不能克服的自然灾害，包括地震、海啸、瘟疫、水灾等；社会事件则包括国家政策、法律、法令的变更及战争、罢工等。不利的物质条件通常是指承包人在施工现场遇到的不可预见的自然物质条件、非自然的物质障碍和污染物，包括地下和水文条件。

（5）合同变更 合同变更也有可能导致索赔事件发生，例如，发包人指令增加、减少工作量，增加新的工程，提高设计标准、质量标准；由于非承包人原因，发包人指令中止工程施工；发包人要求承包人采取加速措施，其原因是非承包人责任的工程拖延，或发包人希望在合同工期前交付工程；发包人要求修改施工方案，打乱施工顺序；发包人要求承包人完成合同规定以外的义务或工作。

2. 工程索赔的结果

引起索赔事件的原因不同，工程索赔的结果也不同，对一方当事人提出的索赔可能给予合理补偿工期、费用和（或）利润的情况会有所不同。《建设工程施工合同（示范文本）》（GF-2017-0201）中的通用合同条款中，规定了引起承包人索赔的事件以及可能得到的合理补偿内容。

二维码 7.3

三、工程索赔的分类

1. 按索赔的合同依据分类

（1）合同中明示的索赔 指承包人所提出的索赔要求，在该工程施工合同文件中有文字依据。这些在合同文件中有文字规定的合同条款，称为明示条款。

（2）合同中默示的索赔 指承包人所提出的索赔要求，虽然在工程施工合同条款中没有专门的文字叙述，但可根据该合同中某些条款的含义，推论出承包人有索赔权。这种索赔要求，被称为"默示条款"或"隐含条款"。

2. 按索赔目的分类

（1）工期索赔 由于非承包人的原因导致施工进度拖延，要求批准延长合同工期的索赔，称为工期索赔。

（2）费用索赔 费用索赔是承包人要求发包人补偿其经济损失。

3. 按索赔事件的性质分类

（1）工程延误索赔 因发包人未按合同要求提供施工条件，如未及时交付设计图纸、施工现场、道路等，或因发包人指令工程暂停或不可抗力事件等原因造成工期拖延的，承包人对此提出索赔。这是工程实施中常见的一类索赔。

（2）工程变更索赔 由于发包人或工程师指令增加（或减少）工程量或增加附加工程修改设计、变更工程顺序等，造成工期延长和（或）费用增加，承包人对此提出索赔。

（3）合同被迫终止的索赔 由于发包人违约及不可抗力事件等原因造成合同非正常终止，承包人因其蒙受经济损失而向发包人提出索赔。

（4）赶工索赔 由于发包人或工程师要求承包人加快施工速度，缩短工期，引起承包人的人、财、物的额外开支而提出的索赔。

（5）意外风险和不可预见因素索赔 在工程施工过程中，因人力不可抗拒的自然灾害、特殊风险以及一个有经验的承包人通常不能合理预见的不利施工条件或外界障碍，如地下水、地质断层、溶洞、地下障碍物等引起的索赔。

（6）其他索赔 如因货币贬值、汇率变化、物价上涨、政策法令变化等原因引起的索赔。

4. 按照《建设工程工程量清单计价规范》（GB 50500—2013）规定分类

《建设工程工程量清单计价规范》（GB 50500—2013）中对合同价款调整规定了法律法规变化、工程变更、项目特征不符、工程量清单缺项、工程量偏差、计日工、物价变化、暂估价、不可抗力、提前竣工（赶工补偿）、误期赔偿、索赔、现场签证、暂列金额以及发承包双方约定的其他调整事项等共计 15 种事项。这些合同价款调整事项，广义上也属于不同类型的费用索赔。

5. 按索赔的处理方式分类

（1）单项索赔 指针对某一个干扰事项提出的，干扰事项发生时或发生后立即索赔。

（2）总索赔 又叫一揽子索赔或综合索赔，指在工程竣工前，承包商将工程施工过程中未解决的单项索赔集中起来，提出一份索赔报告，通过最终谈判，以一揽子方案解决索赔问题。

四、工程索赔的程序

我国《建设工程施工合同（示范文本）》规定的工程索赔程序如图 7.3 所示。

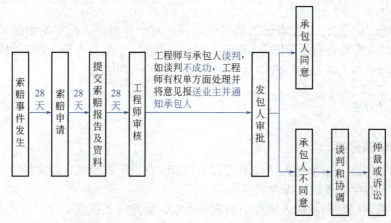

图 7.3　工程索赔的程序

五、工程索赔的计算

1. 费用索赔的计算

（1）索赔费用的组成

① 人工费。人工费的索赔包括：由于完成合同之外的额外工作所花费的人工费用，超过法定工作时间加班劳动，导致法定人工费增长；非因承包商原因导致工效降低所增加的人工费用；非因承包商原因导致工程停工的人员窝工费和工资上涨费等。

② 材料费。材料费的索赔包括：由于索赔事件的发生造成材料实际用量超过计划用量而增加的材料费；由于发包人原因导致工程延期期间的材料价格上涨和超期储存费用。材料费中应包括运输费、仓储费以及合理的损耗费用。如果由于承包商管理不善造成材料损坏、失效，则不能列入索赔款项内。

③ 施工机具使用费。施工机具使用费的索赔包括：由于完成合同之外的额外工作所增加的机具使用费；非因承包人原因导致工效降低所增加的机具使用费；由于发包人或工程师指令错误或延迟导致机械停工的台班停滞费。

④ 现场管理费。现场管理费的索赔包括承包人完成合同之外的额外工作以及由于发包人原因导致工期延期期间的现场管理费，包括管理人员工资、办公费、通信费、交通费等。

⑤ 总部（企业）管理费。总部管理费的索赔主要指的是由于发包人原因导致工程延期期间所增加的承包人向公司总部提交的管理费，包括总部职工工资、办公大楼折旧、办公用品、财务管理、通信设施以及总部领导人员赴工地检查指导工作等开支。

⑥ 保险费。因发包人原因导致工程延期时，承包人必须办理工程保险、施工人员意外伤害保险等各项保险的延期手续，对于由此而增加的费用，承包人可以提出索赔。

⑦ 保函手续费。因发包人原因导致工程延期时，承包人必须办理相关履约保函的延期手续，对于由此而增加的手续费，承包人可以提出索赔。

⑧ 利息。利息的索赔包括：发包人拖延支付工程款利息，发包人延迟退还工程质量保证金的利息，承包人垫资施工的垫资利息，发包人错误扣款的利息等。

⑨ 利润。一般来说，由于工程范围的变更、发包人提供的文件有缺陷或错误、发包人未能提供施工场地以及因发包人违约导致的合同终止等事件引起的索赔，承包人都可以列入利润。另外，对于因发包人原因暂停施工导致的工期延误，承包人也有权要求发包人支付合理的利润。

⑩ 分包费用。由于发包人的原因导致分包工程费用增加时，分包人只能向总承包人提出索赔，但分包人的索赔款项应当列入总承包人对发包人的索赔款项中。分包费用索赔指的是分包人的索赔费用，一般也包括与上述费用类似的内容索赔。

（2）费用索赔的计算方法

① 实际费用法。索赔费用的计算方法最容易被发承包双方接受的是实际费用法。实际费用法又称分项法，即根据索赔事件所造成的损失或成本增加，按费用项目逐项进行分析，其过程与一般计算工程造价的过程相似，按合同约定的计价原则计算索赔金额的方法。这种方法比较复杂，但能客观地反映施工单位的实际损失，比较合理，易于被当事人接受，该方法在国际工程中被广泛采用。

针对市场价格波动引起的费用索赔，常见的有两种计算方式：采用价格指数进行计算和造价信息进行价格调整，同计算公式（7.8）。

【例 7.6】 某施工合同约定，施工现场主导施工机械一台，由施工企业租得，台班单价为 300 元 / 台班，租赁费为 100 元 / 台班，人工工资为 40 元 / 工日，窝工补贴为 10 元 / 工日，以人工费为基数的综合费率为 35%，在施工过程中，发生了如下事件：①出现异常恶劣天气导致工程停工 2 天，人员窝工 30 个工日；②因恶劣天气导致场外道路中断，抢修道路用工 20 个工日；③场外大面积停电，停工 2 天，人员窝工 10 个工日。为此，施工企业可向业主索赔费用为多少？

解 各事件处理结果如下，异常恶劣天气导致的停工通常不能进行费用索赔。

抢修道路用工的索赔额：$20 \times 40 \times (1+35\%) = 1080$（元）；停电导致的索赔额：$2 \times 100 + 10 \times 10 = 300$（元）；

总索赔费用：$1080 + 300 = 1380$（元）。

② 总费用法。即成本法，是用索赔事件发生后所重新计算出的项目的实际总费用，减去合同估算的总费用，其余额即为索赔金额，计算公式为：

$$索赔金额 = 实际总费用 - 合同估算总费用 \tag{7.10}$$

③ 修正的总费用法。其是对总费用法的改进，即在总费用法的基础上，去掉某些不合理的因素，使其更加合理。修正的总费用法的计算公式为：

$$索赔金额 = 某项工作调整后的实际总费用 - 该项工作的报价费用 \tag{7.11}$$

【例 7.7】 某建设工程业主与施工单位签订了可调价合同。合同中约定：人工日工资单价为 60 元 / 工日，窝工费 20 元 / 工日。合同履行后第 2 天，因场外停电停水全场停工 2 天，造成人员窝工 40 工日；合同履行到第 30 天，工程师指令增加一项新工作，完成该工作需要 5 天时间，人工 60 工日，计算施工单位可索赔的人工费。

解 合同履行过程中发生的两个事件，属于非承包商责任引起，承包商可索赔相应费用。

因场外停电索赔的窝工费：$40 \times 20 = 800$（元）；因工程师指令增加新工作可索赔的人工费：$60 \times 60 = 3600$（元）

因此，施工单位可索赔的人工费为：$800 + 3600 = 4400$（元）

2. 工期索赔的计算

工期索赔，一般是指承包人依据合同对由于因非自身原因导致的工期延误向发包人提出的工期顺延要求。

（1）工期索赔处理的原则，见表 7.5。

表7.5 工期索赔处理原则

延期性质	延期原因	责任者	处理原则	索赔结果
可原谅延期	①设计修改；②施工条件改变；③业主原因；④工程师原因	业主／工程师	可准予工期延长和给予经济补偿	工期延长＋经济补偿
	不可抗力（天灾、社会动乱以及非业主、工程师或承包商原因造成的延期）	客观原因	依据建设工程施工合同第39.3款规定处理	工期给予延长，经济补偿依据《建设工程施工合同（示范文本）》第39.3款确定
不可原谅延期	由承包商原因造成的延期	承包商	不予工期延长和经济补偿，追究承包商的违约责任，扣除违约赔偿金	无权索赔

（2）工期索赔的计算方法

① 直接法。如果某干扰事件直接发生在关键线路上，造成总工期的延误，可以直接将该干扰事件的实际干扰时间（延误时间）作为工期索赔值。

② 比例计算法。如果某干扰事件仅仅影响某单项工程、单位工程或分部分项工程的工期，要分析其对总工期的影响，可以采用比例计算法。

对于已知部分工程的延期的时间，计算公式为：

$$工期索赔值 = \frac{受干扰部分工程的合同价}{原合同总价} \times 受干扰部分工期拖延时间 \qquad (7.12)$$

对于已知额外增加工程量的价格，计算公式为：

$$工期索赔值 = \frac{额外增加的工程量的价格}{原合同总价} \times 原合同总工期 \qquad (7.13)$$

【例7.8】 某工程项目原合同价100万，合同工期为18个月，现承包人因为建设条件的变化需增加额外工程费用50万元，则承包方可提出工期索赔为多少个月？

解 运用式（7.13），承包方可提出工期索赔为：50/100×18=9（月）

③ 网络图分析法。网络图分析法是利用进度计划的网络图分析其关键线路。如果延误的工作为关键工作，则延误的时间为索赔的工期；如果延误的工作为非关键工作，当该工作由于延误超过时差限制而成为关键工作时，可以索赔延误时间与时差的差值；若该工作延误后仍为非关键工作，则不存在工期索赔问题。

该方法通过分析干扰事件发生前和发生后网络计划的计算工期之差来计算工期索赔值，可以用于各种干扰事件和多种干扰事件共同作用所引起的工期索赔。

【案例】 某商场土建工程，业主与施工单位参照FIDIC合同条款签订了施工合同，除税金外的合同总价为3000万元，其中：现场管理费率15%，企业管理费率10%，利润率7%，合同工期300天。合同中规定，施工中若由业主原因造成的停工或窝工，业主对施工单位自有机械按台班单价的60%给予补偿，对施工单位租赁机械按租赁费给予补偿（不包括运转费），人员窝工每工日按20元计算，临时停工一般不补偿管理费和利润。

该工程施工过程中发生以下事件。

事件一：施工过程中业主通知施工单位某分项工程（非关键工作，总时差10天）需进行设计变更，由此造成施工单位的机械设备窝工6天。窝工机械设备的台班单价和台班运营费用如表7.6所示。

事件二：在地基部分施工过程中遇到了百年不遇的大暴雨，地基被冲垮，并造成施工机械损坏。施工单位修复地基耗费50000元，耗时3天，修理施工机械耗费10000元，耗时1天，因而工期拖延4天。此项工作为关键工作。

事件三：施工中发现地下文物，处理地下文物工作造成工期拖延20天，造成施工单位人员窝工200工日，自有的施工机械塔吊窝工10天。

上述事件均未发生在同一时间。

问题：对于上述发生的事件，施工单位可索赔的工期和费用为多少？

表 7.6　施工单位窝工机械相关资料

窝工机械设备	机械台班单价 / (元 / 台班)	台班运转费 / (元 / 台班)
塔吊（自有）	800	150
混凝土泵车（租赁）	600	140
掘土机（自有）	1000	200

解　（1）事件一属于业主设计变更造成的窝工，施工单位可索赔工期和费用。

① 施工单位可索赔费用为：

塔吊窝工费用：800×6×60% =2880(元)；

租赁的混凝土泵车窝工费用：600×6-140×6=2760(元)；

掘土机窝工费用：1000×6×60% =3600(元)；

因此，施工单位此事件中可索赔费用：2880+2760+3600=9240(元)。

② 由于此事件未在关键路线上，且总时差大于窝工天数，因此不予工期补偿。

（2）事件二属于不可抗力事件造成的，自己的损失自己承担，工程损失由业主承担，因此施工单位可索赔地基修复工作增加的劳务费、设施费等费用，但不能索赔施工机械损坏的修复费用；工程延期可索赔。

① 可获得索赔费用为地基修复工作花费的 50000 元。

② 可索赔的工期为 3+1=4(天)。

（3）事件三施工中遇到文物，属于施工现场条件发生变化，根据 FIDIC 合同条款，地下文物处理是有经验的承包商无法预见的，因处理地下文物拖延的工期应给予延长，相应的费用给予补偿。

① 施工单位可索赔工期 20 天。

② 施工单位可索赔的费用：

人员窝工费：20×200=4000(元)；塔吊机械窝工费：800×10×60% =4800(元)。

现场管理费应补偿的金额为：

现场管理费：30000000/(1.15×1.10×1.07)×15% =3324591(元)；每天的现场管理费：3324591/300=11082(元)；

应补偿的现场管理费：11082×20=221640(元)。

因此，施工单位在此事件中可获得的索赔费用：4000+4800+221640=230440(元)。

因而，施工单位可获得的总索赔费用为：9240+50000+230440=289680(元)。

施工单位可获得的工期索赔为：4+20=24(天)。

【思考题】

1. 什么是工程结算？工程结算的方式有哪些？

2. 什么是工程预付款、工程进度款、竣工结算？

3. 工程预付款在什么时间拨付？什么时间扣回？

4. 工程进度款的结算方式有哪两种？

5. 什么是工程变更？通常可以发生哪些内容的变更？

6. 工程变更价款的确定方法有哪些？

7. 什么是工程索赔？根据索赔主体、索赔目的的不同，索赔可以怎样分类？

8. 简述施工索赔程序。

二维码 7.4

项目八
BIM 建筑工程计量与计价软件

08

学习目标

通过对 BIM 建筑工程计量与计价软件的学习和认识，了解建筑业 BIM 的发展历程；了解 BIM 概念、特点、Revit BIM 建模的必要性、Revit 在工程造价中的应用等 BIM 知识；了解 Revit 建模及导入方法；了解 BIM5D 软件功能；熟练掌握 BIM 建筑工程计量与计价软件的应用方法和操作技巧；掌握正确的算量流程和组价流程；运用广联达计量平台 GTJ 2018 和云计价平台 GCCP 5.0 完成算量和计价的全过程，并能提供工程量计算和清单计价的报表。

任务引入

背景材料：某培训楼层高 2.8m，±0.000 以上为 M7.5 混合砂浆黏土多孔砖砌筑，构造柱 240mm×240mm，有马牙槎与墙嵌接，圈梁 240mm×300mm，屋面板厚 100mm，门窗上口无圈梁处设置过梁厚 240mm×240mm，过梁长度为洞口尺寸两边各加 250mm，砌体材料为 KP1 多孔砖，女儿墙采用 M5 水泥砂浆标准砖砌筑，女儿墙上压顶厚 60mm，窗 C1 为 1500mm×1500mm，门 M1 为 1200mm×2100mm，门 M2 为 900mm×2100mm，一层过梁、构造柱、圈梁的体积为 11.49m³，女儿墙上构造柱体积为 0.54m³。

要求：用 BIM 软件建模完成该培训楼的模型，并编制培训楼墙体的分部分项工程量清单。

任务一 ▶ Revit BIM 建模

BIM 技术是目前工程建设中最热门的技术。2015 年 6 月，住房和城乡建设部印发《关于推进建筑信息模型应用的指导意见》的通知，对 BIM 技术在设计、施工及运营维护等领域的应用提供了指导性意见。

2019 年初，国务院印发了《关于印发国家职业教育改革实施方案的通知》，通知中首次提出了 "1+X" 证书的概念。作为当前国内应用较为广泛的 BIM 创建工具，Revit 系列软件是由全球领先的数字化设计软件供应商 Autodesk 公司，针对工程建设行业开发的一款三维参数化 BIM 软件平台。目前 Revit 平台可以支持建筑、结构、机电等专业，横跨设计、施工、运营维护等阶段，可满足建筑行业各专业阶段的应用需求，也作为 "1+X" 证书考试中的证书之一向社会推广。

1. BIM 的概念

BIM 是建筑信息模型（building information modeling）的简称，也用来作为建筑信息管理（building information management）的简称。它是以建筑工程项目各相关信息数据作为基础，建立起三维的建筑模型，通过数字信息仿真模拟建筑物所具有的真实信息。目前公认的 BIM 解释为，BIM 是以三维数字技术为基础，集成了各种相关信息的工程数据模型，可以为设计、施工和运营提供相互协调、内部保持一致的，并可进行运算和管理的信息的过程。图 8.1 是用 Revit 软件创建的设计项目，在该软件中，可以同时查看该项目的三维视图、平面图纸、立面图纸、剖面图纸以及相关的统计表格。Revit 可以将这些内容自动进行关联，并存储在同一个项目文件中。

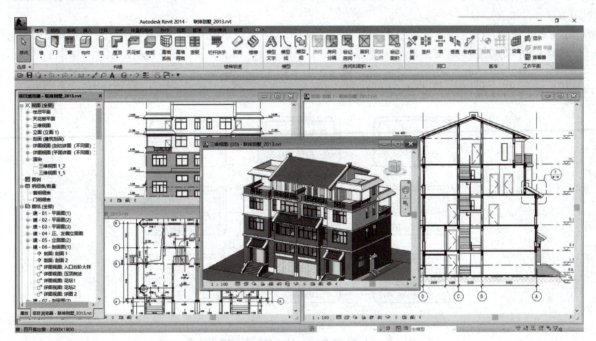

图 8.1　Revit 软件创建的设计项目

因为 BIM 具有可视化、协调性、模拟性、优化性、可出图性、一体化性、参数化性和信息完备性共八大特点，所以建设单位、设计单位、施工单位、监理单位等项目参与方，在同一平台上，可以共享同一建筑信息模型，有利于项目可视化、精细化建造。

2. BIM 在中国的发展历程

"甩图板"是中国工程建设行业在 20 世纪最重要的一次信息化过程，其是将手绘图纸转变为高效率、高精度的 CAD（计算机辅助设计）制图方式。以 AutoCAD 为代表的 CAD 类工具的普及应用，以及以 PKPM、ANSYS 等为代表的 CAE（计算机辅助分析）工具的普及，极大地提高了工程行业制图、修改、管理效率，也极大提升了工程建设行业的发展水平。随着计算机软件和硬件水平的发展，以工程数字模型为核心的全新的设计和管理模式逐步走入人们的视野，于是人们提出了 BIM 的概念。

2004 年，随着 Autodesk 公司在中国发布 Autodesk Revit 5.1（Autodesk Revit Architecture 软件的前身），BIM 概念开始传入中国。此时 BIM 的全称为 Building Information Model，即利用三维建筑设计工具，创建包含完整建筑工程信息的三维数字模型，并利用该数字模型由软件自动生成设计所需要的工程视图。

随着 BIM 系列软件工具的不断完善与发展，BIM 技术不仅在建筑工程设计中用于绘制图纸，而且可以创建与施工现场完全一致的完整三维工程数字模型，可以利用 Autodesk Navisworks 等模型管理工程完成管线与结构之间、管线与管线之间的碰撞冲突检测，在项目实施前即可发现工程中存在的问题，节约工程项目投资、确保项目进度。

3. Revit 的应用领域

Revit 最早是美国一家名为 Revit Technology 公司于 1997 年开发的三维参数化建筑设计软件。Revit 的原意为 Revise Immediately，即"所见即所得"。2002 年，美国 Autodesk 公司以 2 亿美元收购了 Revit Technology，Revit 正式成为 Autodesk 三维解决方案产品线中的一部分，并在业界首次提出了 BIM 的概念。

Revit 推出至今已经经历了近二十余次版本更新和升级，其软件名称也由过去的 Revit、Revit Building，到后来的发展为分别针对建筑、结构、机电专业的 Revit Architecture、Revit Structure 和 Revit MEP，自 2014 版开始，重新将建筑、结构和机电三个模块进行整合。目前最新的 Revit 版本为 Revit 2020 版，现行的 Revit 软件可支持 64 bit 的 Windows7、Windows8、Windows10 系列操作系统，不再支持 32 bit 的系统版本。由于 BIM 模型中包含大量的建筑构件模型和信息，推荐使用 Windows10 操作系统，以提高软件的运行速度和数据处理能力。

通过 Revit 建造的模型可以反映完整的项目设计情况，模型中的构件模型可以与施工现场中的真实构件一一对应。可以通过模型发现项目在施工现场中出现的错、漏、碰、缺的设计错误，从而提高设计质量，减少施工现场的变更，降低项目成本。图 8.2 中，以 Revit 为核心的 BIM 软件可以通过导出不同格式的文件导入其他 BIM 软件中，进行协同作业。

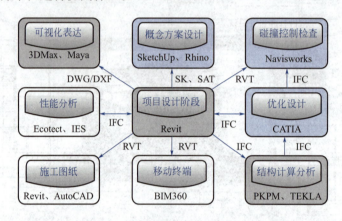

图 8.2 以 Revit 为核心的 BIM 协同作业体系

4. Revit 在工程造价中的应用

对工程造价而言，Revit 的主要作用就是通过建模完成工程量的计算工作。Revit 将项目所有的信息收集在项目浏览器中只需要双击点开项目浏览器中的"明细表/数量"一栏，就能快速查阅房间面积、门窗数量及尺寸和内外墙体等构件的工程量。图 8.3 中可以同时看到 Revit 模型中的墙体明细表、门窗表和房间面积明细表，有利于造价人员对于各项数据的协同处理和工程量的提取。

图 8.3 部分构件的明细表 / 数量

任务二 ▸ 广联达 BIM 建筑工程算量软件

一、BIM 土建计量平台 GTJ2018 介绍

GTJ2018 内置《房屋建筑与装饰工程工程量计算规范》（GB 50854—2013）及全国各地清单定额计算规则、16G 系列平法钢筋规则，通过智能识别 dwg 图纸、一键导入 BIM 设计模型、云协同等方式建立 BIM 土建计量模型，解决土建专业估概算、招投标预算、施工进度变更、竣工结算全过程各阶段的算量、提量、检查、审核全流程业务，实现一站式的 BIM 土建计量服务（数据 & 应用），如图 8.4 所示。

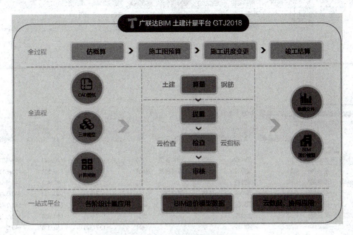

图 8.4　软件新建工程界面

二、工程模型建立

1. 准备阶段

（1）新建工程

① 打开软件，在软件界面新建一个工程。

② 新建工程中输入工程名称，选择计算规则、清单定额库、钢筋规则进行工程创建，点击创建工程。

③ 在【工程信息】中进行建筑信息描述，尤其注意檐高、结构类型、抗震等级、设防烈度、室外地坪相对 ±0.000 标高设置，如图 8.5 所示。

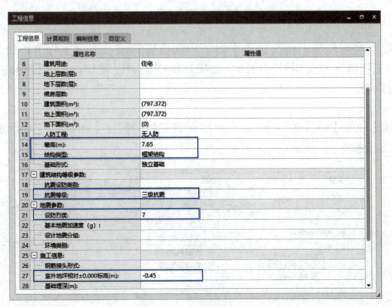

图 8.5　工程信息录入

（2）新建楼层

①打开【工程设置】→【楼层设置】进行楼层设置和楼层混凝土强度和锚固搭接设置，如图 8.6 所示。

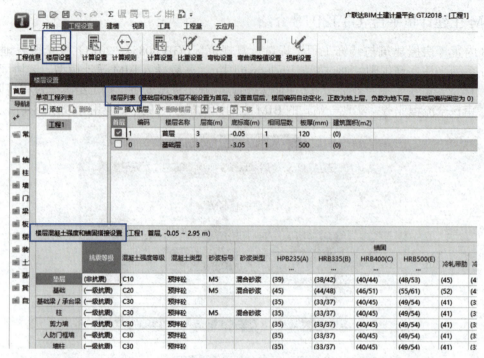

图 8.6　建立楼层

② 通过【插入楼层】进行地上、地下楼层建立。注意：地上层在首层进行插入楼层，地下层在基础层进行插入楼层，如图 8.7 所示。

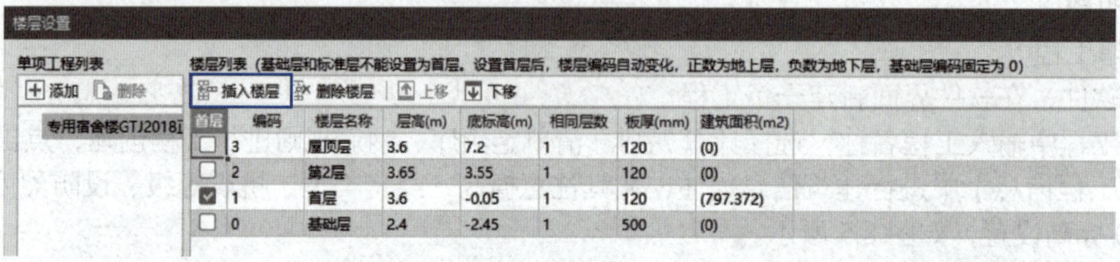

图 8.7　插入楼层

③ 在【楼层混凝土轻度和锚固搭接设置】对工程的抗震等级、混凝土强度等级、砂浆标号、砂浆类型、保护层厚度按照工程设计总说明进行修改。如果其他楼层的设置与首层设置相同，通过【复制到其他楼层】进行各项参数复制。

（3）新建轴网

① 在导航栏选择【轴线】→【轴网】，单击构件列表工具栏按钮【新建】→【新建正交轴网】，打开轴网定义界面，如图 8.8 所示。

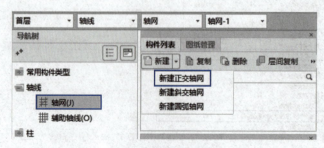

图 8.8　新建正交轴网

② 在属性编辑框名称处输入轴网的名称，默认"轴网 -1"。如果工程由多个轴网拼接而成，则建议填入的名称尽可能详细。

③ 选择一种轴距类型：软件提供了下开间、左进深、上开间、右进深四种类型，定义开间、进深的轴距。轴距定义方法：

a. 从常用数值中选取：选中常用数值，双击鼠标左键，所选中的常用数值即出现在轴距的单元格上；

b. 直接输入轴距，在轴距输入框处直接输入轴距如 3200，然后单击【添加】按钮或直接回车，轴号由软件自动生成；

c. 自定义数据：在"定义数据"中直接以"，"隔开输入轴号及轴距。格式为："轴号，轴距，轴号，轴距，轴号……"，例如输入"A，3000，B，1800，C，3300，D"；对于连续相同的轴距也可连乘，例如"1，3000×6，7"。

④ 轴网定义完成后点击【建模】模块，采用【点】方法画入轴网。

2. 构件绘制

（1）柱工程量的计算

① 在软件左侧界面导航树中打开【柱】文件夹，选择【柱】构件，并将右侧页签切换至【构件列表】和【属性列表】，如图 8.9 所示。

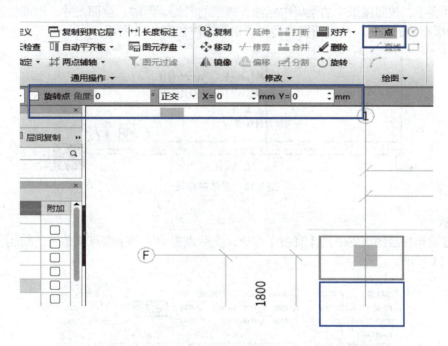

图 8.9　柱的绘制

② 在新建矩形柱中输入柱名称（以 KZ1 为例），并在下方属性列表中根据图纸信息，将 KZ1 的截面尺寸、钢筋型号、标高等信息录入软件，如图 8.10 所示。

③ 在软件菜单栏绘图页签下选择【点】的方式布置柱，可点击轴线交点布置，若柱的位置与轴线交点有偏移，可将菜单栏下方的【不偏移】切换至【正交】，并输入偏移量，如图 8.11 所示。

④ 绘制完 KZ1 后，切换其他柱构件，用点绘的方式绘制首层全部框架柱。

（2）梁工程量的计算　框架柱绘制好后，可以绘制以框架柱为支座的框架梁。

1）梁的定义

① 选择导航树中梁文件夹下的梁构件，将目标构件定位至首层"梁"，新建矩形梁，如图 8.11 所示。

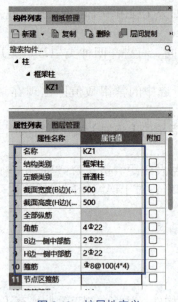

图 8.10 柱属性定义

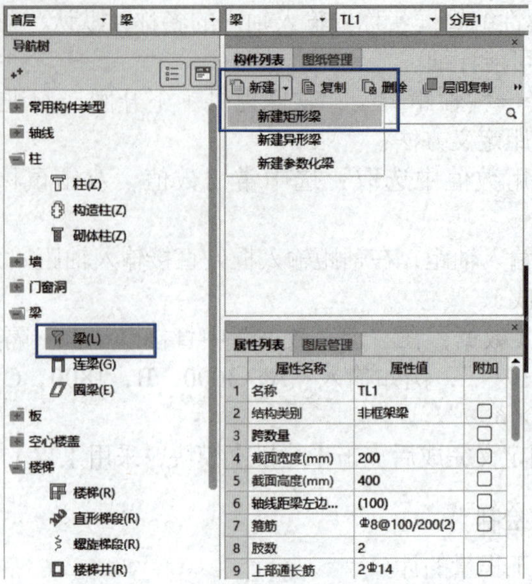

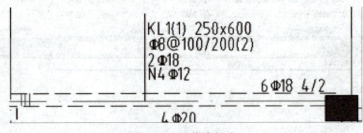

图 8.11 新建梁构件

② 在属性列表中，按照图纸中的梁集中标注，将梁的名称、跨数、截面尺寸、钢筋信息等录入到对应的位置，软件会根据梁的名称自动判断梁的类别，相关操作如图 8.12 所示。

KL1(1) 250×600
Φ8@100/200(2)
2Φ18
N4Φ12
6Φ18 4/2
4Φ20

图 8.12 梁集中标注

2）梁的绘制

① 利用上方菜单栏绘图页签下的【直线】命令，先后点击梁的两个端点位置进行绘制，绘制完成后右键确认，如图 8.13 所示。

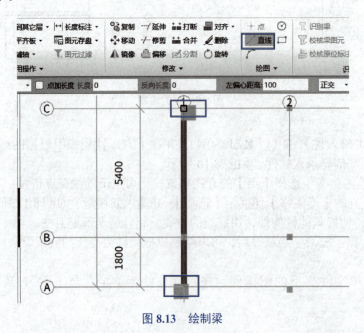

图 8.13 绘制梁

② 绘制完成所有 KL1 后，切换其他梁构件，以直线绘制的方式绘制首层全部梁图元。

③ 首层梁平面图中，部分梁边与柱边平齐。以 KL11 为例，演示在软件中的处理方式。选中 KL11，点击上方菜单栏中【对齐】命令，点击 KL11 要对齐的目标线，即柱边线，再点击 KL11 要移动的边线，右键确认，如图 8.14 所示。

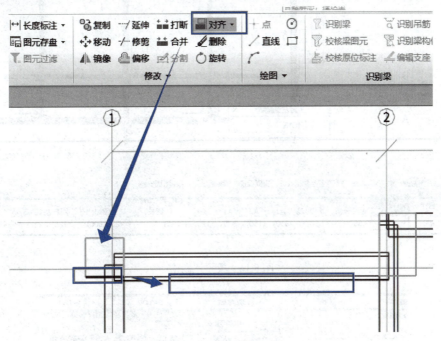

图 8.14　梁与柱边线对齐

3）梁的原位标注　定义梁的时候，采用的梁集中标注，只包含梁的通长筋和箍筋，对于梁支座处钢筋及跨中架立筋等钢筋均未设置，该部分钢筋需在梁的原位标注中进行设置。

① 点击上方菜单栏【梁二次编辑】中的【原位标注】命令，可将光标放置到该命令上，如图 8.15 所示。

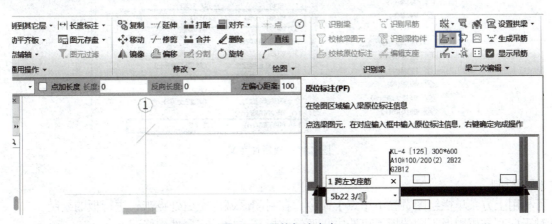

图 8.15　原位标注命令

② 点击平面图上任意一道梁，此处以 KL1 为例，点击后当前跨黄色显示，点击支座位置输入原位标注，或在下方梁平法表格中输入钢筋信息、截面信息等，原位标注完成后，梁的颜色由原来的粉色变为绿色，如图 8.16 所示。

（3）板工程量的计算

1）板的定义　选择导航树中板文件夹下的板构件，将目标构件定位至首层"板"，新建现浇板，按照图纸信息将板厚、标高录入到对应位置，如图 8.17 所示。

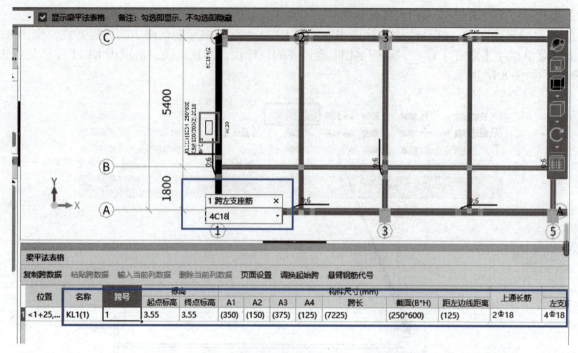

图 8.16　梁平法表格

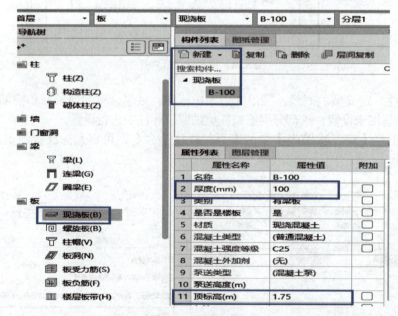

图 8.17　板属性定义

2）板的绘制

① 可利用上方菜单栏绘图页签下【点】命令，在封闭区域内空白处点击，进行板的绘制。

② 对于标高与周围板不同的板，可选中需要修改标高的板，在属性中修改。

3）板受力筋的绘制

① 以楼梯间下方的板为例，绘制板受力筋，*X* 方向和 *Y* 方向底筋均为 K8。在导航树中打开板文件夹，选择板受力筋构件，进行新建板受力筋，在属性中输入 K8 的类别及钢筋信息，如图 8.18 所示。

② 点击上方菜单栏【板受力筋二次编辑】中【布置受力筋】，下方出现绘制受力筋时的辅助命令，左侧命令为布置的范围，中间命令为布置的方向，右侧命令为放射筋的布置，如图 8.19 所示。

③ 楼梯间下方的板，*X* 和 *Y* 方向底筋均为 K8，故采用【单板】、【XY方向】布置，选择好辅助命令后，在弹出的【智能布置】弹窗中，选择【双向布置】，并将底筋选为 K8。

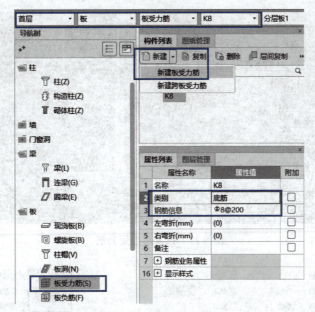

图 8.18　定义板受力筋

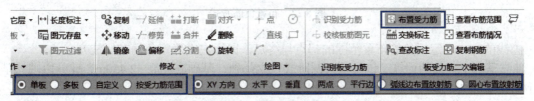

图 8.19　布置受力筋界面

④ 设置好受力筋属性后，点击需要布置受力筋的板，完成之后右键确认。

⑤ 面筋的布置方式同底筋，受力筋还包括跨板受力筋，如图 8.20 所示。

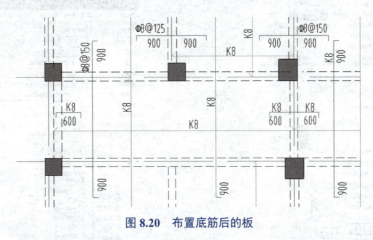

图 8.20　布置底筋后的板

在导航树中选择板受力筋，点击新建跨板受力筋，在属性中录入跨板受力筋的钢筋信息及左右伸出板的长度。

⑥ 布置跨板受力筋时，根据图纸中的钢筋方向选择，点击要布置的板，如图 8.21 所示。

4）板负筋的绘制

① 以楼梯间下方的板为例，绘制板负筋。在导航树中打开板文件夹，选择板负筋构件，点击新建负筋，并将图纸中板负筋信息录入到属性列表对应位置。

② 布置板负筋时，点击上方菜单栏中【布置负筋】命令，下方出现辅助绘制命令，可根据实际布筋情况选择绘制方式，此处以【画线布置】为例，如图 8.22 所示。

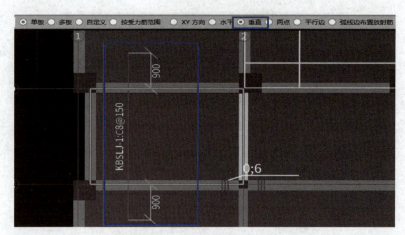

图 8.21　布置跨板受力筋

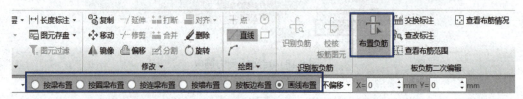

图 8.22　布置负筋方式

③ 以画线的方式确定板负筋布置范围的起点与终点，鼠标左键确定负筋左标注方向。

（4）独立基础工程量的计算　该工程为两阶式独立基础，基础底标高 −2.450m，此处以独立基础 DJ$_J$06 为例进行模型建立的讲解。

① 定义构件。点击菜单【建模】选项卡，在导航树下选择【基础】文件夹，点击文件夹下【独立基础】选项，鼠标右键，进入【定义】界面，如图 8.23。在【构件列表】中，选择【新建】下拉菜单，单击【新建独立基础】，在属性列表中，输入构件名称【DJ$_J$06】，完成新建独立基础，如图 8.24。

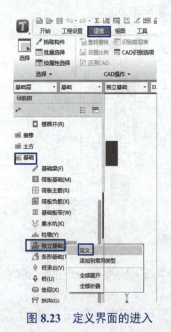

图 8.23　定义界面的进入

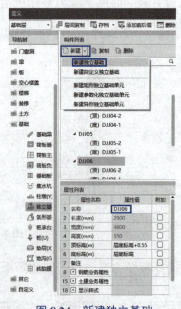

图 8.24　新建独立基础

② 编辑属性。选中新建完成的独立基础【DJ$_J$06】，鼠标右键，选择【新建矩形独立基础单元】，在属性列表中，输入构件名称、截面长度、宽度、高度及钢筋信息。完成 DJ$_J$06 的底部单元 DJ$_J$06-1 的属性编辑，如图 8.25 所示。输入完成后，鼠标右键继续重复上述操作，完成 DJ$_J$06 的顶部单元 DJ$_J$06-2 的属性编辑，如图 8.26 所示。

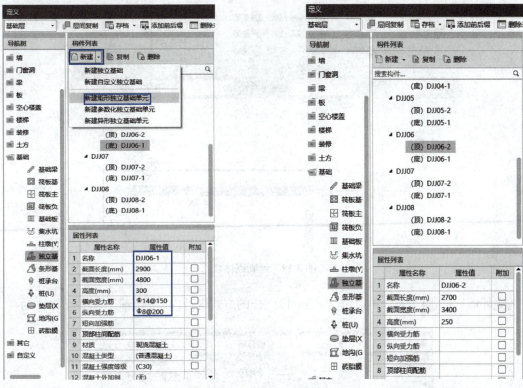

图 8.25　DJ_J06-1 的属性编辑　　　　　图 8.26　DJ_J06-2 的属性编辑

③ 绘制构件。定义好构件后，切换至【建模】页面，将独立基础放置在与图纸一致的位置上即可。

3. 工程清单输出

（1）砌体墙工程量的计算

1）砌体墙的定义

① 在导航树中打开墙文件夹，选择砌体墙构件，点击新建外墙，材质及厚度信息见建筑设计说明，钢筋信息见结构设计说明，将图纸中外墙信息录入到属性列表对应位置。

② 砌体墙的材质及厚度信息见建筑设计说明，钢筋信息见结构设计说明，将图纸中外墙信息录入到属性列表对应位置，如图 8.27 所示。

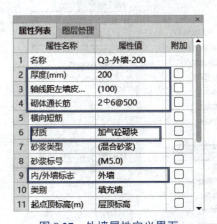

图 8.27　外墙属性定义界面

③ 以同样的方式，新建内墙，并将内墙属性按照图纸要求进行定义。

2）砌体墙的绘制

① 点击上方菜单栏中绘图页签下的【直线】命令，以墙体两端点来确定直线绘制墙体，可连续绘制，最后一道墙绘制完成后，右键确认，如图 8.28 所示。

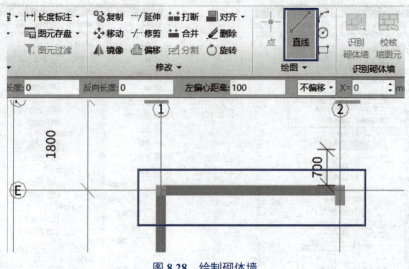

图 8.28　绘制砌体墙

② 绘制完外墙后，将构件名称切换至内墙，以同样的方式进行内墙的绘制，如图 8.29 所示。

图 8.29　切换墙构件

③ 卫生间内隔墙与轴线间有 1250mm 的偏移量，可以点击【直线】绘制命令后，将下方辅助命令中的【不偏移】切换至【正交】，输入相对轴线交点的偏移距离，与坐标系方向相同为正，与坐标系方向相反为负，然后以直线绘制的方式进行墙体绘制，注意绘制时的端点选择。

（2）门窗工程量的计算

1）门的定义与绘制

① 打开导航树下门窗洞文件夹下的门构件，点击新建矩形门，如图 8.30 所示。

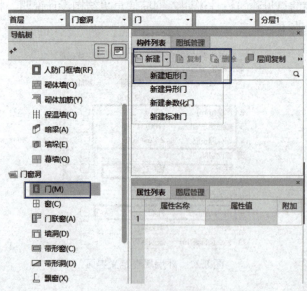

图 8.30　新建矩形门

② 在专用宿舍楼建筑图纸建施 -09 中，找到门窗表信息，按照门窗表信息定义门的洞口截面信息，如图 8.31 所示。

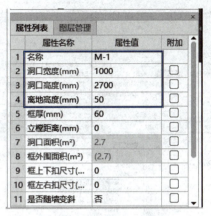

图 8.31　门属性定义界面

③ 定义完门构件后，利用上方菜单栏中【点】绘制的命令，将光标移动到要布置门的墙体上，出现可输入偏移距离的动态格子，输入门边线与墙边线的偏移距离，按下回车键，如图 8.32 所示。

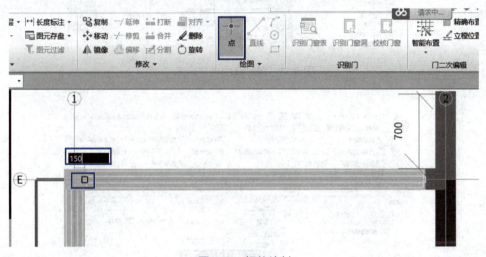

图 8.32　门的绘制

2）窗的定义与绘制

① 打开导航树下门窗洞文件夹下的门构件，点击新建矩形窗。

② 在专用宿舍楼建筑图纸建施 -09 中，找到门窗表信息，按照门窗表信息定义窗的洞口截面信息，按照建施 -06、建施 -07 中立面图确定窗的离地高度信息，进行窗的属性定义。

③ 定义完窗构件后，利用上方菜单栏中【点】绘制的命令，将光标移动到要布置窗的墙体上，出现可输入偏移距离的动态格子，输入窗边线与墙边线的偏移距离，按下回车键。

（3）装修工程量的计算　该工程室内装修主要包括楼地面、踢脚线、墙面、天棚等部分，其具体做法参见图纸设计说明中的室内装修做法表。

① 楼地面的构件定义。点击菜单【建模】选项卡，在导航树下选择【装修】文件夹，点击文件夹下【楼地面】选项，鼠标右键，进入【定义】界面。在【构件列表】中，选择【新建】下拉菜单，单击【新建楼地面】，在属性列表中，输入构件名称、厚度等系列属性数据，完成新建楼地面的构件定义。

② 踢脚线的构件定义。点击菜单【建模】选项卡，在导航树下选择【装修】文件夹，点击文件夹下【踢脚线】选项，鼠标右键，进入【定义】界面。在【构件列表】中，选择【新建】下拉菜单，单击【新建踢脚线】，在属性列表中，输入构件名称、高度、起点底标高、终点底标高等系列属性数据，完成新建踢脚线的构件定义，如图 8.33 所示。

③ 墙面的构件定义。点击菜单【建模】选项卡，在导航树下选择【装修】文件夹，点击文件夹下【墙面】选项，鼠标右键，进入【定义】界面。在【构件列表】中，选择【新建】下拉菜单，单击【新建内墙

面】，在属性列表中，输入构件名称、厚度、起点顶底标高、终点顶底标高等系列属性数据，完成新建墙面的构件定义，如图8.34所示。

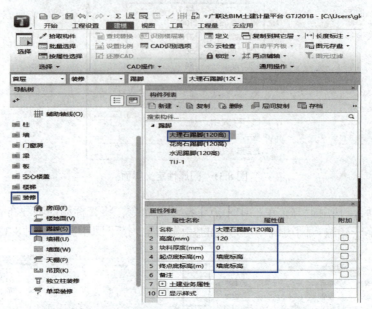

图 8.33　踢脚线的构件定义

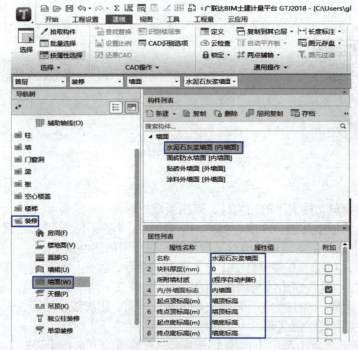

图 8.34　墙面的构件定义

④ 天棚的构件定义。点击菜单【建模】选项卡，在导航树下选择【装修】文件夹，点击文件夹下【天棚】选项，鼠标右键，进入【定义】界面。在【构件列表】中，选择【新建】下拉菜单，单击【新建天棚】，在属性列表中，输入构件名称的属性数据，完成新建天棚的构件定义。

⑤ 在【建模】界面点击【房间】→【新建房间】，如图8.35所示。

⑥ 双击房间【门厅】，进入房间定义界面，通过【添加房间依附构件】，添加房间中的楼地面、踢脚、墙面、天棚，如图8.36所示。

⑦ 进入绘图界面，使用【点】进行门厅布置。

项目八　BIM建筑工程计量与计价软件

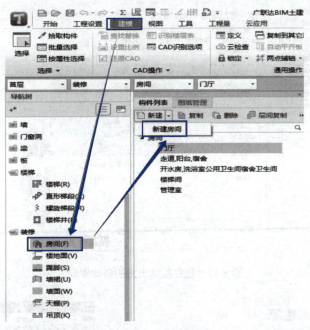

图 8.35　新建房间

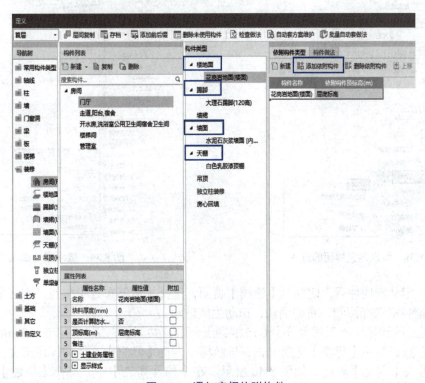

图 8.36　添加房间依附构件

（4）土方工程量的计算　该工程为独立基础，在生成土方时应生成基坑土方。操作步骤为：

点击菜单【建模】选项卡，在导航树下选择【基础】文件夹，点击【独立基础二次编辑】选项，选择【生成土方】，如图 8.37 所示，进行基础数据设置，点击【确定】自动生成土方。

（5）散水工程量的计算　该工程散水为 C15 混凝土面层，沿外墙外边线布置。

① 定义构件。点击菜单【建模】选项卡，在导航树下选择【其它】文件夹，点击文件夹下【散水】选项，鼠标右键，进入【定义】界面，如图 8.38 所示。在【构件列表】中，选择【新建】下拉菜单，单击【新建散水】，在属性列表中，输入构件名称、厚度、材质等系列属性数据，完成新建散水的构件定义，如图 8.39 所示。

295

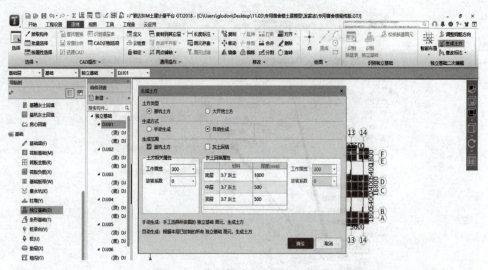

图 8.37　独立基础土方的自动生成

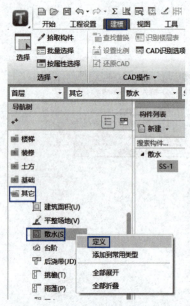

图 8.38　散水定义界面的进入

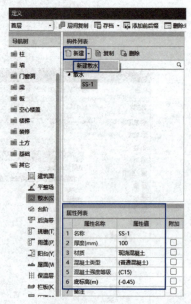

图 8.39　散水属性编辑

　　② 绘制构件。定义好构件后，切换至【建模】页面，选择【智能布置】按钮，点选【按外墙外边线智能布置】，鼠标左键拉框选择图元，右键确认，自动生成散水。

　　（6）台阶工程量的计算　该工程台阶为 C15 混凝土台阶，共三级，每个踏步为 150mm 高，300mm 宽。

　　① 定义构件。点击菜单【建模】选项卡，在导航树下选择【其它】文件夹，点击文件夹下【台阶】选项，鼠标右键，进入【定义】界面，如图 8.40 所示。在【构件列表】中，选择【新建】下拉菜单，单击【新建台阶】，在属性列表中，输入构件名称、台阶高度、材质等系列属性数据，完成新建散水的构件定义，如图 8.41 所示。

　　② 添加辅助轴线。绘制台阶之前，先以Ⓕ轴为基准，创建辅助轴线。导航树中选择【轴线】文件夹，点击选择【辅助轴线】，再选择【平行轴线】绘制方法，然后进入绘图区，鼠标左键选择基准轴线Ⓕ轴，高亮显示后，在弹出的对话框中，【偏移量】输入 1300，点击【确定】，生成辅助轴线。

　　③ 绘制构件。绘图界面中选择【台阶】，在【绘图】页签中选择【矩形】绘制方式，选中台阶绘制范围的第一点，再选择对角线方向的第二点，即可生成台阶构件。

　　④ 设置踏步边。在绘图界面选择【台阶二次编辑】中的【设置踏步边】，鼠标左键，在已绘制好的台阶范围选择要形成踏步边的一侧，鼠标右键确认后，弹出【设置踏步边】对话框，输入踏步个数、踏步宽度等属性参数，如图 8.42 所示。然后点击【确定】，完成台阶踏步边的绘制。

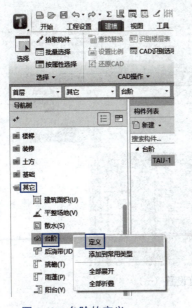

图 8.40 台阶的定义

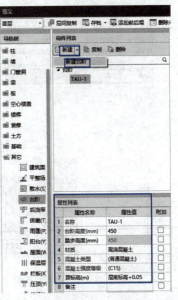

图 8.41 台阶的属性

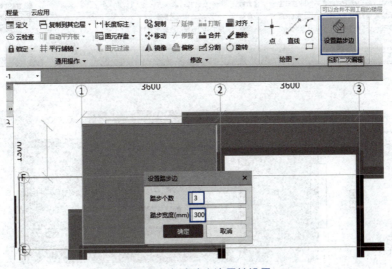

图 8.42 台阶踏步边属性设置

（7）坡道工程量的计算　该工程室外无障碍坡道为混凝土材质，坡度 0.6，可利用创建平板的命令进行绘制。

① 定义构件。点击菜单【建模】选项卡，在导航树下选择【板】文件夹，点击文件夹下【现浇板】选项，鼠标右键，进入【定义】界面。在【构件列表】中，选择【新建】下拉菜单，单击【新建现浇板】，在属性列表中，输入构件名称、厚度、类别、材质等系列属性数据，完成新建无障碍坡道的构件定义。

② 绘制构件。参照前面介绍的平板绘制方法，设置辅助轴线后，选择【绘图】页签中的按【矩形】绘制方法，选中坡道绘制范围的第一点，再选择对角线方向的第二点，即可生成坡道构件。

③ 设置坡道的坡度。在绘图区域选中需要设置坡度的坡道，高亮后，在【现浇板二次编辑】命令中，选择【坡度变斜】方法，如图 8.43 所示。鼠标移至绘图区，选择要设置坡度的边线，在弹出的【坡度系数定义斜板】命令中，输入坡度系数等属性数值，点击【确定】，完成坡道的坡度设置，如图 8.44所示。

（8）套取做法　模型建立完成之后，所有构件必须套取做法，进行清单、定额的套取，输出对应的工程量。操作步骤为：双击柱构件，弹出定义界面，切换至【构件做法】页签，点击添加清单，通过【查询清单库或查询匹配清单】进行清单选择，通过【查询定额库和查询匹配定额】进行定额套取。

297

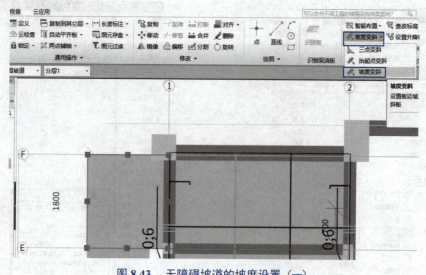

图 8.43　无障碍坡道的坡度设置（一）

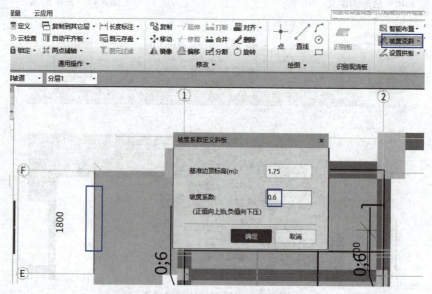

图 8.44　无障碍坡道的坡度设置（二）

三、输出工程量

1. 汇总计算

完成工程模型，需要查看构件工程量时需进行汇总计算。

① 在菜单栏中点击【工程量】→【汇总计算】，弹出【汇总计算】提示框，选择需要汇总的楼层、构件及汇总项，点击【确定】按钮进行计算汇总。

② 汇总结束后弹出【计算汇总成功】界面。

2. 智能检查

（1）云检查　整个工程都完成了模型绘制工作，即将进入整个工程的工程量汇总工作，为了保证算量结果的正确性，希望对整个楼层进行检查，从而发现工程中存在的问题，方便进行修正。

① 点击【建模】模块下的【云检查】功能，在弹出窗体中，点击【整楼检查】。

② 进入检查后，软件自动根据内置的检查规则进行检查。

③ 检查的结果，在【云检查】结果窗体中呈现出来。

（2）云指标

① 在设计阶段，建设方为了控制工程造价，会对设计院提出工程量指标最大值的要求，即限额设计。设计人员要保证最终设计方案的工程量指标不能超过建设方的规定要求。

② 施工方自身会积累自己所做工程的工程量指标和造价指标，以便在建设方招标图纸不细致的情况下，仍可以准确投标。

③ 咨询单位自身会积累所参与工程的工程量指标和造价指标，以便在项目设计阶段为建设方提供更好的服务。比如审核设计院图纸，帮助建设方找出最经济合理的设计方案等。

软件默认支持包含汇总表及钢筋、混凝土、模板、装修等不同维度的9张指标表，分别是：工程指标汇总表、钢筋-部位楼层指标表、钢筋-构件类型楼层指标表、混凝土-部位楼层指标表、混凝土-构件类型楼层指标表、模板-部位楼层指标表、模板-构件类型楼层指标表、装修-装修指标表、砌体-砌体指标表。

可点击【建模】模块下的【云检查】功能，在弹出窗体中查看，如图8.45所示。

图 8.45 云指标

3. 云对比

它可解决在对量过程中查找难、遗漏项的内容。可根据空间位置建立对比关系，快速实现楼层、构件、图元工程量对比，智能分析量差产生的原因。

① 在开始新建工程界面，点击【云对比】。

② 上传需要对比的主审工程和送审工程，选择需要对比的范围：钢筋对比、土建对比。

4. 报表

工程汇总检查完成之后，可对整个工程进行工程量及报表的输出，可统一选择设置需要查看报表的楼层和构件，包括【绘图输入】和【表格输入】两部分的工程量。可通过查看报表进行工程量查看，如图8.46。可分别查看钢筋相关工程量及报表，也可查看土建相关工程量报表。

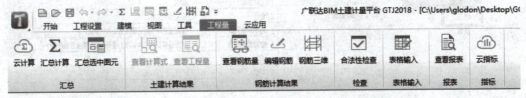

图 8.46 查看报表

任务三 ▶ 广联达 BIM 建筑工程计价软件

一、广联达云计价介绍

云计价平台是一个集成多种应用功能的平台，可进行文件管理，并能支持用户与用户之间，用户与产品研发之间进行沟通。包含个人模式和协作模式；并对业务进行整合，支持概算、预算、结算、审核业务，建立统一入口，各阶段的数据自由流转。下面以招标控制价的编制为例介绍其具体应用。

二、招标控制价编制

新建工程的操作流程如下。

① 打开软件，在软件界面新建一个工程。

② 点击【新建】，选择新建一个招投标项目。

③ 点击【新建】，选择新建一个招标项目。

④ 新建招标项目中输入项目名称，选择地区标准、定额标准、单价形式、模板类别、计税方式、税改文件，点击【下一步】，如图 8.47 所示。

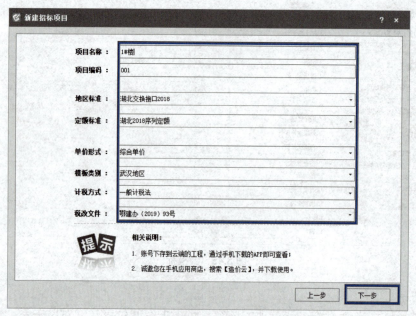

二维码 8.1

图 8.47　软件新建招标项目界面

⑤ 点击新建单项工程。

⑥ 输入单项工程名称，选择单项工程数量、单位工程，点击【确定】。

⑦ 弹出是否确定完成页面时，点击【完成】。

⑧ 进入项目界面，点击建筑单位工程，如图 8.48 所示。

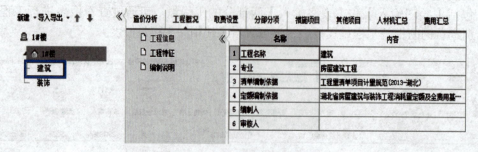

图 8.48　软件新建单项工程界面

⑨ 进入建筑工程界面，点击【分部分项】，鼠标移至整个项目这一栏，点击鼠标右键，选择插入分部，如图 8.49 所示。

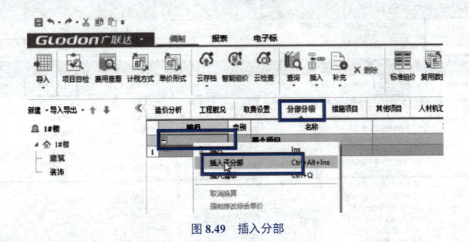

图 8.49　插入分部

⑩ 点击分部工程名称，填写分部工程名称。重复⑨、⑩步骤，完成所有分部工程创建。

⑪ 鼠标移至分部工程位置，点击鼠标右键，选择插入清单。

⑫ 鼠标移至分项工程编码位置，双击鼠标左键或点击插入清单，如图 8.50 所示。

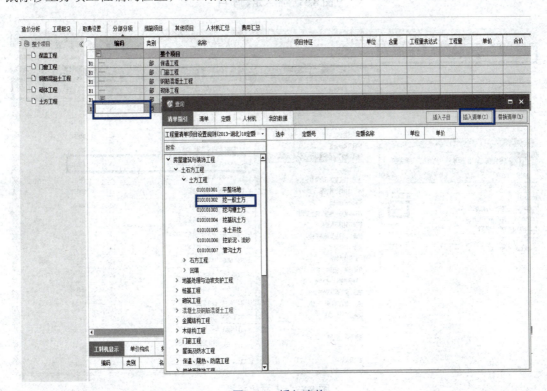

图 8.50　插入清单

⑬ 点击特征及内容，填写项目特征描述，勾选输出栏。

⑭ 在清单项位置点击鼠标右键，选择插入子目。

⑮ 双击子目编码栏，在定额库中根据项目特征描述选择定额，双击鼠标左键或点击插入，如图 8.51 所示。

⑯ 双击清单工程量填写清单工程量，双击定额工程量填写定额工程量。

⑰ 对于定额中人材机跟实际所用材料规格、型号等不同时，选中对应定额子目，点击人材机显示，点击需要替换人材机名称后三个点，在人材机中选择需要的人材机，点击替换，如图 8.52 所示。

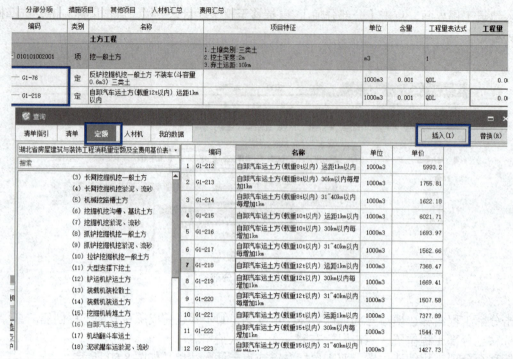

图 8.51　插入定额子目

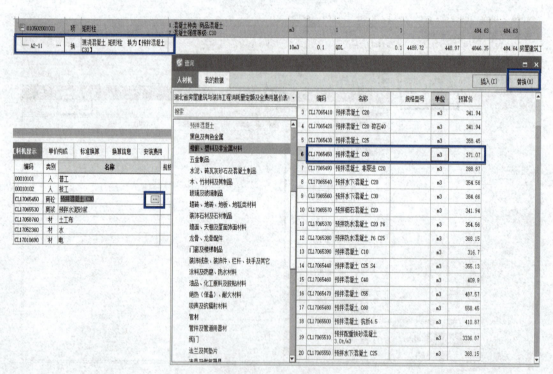

图 8.52　人材机替换

⑱ 如果材料及设备为暂估价，在对应材料及设备是否暂估里打钩。

⑲ 点击【措施项目】，重复 ⑪～⑱ 操作，完成单价措施项目编制，如图 8.53 所示。

⑳ 点击【其他项目】，填写实际的其他项目费，如图 8.54 所示。

㉑ 点击【人材机汇总】，根据要求的信息价及市场价修改人材机价格。

㉒ 完成以上所有步骤及内容，点击【费用汇总】，查看工程造价，如图 8.55 所示。

㉓ 点击【报表】，点击【批量导出到 Excel】或者【批量导出到 PDF】，选择招标控制价，勾选所需表格，点击【导出表格】。

| | 造价分析 | 工程概况 | 取费设置 | 分部分项 | 措施项目 | 其他项目 | 人材机汇总 | 费用汇总 |

序号	类别	名称	单位	项目特征	组价方式	计算基数	费率(%)	工程量	综合单价	综合合价	单价构
		措施项目								12123.28	
		单价措施项目费								2103	
1		011702002001 矩形柱	m2		可计量清单			20	67.13	1342.6	
	定	A16-50 矩形柱 胶合板模板 钢支撑3.6m以内	100m2					0.2	6711.98	1342.4	房屋建筑
2		011701001001 综合脚手架	m2		可计量清单			20	38.02	760.4	
	定	A17-1 单层建筑综合脚手架 建筑面积500m2以内	100m2					0.2	3802.33	760.47	房屋建筑
		总价措施项目费								10020.28	

图 8.53　单价措施项目编制

| | 分部分项 | 措施项目 | 其他项目 | 人材机汇总 | 费用汇总 |

序号	名称	计算基数	费率(%)	金额	费用类别	不可竞争费	不计入合价	备注
	其他项目			0				
1	暂列金额	暂列金额		0	暂列金额	□	□	
2	暂估价	专业工程暂估价		0	暂估价	□	□	
2.1	材料暂估价	ZGJCLJJ		0	材料暂估价	□	☑	
2.2	专业工程暂估价	专业工程暂估价		0	专业工程暂估价	□	☑	
3	计日工	计日工		0	计日工	□	□	
4	总承包服务费	总承包服务费		0	总承包服务费	□	□	
5	索赔与现场签证费	索赔与现场签证		0	索赔与现场签证	□	□	

图 8.54　其他项目费用填写

| | 造价分析 | 工程概况 | 取费设置 | 分部分项 | 措施项目 | 其他项目 | 人材机汇总 | 费用汇总 |

序号	费用代号	名称	计算基数	基数说明	费率(%)	金额	费用类别	不可竞争费
一	A	分部分项工程费	FBFXHJ_HBG	分部分项合计_含包干		45,869.00	分部分项工程费	□
二	B	措施项目合计	B1+B2	单价措施+总价措施		1,252.71	措施项目费	□
三	C	其他项目费	QTXMHJ	其他项目合计		0.00	其他项目费	□
四	D	规费	D1+D2+D3+D4+D5+D6+D7	社会保险费+住房公积金+工程排污费+房修结构装饰装修规费+房修安装规费+管廊维护土建保洁检查检测规费+管廊维护附属规费		2,018.97	规费	□
五	E	人工费调整	FBGRGFTZ_18	非包干18项人工费调整		557.64	人工价差	□
六	F	增值税	A+B-BGJEZJF+C+D+E	分部分项工程费+措施项目合计-税后包干价+其他项目费+规费+人工费调整	9	4,472.85	增值税	□
七		甲供费用（单列不计入造价）	JGCLF+JGZCF+JGSBF	甲供材料费+甲供主材费+甲供设备费		0.00	甲供费用	□
八	G	含税工程造价	A+B+C+D+E+F	分部分项工程费+措施项目合计+其他项目费+规费+人工费调整+增值税		54,171.17	工程造价	□

图 8.55　费用汇总页面

任务四 ▶ 广联达 BIM5D

Revit 是 Autodesk 公司一套系列软件的名称。Revit 系列软件是为建筑信息模型（BIM）构建的，可帮助建筑设计师设计、建造和维护质量更好、能效更高的建筑。Revit 是我国建筑业 BIM 体系中使用最广泛的软件之一。

广联达 BIM5D 以 BIM 平台为核心，集成全专业模型，并以集成模型为载体，关联施工过程中的进度、合同、成本、质量、安全、图纸、物料等信息，为项目提供数据支撑，实现有效决策和精细管理，从而达到减少施工变更、缩短工期、控制成本、提升质量的目的。

广联达 BIM 软件有几个特点：

① 模型全面：可以集成土建、机电、钢筋、场布等全专业模型；

② 接口全面：可以承接 Revit、Tekla、MagiCAD、广联达算量及国际标准 ifc 等主流模型文件；

③ 数据精确：依托广联达强大的工程算量核心技术，提供精确的工程数据；

④ 功能强大：协助工程人员进行进度、成本管控，质量安全问题的系统管理。

Revit 导入广联达主要有以下步骤：

① Revit 导出 GFC 文件；

② 在 BIM 土建算料中导入 GFC 文件，BIM 导出 IGMS 文件；

③ 选择"添加模型"在 BIM5D 导入 IGMS 文件。

参考文献

[1] 贾莲英 . 工程造价基础与预算 . 北京：化学工业出版社，2019.

[2] 本书编委会 . 建筑工程计量与计价实务 . 北京：中国建筑工业出版社，2019.

[3] 全国造价工程师职业资格考试培训教材编审委员会 . 建设工程造价管理基础知识 . 北京：中国计划出版社，2019.

[4] GB 50500—2013. 建设工程工程量清单计价规范 .

[5] GB 50854—2013. 房屋建筑与装饰工程工程量清单计算规范 .

[6] 湖北省建设工程标准定额总站 . 湖北省建筑工程费用定额 . 武汉：长江出版社，2018.

[7] 湖北省建设工程标准定额总站 . 湖北省房屋建筑与装饰工程消耗量定额及全费用计价表 . 武汉：长江出版社，2018.

[8] 财政部，建设部 . 建设工程价款结算暂行办法 .2004.

[9] 住房和城乡建设部 . 建设工程施工合同（示范文本）.2017.

[10] 中国建设工程造价管理协会 . 建设项目全过程造价咨询规程条文说明 . 北京：中国计划出版社，2017.